지리 정보 분석 원리

지리 정보 분석 원리

초판 1쇄 발행 2022년 3월 21일

지은이 데이비드 오설리번·데이비드 언윈

옮긴이 김화환·최진무

펴낸이 김선기

펴낸곳 (주)푸른길

출판등록 1996년 4월 12일 제16-1292호

주소 (08377) 서울특별시 구로구 디지털로 33길 48 대륭포스트타워 7차 1008호

전화 02-523-2907, 6942-9570~2

팩스 02-523-2951

이메일 purungilbook@naver.com

홈페이지 www.purungil.co.kr

ISBN 978-89-6291-954-7 93980

지리 정보 분석 원리

푸른길

차례

개정판 서문

2003년 발행된 이 책의 초판은 새로운 세기의 첫 2년 동안 쓰였지만, 그 내용은 오랜 지리정보과학의 발전 과정에서 가장 활발하게 논의되어 온 두 가지 핵심적인 아이디어에 기반하고 있다. 그 두 아이디어는 바로 지도학(Cartography)과 통계학(Statistics)이다. 지리 정보 분야에 익숙한 독자들은 이미 눈치를 채셨겠지만, 이 책의 일부는 이 책의 저자 중 한 명이 30년 전인 1981년에 발간한 소책자인 『Introductory Spatial Analysis』의 내용을 기반으로 하고 있다(한국에는 번역·발간되지 않았음. 역자 주). 첫 번째 핵심 아이디어인 지도학은 지표면상의 공간 객체를 점, 선, 면, 연속면과 같이 일정한 공간적 차원으로 표현하는 방식에 관한 것이고, 두 번째는 지도로 표현된 공간적인 분포를 공간상에 발생하는 어떤 확률적 프로세스에 의해 형성된 것으로 간주하여 분석하는 틀을 제공한다.

물론 이 책이 채택한 주요 관점이 완벽하다고 할 수는 없다. 예를 들어, 고정된 기하학적 개체 모형에 대한 높은 의존도와 통계적 가설 검정에 대한 강조는 공간적 재현 및 통계적 추론의 최근 발전에 비추어 볼 때 시대에 뒤떨어진 것처럼 보일 수도 있다. 개정판을 저술하면서 저자는 최근의 기술적, 학문적 발전을 반영하여 책의 구성을 바꾸는 것을 고려하기도 하였으나, 고심 끝에 기존의 구성을 유지하기로 하였다. 초판이 발간된 이후로 저자들은 미국, 영국, 뉴질랜드의 대학들과 온라인 강의를 통해 학부나 대학원 초급 수준에서 이 책의 구성과 내용을 기반으로 만들어진 교육 프로그램에 따라 강의를 진행해 왔으며, 그를 통해 기존의 책 구성이 교육학적으로도 명확하고 탄력적이라는 점을 확인하였다. 여전히 많은 학생에게 공간 데이터나 통계적 추론은 생소한 새로운 개념이다. 따라서 이 책을 통해서 많은 독자가 더 높은 수준의 공간 분석 개념을 이해하는 기초 지식을 얻을 수 있기를 바란다. 또한 공간 데이터나 통계적 추론에 익숙한 독자들 역시 이 책에서 소개된 분석 틀을 통해 공간 분석의 활용 가능성에 대해 더 넓은 이해를 얻을 수 있기를 희망한다.

주요 개정 내용

전체적인 구성은 초판의 골자를 그대로 따르고 있지만, 구체적인 내용을 비교하면 개정판에서는 점 패턴 분석, 공간적 자기상관, 크리깅 및 공간 데이터 회귀분석 등의 서술에서 상당히 많은 수정 사항이 있다. 초판에 익숙한 독자들은 개정판에서 정규 가설 검정에 대한 설명이 줄어든 반면에 몬테카를로 혹은 무작위 시뮬레이션을 이용한 접근법에 관한 내용이 강화된 것을 파악할 수 있을 것이다. 실제로 복잡하고 다양한 형태의 데이터를 다루는 실제 공간 분석에서 시뮬레이션을 이용한 통계 분석의 중요성이 점점 더 커지고 있다는 사실을 반영한 것이다. 초판이 발행되고 겨우 7년이 지난 지금에도 이전과는 비교할 수 없을 정도로 컴퓨터 성능이 비약적으로 발전하여 시뮬레이션 접근 방식을 보다 실용적이고 쉽게 구현할 수 있게 되었다. 둘째로 독자는 본문 전체에 걸쳐 공간 현상의 국지적 분석에 관한 내용이 강화되었다는 것을 알게 될 것이다. 이 또한 오늘날의 컴퓨팅 환경 변화로 가능해진 것으로, 지리학 분야 내에서의 중요한 방법론적 변화를 반영한다.

컴퓨팅 환경의 향상을 고려한 이상의 방법론적인 변화에 따라, 우리는 지리적 시각화와 국지적 통계에 관한 내용을 새로운 장(3장과 8장)으로 추가하였다. 사실 지도와 지도화에 대한 장은 초판에도 포함할 계획이었으나, 책의 분량을 줄이고 독자 대부분이 지도학 개념에 익숙할 것이라는 점을 고려하여 제외되었다. 하지만 우리가 '우연한 지리학자'라고 부르는 학생이나 청중을 대상으로 지리 정보 분석에 대해서 강의하면서 그 결정이 실수였다는 사실을 깨달았다. 우연한 지리학자는 공간 데이터 분석에 익숙하지 않은 사람들로, 대부분이 지리정보시스템(GIS) 소프트웨어를 통해 지리학을 처음 접한 사람들을 의미한다. 지도학 또는 지리적 시각화는 크게 세 가지 이유에서 그 중요성이 더 강조된다. 우선, 이용 가능한 다양한 통계 분석 방법이 있음에도 불구하고, 지도를 통한 지리적 시각화가 여전히 공간 자료 분석에서 핵심적인 임무를 수행한다는 점이다. 둘째로, 국지적 통계의 지도화를 강조하게 되면서 지도 제작 또는 지리적 시각화의 기본 원칙을 이해해야 할 필요성이 커졌다. 셋째, GIS 분석 결과를 제시하는 지도를 전시한 학회나 박람회를 둘러보면, 많은 GIS 분석가들이 계속해서 매우 기본적인 지도학적 실수를 반복하고 있는 것을 발견하게 된다는 점이다. 지리적 시각화에 관한 내용을 보완하여 새로 추가된 3장은 전통적인 지도학 원리를 기본으로 하지만, 인터넷 검색 엔진을 사용하여 다양한 지도 제작 사례를 찾고 그에 대한 비평을 추가하려고 노력하였다.

두 번째 주요 추가 사항은 국지적 통계에 관한 장(章)이다. 물론 국지적 통계에 관한 내용인 다른 장에서 다루고 있는 내용과 중복되는 부분이 많아서 일관성이나 중복에 따른 문제가 없는 것은 아니다. 지리적 구조 행렬의 정의에 사용되는 거리, 인접성, 이웃의 개념이나 제어점 데이터로부터 다른 지점들의 값을 추정하는 공간 보간법, 점 작용의 강도 추정에서 국지적 특이점(클러스터링)의 확인, 전역적 모란지수(Moran's I)를 이용한 공간적 자기상관 측정 등이 그 사례가 될 것이다. 그 외에도 다양한 공간 분석 기법에서 전역적 통계와 국지적 통계의 개념이 중복되어 설명되고 있다는 것을 독자들도 쉽게 발견할 수 있을 것이다. 따라서 새로 추가된 8장에서는 책의 다른 부분에서 설명한 공간 통계에 관한 일반적인 내용을 최소화하고 국지적 통계를 위주로 서술하려고 노력하였고, 지리가중회귀분석(GWR)에 대한 아이디어를 개괄적으로 소개하였다. 커널 밀도추정(KDE)에 관한 내용도 국지적 통계의 일부이지만, 지리적 시각화 관점에서 더 많이 활용되는 개념이라고 판단되어 초판에서는 5장 점 패턴 분석에서 다루었던 내용을 관련 자료와 함께 3장으로 옮겨 서술하였다. 또한 독자의 편의를 위해 각 장에 글 상자로 관련 내용이나 사례를 추가하여 관련 내용을 다른 장에서 찾아볼 수 있도록 안내하였다.

새롭게 두 개의 장을 추가하면서 실용적이지 않거나 중요성이 감소한 일부 내용은 개정판을 통해 제거하였다. 우선, 개정판에서는 선형 객체 분석에 관한 내용이 모두 빠졌다. 도로와 같은 선형 객체에 대한 공간 분석은 다양한 분야에서 네트워크 분석의 형태로 수행되고 그 중요성도 크지만, 초판 내용이 복잡한 네트워크 분석의 개념을 제대로 다루지 못하였기 때문이다. 또한 네트워크 분석은 이 책의 기본적 전제인 공간 현상의 확률론적 접근과 충돌하는 측면이 많아서 개정판에서는 다루지 않기로 한 것이다. 네트워크 분석을 포함한 선형 객체 분석 기법은 그 활용 분야와 기법이 방대하여 다른 책을 참조할 것을 추천한다. 또한 개정판에서는 n-차원 데이터를 공간적으로 취급한다는 구실로 초판에 어정쩡하게 포함되어 있던 다변량 통계에 대한 장이 생략되었고, 그 일부 내용만 '공간화'라는 단락으로 지리적 시각화를 다룬 장에 포함했다. 이상의 대규모 개정 내용 외에, 공간적 자기상관을 설명하는 부분에서 결합계수 접근법에 관한 내용은 교육적으로 유용하기는 하지만 최근에는 거의 사용되지 않기 때문에, 그리고 기본 통계 개념에 관한 내용을 실었던 부록은 책의 용량을 줄이기 위해 제거하였다.

초판 발행 이후 컴퓨팅, 통계 및 지리 정보 과학 분야에서 급속한 발전이 있었다. 저자로서 그러한 변화를 최대한 반영하여 위치 기반 데이터를 이용한 과학적 공간 분석이라는 내용에 부합하도록 설명하고자 노력하였다. 다만 그 기술적 발전과 과학적 진보의 속도가 매우 빨라서 최신의 경향을 반영하지 못했을 수 있다. 그러한 문제가 발견된다면 그것은 오로지 저자들의 부족함에서 기인한 것임을 인정하고, 미리 사과의 뜻을 전한다.

소프트웨어

개정판을 통해 저자들은 학술적 공간 분석 기법과 대부분의 상업용 GIS에 내장된 기능 사이에서 기능적 차이가 증가하는 점을 고려하려고 노력하였다. 상업용 GIS를 이용하는 경우, 분석 기능의 매개변수를 조정하는 방식으로 이 책에서 설명하고 있는 대부분의 분석 기법을 시행할 수 있다. 하지만 지난 10년 동안 선진 연구자 대부분은 공개 도메인 통계 소프트웨어인 R 프로그래밍 환경에서 작업을 개발했다는 것을 이해할 필요가 있다(Ihaka and Gentleman, 1996 참조). 이 책에서 설명하고 있는 공간 분석 기법을 구현하려는 독자는 거의 모든 분석 기법들이 R 프로그래밍 환경에서 구현되었음을 이해하여야 한다(Baddeley and Turner, 2005; Bivand et al., 2008). 따라서 지리 정보 분석에 관한 새롭고 혁신적인 접근 방식을 개발하고자 하는 독자는 R 프로그래밍 환경에서의 공간 분석 기법에 대한 온라인 커뮤니티에 가입하여 참여하는 것을 적극적으로 추천한다.

데이비드 오설리번(오클랜드 대학교)

데이비드 언윈(런던 대학교)

참고 문헌

Baddeley, A. and Turner, R. (2005) Spatstat: an R package for analyzing spatial point patterns. *Journal of Statistical Software*, 12: 1-42.

Bivand, R. S., Pebesma, E. J., and Gomez-Rubio, V. (2008) *Applied Spatial Data Analysis with R* (New York: Springer).

Ihaka, R. and Gentleman, R. (1996). R: a language for data analysis and graphics. *Journal of Computational and Graphical Statistics*, 5: 299-314.

O'Sullivan, D. and Unwin, D. J. (2003) *Geographic Information Analysis* (Hoboken, NJ: Wiley).

Unwin, D. J. (1981) *Introductory Spatial Analysis* (London: Methuen).

Unwin, D. J. (2005) Fiddling on a different planet. *Geoforum*, 36: 681-684.

초판 서문

이 책은 저자 중 한 명이 1979년부터 1981년 사이에 출판한 소책자인 『Introductory Spatial Analysis』의 내용을 보완한 것이다. 낭시는 최초의 상용 지리 정보 시스템(GIS)과 마이크로 컴퓨터가 출현한 지 10여 년이 지난 시점이었지만, 그 소책자는 1960년대 지리학계의 지적 유산인 계량 지리학(Quantitative Geography)에 그 뿌리를 두고 있다. 1983년 이후에 그 소책자의 개정판을 발간하려는 몇 차례의 시도가 있었지만, GIS의 급속한 발전과 관련하여 다양한 프로젝트에 참여하게 되면서 계속 미뤄져 왔다. 그와 동시에 개발된 국가들의 거의 모든 사람이 컴퓨터를 업무에 일상적으로 이용하게 되었으며, 학술 및 상업 분야의 많은 사람이 GIS 소프트웨어를 통한 지리학적 분석의 유용성을 확인하고 있다. 1990년대 후반에 이르러 저자들은 발전된 컴퓨터 기술을 반영한 새로운 내용이 필요하다는 데 공감하게 되었고, 그에 따라 원래의 소책자 내용을 대폭 개정하여 이 책을 발간하게 되었다.

이 책의 내용은 저자가 영국의 버크벡 칼리지와 유니버시티 칼리지 런던, 미국의 펜실베이니아 주립 대학교, 뉴질랜드의 와이카토 대학교와 캔터베리 대학교 등에서 학부와 대학원 과정 강의를 진행하면서 수정·보완한 것이다. 이 책에서 제시되는 지리 자료 분석 개념과 기법들은 지리학 연구에서 필수적이고 유용한 것들이다. 저자들은 이 책을 통해 그 핵심 개념과 기법을 독자들이 쉽게 이해할 수 있도록 전달하고자 노력하였다. 간혹 소개하고자 하는 개념과 기법을 설명한 내용이 지나치게 단순하거나 혹은 다른 주제에 비해서 분량이 많을 수 있다. 이 경우 대부분은 지리적 현상을 현재 기술을 이용하여 디지털 방식으로 표현할 때 발생하는 한계에서 비롯된 것이다. GIS가 지리학 연구에 대한 수많은 접근 방식을 지원하는 도구로 효과적으로 사용되었음에도 모든 지리학적 질문에 대해 획일적인 답을 제공하는 만병통치약이 아니라는 사실이 분명하다면, 지리학적 분석 결과에서 나타난 불확실성에 대해서도 분명히 인정하고 그에 대해 설명하고자 하였다.

애초에 계획된 것은 아니지만, 이 책의 서술 내용은 『Introductory Spatial Analysis』의 내용에 기반을 둔 개념적 설명을 먼저 진행하고 최근의 컴퓨터 기술을 반영한 기술적인 세부 사항에 관해 설명하는 방식으로 구성되었다. 책의 초반부에서는 공간 데이터에 통계적 방법을 적용하는 모든 시도에 공통으로 적용되는 기본 개념과 문제점의 중요성을 개괄적으로 살펴보고, 후반부 장(章)에서 조금 더 복잡한 통계적 공간 분석 접근 방식에 관한 추가적인 연구를 소개한다. 각 장의 마지막에 제시된 참고 문헌 목록을 살펴보면, 현재 지리 정보 과학(Geographic Information Science)이라고 불리는 분야의 학문적 뿌리가 1960년대 지리학에서 폭넓게 발전한 계량적 연구 결과에서 유래하였고, 동시에 통계학과 자연과학 등 다양한 학문 분야를 포괄하는 학제적 학문 분야로 발전해 왔음을 알 수 있을 것이다. 최근 지리 데이터 분석에서는 지리학 연구의 지평을 넓힐 수 있는 엄청난 기술 혁신이 있었는데, 이 책에서 제공하는 개념과 기법에 대한 설명과 관련 자료들을 통해서 독자들이 그 기술적인 혁신이 지리학 연구에 어떻게 활용될 수 있는지에 대한 아이디어를 얻을 수 있기를 기대한다.

책을 서술하면서 저자들이 가장 크게 고민한 문제는 수학적 개념과 표기법을 어느 수준까지 제시하고 설명할 것인가 하는 문제였다. 수학적 개념을 설명할 때는 독자의 수준을 고려하면서도 가능한 한 수학적 엄밀함을 견지하려고 노력하였다. 문제는 —오랜 강의 경험에 비추어보았을 때— GIS나 공간 분석을 공부하고자 하는 독자들이 매우 다양한 학문적 배경을 가지고 있고, 따라서 수학적인 개념에 대한 이해의 격차가 매우 크다는 점이다. 결국 어쩔 수 없이 수학적 내용을 자세히 설명해야 하는 9장을 제외하고, 다른 부분에서는 수학적인 개념에 대한 복잡한 설명을 최소화하였다. 즉 공간 분석에서 매우 유용한 수학적 도구인 미적분(Calculus)에 관한 구체적인 내용은 꼭 필요한 경우에만 언급하였다는 것이다. 그렇다고 하더라도 5장의 내용에서 알 수 있듯이, 행렬과 벡터의 개념과 표기법은 공간 분석에서 필수적이기 때문에 책의 여러 부분에서 통일성 있게 사용하였다. 행렬과 벡터 개념과 표기법에 익숙하지 않은 독자를 위해서는 부록에서 그 기초적인 개념과 표기법을 설명해 두었으니 참고하기를 바란다. 이 책을 강의용 교과서로 활용하고자 한다면, 행렬과 관련한 강의 전에 부록의 내용을 먼저 소개하여 학생들의 이해를 돕기를 추천한다. 또한 독자들이 통계에 기초 지식을 가지고 있으리라 생각하지만, 그렇지 않은 경우를 대비해서 부록에 기초적인 통계학 원리들에 대한 설명도 추가하였다.

공간 분석에서는 특히 많은 수의 변수가 사용되기 때문에 표기법이 잘못 사용되는 큰 혼돈을 유발할 수 있다. 절대적인 일관성을 유지하기는 어렵겠지만 최대한 일관된 표기법을 사용하려고 노력하였다. 표기법 측면에서 가장 혼란스러울 수 있는 사례는 아마도 8장과 9장에서 문자 z로 표시된 세 번째 위치 좌표 표기일 것이다. 이것은 9.3절에서 공간 좌표에 대한 회귀분석을 설명하는 부분에서 약간 혼동될 것이 예상된다. 너무 많은 아래 첨자 표기를 하는 것보다 일부 혼동이 있더라도 (x, y, z) 형식이 3차원 좌표 표기에 적합하여 이와 같은 표기 방식을 일관되게 사용하였다는 점을 이해해 주기 바란다. 이 결정은 이 책이 통계학적 엄밀성보다는 지리 정보의 실제 분석에 집중한 '지리학' 서적이라는 점을 반영한 것이다.

이 책은 우리 두 저자 외에 다른 많은 분의 도움 없이는 완성될 수 없었을 것이다. 저자들은 수년에 걸쳐 학계와 지리 정보 산업 분야의 다양한 동료들과의 협업을 통해 많은 도움을 받았다. 그들이 제공해 준 다양한 조언과 토론, 선의의 비판에 대해 모두 감사드린다. 그런 다양한 도움들은 지리 정보 시스템과 공간 분석이라는 분야가 최근 급격히 발전하고 있는 개방적이고 건설적인 학문 분야라는 사실을 반증하는 것이고, 저자들은 그러한 점을 매우 자랑스럽게 생각한다. 마지막으로 저자들이 근무하는 유니버시티 칼리지 런던의 공간 분석 센터(Center for Advanced Spatial Analysis)와 펜실베이니아 주립대학교 지리학과(Penn State Geography Department)의 학문적 환경과 지원에 대해서도 감사드린다. 여느 때와 마찬가지로, 이 책에 찾을 수 있는 실수들과 한계는 오로지 저자들의 학문적인 부족함에 기인하는 것이니 넓은 이해와 격의 없는 비판을 부탁드린다.

데이비드 오설리번(펜실베이니아 주립대학교)
데이비드 언윈(영국 런던)

01 지리 정보 분석과 공간 데이터

내용 개요

• 지리 정보 분석(공간 분석)의 정의
• 지리 정보 분석과 지리정보시스템(GIS) 기반 공간 분석 기능의 차이점과 연관 관계
• 명목척노, 순위척도, 등간척도, 비율척도 등 측징 수준
• 점, 선, 면, 연속면(Field) 등 공간 데이터의 개체-속성 모형(Entity-Attribute Model)
• 공간 데이터 처리 기능 개요

학습 목표

• 공간 분석에 대한 3가지 접근 방식의 개념과 차이점을 이해한다.
• 공간 객체와 공간 연속면의 차이점을 이해하고, GIS에서 그 표현 방식인 벡터, 래스터 자료의 구조와 특성을 이해한다.
• 점, 선, 면 객체의 특징을 각각의 사례를 들어 설명한다.
• 명목척도, 순위척도, 등간척도, 비율척도 등 수치 데이터의 측정 수준을 이해하고 사례를 들어 설명한다.
• 이상의 구분에 따라 12가지 서로 다른 공간 데이터 유형을 사례를 들어 설명한다.
• 상용 GIS 소프트웨어에서 제공하는 일반적 데이터 기하 분석(Geometrical Analysis) 도구들을 이해한다.
• 공간 분석 기법들이 상용 GIS 소프트웨어에서 잘 구현되지 못하고 있는 이유를 이해한다.

1.1. 서론

지리 정보 분석(Geographic Information Analysis)은 정형화된 학문 분야라기보다는 새로운 공간 데이터 분석 체계를 의미한다. 지리 정보 분석을 정의하기 위해서는 우선 지리학에서 전통적으로 사용되어 온 개념인 공간 분석(spatial analysis)을 정의하고 두 가지 개념 간의 관계를 설명할 필요가 있다. 물론 공간 분석의 개념 역시 명확히 정의된 것은 아니고, 다양한 분야에서 서로 다른 개념으로

사용되고 있지만 대략 4가지 정도의 맥락에서 정의되고 있다.

1. GIS 일반에서는 공간 데이터 처리(Spatial Data Manipulation)를 공간 분석이라고 정의하고, 상용 GIS 소프트웨어가 제공하는 데이터 처리 기능들을 공간 분석 기능이라고 한다(Tomlin, 1990; Mitchell, 1999).

2. 공간 데이터 분석(Spatial Data Analysis)을 공간 자료의 기술적(descriptive) 혹은 탐색적(exploratory) 분석으로 간주하는 관점이다(Unwin, 1982; Bailey and Gatrell, 1995; Fotheringham et al., 1999).

3. 공간 통계 분석(Spatial Statistical Analysis)은 통계적 방법을 이용하여 공간 자료가 통계적 모형으로 설명될 수 있는지를 분석하는 접근법이다. 위에서 제시한 지리학 서적들에서도 공통으로 다루고 있는 주제이고, 공간 자료의 분석에 관심을 가진 일부 통계학자들의 접근 방식이다(Ripley, 1981; 1988; Diggle, 1983; Cressie, 1991).

4. 공간 모형(Spatial Modeling)은 공간 현상의 예측을 위해 일반화된 모형을 개발하는 접근법이다. 인문지리학에서 모형은 도시들 사이의 인구 이동 혹은 물자의 유동을 예측하거나, 특정 시설의 최적화된 입지(Wilson, 2000)를 구하는 데 이용된다. 반면에 환경 과학에서는 자연 현상의 동적 과정을 시뮬레이션하기 위해 모형화 기법이 주로 사용된다. 모형화 기법은 공간 분석의 확장된 형태라고 할 수 있지만, 이 책에서 다루기에는 너무 전문화된 분야이므로 개략적인 소개만 다루기로 한다.

공간 분석의 정의를 크게 네 가지로 분류하여 설명하였으나, 실제 연구에서는 이 네 가지 구분이 엄밀하지 않으며 여러 접근법이 통합적으로 활용되는 것이 일반적이다. 다시 말해서 일반적인 연구 과정에서 첫째로 데이터를 수집하여 기술하거나 시각화하고, 다음으로 탐색적 분석 기법을 통해서 연구 문제를 찾아내고 현상을 설명하기 위한 가설을 개발한다. 연구 가설은 다시 공간 통계 기법을 통해서 통계적으로 검증되어야 하고, 검증된 이론은 컴퓨터 모형을 개발하기 위한 기본 구조로 사용된다. 컴퓨터 모형의 결과는 다시 고차원의 통계적 검증과 분석의 대상이 되기도 한다.

보통의 GIS 소프트웨어는 대부분 공간 데이터 처리 기법을 기본으로 포함하고 있고, 몇 가지 간단한 공간 데이터 분석 기법, 특히 지도를 사용한 탐색적 분석 기능을 제공하고 있다. 하지만 대부분의 GIS 소프트웨어는 공간 통계 분석 기법은 제한적으로만 포함하고 있으며, 공간 모형을 수립하거나 그에 기반하여 확률적인 추정치를 제공하는 기능은 거의 제공하지 않는다. 사실 공간 데이터 분석과 공간 통계 혹은 공간 모형은 밀접하게 상호 연관되어 있으며, 여기에서 공간 통계를 공간 데이터 분석과 분리하여 설명하는 것은 공간 통계와 그를 이용한 모형화가 표본 평균과 같은 단순한 기술 통계가 아니라 확률 통계나 모집단 매개변수 추정치의 신뢰도 추정과 같은 심화 통계를 의미하는 것임을 강조하기 위한 것이다. 이 책에서는 지리 정보 분석의 다양한 접근 방식 중에서 공간 데이터 분석과 공간 통계 분석과 관련한 내용을 주로 다루고 있다. 사실, 일상적인 공간 자료 활용 사례에서 공간 데이터의 통계적 테스트는 상대적으로 자주 활용되는 것은 아니다. 통계 기법은 일부 유형의 공간 데이터에서는 잘 작동하고 그 결과도 이해하기 쉽지만, 일반적인 통계 기법이 적용되기 힘든 공간 자료도 많이 있다. 공간 데이터의 특수성과 통계와의 관계에 대해서는 본문의 다양한 부분에서 설명할 것이다.

비록 이 책의 주된 내용이 공간 데이터의 통계적 분석에 초점을 맞추고 있다고 하더라도, 버퍼링(Buffering)이나 점-대-면 질의(Point-in-Polygon Query)와 같이 GIS 소프트웨어에서 제공하는 공간 데이터 처리 기법의 중요성을 과소평가해서는 안 된다. 이러한 공간 데이터 처리 기능들은 공간적인 문제를 설정하고 가설을 세우기 위해서 반드시 거쳐야 하는 필수적인 과정이다. 3절에는 공간 데이터 처리 기법들에 대한 설명과 이 기능들을 통계적인 접근 방식과 통합하여 적용할 때 얻을 수 있는 효과에 대한 더 자세한 설명이 기술되어 있다. 일반적인 관점에서 보자면, 공간 데이터가 저장되는 방식, 다시 말해서 GIS에서 지리적 현상이 어떻게 표현되는지는 이어지는 분석 과정에서 점점 중요해지고 있다. 이와 관련한 설명은 이 책의 대부분 장에서 공통적으로 다루어지는 내용이다. 또한 그러한 점이 저자들이 이 책의 제목에 '지리 정보 분석'이라고 하는 포괄적인 의미의 단어를 사용한 이유이기도 하다. 이 책에서 설정한 지리 정보 분석의 실무적인 정의는 '지리 공간에서 작동하는(혹은 작동하는 것으로 추정되는) 어떤 프로세스의 결과로 발생하는 공간적 패턴을 조사하는 것'이라고 할 수 있다. 따라서 공간적 패턴의 표현과 설명, 측정과 비교 분석을 가능하게 하는 기술 및 기법이 지리 정보 분석 연구의 핵심이라고 할 수 있다.

아직까지는 공간적 패턴과 작용이라는 두 가지 핵심 용어의 의미에 관해서는 자세히 설명하지 않고 일반적인 개념으로만 사용한다. 3장과 4장에서 점 패턴 분석의 개념을 살펴볼 때 지리 정보 분석에서 두 용어가 의미하는 바를 명확하게 설명하도록 한다. 우선은 지리학 연구에서 기본적으로 이해하고 시작해야 할 개념인 공간 데이터 유형에 대해 먼저 알아보도록 한다.

1.2. 공간 데이터 유형

세계를 지도로 표현한다고 했을 때 당신이 생각하는 형태는 어떤 모습인가? 초기 GIS 문헌에서는 지리적 현상이나 사물을 디지털 형식으로 표현되는 방식에 따라 벡터와 래스터로 지리적 자료의 표현 형식을 구분하였다.

    1. 벡터(Vector) 형식은 지도를 구성하는 점, 선, 면을 위치 좌표로 표현하는 방식이다. 벡터 형식

생각해 보기: 지리적 현상의 표현 형식

이 책 전체에 걸쳐서 여기저기에 본문에서 설명한 개념에 대한 독자들의 이해를 돕기 위해 '생각해 보기'라는 연습 문제를 제공한다. 제시된 과제를 독자가 직접 수행하고 그를 통해 본문에서 설명한 특정 개념에 대한 유용한 결론을 이끌어내고, 그 개념을 조금 더 쉽게 기억할 수 있도록 하는 것이다. 첫 번째 과제는 컴퓨터에서 지리가 어떻게 표현되는가 하는 문제와 관련된 것이다.

1. 당신이 시청이나 군청과 같은 공공기관의 도로 관리부서에서 일한다고 가정하자. 당신의 업무는 시(혹은 군) 경계 내의 모든 도로를 관리하는 것이고, GIS를 이용해 다음과 같은 기능을 제공하여야 한다.
   - 필요 시 도로 포장 공사 시행
   - 도로 굴착이나 포장 공사와 관련하여 다른 기관(예, 전기회사) 혹은 부서(예, 상하수관로 관리 부서)와의 업무 충돌 방지
   - 도로망 구조 개선

데이터베이스에 도로망을 어떤 (기하학적) 형태로 기록하고 저장할지 생각해 보고 적어 보자. 또 도로와 관련한 속성들은 어떤 것을 수집해야 할까?

2. 이번에는 당신이 같은 지역의 버스 회사에서 일한다고 가정해 보자. 당신은 GIS를 이용해 다음과 같은 작업을 지원해야 한다.
   - 운행 시간표 작성
   - 기존 버스 노선 및 잠재적 신규 버스 노선에 대한 승객 수요 예측
   - 정류장 배치 최적화

버스 회사 직원으로서 작성해야 하는 도로망 지도와 그 속성 자료는 위의 도로 관리부서 직원으로서 작성하는 도로망 데이터베이스와 어떻게 다른가?

그 차이가 시사하는 점은 무엇인가?

같은 지리적 개체라고 하더라도 그 개체를 활용하는 목적에 따라 그 표현 방식도 달라진다. 단순한 사실이지만 지리 정보 분석에서는 꼭 기억해야 할 점이다.

에서는 지도에 있는 지형지물을 나열하고 각 지형지물을 점, 선, 면 개체로 나타낸다. 벡터 형식은 컴퓨터를 사용하여 디지털 데이터를 이용하여 지도를 그리는 데 기원을 두고 있으며, 데이터 저장 용량을 많이 차지하지 않아 컴퓨터 저장 용량이 제한적이고 저장 매체의 값이 비싼 상황에서 유용하게 활용되었다. 벡터 형식은 기본적으로 지리적 공간이 비어 있고, 다양한 종류의 객체가 이 공간의 특정 부분에 일정 면적을 차지하고 있다는 공간적인 객체 관점(Object view)에 기반을 두고 있다.

2. 지표면의 개별 객체를 표현하는 벡터 형식과는 반대로 래스터 형식은 지표면을 같은 크기의 작은 격자(화소 또는 픽셀; Pixel)로 나눠서, 각 픽셀에 관심 대상의 값 또는 존재 여부를 기록하는 방식이다. 공간의 모든 곳이 값을 갖기 때문에['0' 또는 'null(공백)' 값이라도] 래스터 형식은 일반적으로 벡터 형식보다 더 많은 컴퓨터 저장 용량이 필요하다. 래스터 형식은 상당 부분 사진과 같은 원격탐사 데이터의 영상 처리 방식에서 유래하였다.

벡터와 래스터 형식의 구분은 지리 데이터의 컴퓨터 저장 형식이며 상당히 유용한 구분이기는 하지만, 지리적 현상의 일반적인 구분에는 유용하지 않다. 따라서 이 책에서는 조금 더 상위 구분인 객체 관점과 연속면 관점에 대해서 먼저 설명하고자 한다.

객체 관점

객체 관점(Object view)에서는 세계를 공간 일부를 차지하고 있는 여러 개체(Entity)의 모임으로 간주한다. 공간적 개체는 만질 수 있고, 옮길 수도 있고 때로는 그 안에서 움직일 수도 있는 실체적인 사물을 의미한다. 객체는 공간적 개체를 디지털 형식으로 표현한 것이다. 객체는 점 객체, 선 객체, 면 객체와 같이 크게 세 가지 유형으로 분류된다. 응용 프로그램에서 모든 객체는 이 세 가지 유형의 공간 객체 유형 중 하나로 만들어진다. 점, 선, 면 객체 유형을 활용하여 특정 객체를 생성하는 과정을 인스턴스화(Instantiation)라고 한다. 예를 들어 환경 관련 GIS 프로젝트에서 숲이나 들판은 면 개체의 사례(Instance)가 된다. 객체 관점에 공간 혹은 장소는 여러 객체의 조합으로 구성된다. 주택 객체는 도시 객체 안에 있고, 도시 객체는 주택들 외에도 가로등, 버스정류장, 도로, 공원 등 다양한 공간 객체를 포함하고 있는 것이다.

유의할 점은 같은 공간 개체라고 하더라도 지도의 축척이 달라지면 서로 다른 객체 유형으로 표현되기도 한다는 것이다. 우리가 자주 가는 기차역을 예로 들자면, 소축척 지도에서 기차역은 흔히 하나의 점 객체로 표현된다. 하지만 기차역 주변이 확대된 대축척 지도에서 기차역은 면적을 가진 면 객체로 표현되는 것이 일반적이다. 기차역을 중심으로 더 확대하면 기차역은 하나의 면 객체가 아니라 여러 건물을 나타내는 면 객체와 철도 선로를 나타내는 선 객체들의 조합으로 표현되기도 한다. 같은 공간 개체가 축척에 따라 다양한 객체 유형으로 표현될 수 있다는 유연성의 문제를 축척에 따른 다중 표현 문제(Multiple Representation Problem)라고 한다.

객체 관점에서는 각 공간 개체를 독립적인 동작과 변화가 가능한 객체로 간주하기 때문에 시간에 따라 형태나 위치가 변화하는 개체를 표현할 때 특히 유용하게 활용될 수 있다. 예를 들어 5년 혹은 10년 단위로 실시되는 인구센서스 자료는 행정 구역 객체를 이용해 효과적으로 표현할 수 있다. 물론 공간 개체의 영역이 불분명하거나 시간에 따라 경계가 바뀌는 개체는 객체지향 프로그래밍 기법을 통해서 해결해야 하지만, 이 책이 의도하고 있는 내용 범위를 벗어나므로 여기서는 자세히 다루지 않도록 한다(Worboys et al., 1990 참조).

연속면 관점

연속면 관점(Field view)에서 세계는 공간을 가로질러 연속적으로 변화하는 속성으로 구성된 것으로 간주한다. 대표적인 사례가 지표면인데, 여기서 연속면을 구성하는 변수는 해발고도이다. 마찬가지로 지표면을 건물이 있는가의 여부로만 판단하여 연속면으로 구성할 수도 있다. 이 경우 연속면은 이진수(Binary number)의 집합이 되는데, 여기서 1은 건물이 있다는 것이고 0은 건물이 없다는 것을 나타낸다. 대형 건물이거나 건물의 외곽선이 격자 셀 경계를 교차하면 하나의 건물이 두 개 이상의 격자 셀에 있는 것으로 기록될 수 있다. 연속면 관점의 핵심 요소는 공간(혹은 공간을 규정하는 변수)의 연속성(Contiguity)과 연속면의 자체 완결성(Self-definition)이다. 연속면에서는 구역 내의 모든 지점이 값을 가지며(여기에는 '없다'라는 의미의 '0'이 포함된다), 그런 변숫값의 집합이 연속면을 규정한다. 반면 객체 관점에서는 객체를 완전히 표현하기 위해서 개체의 속성값이 반드시 지정되어야 한다. 직사각형 객체는 그 객체의 속성을 지정하는 변숫값이 입력되기 전까지는 공간 개체가 아니라 단순한 사각형에 지나지 않는 것이다.

래스터 데이터 모형은 연속면을 기록하는 여러 방법 중 하나일 뿐이다. 래스터 모형에서는 연속면의 지리적 변화는 일정한 크기와 모양을 가진 화소(픽셀, Pixel)로 표현된다. 연속면을 표현하는 다른 방법으로는 비정규 삼각망(Triangulated Irregular Network: TIN) 형식이 있다. TIN은 연속면의 변숫값을 서로 겹치지 않는 삼각형들의 집합으로 나타내고, 삼각형의 꼭짓점마다 해당 위치의 변숫값을 저장한다. GIS의 개발 초기, 특히 지도 제작 분야에서는 등고선과 같은 등치선을 이용하여 해발 고도 등 연속면 변숫값을 표현하였는데, 이는 요즘도 지형도(Topographic map)에서 일반적으로 사용되는 연속면 표현 형식이다.

연속면 데이터의 마지막 유형은 범주형 변수(Categorical Variable)로 대상 지역을 구분하는 형태이다. 모든 위치에 값이 있지만, 그 변숫값은 수량이 아니라 단순히 현상에 부여된 이름으로, 토양 지도가 대표적인 사례이다. 어느 지점에서나 토양 분류가 있고, 또한 토양의 변화도 공간적 연속성을 가지기 때문에 데이터의 자체 완결성을 가진다. 따라서 연속면 관점으로 분류할 수 있다. 개발에 적합하거나 부적합한 지역을 구분한 토지이용 지도(landuse map) 역시 범주형 연속면 데이터 사례이다. 기존 연구에서 이러한 유형의 연속면 데이터는 여러 가지 이름으로 불려 왔다. 계량 지리학자들은 이 유형의 데이터를 지도로 표시하기 위해서 각 범주에 서로 다른 색상을 지정하고 범주의 종류에 따라 특정 수(k)의 색상이 필요하다는 이유로 k-색상 지도라고 부른다. 검은색(1)과 흰색(0) 두 가지 색상만 이용하는 경우에는 이진 지도(Binary map)라고도 한다. 최근에는 범주형 변수를 이용해 공간을 표현한다는 측면에서 범주형 데이터 모형(Categorical Coverage)이라는 용어가 많이 사용되고 있다.

범주형 데이터 모형은 대상 지역의 모든 지점에 변숫값이 연속적으로 지정되어 있다는 측면에서는 연속면 관점의 데이터 형식이지만, 반대로 같은 변숫값을 가진 지점들을 특정 암석 유형이나 토양 유형을 가진 개체로 간주할 수 있다는 점에서 객체 관점의 데이터 형식으로 구분하기도 한다. 범주형 데이터가 객체 혹은 연속면으로 취급되는 것은 데이터 자체가 가진 고유의 특성이라기보다는 범주형 데이터를 컴퓨터 공간에 기록하고 저장하는 방식에 따라 결정되는 것이다. ESRI사 GIS 소프트웨어의 초기 버전인 ArcInfo에서 사용된 고전적인 데이터 구조인 지리관계형(georelational) 데이터 구조에서 범주형 데이터는 폴리곤 영역 객체로 간주하는 것이 일반적이었다. 지리관계형 데이터 구조에서는 서로 다른 범주 값을 가진 영역 객체는 서로 교차하여 겹치지 않도록 평면화(Planar Enforcement)라는 과정을 거쳐 자료의 내부적인 논리 구조를 충족시키도록 디자인되었다. 이상 살펴본 바와 같이 대부분의 지리 현상은 때로는 객체 관점에서 때로는 연속면 관점에서 유동적으로 모형화할 수 있으며, 특정 지리 현상을 어떤 데이터 모형으로 기록하고 저장할 것인지는 해당 현상의 고유한 특성과 사용자의 분석 목적 등에 따라 결정해야 한다.

데이터 유형에 따른 지도 표현법의 선택

실제 GIS 활용에서는 데이터베이스에 저장된 지리적 개체를 두 가지 관점으로 분리해서 파악하는 것이 유용하다. 우선, 우리가 공간 개체(Entity)라고 부르는 실제가 있다. 건물이나 도로와 같은 실제 공간 개체들이다. 반면에, 데이터베이스에 저장된 요소로서 개체가 있다. 데이터베이스 이론에서는 이것을 객체(Object)라고 부른다(혼란스럽겠지만 이 경우 객체는 연속면을 포함하는 개념이다). 어떤 현상을 공간 개체로 간주할 것인가 하는 것은 경우에 따라 달라질 수 있지만, 기본적으로 공간 개체는 공통적으로 다음과 같은 특징을 갖는다.

- 식별 가능해야 한다(Identifiable). 관찰될 수 없는 것은 기록될 수 없다. 가장 현실적인 특성이지만, 분석 대상을 제한한다는 측면에서 관찰 불가능한 현상들을 추정한 것도 지리적 분석에 포함해야 한다는 견해도 있다.
- 분석 주제와 관련되어 있어야 한다(Relevant).
- 설명이 가능해야 한다(Describable). 기록하여 저장할 수 있는 특성이나 속성을 가지고 있어야 한다.

공간 개체(Spatial Entity)는 동일한 종류의 현상으로 더 세분화할 수 없는 현상이라고 정의된다. 예를 들어, 도로망(Road Network)은 공간 개체로서 도로(Road)라고 하는 구성요소로 나누어질 수 있다. 도로를 다시 더 세분화할 수도 있지만, 이 세분화된 부분들은 도로가 아니라 도로 구간(Road Segment)과 같은 다른 유형의 공간 개체가 된다. 마찬가지로, 산림(Forest) 개체는 더 작은 영역으로 세분될 수 있다. 우리는 이를 입목(立木, Stand)이라고 부르며, 입목은 개별 나무(Tree) 개체들로 구성된다.

객체와 연속면이라고 하는 두 가지 유형의 공간 표현 사이의 관계는 매우 본질적이고 유래가 깊은 것으로, 현상의 본질에 대한 고대 그리스의 철학적 논쟁에서 그 유래를 찾을 수 있다. 이 세상을 연속적으로 변화하는 현상의 무대로 볼 것인지 아니면 개별 물체들로 채워진 거대한 용기로 볼 것인지에 대한 철학적 논쟁이 그것이다. 그 철학적 논쟁의 결론이 무엇인지는 이 책의 주제인 지리 정보 분석의 관점에서 그렇게 중요한 것은 아니다. 다만 두 가지 입장이 있고, 지리 정보 분석에서 각각의 필요에 따라 두 가지 관점 중 실제로 유용한 하나를 선택하여 활용할 수 있는 능력이 중요하다고 말할 수 있다.

객체와 연속면의 구분을 단순화한 벡터와 래스터라는 데이터 모형 구분은 GIS 데이터 구축의 가장 기본적인 형태이지만 다음과 같은 몇 가지 한계를 가진다.

1. 데이터 유형을 어떻게 지정할 것인가 하는 선택은 고정적인 것이 아니라 시스템에 입력된 데이터로 무엇을 하고 싶은지에 달려 있다. 예를 들어, 개별 건물, 도로 또는 기타 기반 시설과 같은 시설 관리와 관련된 업무를 하는 회사에서는 객체 관점을 가장 적합한 데이터 유형으로 고려할 것이다. 반면에 환경 재해의 위험도 분석을 목표로 하는 시스템의 개발자는 연속면 관점을 선호할 것이다. 환경 과학에 관한 대부분 이론은 온도, 풍속, 대기압 등 연속면 형태의 데이터에 기반하고 있기 때문이다. 마찬가지로 대부분의 원격탐사 데이터는 연속면 형태의 자료로 수집, 저장된다. 인구센서스 자료는 전통적으로 행정 구역 단위의 객체 데이터로 저장, 활용되어 왔으나, 최근 몇몇 지리학자들은 고정된 면 형태의 센서스 공간 단위 대신 인구 분포를 연속면 형태로 모형화하면 시각화 및 분석에 유용하게 활용할 수 있다는 사실을 입증하고 있다.

2. 공간 현상을 지도로 어떻게 표현할 것인가 하는 것은 실세계의 관측 자료를 컴퓨터에 어떤 방식으로 저장할 것인가 하는 것과는 별개의 문제이다. 지도 디자인은 지도 사용자에게 실제 세계에 대한 정보를 효과적으로 전달하기 위한 시각적 목적을 가지지만, 관측 자료를 데이터베이스에 저장하는 방식은 자료의 측정, 저장, 관리, 분석 및 모형화의 방식과 더 깊은 관련이 있다. 따라서 데이터 저장 방식과 지도 표현 방식은 독립적으로 선택, 활용하여야 한다.

3. 벡터와 래스터의 구분 방식에 지나치게 의존하게 되면, 데이터베이스에 자료를 저장하는 방식과 현상의 실제 작동 방식을 혼동하게 되는 경우가 있다. 앞에서 살펴보았듯이 연속면 현상은 래스터와 벡터 방식 중 어느 방식을 사용하더라도 데이터베이스에 저장할 수 있다.

4. 벡터와 래스터의 구분 방식에 지나치게 의존하게 되면, 래스터−벡터 또는 객체−연속면 관점 중 어느 방식으로도 표현하기 힘든 지리적 현상이 존재할 수도 있다는 사실을 간과하게 되는 측면이 있다. 가장 대표적인 사례가 교통망(Transport Network)이다. 흔히 교통망은 일련의 선 객체(경로, Route)와 점 객체(교통 결절, Node)로 구성되지만, 많은 사례에서 이 데이터 구조는 교통량 분석 등에서 완벽하지 않은 것으로 드러났다. 또 다른 사례는 최근 그 활용이 점점 활발해지고 있는 영상(Image) 데이터이다. GIS에서 활용되는 영상 데이터는 지도의 배경 이미지로 사용되는 스캔한 지도나, 표준 이미지 포맷으로 인코딩된 사진 영상들이다. 기본적으로 영상 자료는 래스터 방식으로 저장되지만, 영상 자료에서는 이미지 내의 특정 지점을 지정하거나 해당 지점의 값을 추출하기 힘들다. 영상 자료에서는 개별 위치의 속성값보다는 영상 전체가 하나의

자료로서 가치를 가지는 것이다. 이러한 문제점을 반영하여 ESRI의 ArcInfo 소프트웨어의 최신 버전에서는 지리 현상의 표현 방식을 위치(Location), 공간 사상(Feature; 위치 좌표들로 구성된), 연속면(Field), 영상(Image) 및 네트워크(Network) 등 다섯 가지 유형으로 분류하고 있다 (Zeiler, 1999 참조)

5. 위에서 기술한 문제점들과 최근의 기술적 발전으로 인해 벡터와 래스터 데이터 방식 사이의 변환이 일반화되고 있다. 벡터 자료를 래스터 형식으로, 또는 그 반대 방향으로의 자료 변환은 최근 대부분의 GIS 소프트웨어에서 제공되고 있는 기능에 포함된다.

공간 객체 유형

서로 다른 형태의 공간 개체를 지도로 표현하기 위해서는 적절한 공간 객체 유형의 선택이 우선되어야 한다. 공간 객체 유형을 정의하려는 시도는 다양한 방식으로 이루어졌지만, 가장 일반적인 방식은 객체의 공간적 차원을 사용한 정의이다. 공간 객체를 그 공간적 차원에 따라서 점, 선, 면, 입체 등의 4가지 유형으로 분류하는 것이다. 여기에서 공간적 차원이란 길이(Length), 즉 거리를 측정할 수 있는 축을 의미한다. 길이가 없는 객체는 점(Point)으로 표현되고, 길이 측정을 위한 축이 없다는 의미에서 L^0을 표시할 수 있다. 두 개의 점을 연결한 선(Line)은 길이를 측정하는 축이 하나이므로 L^1, 면적을 가지는 면(Area) 객체는 가로, 세로 두 개의 길이 측정 축을 가지므로 L^2로 표현한다. 마지막으로 부피를 가지는 입체(Volume) 객체는 3차원이라는 의미로 L^3로 나타낼 수 있다. 미국의 디지털 지도 데이터베이스를 위한 국가 표준(U.S. National Standard for Digital Cartographic Databases, DCDSTF, 1988)이나 워보이스의 평면 공간 객체에 대한 일반 모형(Worboys 1992, 1995) 등은 모두 이와 유사한 방식으로 공간적 차원에 따라 공간 객체의 유형을 정의하고 있다.

그러나 공간 객체 유형에 대한 이런 추상적이고 이론적인 정의를 실제에 적용하기 위해서는 다음과 같은 몇 가지 실제적인 문제점에 대한 인식이 수반되어야 한다.

1. 공간 객체의 표현 방식과 그 객체의 공간적 특성을 분리하여 이해할 필요가 있다. 예를 들어 선 객체는 면 객체의 가장자리를 표시하는 데 사용될 수도 있지만, 면 객체를 선 객체가 대신할 수는 없다. 선 객체는 철도, 도로, 강과 같은 공간 개체를 나타내는 객체 유형이다.

2. 지리적 축척(Geographic Scale)의 중요성이다. 앞에서도 언급하였듯이 기차역과 같은 공간 객체는 축척이 달라짐에 따라 점, 선 또는 면 객체로 다양하게 표현될 수 있다. 다른 많은 공

간 개체들도 마찬가지다. 축척 의존성의 또 다른 예는 프랙털(Fractal)이라는 개념인데, 프랙털은 어떤 공간 객체의 경우에는 측정 방식의 상세함 정도를 다르게 하더라도 유사한 수준의 디테일을 갖는다는 의미이다. 프랙털의 성격을 갖는 공간 객체의 가장 대표적인 사례는 해안선(Coastline)인데, 해안선은 아무리 확대하더라도 그 복잡함의 정도가 줄어들지 않는다는 의미이다. 이것은 우리가 얼마나 정확하게 공간 좌표를 기록했는지에 상관없이 공간 객체의 세부 사항을 모두 기록하는 것은 불가능하다는 것을 의미한다. 이 문제에 대해서는 6장에서 조금 더 자세히 설명하도록 한다.

3. 실세계에서는 부피를 가지는 3차원 객체이지만, 실제로는 깊이(Depth) 또는 높이(Height)를 속성으로 가지는 2차원 객체로 표현되는 경우도 있다. 지질학자들은 암석의 부피를 특정 지점에서의 암석의 깊이를 (암석의 투수성이나 색상과 같은) 속성값으로 기록하는 방식으로 표현하는 것이 일반적이다.

4. 공간적 차원을 이용한 객체 유형 구분은 시간의 변화를 반영하지 않은 정태적인 개념이다. 지리 자료 분석에서 대부분 경우 이러한 한계는 큰 문제가 되지는 않지만, 연구나 분석의 관심이 시간에 따른 공간 객체의 변화일 때는 중대한 한계로 작용한다.

5. 점, 선, 면, 입체 등 공간적 차원에 따른 제한적인 공간 객체 유형 구분만으로도 다양한 기하학적 및 공간적 분석 작업을 수행할 수 있다. 점 자료만으로도 거리를 계산하고, 선 자료를 이용해 교차지점을 찾아내고, 면 자료를 이용해 객체들의 교차 및 포함 여부를 판별할 수 있다. 다양한 공간 객체 유형들을 함께 활용하면 실행 가능한 분석 기능의 수는 기하급수적으로 증가한다.

객체와 연속면 구분

1. 당신이 사는 지역의 축척 1:50,000 이상 지형도를 구한다. 지도를 살펴보고, 지도에 표현된 10가지 이상의 공간 개체 유형 목록을 작성한다. 각 공간 개체를 지도에 표현할 때 객체 유형이 적합한지 아니면 연속면 유형이 적합한지 표시해 보자. 만약 객체 유형이 적합하다면 점, 선 또는 면 객체 중 어느 유형이 적합한지를 적어 보자.

2. 당신이 이 지도에 표현된 공간 개체들을 데이터베이스에 저장하고자 한다면 몇 가지의 공간 객체 혹은 연속면 데이터 모형이 필요할지 생각해 보자.

힌트: 지도 범례를 활용하면 쉽게 실습을 수행할 수 있다. 물론 정해진 정답은 없다.

1.3. 개체 속성의 측정 수준

점, 선, 면 등 객체 유형 구분에 더하여, 공간 개체에 속성(Attribute) 값을 할당하는 방법에도 일정한 유형 구분이 필요하다. 사물을 묘사할 방법의 수는 우리의 상상력에 의해서만 제한된다고 할 수 있을 정도로 가능한 속성의 범위는 엄청나게 넓다. 예를 들어, 건물이라는 공간 개체는 높이, 색상, 나이, 용도, 임대료, 창문 개수, 건축 양식, 소유자 등 많은 속성 정보로 표현할 수 있다. 따라서 속성은 공간 개체를 설명하기 위해 사용하는 개체의 특성이라고 정의할 수 있다. 이 절에서는 속성을 측정 수준(척도, Level of Measurement)에 따라 분류하는 간단한 방법을 살펴본다. 속성값의 측정 수준은 해당 공간 개체를 이용해서 어떤 분석이 가능한지를 결정하는 중요한 조건이므로, 지리 정보 분석과 그에 근거한 공간적 추론 과정에서 매우 중요한 고려사항이라고 할 수 있다.

속성값의 측정 수준에 관해 설명하기 전에 우선 측정(Measurement)이 무엇을 의미하는지를 명확히 하는 것이 중요하다. 측정은 정보를 수집할 때 정해진 규칙에 따라 관찰된 현상에 급간(Class) 또는 값을 할당하는 과정이다. 급간이나 값을 할당한다는 것은 할당된 값이 반드시 숫자 값일 필요는 없다는 것을 의미한다. 할당된 값은 현상을 분류한 유형(Type)일 수도 있고, 다른 값들과 비교해서 매긴 순위(Rank)일 수도 있다. 여러분이 지금 읽고 있는 이것은 '책'이라는 유형으로 분류된 작업이다. 또 여러분은 이 책을 읽고 '좋다', '보통', '나쁨' 등의 순서로 책의 순위를 매길 수도 있다. 즉 측정은 우리가 우리를 둘러싸고 있는 환경에 대한 정보를 감지, 평가, 저장하는 과정을 포괄적으로 의미하는 것이다.

측정이라는 과정을 거쳐 만들어 낸 정보를 유용하게 사용할 수 있으려면, 측정 과정이 명확하게 규정되어 있어야 하고 반복적인 측정에서도 같은 결과를 낼 수 있어야 한다. 우선, 측정을 수행하는 담당자가 측정 대상의 특성을 명확하게 이해하고, 필요한 작업을 수행할 수 있어야 한다. 둘째로, 같은 현상에 대한 반복된 측정은 같은 결과를 산출해야 하고, 같은 현상의 다른 데이터를 사용할 때도 일관성 있는 측정 결과를 산출할 수 있어야 한다. 마지막으로 측정 결과의 정확도 역시 중요한 요소이다. 이러한 요구사항들이 모두 충족되지 않으면, 측정 결과를 이용한 GIS 분석 결과의 신뢰성에 중대한 결함으로 작용하게 된다. 요약하자면, 신뢰성 있는 데이터의 구축을 위해서는 측정 대상인 공간 현상의 특성에 대해서 정확히 이해하고, 미리 정의된 측정 범위에 맞춰 일관된 규칙에 따라 측정을 진행하여야 한다는 것이다.

공간 자료의 속성 데이터를 구축할 때는 측정 대상이 명확하게 정해져 있는 경우가 대부분이지만, 때로는 측정이 쉽지 않거나 정해진 측정 방식이 없는 때도 있다. 측정하고자 하는 현상의 개념이 불

명확하거나 같은 현상이더라도 다양한 해석이 가능한 경우가 이에 해당된다. 예를 들어 GIS를 사용하여 어떤 지역에 인구 밀도(Population Density)를 지도화하는 것은 단순하고 명확한 작업이지만, 인구 과밀(Overpopulation)이라고 하는 현상을 직접적으로 측정하고 지도화하는 것은 그리 단순한 작업이 아니다. 인구 과밀이라는 개념은 사람들의 반응, 생활수준 및 사용 가능한 자원 등을 종합적으로 고려하여 판단하는 것이기 때문에, 인구 밀도만으로는 측정할 수 없다. 따라서 인구 과밀이라고 하는 현상을 분석하고 지도화하기 위해서는 사람들의 의견과 인식 등을 데이터베이스화할 수 있어야 하고, 이를 위해서는 질적(Qualitative) 데이터를 수집하고 분석할 수 있는 GIS 기능이 꼭 필요하다.

공간 현상의 속성에 이름(Name), 순위(Rank) 또는 숫자 값(Number)을 할당하는 방법을 정의하는 규칙이 측정 수준이고, 각각의 측정 수준은 고유의 측정 규칙을 적용받는다. 스티븐스(Stevens, 1946)는 측정 수준을 공간 현상의 특성에 따라 명목척도, 순위척도, 등간척도 및 비율척도 능 4가지 척도로 구분하는 측정 수준 분류를 고안하였다.

명목척도

명목척도(Nominal measure)는 속성에 할당되는 값이 고유의 범주를 나타내는 것으로 다른 값들과 상대적인 비교가 불가능하다는 점에서 스티븐스의 측정 수준 분류에서도 가장 낮은 수준으로 분류된다. 명목척도의 값은 고유한 범주이며 현상에 이름을 지정하거나 분류하는 역할을 한다. 특정 건물의 속성을 '상점'이라고 입력하는 대신 건물 유형 '2'라고 입력하면 정보의 손실을 피하면서도 입력 데이터의 복잡성이나 용량을 절감할 수 있다. 다만 모든 명목척도는 범주가 포괄적(inclusive)이며 동시에 범주 분류가 상호배타적(mutually exclusive)이어야 한다. 포괄적이라는 것은 모든 객체가 정의된 유형('상점' 또는 '상점 아님')에 할당되어야 하고, 분류되지 않는 객체가 없어야 한다는 것을 의미한다. 상호배타적이라는 것은 어느 객체라도 둘 이상의 유형에 동시에 할당될 수 없다는 것을 의미한다. 범주 사이에는 어떤 대소(大小) 관계나 선후(先後) 관계도 없다는 것이 명목척도의 기본 가정이다. 명목척도에서는 입력을 위해 숫자를 사용하더라도 숫자는 오직 기호로만 사용되며, 더하기, 빼기와 같은 수학적으로 계산에 사용될 수 없다. 따라서 명목척도 데이터를 이용해서 수행할 수 있는 분석 작업은 매우 제한적인데, 범주별 구성원의 수를 세어서 빈도 분포를 살펴보는 것 정도가 가장 대표적인 명목척도 데이터 분석 방법이다. 명목척도 데이터라도 개체가 공간 좌표를 가진 지리 자료면 해당 공간 개체의 위치를 지도화하거나, 위치 좌표(x, y)를 활용한 거리, 면적 등의 분석은 수행할 수 있다.

순위척도

명목척도에서는 범주 사이의 상대적인 비교가 불가능하다. 반면에 어떤 기준에 따라 범주들 사이에 선후 혹은 대소 관계가 있어서 순위를 매기는 것이 가능하다면, 순위척도(Ordinal measure)를 사용할 수 있다. 예를 들자면, 농업에 적합한 토지인가를 평가하여 토지를 등급으로 분류할 수 있다. 순위척도에서는 토지 등급 사이의 선후 순서는 나타낼 수 있지만, 그 차이가 토지의 농업 적합성을 직접적으로 나타내는 것은 아니다. 즉 1등급 토지와 2등급 토지 사이의 농업 적합성 차이는 9등급 토지와 10등급 토지 사이의 차이와 그 정도가 다를 수 있고, 대부분 경우는 큰 차이가 있다. 순위척도 데이터도 명목척도처럼 수학적 연산은 제한적으로 사용되어야 한다는 것은 마찬가지이지만, 순위척도 데이터의 경우는 일부 통계적 분석이 가능하다는 차이점이 있다. 명목척도와 순위척도 데이터를 통틀어서 범주형 데이터라고도 한다.

등간척도와 비율척도

등간척도(Interval measure)는 순위를 나타내는 것과 동시에 범주 간의 차이나 거리를 고정된 단위(Unit)를 사용하여 표현할 수 있다. 눈금 간격으로 온도를 측정하는 온도계가 등간척도를 사용하는 대표적인 사례인데, 예를 들어 25~35℃의 차이(간격)는 75.5~85.5℃의 차이와 같다. 그러나 등간척도에서는 절대적 0이라는 기준이 없으므로 상대적인 차이만을 표현할 수 있고, 에너지나 거리의 절대적인 크기를 표현하는 데는 적합하지 않다. 반면 비율척도(Ratio measure)에서는 절대적 0의 개념이 성립한다. 예를 들어, 0m의 거리는 0℃와는 다르게 거리가 없다는 것을 의미한다. 0℃는 열에너지가 없음을 의미하는 것이 아니라, 물이 어는 지점을 기준으로 상대적으로 온도를 측정한 것이다. 온도를 비율척도로 표현할 때는 섭씨온도 대신 절대온도(k)를 사용하여야 하며, 이때 0은 에너지가 존재하지 않음을 나타낸다. 즉 6m는 3m의 두 배라고 말할 수 있지만, 100℃는 50℃의 두 배라는 식으로 비율로 계산할 수 없다는 것이다.

이러한 등간척도와 비율척도의 차이는 비율을 계산할 때 어떤 일이 발생하는지 살펴보면 명확하게 이해할 수 있다. 예를 들어, A 지점이 B 지점으로부터는 10km(6.2137마일), C 지점으로부터는 20km(12.4274마일) 떨어져 있을 때, 세 지점 간 거리의 비율은 거리 측정 단위와 상관없이 다음과 같이 계산할 수 있다.

$$\frac{A-B거리}{A-C거리} = \frac{10\text{km}}{20\text{km}} = \frac{6.2137마일}{12.4274마일} = \frac{1}{2} \qquad (1.1)$$

거리는 본질적으로 비율척도로 측정된다. 하지만 등간척도는 비율척도처럼 측정값 사이의 비율을 표현하지는 못한다. 예를 들어, X 지점의 연평균 기온이 10℃(50°F)이고 Y 지점의 연평균 기온이 20℃(68°F)라고 해서, Y 지점의 기온이 X 지점 기온의 두 배라고 말할 수 없다. 섭씨온도에서 두 지점의 기온 비율은 20/10=2이지만, 화씨온도에서는 68/50=1.36으로 그 비율이 다르기 때문이다. 이 차이점을 제외하면 등간척도와 비율척도 데이터는 산술적으로나 통계적으로 동일한 방식으로 처리할 수 있으므로 함께 처리하는 것이 일반적이다. 등간척도와 비율척도는 통틀어서 수치척도라고도 한다.

특정한 측정 수준에서 수집된 데이터라고 하더라도, 분석이나 지도화 과정에서 다른 척도로 변환하여 사용하는 것도 가능하다. 등간 및 비율척도 데이터는 높음/낮음 또는 뜨거움/미지근함/차가움 등과 같이 순위척도로 변환하여 사용할 수 있다. 하지만 명목척도 데이터를 순위척도나 수치 척도로 변환하거나, 순위척도를 수치 척도로 변환하는 등 낮은 수준의 척도로 측정된 데이터를 높은 수준의 척도로 변환하는 것은 일반적인 상황에서는 불가능하다.

스티븐스의 측정 수준 분류는 일반적으로 가장 많이 사용되는 척도 분류이지만, 그 유용성과 한계에 대한 비판적인 의견도 있다. 벨먼과 윌킨슨(Velleman and Wilkinson, 1993)은 스티븐스의 척도 분류를 너무 엄격하게 적용하면 원래 의도와는 다르게 지리 자료의 분석 방법을 지나치게 제한하여 새로운 분석 가능성을 배제하는 부작용이 나타나기도 한다고 지적하였다. 예를 들어, 행정 구역 코드와 같이 숫자 값이지만 명목척도로 분류되는 데이터는 등간척도나 비율척도처럼 수학적 계산이 불가능하기는 하지만, 다른 명목척도 데이터와 달리 코드 값을 지정할 때 일정한 원칙을 따르고 있기 때문에 일부 통계적인 분석이 가능하다는 것이다. 행정 구역 코드와 같은 일련번호 명목척도 자료는 동-서 혹은 남-북 방향으로 또는 도시 중심에서 바깥쪽으로 일정한 규칙에 따라 코드가 부여되기 때문에 통계적으로 분석할 수 있는 공간 패턴이 있다. 이러한 경우는 명목척도 데이터라고 하더라도 통계적 분석을 통해 다른 변수와의 상관관계를 분석할 수도 있다.

스티븐스 자신도 기존의 측정 수준 분류에 더하여 승수 효과로 그 강도가 커지는 변수인 지진 강도나 산성도(pH) 측정에 사용할 수 있는 척도인 로그등간척도(Log Interval scale)를 고안하기도 하였다. 크리스만(Chrisman, 1995)은 스티븐스의 측정 수준 분류에 해당하지 않는 다른 유형의 데이터가 존재한다는 점을 지적하기도 하였다. 예를 들어, 많은 종류의 선형 객체는 방향과 크기를 동시에 표현하는 벡터양(Vector Quantity)으로 측정하는 것이 가장 적합하며(부록 B 참조), 360°를 최댓값으로 그 이상의 값은 0°에서 다시 시작하는 각도와 같은 속성은 순환척도(Cyclical scale)라고 별도로 분류되기도 한다. 마찬가지로 최근의 기술적 발전으로 인해서 스티븐스(Stevens, 1946)의 측정 수준 분류에 포함하기 어려운 다양한 데이터 형식이 많이 생겨났다는 점도 유의하여야 한다. MP3 파일이나 사진 이미지가 GIS의 공간 객체에 링크된 경우에, 이들 정보를 단순한 명목척도 데이터로 간주할 것인지, 아니면 음향 혹은 사진 이미지에 포함된 정보의 특성에 따라 다른 척도 데이터로 간주하고 분석할 것인지는 GIS 개발자나 분석담당자의 목적에 따라 효과적으로 결정되어야 한다. 이상 살펴본 측정 수준 분류에 대한 다양한 비판은 공간 자료를 분석하기 위한 데이터 디자인을 포함한 모든 과정에서 자료에 대한 열린 자세가 가장 중요하다는 기본 원칙을 재확인하는 것이라고 볼 수 있다. 그러나 다양한 비판에도 불구하고 명목 – 순위 – 등간 – 비율척도의 구분 체계는 대부분의 공간 자료 분석에서 매우 유용한 데이터 분류 방식이다.

차원과 측정 단위

측정 수준에 더해서 공간 데이터의 속성 자료는 차원성(Dimensionality)과 측정 단위(Unit)라는 속성을 가지고 있다. 하천이라는 공간 개체를 선 객체로 묘사한다면, 하천 객체의 속성에는 유속, 하천 단면적, 유량, 수온 등이 포함된다. 이러한 다양한 하천 객체의 속성 변수는 하천이 가진 변동성 차원(Dimensions of Variability)의 일부이다. 공간 객체를 표현하기 위해 어떤 차원을 선택할 것인지는 연구자의 재량에 달려 있지만, 자연과학에서는 일반적으로 물리적 현상을 질량(Mass, M), 길이(Length, L), 시간(Time, T)의 세 가지 기본 차원의 조합으로 표현한다. 예를 들어, 속도(Velocity)라는 차원은 거리(L)를 시간(T)으로 나눈 값, 즉 L/T로 표현할 수 있다. 이는 시속을 마일 단위로 표시하거나 초속을 미터 단위로 표시하거나 속도 단위의 차이와 관계없이 적용될 수 있다. 거리 나누기 시간이라는 의미의 L/T 표기는 LT^{-1}로 표기할 수도 있다.

마찬가지로 하천의 단면적은 길이 차원을 두 개 곱한다는 의미에서 L^2, 하천 유량은 시간당 흐르는 물의 양(부피)이라는 의미에서 L^3T^{-1}으로 표기할 수 있다. 반면 차원성이 없는 변수(Non-Dimensional Variable)는 측정값이 단위를 가지지 않은 속성이다. 예를 들어 호도법(Radian) 단위로 측정한 각도는 두 개의 길이, 호 길이(arc length)와 원 반경(Circle Radius) 사이의 비율이기 때문에 계산 과정에서 길이(L) 차원이 약분 상쇄되어($LL^{-1}=L^0$) 차원이 없는 속성이 된다. 이와 유사하게 특정 행정 구역 인구 중 외국인 인구 비율과 같이 전체에서 일부가 차지하는 비율과 같은 속성값은 모두 차원성을 갖지 않은 측정값이라고 할 수 있다.

차원 분석은 공간 분석에서 매우 유용한 방법의 하나다. 공간 분석이나 공간 모형에서 사용되는 모든 방정식은 수치적으로뿐만 아니라 차원적으로도 검증되어야 한다. 따라서 차원 분석을 활용하면 방정식에서 빼먹은 변수가 있는지를 확인하거나, 공간 현상의 기능적 관계를 정확하게 표현하는 공간 모형을 찾아내는 데 효과적이다. 지리학에서는 전통적으로 차원 분석에 관한 관심이 매우 저조하였는데, 이는 대부분의 인문지리 연구에서는 자연과학과 달리 명확하게 정의될 수 있는 차원에 대한 공감대가 형성되지 못했기 때문이다. 하지만 헤인즈의 연구(Haynes, 1975; 1978)에서 볼 수 있듯이, 인문지리 연구에서도 P(인구) 또는 $(금액)과 같은 표준적 형태의 차원을 매우 유용하게 활용할 수 있다.

마지막으로, 등간 및 비율척도로 측정된 속성에서는 측정 단위 체계(Unit System)의 선택과 통일이 매우 중요한 요소이다. 역사적으로 다양한 지역에서 다양한 단위 체계를 사용하여 차원을 측정하였다. 가장 대표적인 사례가 바로 거리 단위의 문제인데, 거리를 표현하기 위해서는 영국식 단위(인치, 피트, 마일 등), 미터법 단위(미터, 킬로미터) 및 기타 전통적 거리 측정 단위[뼘(Hand), 막대(Yard), 체인(Chain), 해리(海里, Nautical Mile)] 등이 혼용되고 있어 혼동을 주는 경우가 많다. 인치, 피트, 마일 등 영국식 거리 단위는 실제로 영국에서는 이제는 공식적으로 사용되지 않고 미국을 포함한 일부 국가에서만 미터법 단위와 같이 사용되고 있다. 각 국가의 역사적 배경과 일상생활과의 연관성 때문에 국제 표준인 미터법 단위 외에도 다양한 거리 단위를 사용하고 있지만, 과학적 분석에서 표준이 아닌 거리 측정 단위를 혼용해서 사용하는 것은 분석 결과에 혼란을 야기하고 때로는 매우 위

생각해 보기: 일상에서의 공간 데이터 유형

그림 1.1은 앞에서 논의한 다양한 공간 데이터 유형을 요약한 것이다. 가로축은 점, 선, 면, 연속면 등 공간 객체 유형을, 세로축은 속성값의 측정 수준(척도)을 나타내고 있다. 공간 객체 유형과 측정 수준 유형을 조합한 12개 공간 데이터 유형에 기초해서 다음 질문에 답해 보자

· 당신이 사는 집은 점 객체인가, 아니면 면 객체인가? 아니면 둘 다인가?
· 당신이 학교까지 가는 경로는 선 객체인가? 그 경로를 설명하기 위해서는 어떤 속성을 사용할 수 있을까?
· 당신은 점 객체, 그중에서도 명목척도 데이터에 속한다고 할 수 있을까? 하지만 때에 따라서는 시공간(즉 4차원) 선형 객체로 표현할 수도 있지 않을까?
· 그림 1.1의 공간 객체 유형 각각을 설명하는 속성을 생각해 보고 각 속성의 측정에 적합한 측정 수준을 나열해 보자.

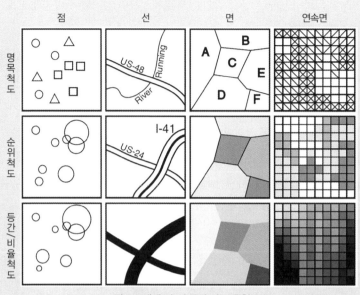

그림 1.1 개체-속성 공간 자료 유형 구분

위 질문에 대한 답을 생각해 보면 개체-속성 구조를 통해 얼마나 많은 공간 데이터 유형을 고안할 수 있는지를 알 수 있게 된다. 또한 기억해야 할 것은 앞으로 살펴볼 다양한 공간 분석 기법과 그 분석 결과의 해석에 있어서 이 개체-속성 구조가 공간 현상을 단순화하여 모형화하는 데 가장 기본적인 틀이 된다는 것이다.

험한 결과를 초래할 수도 있다. 미국 항공우주국(NASA)에 따르면 최근 화성 탐사 프로젝트에서 발생한 사고도 화성의 중력 가속도 계산 과정에서 거리 측정 단위를 이것저것 섞어서 사용한 것이 주요 원인 중 하나인 것으로 밝혀졌다고 한다.

1.4. GIS 분석, 공간 데이터 처리, 공간 분석

21세기 초반부터 과학 분야와 사회 전반에 걸쳐 지리 정보 시스템의 활용이 급격하게 증가하고 있다. 워드프로세서 프로그램처럼 광범위하게 사용된다고 할 수는 없지만, 기업이나 정부 기관 및 기타 의사 결정 과정에서 GIS의 활용은 점점 더 일반화되고 있다. 지리학 교과서를 한 번도 읽지 않은 사람이라고 하더라도, 웹 사이트의 지도 서비스를 통해 여행 목적지 지도를 만들거나 목적지까지의 길 찾기를 사용하는 등의 방식으로 자신이 GIS를 사용하고 있다는 사실을 인지하지 못하면서도 GIS

를 일상적으로 사용하고 있는 경우가 많다. 이런 간단한 기능 외에도 공간 데이터를 조합하고 변환하여 필요한 공간 정보를 분석, 수집하는 GIS의 기능은 매우 다양하게 활용할 수 있다. 이 절에서는 GIS 기술이 급격히 확산하면서 다양한 공간 분석 기능의 활용 필요성이 커지고 있는 상황에서, 일반적인 GIS 소프트웨어가 제공하는 다양한 공간 분석 기능에 대해서 간략하게 설명하고자 한다.

지도와 시각화

GIS의 가장 기본적인 기능이며 거의 무의식적으로 수행되는 공간 분석 방법이라고 할 수 있는 것이 지도(Map)이다. 데이터의 공간적 분포를 2차원 혹은 최근 기술 발전과 함께 점점 더 많이 사용되고 있는 3차원 시각화를 통해 표현하는 것이다. 지도는 지도 작성자가 공간 자료를 분석한 결과의 시각적 증거로 사용되는 것이 일반적이지만, 실제로는 수 세기 동안 지형 정보나 지적 정보를 저장하고 해독하는 매체로 사용되어 왔다. 특히 다양한 주제도(Thematic map)가 19세기 이래로 통계 자료나 실측 자료를 효과적으로 시각화하기 위해 많은 분야에서 활용되었다. 보드(Board, 1967)는 여러 지도 유형 중 주제도의 이러한 기능을 데이터 모형이라는 개념으로 정리하였고, 다운스(Downs, 1998)는 자연과학자들이 현미경과 망원경을 사용하여 자연 현상을 관측하는 것에 비유하면서 지리학자는 지도를 이용해 공간 현상을 모방하여 해당 현상의 공간적 패턴을 연구한다고 설명하였다. 공간 정보의 저장과 전달 매체로서 지도의 기능은 일반적으로 쉽게 이해되고 수용되는 개념이지만, 공간 자료의 직접적인 분석 기법으로서의 지도화 기능은 일반인들에게 비교적 생소한 개념이다.

지도 제작을 통한 공간 분석의 초기 사례로 대표적인 것은 존 스노(John Snow)가 1854년 영국 런던의 소호 지역에서 발생한 콜레라에 의한 사망자 분포를 지도로 작성하여 그 원인을 규명하고자 한 노력에서 찾을 수 있다. 오늘날의 관점에서 보자면 스노 박사의 지도는 단순한 점 지도(Dot map)라고 볼 수 있으며, 스노 박사가 현장 조사를 통해 콜레라 사망자의 개별 주소를 모두 조사할 수 있었기 때문에 작성할 수 있었다. 콜레라 사망자의 분포를 보여 주는 지도는 질병 발생의 공간적 집중의

생각해 보기: GIS와 지도

GIS 소프트웨어를 실행하고 어떤 유형의 지도를 그릴 수 있는지 실습해 보자. 그런 다음 컴퓨터 화면에 나타난 지도와 손으로 종이에 그린 지도의 주된 차이점에 대해 생각해 보자. 컴퓨터 지도와 손으로 그린 지도 사이의 차이가 지도를 활용한 공간적 현상의 이해에 어떤 차이를 가져올 것으로 생각하는가?

증거를 보여 주는 단순한 점 지도지만, 스노 박사는 그 위에 지역에서 식수 공급을 위해 사용하고 있던 물 펌프 지도를 중첩함으로써 콜레라 발생이 특정 물 펌프를 중심으로 집중되어 있음을 보여 줄 수 있었다. 콜레라가 오염된 식수를 통해서 전염되는 수인성 전염병이라는 사실이 밝혀지지 않았던 당시의 현실에서 그 발견은 매우 획기적이었다. 의료계에서는 그 발견의 타당성을 의심하는 분위기가 팽배하였지만 시 당국은 그의 충고에 따라 해당 물 펌프를 폐쇄하는 조치를 시행하였고, 이내 콜레라의 확산은 중단되었다. 콜레라와 식수 오염 사이의 연관성을 발견한 것은 19세기 후반 영국에서 위생적인 공공 수도 공급을 향한 정책적 움직임으로 연결되었다. 스노 박사가 1세기 이후에 개발된 GIS를 사용할 수 있었다면, 그 역시 이 책의 뒷부분에서 소개될 공간 통계 분석 기법을 이용하여 같은 결론을 도출할 수 있었을 것이다. 그의 연구에서 얻을 수 있는 가장 중요한 교훈은 지도가 과학적 이론을 뒷받침하는 강력한 증거로 활용될 수 있다는 것이다.

논쟁의 여지가 있기는 하지만(Brody et al., 2000 참조), 스노 박사의 연구는 과학적 시각화(Scientific Visualization)의 선구적인 사례이다. 과학적 시각화는 데이터나 정보를 다양한 시각적 도구를 통해 탐구하여 현상에 대한 이해와 통찰력을 얻는 과정으로 정의할 수 있다. 최근 시각화가 모든 과학 분야에서 보편적으로 널리 활용되고 있는 데에는 여러 가지 이유가 있다. 우선 센서 기술(Sensor Technology)과 자동화된 자료 획득 기술의 발전으로 데이터를 지식으로 변환하는 속도를 넘어서서 매우 빠른 속도로 다양한 데이터가 생산, 저장되고 있다. 최근 한 추정에 따르면 하루 약 3백만 기가바이트 이상의 속도로 새로운 데이터가 생성되고 있다고 한다(Lyman and Varian, 2000 참조). 둘째, 최근 과학 분야에서 가장 흥미로운 발견 중 하나는 비선형 동역학(Non-Linear Dynamics) 혹은 혼돈 이론(Chaos theory)과 관련되어 있는데 이들 이론에 따르면, 자연 현상의 상당 부분은 매우 복잡하고 직접적인 연관 관계가 분명하게 드러나지 않아서 수학적 방정식만으로는 표현하기 힘들고 시각적인 표현을 통해서만 그 구조를 나타낼 수 있다는 것이다. 최근에 출판된 대부분의 대중적 과학 서적은 수학적 모형보다는 시각적인 표현을 통한 자연 현상의 이해에 집중되어 있다는 점이 이를 증명한다. 셋째, 과학 분야에서 복잡한 시뮬레이션 모형이 일상적으로 사용됨에 따라, 시뮬레이션 모형의 결과를 표현하는 방법으로 시각화 기법에 대한 수요가 많이 증가하고 있다. 대기 순환 모형을 통해 지구 온난화를 분석한 결과는 대부분 애니메이션 지도와 같은 과학적 시각화 기법을 통해 소개되고 있다. 과학적 시각화의 다양한 기법들은 12장에서 더 자세하게 다루고 있다.

시각화(Visualization)는 통계학의 탐색적 데이터 분석(Exploratory Data Analysis: EDA)의 전통에 기반하고 있다. 그래프와 같은 시각적 표현을 분석 결과의 표현에 한정하는 대신, 시각적인 표현을 통해 데이터의 속성에 대한 이해나 다양한 분석 기법에 대한 아이디어를 개발한다는 측면에서 시각화는 탐색적 데이터 분석의 가장 중요한 도구이다. 시각화는 많은 경우, 연구 아이디어를 시각적 도구를 이용해 발전시킨 다음 그것을 글이나 표 자료 등 비 시각적인 도구를 이용해 제시한다는 측면에서 전통적인 연구 방식과 정반대 절차로 연구가 진행된다. 그림 1.2의 왼쪽 흐름도는 전통적인 연구 절차를 표현한 것으로, 연구 질문(주제)의 선정과 데이터 수집, 분석과 결론이 선형적인 절차로 진행되며 지도는 주로 연구 결과를 표현하는 도구로 사용된다. 반면 현대의 GIS를 이용한 연구 환경은 그림 1.2의 오른쪽 흐름도와 같다. GIS를 이용하면 데이터를 쉽게 지도로 표현할 수 있어서, 지도에 나타난 공

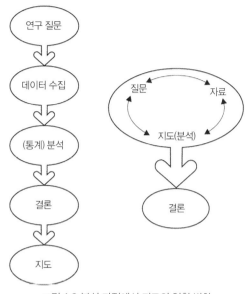

• 그림 1.2 분석 과정에서 지도의 역할 변화

간 현상의 분포를 시각적으로 확인하고 연구 질문(주제)의 도출을 유도한다. 물론 때에 따라서는 지도를 그려 보기 전에 이미 연구 질문이 있고, 연구 주제에 따라 데이터를 수집하여 GIS로 지도를 작성하는 방식으로 연구를 진행하기도 한다. 하지만 이 경우에도 지도는 연구 질문이나 주제를 개선하고 더 복잡한 주제로 발전시키는 중요한 매체로 활용된다는 것이 전통적인 연구 진행 절차와 가장 큰 차이라고 할 수 있다. 이상과 같은 연구 질문, 데이터, 지도 사이의 복잡하고 유동적인 과정은 유용한 연구 결론이 도출될 때까지 계속된다. 물론 전통적인 연구 절차와 GIS 환경의 연구 절차가 완전히 분리된 것은 아니다. 전통적 연구 절차에서도 분석 결과에 따라 연구 질문을 수정하고 새로운 데이터를 수집하는 식으로 순환적인 절차를 차용하기도 하고, GIS 환경에서도 정형화된 연구에서는 체계적인 선형적 접근 방식이 사용되기도 한다. 중요한 점은 지도가 전통적인 연구 절차에서처럼 단순히 연구 결과를 제시하는 도구가 아니라 연구 과정에서 중요한 분석 도구로 활용된다는 것이다.

분석 결과의 시각적 표현이라는 단순한 역할에서 자체적인 분석 기능과 연구 아이디어의 개발이라는 지도의 기능 변화는 전통적 지도 제작 기법에 대한 학문인 지도학(Cartography) 분야에도 중대한 변화를 가져왔고, 과학적 시각화 기법으로서의 GIS 지도화의 가능성에 관한 연구로 이어졌다(Hearnshaw and Unwin, 1994; MacEachren and Fraser Taylor, 1994; Unwin, 1994). 지도의 기능에 대한 인식이 급변하고 있는 환경에서, 저명한 지도학자 중 하나인 모리슨(Morrison, 1997)의 표현대로 '지도 사용자가 바로 지도 제작자'인 현대 사회에서 지도학에 대한 인식을 명확히 하려면 다

음의 두 가지 사실을 유념해야 한다. 첫째, 지도의 기능이 변화하고 있는 환경에서도 지도를 공간 분석의 수단으로 효과적으로 사용하기 위해서는 지도학 분야에서 축적된 지도 제작과 관련한 다양한 지식과 원칙을 기초로 하여야 한다(Dent, 1990; Monmonier, 1991; Robinson et al., 1995). GIS와 컴퓨터 기술이 아무리 급속히 발전하고 있다고 하더라도 지도 제작에서 있어서 이 교과서들이 제시하는 기본 원칙이 무시되어서는 안 된다. 지도 제작 기술이 변화하더라도 지도학자들의 연구를 통해 누적된 지도 제작 원칙과 지도 해석 방법에 대한 지식은 여전히 유효하다는 것이다. 둘째, 지도를 사용하면 공간 현상에 나타나는 패턴을 신속하게 파악하고 때로는 연구 질문을 도출하는 데 효과적이기는 하지만, 공간 현상을 정확하게 파악하기 위해서는 지도로 표현되는 사실에 더불어서 더 심도 있는 공간 분석이 필요한 경우가 대부분이라는 사실이다. 지도를 통해 공간 현상의 분포 패턴을 파악할 수 있더라도, 그 분포 패턴이 유의미한 것인지 무작위적 결과인지는 통계적인 분석을 통해서 검증하는 과정을 거쳐야 확인할 수 있다. 시각화 및 지도 제작 기술을 사용하면 공간상에서 어떤 일이 벌어지고 있는지 시각적으로 쉽게 파악할 수 있지만, 그 중요성이나 유의미성에 관한 질문에 답하기 위해서는 심도 있는 통계적 공간 분석이 필요한 것이다.

기하학적 중첩 분석, 버퍼 분석, 점-폴리곤 중첩

GIS가 없을 때는 여러 달에 걸쳐서 분석해야 했던 자료를 GIS를 사용하면 빠른 시간에 분명한 분석 결과를 얻을 수 있다. GIS를 이용한 공간 분석의 핵심적인 기능은 여러 다른 유형의 공간 자료를 중첩하여 패턴을 비교 분석할 수 있는 기능이다. 예를 들어, 어떤 공장이나 시설 인근에서 어떤 질병이 많이 발생하는지를 분석하여 그 연관 관계를 분석하는 경우를 예로 들어 보자. 해당 질병 환자의 분포와 시설의 분포는 직접 좌표로 입력하거나, 주소 정보가 있는 경우 지오코딩(Geocoding, 주소 정보를 좌표 정보로 변환하는 과정)을 거쳐 지도 자료로 변환할 수 있다. 그런 다음 해당 시설을 중심으로 일정 거리(예, 1km) 버퍼를 생성할 수 있다. 대기 오염을 고려할 때는 풍향에 따라 특정 방향으로 긴 형태의 타원형 버퍼를 적용할 수도 있을 것이다. 다음에는 시설을 중심으로 한 버퍼 폴리곤과 환자들의 점 자료를 중첩하여 버퍼 폴리곤 안에 얼마나 많은 환자가 분포하는지를 계산하여, 버퍼 바깥의 환자 분포와 비교할 수 있다. 그러면 해당 시설이 특정 질병의 발생과 어떤 연관 관계가 있는지를 분석할 수 있는 것이다. 이 분석의 최종 결과는 각 시설 근처에서 질병이 얼마나 발생했는지와 그 시설과 거리가 많이 떨어져 있는 지역의 질병 발생 현황을 보여 주는 일련의 수치 정보이다. 문제는 그 숫자 값이 해당 시설과 질병 발생과의 연관 관계를 통계적으로 증명할 수 있는가 하는 점이다. 이것은 단순한 지도 중첩을 넘어서서 공간 분석이 해결해야 하는 과제이며, GIS 프로그램 자체로는 이러한 통계적 검증이 완벽하게 이루어지기 어려운 경우가 많다.

지도 중첩

지도 중첩(Map Overlay)은 두 개 이상의 공간 데이터 레이어(Layer)를 여러 방법으로 결합하여 새로운 레이어를 만드는 것이다. 지도 중첩의 가장 고전적인 사례는 여러 공간 데이터 레이어를 결합하여 토지의 개발 적합성 지수를 나타내는 지도를 제작한 맥하르그의 1969년 연구로, GIS 기술 개발을 선도한 초기 대표 연구 중 하나였다(McHarg, 1969 참조). 그가 토지의 개발 적합성 평가를 위해 사용한 공간 데이터 레이어는 토지 경사도, 산림 밀도, 도로 접근성(도로망으로부터의 거리에 따라 버퍼를 생성하여 작성함), 환경 민감성 및 건축에 대한 지질 적합성 등을 포함한다. 이상의 여러 레이어를 중첩함으로써 연구 대상 지역의 모든 지점에서 여러 레이어의 속성값들이 조합된 결과 레이어가 만들어지고, 그것을 이용해서 해당 지점의 개발 적합성 지수를 계산할 수 있다.

지도 중첩의 기본적인 원리는 기하학적 교차(Geometric Intersection)이다. 지도 중첩 과정에서 같은 속성값을 가진 지점들은 하나의 폴리곤으로 병합(Merge)된다. 기하학적 교차와 병합 모두 기본적으로 입력된 폴리곤 데이터의 기하학적 처리 과정이다. 덧붙여 말하자면 이 두 경우 모두 래스터 모형과 벡터 모형 모두에서 쉽게 수행할 수 있으므로 두 데이터 모형의 호환성을 설명하는 좋은 사례이다. 교차와 병합 두 가지 작업은 수학의 집합 이론(Set theory)과 벤다이어그램(Venn Diagram)을 통해 익숙하게 알고 있는 교집합, 합집합의 개념을 공간적으로 적용한 것이다. 지도 중첩 분석과 관련한 자세한 내용은 10장에서 더 자세히 설명하고 있다.

GIS와 공간 분석의 연계

여기까지의 서술에서 자연적으로 들어야 하는 의문은 "공간 분석이 그렇게 중요한 것이라면 왜 GIS 소프트웨어에 공간 분석 기능이 통합되어 제공되지 않는가?" 하는 것이다. 지리 정보 시스템이 아니라 지리 정보 분석 시스템이 공간 자료의 분석이라는 GIS의 역할을 조금 더 충실하게 표현하는 것이 아닌가 하는 것이다. 하지만 GIS와 공간 분석은 다음과 같은 몇 가지 이유에서 차이점을 가진다.

1. GIS와 공간 분석은 공간 데이터를 바라보는 관점이 다르다. GIS는 주로 공간 데이터를 개체-속

성 모형에 기반하여 처리하는 데 중점을 둔다. 공간 분석에서도 개체-속성 모형에 기초한 데이터를 사용한다는 측면에서는 GIS와 같지만, 공간 분석에서는 공간 현상의 작동 원리와 분포 패턴을 분석하는 데 집중되어 있고 그에 따라 GIS의 개체-속성 모형을 초월하는 분석 틀을 요구하는 경우가 많다.

2. GIS 기업 측면에서 공간 분석 기능의 필요성에 대한 인식이 미약한 상황이다. 공간 분석 기능은 GIS의 공간 데이터 처리나 간단한 중첩 분석 기능과 비교해서 구현이 쉽지 않아, GIS를 개발하는 기업으로서는 고차원 공간 분석 기능을 개발하여 자신들의 GIS 소프트웨어에 추가하는 데 따르는 비용에 비해 사업적 효과가 크지 않은 것으로 인식되고 있다는 문제가 있다. 대형 GIS 소프트웨어 개발의 주요한 수요자인 공공기관이나 시설물 관리 기관으로서도 복잡하고 이해하기 어려운 공간 분석 기능보다는 대규모 공간 데이터베이스를 설계하고 공간 데이터를 효율적으로 저장, 관리하는 부분에 대한 요구가 더 큰 실정이다. 이런 이유로 인해 공간 분석 도구는 GIS 소프트웨어로 통합하여 개발하는 대신 별도의 소프트웨어로, 기존 GIS 소프트웨어의 추가 기능으로 개발되는 경우가 많다. GIS 개발 기업으로서도 GIS 소프트웨어에 따른 수입에 더해서 공간 분석 소프트웨어를 추가로 판매할 수 있다는 장점 때문에 공간 분석 기능을 GIS 소프트웨어로 통합하여 개발하는 것을 주저하는 실정이다.

3. 공간 분석의 엄격한 통계적 검증이라는 관점은 종종 시각적 표현을 통한 공간 데이터의 쉬운 이해라는 GIS의 장점을 감쇄시키는 효과로 나타나기도 한다. 앞에서 언급한 공간 분석의 기본적인 연구 질문, 즉 "지도를 보니 특정한 분포 패턴이 보이는데, 이것이 과연 통계적으로 유의미한 것인가?"라는 질문은 GIS 개발 기업으로서는 그다지 효과적인 마케팅 방법이 아니다.

이런 이유로 이 책에서 다루는 공간 분석을 모두 구현할 수 있는 단일 GIS 소프트웨어는 존재하지 않는다. 이 책에서 배울 수 있는 많은 공간 분석 기법을 즉시 쉽게 활용할 수 있는 간단한 도구가 없다는 것은 아쉬운 일이지만, GIS 소프트웨어 기술이 계속 발전하고 있어서 이 책이 다양한 공간 분석 기법에 대한 이해를 돕고 그를 통해서 지리 정보 과학 및 기술의 발전에서 공간 분석 기능의 강화에 모범이 될 수 있을 것이라는 기대를 하고 있다.

1.5. 결론

이상에서 GIS와 공간 분석의 개념을 중심으로 이 책에서 다루어질 내용을 개괄적으로 살펴보았다. 다음 장들에서는 GIS 기술, 즉 이 책에서 '지리 정보 분석'이라고 정의된 관점에서 공간 분석의 다양한 기법들을 소개한다. 자세한 내용은 가능한 한 논리적인 순서에 따라 배치하였다. 우선 다음 장인 2장에서는 공간 분석의 가장 큰 전제가 되는 문제인 공간 통계 분석이 일반적인 통계 분석과 어떤 차이가 있는지에 대해 살펴보고, 공간 통계 분석의 가능성과 공간 통계 분석 과정에서 유의해야 할 공간 데이터의 특수성에 관해서 설명한다. 3장에서는 공간 데이터 분석에서 가장 기본적인 이슈들, 특히 공간적 현상의 작동 원리(Process)의 개념에 대해 중점적으로 설명한다. 4장에서는 점 패턴에 대한 설명과 통계 분석을 다루고, 5장에서는 점 패턴 분석에 대한 보다 최근의 접근법을 살펴본다. 6장과 7장은 선 객체와 면 객체를 이용한 공간 분석에 대해서 살펴본다. 8장과 9장은 연속면 데이터의 분석 기법을 설명한다. 10장에서는 공간 분석 관점에서 지도 중첩 분석 방법에 대해 살펴보고, 공간 데이터의 일반적인 형태인 다변량(Multivariate) 데이터를 분석하는 방법에 대한 설명은 11장에서, 마지막으로, 12장에서는 공간 분석 연구 분야에서 새로이 발전하고 있는 연구 경향을 살펴보고 그 발전 가능성을 논의하도록 한다. 책을 서술하면서 저자들은 가능한 수학적 표현과 통계학적 지식이 별로 없는 사람도 쉽게 이해할 수 있도록 내용을 서술하려고 노력하였지만, 일부 설명에서는 불가피하게 수학적인 설명을 덧붙여야 하는 일도 있었다. 대신 독자들의 이해를 돕기 위해 유용한 통계 및 행렬 대수 정보를 요약하여 부록으로 제공하고 있다. 수학적 설명에 익숙하지 않은 독자의 경우에는 책을 읽는 중에 부록을 참고하기를 바란다.

요약

- 공간 분석(Spatial Analysis)은 지리학에서 활용되는 다양한 분석 기법의 하나이고, GIS 기능이나 공간 모형화와는 구별되어야 한다.
- 이 책의 관점에서, 지리 정보 분석(Geographic Information Analysis)은 지리적 현상에 관한 공간 데이터를 표현, 설명, 측정, 비교하여 공간적 패턴을 찾아내는 기술 및 기법으로 정의된다.
- 지리적 현상의 결과로 나타나는 공간적 패턴을 조사하는 방법은 탐색적(Exploratory) 분석, 기술적(Descriptive) 분석, 그리고 통계적(Statistical) 분석 기법으로 나눠 볼 수 있다.
- 공간 데이터는 크게 점, 선, 면 및 연속면 데이터로 분류되고, 각 유형의 공간 데이터 분석을 위해서는 서로 다른 접근법이 필요하다.
- 실제 지리적 개체와 공간 데이터 사이의 관계는 매우 복잡하고, 축척 의존적이다.
- 지리적 현상을 점, 선, 면, 연속면으로 나타내는 것은 현실을 단순화한 모형이다. 지리적 현상을 특정 데이터 유

형으로 정의한 이후에는 모든 분석 과정에서 정의된 유형에 따라 적절한 분석 도구를 선택하여 사용하여야 한다.

• 공간 분석과 GIS 기능의 차이는 분명하지만, 이 둘은 서로 밀접하게 관련되어 있으며 대부분 공간 분석은 GIS 데이터베이스에 저장되고 GIS 기능을 사용해 준비된 데이터를 이용하여 수행된다.

• 이 책에서 설명하는 공간 분석 기법들을 모두 시행할 수 있는 표준 GIS 소프트웨어 패키지는 아직 존재하지 않는다. 다른 기술 발전의 속도보다 느릴 것으로 예상되지만, 공간 분석 기능이 통합된 GIS 소프트웨어도 곧 상용화될 수 있을 것으로 기대된다.

참고 문헌

Bailey, T. C., and A. C. Gatrell (1995). *Interactive Spatial Data Analysis*. Harlow, Essex, England: Longman.

Board, C. (1967). Maps as models, in R. J. Chorley and P. Haggett, (eds.), *Models in Geography*. London: Methuen, pp. 671-725.

Brody, H., M. R. Rip, P. Vinten-Johansen, N. Paneth, and S. Rachman (2000). *Map-making and myth-making in Broad Street: the London cholera epidemic*. The Lancet, 356(9223):64-68.

Chrisman, N. (1995). Beyond Stevens: a revised approach to measurement for geographic information. Paper presented at AUTOCARTO 12, Charlotte, NC. Available at http:==faculty.washington.edu/chrisman/Present/BeySt.html, accessed on December 23, 2001.

Cressie, N. (1991). *Statistics for Spatial Data. Chichester*, West Surrey, England: Wiley.

DCDSTF (Digital Cartographic Data Standards Task Force) (1988). The proposed standard for digital cartographic data. *The American Cartographer*, 15(1):9-140.

Dent, B. D. (1990). Cartography: Thematic Map Design. DuBuque, IA: WCB Publishers.

Diggle, P. (1983). *Statistical Analysis of Spatial Point Patterns*. London: Academic Press.

Downs, R. M. (1998). The geographic eye: seeing through GIS. *Transactions in GIS*, 2(2): 111-121.

Ford, A. (1999). *Modeling the Environment: An Introduction to System Dynamics Models of Environmental Systems*. Washington DC: Island Press.

Fotheringham, A. S., C. Brunsdon, and M. Charlton (2000). *Quantitative Geography: Perspectives on Spatial Data Analysis*. London: Sage.

Haynes, R. M. (1975). Dimensional analysis: some applications in human geography. *Geographical Analysis*, 7: 51-67.

Haynes, R. M. (1978). A note on dimensions and relationships in human geography. *Geographical Analysis*, 10: 288-292.

Hearnshaw, H., and D. J. Unwin (eds.) (1994). *Visualisation and GIS*. London: Wiley.

Lyman, P., and H. R. Varian. (2000). How Much Information. Available at http:==www.sims.berkeley.edu/how-much-info, accessed on December 18, 2001.

MacEachren, A. M., and D. R. Fraser Taylor (eds.) (1994). *Visualisation in Modern Cartography*. Oxford: Pergamon.

McHarg, I. (1969). *Design with Nature. Garden City*, NY: Natural History Press.

Mitchell, A. (1999). *The ESRI Guide to GIS Analysis*. Redlands, CA: ESRI Press.

Monmonier M. (1991). *How to Lie with Maps*. Chicago: University of Chicago Press.

Morrison, J. (1997). Topographic mapping for the twenty-first century, in D. Rhind (ed.), *Framework for the World*. Cambridge: Geoinformation International, pp.14-27.

Ripley, B. D. (1981). *Spatial Statistics. Chichester*, West Sussex, England: Wiley.

Ripley, B. D. (1988). *Statistical Inference for Spatial Processes*. Cambridge: Cambridge University Press.

Robinson, A. H., J. L. Morrison, P. C. Muehrcke, A. J. Kimerling, and S. C. Guptill (1995). *Elements of Cartography*, 6th ed. London: Wiley.

Stevens, S. S. (1946). On the theory of scales of measurements. *Science*, 103: 677-680.

Tomlin, C. D. (1990). Geographic Information Systems and Cartographic Modelling. *Englewood Cliffs*, NJ: Prentice Hall.

Unwin, D. J. (1981). *Introductory Spatial Analysis*. London: Methuen.

Unwin, D. J. (1994). Visualisation, GIS and cartography. *Progress in Human Geography*, 18: 516-522.

Velleman, P. F., and L. Wilkinson (1993). Nominal, ordinal, interval, and ratio typologies are misleading. *The American Statistician*, 47(1): 65-72.

Wilson, A. G. (1974). *Urban and Regional Models in Geography and Planning*. London: Wiley.

Wilson, A. G. (2000). *Complex Spatial Systems: The Modelling Foundations of Urban and Regional Analysis*. Harlow, Essex, England: Prentice Hall.

Worboys, M. F. (1992). A generic model for planar spatial objects. *International Journal of Geographical Information Systems*, 6:353-372.

Worboys, M. F. (1995). *Geographic Information Systems: A Computing Perspective*. London: Taylor & Francis.

Worboys, M. F., H. M. Hearnshaw, and D. J. Maguire (1990). Object-oriented data modeling for spatial databases. *International Journal of Geographical Information Systems*, 4:369-383.

Zeiler, M. (1999). *Modeling Our World: The ESRI Guide to Geodatabase Design*. Redlands, CA: ESRI Press.

02 공간 데이터의 특수성과 가능성

2.1. 서론

공간 데이터의 분석을 위해서는 일반적인 통계 분석 기법과는 다른 특별한 분석 기법이 필요하다. 점점 더 많은 데이터가 지리적 특성을 가진 형태로 생성되고 GIS 기술의 보급에 따라 지도학적 시각화를 통한 자료 분석의 장점에 대한 인식이 확대되는 상황에서, 공간 데이터가 다른 데이터와 어떤 차이를 가지는지를 명확하게 이해하는 것은 매우 중요한 요건이다. 데이터 분석에서 공간 데이터의 특수성에 대한 논쟁은 다양한 학술 문헌이나 토론에서 매우 많이 다루어진 주제이다. 이 장에서는 속성 데이터에 위치 정보가 추가되어 공간 데이터로 변하는 것이 어떤 의미에서 자료의 분석 과정에 근본적인 변화를 가져오는지를 몇 가지 측면으로 나누어 설명한다.

특별한 것이 모두 그렇듯 공간 데이터의 특수성은 부정적인 측면과 긍정적인 측면을 동시에 가지고 있다. 일반적인 통계 기법을 이용해서 공간 데이터를 분석하려고 시도하는 사람들에게는 공간 데이터의 특수성이 자료 자체의 약점이나 극복해야 할 문제로 인식되기 쉽다. 통계학에서 개발된 표준적인 통계 기법들을 지리 자료의 공간 분포 분석에 그대로 적용하면 분석 결과에 심각한 문제가 나타나기 때문이다. 그 문제점에 대해서는 2장 2절에서 자세히 설명한다. 3절에서는 위치와 거리라는 새로운 정보가 포함된 공간 데이터가 주는 다양한 분석 가능성에 대해서 살펴본다. 그 내용은 주로 지리참조(Geospatial Referencing)라는 공간 데이터의 특수성이 데이터가 표현하고 있는 지리 현상과 데이터들 사이의 관계를 바라보는 다양한 새로운 관점을 우리에게 제공한다는 것이다. 거리(Distance), 인접성(Adjacency), 상호작용(Interaction) 및 이웃(근린; Neighborhood)의 개념은 공간 데이터 분석의 원리를 이해하기 위한 기본적인 지리 개념으로 이 책 전체에서 광범위하게 사용된다. 공간 데이터의 기본적 특성에 대한 기초적인 개념에 대한 소개에는 근접 폴리곤(Proximity Polygon) 개념도 포함되는데, 이 개념은 최근 다양한 지리적 문제를 바라보는 흥미 있는 관점으로 그 활용이 많이 증가하고 있다. 공간 데이터의 특수성을 대표하는 이상의 개념과 그와 관련한 공간 분석 아이디어를 일찍 소개함으로써 지리 정보 분석에서 "공간적으로 생각한다(think spatially)"는 것이 어떤 의미인지를 먼저 이해하는 것이 이 책의 전반적인 내용을 쉽게 이해하는 데 큰 도움이 될 것이다.

2.2. 공간 데이터의 특수성: 부정적 측면

기존 통계 분석은 분석의 대상이 되는 데이터에 여러 가지 조건(Condition)이나 가정(Assumption)을 부과한다. 대표적인 것이 "표본은 무작위로 추출된다."라는 전제 조건이다. 공간 데이터가 특수하다고 하는 가장 근본적인 이유는 공간 데이터가 거의 항상 무작위 표본이라고 하는 통계 분석의 기본 조건을 위반한다는 점 때문이다. 이 문제는 공간적 자기상관(Spatial Autocorrelation)이라는 용어로 설명되는데, 공간 데이터의 부정적 측면을 설명할 때 가장 먼저 언급되는 개념이다. 가변적 공간 단위 문제(Modifiable Areal Unit Problem), 축척(Scale)이나 가장자리 효과(Edge effect)와 관련된 문제 및 생태학적 오류(Ecological Fallacy)의 문제 등이 공간 데이터의 특수성을 부정적 측면에서 평가하는 개념들이다.

공간적 자기상관

공간적 자기상관(Spatial Autocorrelation)이란 서로 가까운 위치의 데이터가 서로 멀리 떨어진 위치의 데이터보다 서로 유사할 가능성이 크다는, 비교적 당연한 사실을 통계적으로 설명한 용어이다. X 지점에서의 고도가 250m라는 것을 알고 있다면 X에서 10m 떨어진 지점 Y에서의 고도가 240~260m 범위 안에 있을 가능성이 크다. 물론 두 지점 사이에 거대한 절벽이 있을 수도 있지만, 그렇다고 해도 Y 지점의 고도가 500m가 될 가능성은 상대적으로 매우 낮고 고도 1,000m가 넘을 가능성은 거의 없다고 해도 무방할 것이다. 반면에 X 지점으로부터 1,000m 이상 떨어져 있는 Z 지점은 고도가 500m가 될 가능성이 Y 지점과 비교해 훨씬 높다고 할 수 있고, 심지어 1,000m 또는 100m 고도일 가능성도 있다. X 지점에서 멀리 떨어져 있어서 Z 지점의 고도를 추정하는 것은 Y 지점의 고도를 추정하기보다 훨씬 어렵다. Z 지점이 X 지점에서 100km 떨어진 곳에 있다면, X 지점의 고도를 안다고 하더라도 Z 지점의 고도를 추정하는 데 전혀 도움이 되지 않을 것이다.

공간적 자기상관이라는 특징은 지리적 현상의 고유한 특성이며, 공간적 자기상관이 없다는 것은 그 데이터가 지리학적 연구 가치가 없다는 것을 의미한다. 다시 지점의 해발고도를 생각해 보자. 고도가 높은 지점들은 서로 가까이 모여 있고, 고도가 낮은 지점들과는 상대적으로 멀리 떨어져 있을 가능성이 크다. 이것을 우리는 능선(ridge)과 골짜기(valley)라고 이름 붙여서 설명한다. 이뿐만 아니라, 대부분의 지리적 현상들은 공간적으로 변화하는 현상이 특정 지역에 집중되는 패턴으로 표현된다. 예를 들어, 도시(city)는 인구 혹은 다양한 경제적, 사회적 활동의 분포에서 인구 혹은 그 활동이 집중되어 분포하는 지역에 대한 명칭이다. 같은 의미에서 태풍은 특정한 대기 조건, 즉 이동성 저기압의 국지적인 중심을 나타내고, 기후는 특정 지역에서 반복적으로 나타나는 기상 현상의 유사한 공간적 패턴을 의미한다. 지리학이 학문으로서 가치를 가지는 기본적인 이유는 이런 현상들이 공간상에서 무작위로 발생하는 것이 아니라, 일정한 패턴에 따라 나타나기 때문이다. 따라서 공간적 자기상관의 존재는 지리적 현상과 공간 데이터가 가진 고유한 특성이라고 할 수 있다. 하지만 전통적인 통계는 공간적 자기상관을 가진 공간 데이터의 분석에는 적합하지 않은 경우가 많다.

특정 현상이 무작위로 분포하지 않는 공간 데이터를 전통적인 통계학 이론에 따라 분석하게 되면 다양한 부작용이 발생한다. 우선 통계 분석의 기초 데이터인 표본이 무작위로 추출된 것이 아니기 때문에, 그를 이용한 매개변수 추정 결과는 표본이 많이 추출된 지역의 평균과 같은 방향으로 편향된다. 결과적으로 통계 검정 기법을 적용하기 위해서 설정된 다양한 가정이 유효하지 않은 것이 되므로, 검정 결과를 신뢰할 수 없게 되는 것이다. 또 다른 문제는 공간적 자기상관이 데이터에 중복(Redundancy)을 가져오기 때문에, 데이터의 추가 항목이 표본 크기(n)에 기반한 표본 통계보다 모집단 추정에 더 작은 영향을 미친다는 것이다. 이 문제는 통계 검정의 신뢰 구간 등의 계산을 어렵게 만든다. 이러한 사실들은 공간 데이터에 통계 분석 기법을 적용하기 전에 반드시 공간 데이터 자체에 존재하는 공간적 자기상관의 정도를 평가하는 작업이 선행되어야 한다는 것을 시사한다. 공간 데이터에 존재하는 공간적 자기상관의 정도를 측정하는 방법에 대해서는 7장에서 모란지수(Moran's I), 기어리 지수(Geary's C) 등의 지수를 자세히 설명한다. 또, 10장에서는 공간 데이터의 자기상관 패턴을 이해하는 데 유용한 그래프인 배리어그램 산포도(variogram cloud)에 대해서 소개한다.

이러한 기법들은 어떤 위치의 속성값을 추정하고자 할 때, 다른 값들이 측정된 위치를 아는 것이 얼마나 유용한지를 설명하는 데 큰 도움이 된다. 공간적 자기상관은 일반적으로 정적(positive,+) 자기상관, 부적(negative, −) 자기상관 및 자기상관이 없는 (또는 0인) 경우로 나눠진다. 정적 자기상관은 가장 보편적으로 관찰되는 경우이며, 가까운 위치의 측정값들이 서로 유사하게 나타나는 경향을 나타낸다. 반대로 부적 자기상관은 흔하지는 않지만 가까운 위치의 측정값들이 서로 멀리 위치한 측정값들보다 더 차이가 크게 나타나는 경우를 말한다. 자기상관이 없는(혹은 자기상관 측정 결과가 0인) 경우는 위치에 따른 공간 효과(Spatial effect)가 미미하여 전혀 드러나지 않고, 측정값들이 위치와 무관하게 무작위로 변하는 경우이다. 부정 자기상관을 자기상관이 없는 것으로 서로 혼동하는 경우가 많이 있지만, 부적 자기상관과 자기상관이 없다는 것은 아주 큰 차이가 있다.

연구 지역 내에서의 공간적 변이(Spatial Variation)의 패턴을 기술하고 모형화하는 것, 즉 공간적 자기상관 구조를 효과적으로 기술하는 것은 공간 분석에서 가장 중요한 과정이다. 일반적으로 지리 현상의 공간적 변이는 1차 효과와 2차 효과, 두 가지로 구분하여 설명할 수 있다. 1차(1st-order) 공간 변이는 국지적 환경의 특성이 달라서 장소마다 관측값이 달라질 때 발생한다. 예를 들어, 범죄 발생률의 공간적 차이는 인구 밀도의 공간적 차이 때문에 나타나는 현상이므로 대도시에서는 일반적으로 도시 중심부에서 범죄 발생률이 높게 나타난다. 반면 2차(2nd-order) 변이는 관측값 사이의 상호작용 효과에 기인한다. 예를 들어, 도시의 한 지역에서 범죄 발생이 관측되면, 그 인근 지역에서도 비슷한 범죄가 발생할 가능성이 크다는 것을 예측할 수 있다. 술집이나 클럽 주변 또는 불법적인 마약 거래가 이루어지는 슬럼가의 길거리 등 범죄가 집중적으로 발생하는 지역, 즉 범죄 발생의 '핫스폿(hotspot)'이 나타나는 것이다. 공간적 변이의 1차 효과와 2차 효과를 명확히 구별하는 것은 매우 어려운 일이지만, 공간 데이터를 다루는 통계적 기법을 개발할 때는 1, 2차 효과 모두를 고려해야 하는 경우가 자주 있다. 공간적 변이의 1차, 2차 효과의 구분에 대해서는 4장에서 지리적 현상의 작동 원리(Process)를 설명할 때 조금 더 자세히 논의하도록 한다.

공간적 자기상관은 기존의 통계 기법으로 다루기 어렵고 통계 분석 결과의 해석에서도 다양한 문제의 여지를 남기지만 지리학자, 특히 계량 지리학자들은 여러 가지 공간적 자기상관 측정 기법을 고안하여 공간 데이터의 고유성을 통계 분석에 통합하는 데 큰 공헌을 해 왔다. 공간적 자기상관의 문제가 해결되었다고 할 수는 없지만, 통계 분석에서 자기상관이 가지는 효과를 측정하고 지리적 현상의 설명에서 공간적 자기상관의 작동 원리를 활용하는 기법의 개발에서는 상당한 진전이 있었다고 할 수 있다.

가변적 공간 단위 문제

공간 데이터의 분석을 어렵게 만드는 또 다른 주요한 문제점은 원래 더 세부적인 위치에서 수집된 측정값들이 많은 경우 더 큰 영역 단위로 집계되어 배포된다는 점이다. 가장 대표적인 사례가 대부분에 국가에서 5년 혹은 10년 주기로 시행하고 있는 인구센서스 혹은 인구주택총조사 자료이다. 인구센서스 자료는 원래 주소에 기반하여 가구(家口) 단위로 조사되지만, 사생활 보호를 비롯한 여러 이유로 인해 읍면동, 시군구 등 행정 구역 단위로 집계하여 공개되는 것이 일반적이다. 문제는 자료를 집계하는 기준이 되는 공간 단위가 해당 현상의 공간적 분포와는 무관하게 임의로 결정되지만, 집계를 위해서 공간 단위를 어떻게 설정하였는지가 데이터의 통계 분석 결과에 큰 영향을 미친다는 것이다. 이와 관련한 문제를 통틀어서 가변적 공간 단위 문제(Modifiable Areal Unit Problem: MAUP)라고 한다. 같은 지역을 대상으로 같은 주제에 관해 연구한다고 하더라도, 데이터가 어떤 공간 단위로 집계되었는가에 따라 해당 현상의 공간적 분포 패턴이 상이하게 나타난다는 것이다. 그림 2.1에서 같은 공간 데이터를 두 개의 서로 다른 공간 단위에 따라 집계하였을 때 회귀분석 결과가 상이하게 나타나는 것을 보여 준다. 같은 자료임에도 불구하고 집계 단위에 따라 회귀식과 결정계수(R^2)가 전혀 다르게 나타나는 것을 볼 수 있다. 비록 가상의 자료를 가지고 설명한 것이지만, 그 효과는 명확하게 확인할 수 있다. 가변적 공간 단위 문제에 관한 연구는 매우 오래되었지만(Gehlke and Biehl, 1934 참조), 그 중요성에 대한 일반의 이해는 매우 미약한 실정이다. 그림 2.1에서 확인할 수 있듯이 세부적인 공간 단위의 데이터를 더 큰 공간 단위로 집계하면 회귀분석에서 결정계수가 커지는 효과로 나타나는 것이 보통이다. 오픈쇼와 테일러(Openshaw and Taylor, 1979)는 시뮬레이션 기법을 이용해서 같은 데이터라고 하더라도 집계에 사용된 공간 단위에 따라서 상관계수가 −1.0에서 +1.0까지 달라질 수 있다는 것을 증명하였다! 즉 같은 데이터를 이용한다고 하더라도 연구자가 임의로 지정한 공간 단위에 따라 통계 분석 결과가 완전히 달라질 수 있다는 것이다.

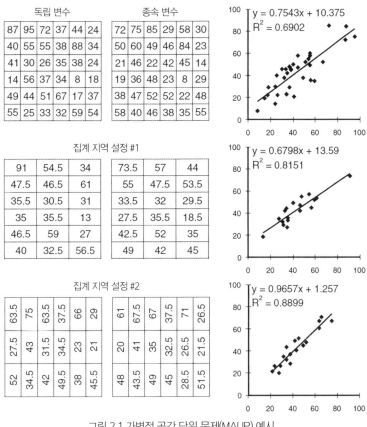

그림 2.1 가변적 공간 단위 문제(MAUP) 예시

가변적 공간 단위 문제는 집계 효과(Aggregation effect)와 구획 효과(Zoning effect)로 구분하여 설명할 수 있다. 집계 효과는 분석의 축척과 관련된 것으로 집계 단위의 형태가 달라지는 것과 무관하게 개별 자료를 더 큰 공간 단위로 집계하면 할수록 통계 분석 결과는 개별 측정값의 평균과 유사해진다는 것이다. 그림 2.1에서처럼 집계 지역 설정이 다른 두 경우 모두 집계되지 않은 개별 측정값을 사용한 회귀분석보다 결정계수가 더 높은 결과를 얻을 수 있다는 것이다. 인구센서스 자료를 예로 든다면 변수가 같다는 가정에 따라 시군구 단위로 집계한 데이터를 사용한 회귀분석의 결과는 읍면동 단위로 집계한 데이터의 회귀분석보다 항상 결정계수가 크게 나타나게 된다는 것이다. 집계 효과는 일반적으로 분석에 사용된 개별 공간 단위의 물리적 크기, 즉 면적이 커질수록 더 크게 나타난다. 반면에 구획 효과는 분석의 축척, 즉 분석에 사용된 공간 단위의 크기가 같을 때도 집계 지역을 어떤 형태로 설정하는가에 따라 통계 분석의 결과가 달라질 수 있다는 것을 의미한다. 그림 2.1에서처럼 같은 자료라도 집계를 위해 사용한 공간 단위, 즉 집계 지역 설정이 다르면 회귀분석의 회귀식과 결정계수가 달라진다는 것이다.

가변적 공간 단위 문제는 학문적 또는 이론적 연구 대상일 뿐만 아니라 정치와 같은 일상적 현상에서도 자주 거론되는 주제이다. 선거에 유리하도록 지지층이 모여 있는 지역만을 골라 선거구에 포함하는 등 선거구 구획을 통해 정치적 이익을 극대화하려는 시도를 일컫는 용어인 게리맨더링(Gerrymandering)은 가변적 공간 단위 문제를 정치적으로 악용한 가장 대표적인 사례이다. 2000년 미국 대선에서 앨 고어 당시 부통령이 조지 부시 대통령보다 더 많은 표를 얻고도 대통령에 당선되지 못한 이유를 미국의 독특한 대통령 선거 제도*와 함께 선거구 획정 방식에서의 가변적 공간 단위 문제에 의한 것이라는 의견이 있다. 실제로 미국 플로리다주의 카운티(우리나라의 군에 해당됨. 역자 주) 몇 개가 플로리다 대신 인근의 조지아주나 앨라배마주에 포함되었더라면 조지 부시 대신 앨 고어가 미국 대통령으로 당선되었을 것이라는 분석 결과도 있다.

가변적 공간 단위 문제는 GIS 기술을 이용하는 대부분의 의사결정에서 매우 중대한 영향을 미친다. 의사결정을 위한 공간 분석을 할 때 GIS를 이용하여 지도를 제작하여 활용하는 것이 일반화된 상황에서 대부분은 어떤 형태로든 공간 단위로 집계된 데이터를 사용하게 되는데, GIS 분석에 사용한 공간 단위가 달라지면 정책 결정의 근거가 되는 분석 결과가 달라진다는 것은 매우 심각한 문제이다. 어떤 방식으로 공간을 분할하는지에 따라 분석 결과의 공간적 패턴이 달라질 수 있다는 것은 연구자가 주관적인 가치나 목적을 가지고 원하는 분석 결과를 얻을 수 있도록 데이터를 조작할 수 있다는 것과 같은 의미이기 때문이다. 오픈쇼(Openshaw, 1983)가 지적한 대로 가변적 공간 단위 문제에 대해 잘 모른다고 해서 마치 문제가 없는 것처럼 무시하고 분석 결과를 그대로 수용해서는 안 된다. 그런데도 현실에서는 안타깝게도 가변적 공간 단위 문제가 무시되는 경우가 많은 것이 사실이다. 오픈쇼는 공간적 자기상관의 경우와 마찬가지로 가변적 공간 단위 문제도 탐색적 분석 도구를 통해 데이터의 특성을 기술하고, 각 데이터의 특성에 맞는 분석 도구를 선택하는 방식으로 해결할 것을 제안하였다. 그가 제안한 방식에 따라 소득 수준과 범죄율 사이의 관계를 분석한다고 가정하면, 다양한 공간 단위 구획 방식을 적용해서 변수들 사이의 상관관계를 분석하고 그중 상관관계가 가장 크게 나타나는 공간 단위를 찾아내는 것이 가능하다. 이러한 탐색적 분석의 결과는 특정한 면 단위의 공간 분할이 될 것이다. 여기에서 흥미롭고 동시에 과학적이라고 할 수 있는 지리학적 질문은 "다양한 공간 단위 구획 방식 중에서 왜 이 방식에서 소득 수준과 범죄율 사이의 상관관계가 가장 강하게 나타

---

* 미국의 대통령 선거에서는 주별로 인구에 비례한 수의 선거인단을 할당하고, 직접 투표 결과 각 주에서 1위 득표자에게 선거인단 수만큼 간접투표 수를 할당하는 방식으로 당선자를 결정한다. 선거인단 수가 10명인 주에서 1만 표 차이로 승리했다고 하더라도, 선거인단 수가 11명인 주에서 1백 표 차이로 패배하면 당선되지 못한다는 것이다. 역자 주

날까?" 하는 것이다. 가변적 공간 단위 문제에 대한 이러한 탐색적 접근 방식은 공간 데이터 각각이 가진 고유한 특성을 파악하고 비교 분석을 통해 객관적인 분석 결과를 제공한다는 장점이 있지만, 매우 상세한 데이터가 필요하고 계산 과정도 복잡하다는 이유로 많이 활용되지는 못하고 있다.

생태학적 오류

가변적 공간 단위 문제는 통계학의 일반적인 문제 중 하나인 생태학적 오류(Ecological Fallacy)와도 밀접하게 관련되어 있다. 생태학적 오류는 특정 수준의 공간 단위에서 관찰되는 통계적 관계가 더 작은 공간 단위에서도 유지된다고 가정할 때 발생한다. 예를 들어, 시군구 단위의 통계 분석에서 지역의 소득 수준이 낮을수록 범죄 발생률이 높고, 그 상관관계가 매우 높게 나타났다고 하자. 이 분석을 근거로 해서 소득 수준이 낮은 사람이 범죄를 저지를 가능성이 크다고 결론을 내리는 경우를 생태학적 오류라고 한다. 통계 분석의 결과는 분석 결과 자체로만 해석해야 한다는 것이다. 사례의 분석 결과는 평균 소득 수준이 낮은 시군구에서 범죄 발생률이 높게 나타나는 경향이 있다는 것이고, 실제로 어떤 요인에 의해서 그 상관관계가 높게 나타나는지는 다른 여러 환경 요인을 분석해 봐야 알 수 있다. 저소득층 거주 지역은 보안 시스템이 상대적으로 미비하여 절도 등 범죄에 더 취약하여 범죄 발생률이 높게 나타날 수도 있고(상대적으로 직접적인 원인), 범죄를 자주 일으키는 마약 중독자들이 소득 수준이 낮은 지역에 많이 거주하여 나타나는 결과일 수도 있다(간접적인 원인). 간혹 범죄 발생률이 높은 것이 그 지역의 소득 수준과는 전혀 무관한 다른 요인에 의한 것일 수도 있는 것이다.

유의할 점은 앞의 사례와는 반대로 작은 공간 단위를 사용한 통계 분석의 결과를 근거로 더 큰 공간 단위에서의 상관관계를 설명하는 것은 유효하다는 것이다. 흡연과 폐암 발생과의 상관관계를 분석한 연구를 예로 들어 보자. 이와 관련한 최초의 연구는 돌(Doll, 1955)이 수행한 것으로 11개 국가를 대상으로 평균 흡연율과 폐암 사망률을 산포도로 표현하여 흡연이 폐암의 직접적인 원인이라고 주장하였다(Freedman et al., 1998 재인용). 그러나 이러한 결론은 앞에서 설명한 대로 생태학적 오류에 해당한다. 흡연이 폐암 발생과 그로 인한 사망률을 높인다는 사실은 의학적으로 이미 판명되었지만, 그 통계적 근거는 국가 단위의 분석이 아니라 개인 수준의 데이터를 분석한 연구 결과에 기반한 것이다. 반대로 시군구 단위에서 평균 흡연율과 폐암 사망률의 상관관계를 분석하여 그 상관관계가 입증되었다고 한다면, 그 분석 결과를 근거로 국가 단위의 상관관계를 설명하는 것은 가능하다. 즉 시군구 단위 분석 결과 흡연율이 높을수록 폐암 사망률이 높은 것으로 판명되었다면, 흡연율이 높은 국가일수록 폐암 사망률이 높다는 결론을 내릴 수도 있다는 것이다.

생태학적 오류에 대한 통계학적 이해를 하고 신문이나 텔레비전에서 다뤄지는 뉴스를 본다면, 일상적인 언론 보도에서 얼마나 많은 생태학적 오류가 저질러지는지 깨닫게 된다. 범죄율과 사형, 총기 규제와 범죄율, 속도 제한(혹은 안전띠 착용률)과 교통사고 사망률 사이의 상관관계를 언급하는 뉴스 등이 전형적인 사례들이다. 불행히도 많은 학술 연구 발표들도 생태학적 오류에서 벗어날 수 없는 실정이다. 그것은 아마도 일반 대중이 복잡한 통계적 설명보다는 부정확하지만 간단명료한 설명을 원한다고 하는 선입견이나 여론을 특정한 방향으로 유도하고 싶다는 욕망에서 비롯된 것이나. 요컨대 생태학적 오류와 가변적 공간 단위 문제가 공통으로 암시하는 것은 어떤 공간 단위를 이용하여 분석하는가에 따라 통계 분석 결과가 달라질 수 있다는 점이다.

축척

다음으로 살펴볼 공간 데이터의 특수성은 연구 대상 지역의 크기, 즉 축척(Scale)에 관한 것이다. 지리적 현상을 어느 정도 크기의 지역을 대상으로 분석할 것인가 하는 것은 해당 현상의 측정값에 직접적인 영향을 주고, 따라서 공간 분석을 시행하기 전에는 분석의 기준이 되는 축척을 미리 고려하여야 한다. 1장에서 간단히 설명하였듯이, 같은 공간 개체라고 하더라도 축척에 따라 지도 표현을 위해 적합한 객체 유형이 달라질 수 있다. 예를 들어, 도시라는 공간 개체는 대륙 규모에서는 간단히 점으로 표현할 수 있지만, 지역 규모에서는 면 객체로 표현하는 것이 적합하다. 지역 규모의 대축척지도에서 도시는 다양한 점, 선, 면 및 네트워크 객체가 모여 있는 복잡한 형태로 표현된다. 축척은 공간 개체의 표현 방식을 결정하고, 연쇄적으로 공간 분석에도 영향을 미친다. 그러나 어떤 연구에 어떤 축척을 적용해야 할지에 대한 일반화된 규칙이 없으므로, 연구자는 공간 분석을 계획할 때 축척을 어떻게 지정할 것인지에 대해 충분한 주의를 기울여야 한다.

공간의 비균일성과 가장자리 효과

공간 분석이 다른 통계 분석과 성격을 달리하는 중요한 마지막 이유는 지리적 현상이 발생하는 공간의 속성이 균일하지 않다는 점이다. 예를 들어, 어느 경찰서의 관할 구역 내 범죄 발생 위치에 대한 데이터는 쉽게 수집할 수 있고, 범죄 발생 위치들을 영화에 등장하는 것처럼 경찰서장 사무실의 관할 구역 지도에 빨간색 점으로 표시하는 단순한 작업으로도 범죄 발생의 공간적 분포 패턴을 쉽게 파악할 수 있다(3장 참조). 그 지도를 보면 범죄가 자주 발생한 지역과 범죄가 거의 발생하지 않은 지역이 빨간색 점들이 많고 적음으로 구분되어 표현되어 있다. 하지만 그러한 범죄 발생 분포 패턴은 범죄 자체보다는 그것이 발생하는 지역의 속성이 균일하지 않기 때문에 나타나는 현상이다. 예를 들어 설명하자면, 사람들이 많이 거주하고 인간 활동이 활발한 지역에서는 범죄 건수가 많고 사람이 거의 없는 농업 지역이나 숲에서는 상대적으로 범죄 건수가 적게 나타난다. 즉 범죄 발생의 공간적 분포 패턴은 범죄 자체의 특성이 아니라 균일하지 않은 인구 분포라는 지역 특성에 기인한 것이다. 같은 이유로 질병 발생의 분포 패턴을 분석할 때는 해당 질병의 위험군에 속하는 인구의 분포가, 특정 수종의 나무 분포를 분석할 때는 토양이나 다른 환경적 특성이 분포 패턴의 숨겨진 원인이 되는 것이다. 연구 대상이 되는 지리 현상의 패턴에 결정적인 영향을 주는 환경적인 요인의 공간적인 분포는 비균일성(Non-Uniformity)이라는 공통된 특징을 가진다.

공간의 비균일성은 거의 모든 공간 데이터 분석이 가진 문제점이며, 가장자리 효과(Edge effect)는 비균일성의 특수한 유형이다. 가장자리 효과는 넓은 지역 가운데서 연구 대상 지역을 잘라내면서 인위적인 가장자리가 생겨 발생한다. 연구 지역 내부의 모든 지점에서는 사방 모든 방향으로 이웃하는 지점들이 있지만, 가장자리에서는 이웃하는 지점 일부가 없어지게 되는 것이다. 물론 해안이나 절벽처럼 자연적인 현상으로 가장자리가 생기는 예도 있지만, 인위적인 이유로 발생한 가장자리에서 나타나는 데이터의 비대칭성은 분석 결과를 설명할 때 반드시 고려해야 하는 요소가 된다. 공간 분석의 일부 전문 분야에서는 가장자리 효과를 처리하는 기술이 많이 개발되었지만, 많은 경우 가장자리 효과에 대한 이해가 부족하거나 기술적인 여건이 미비하여 무시되고 있는 실정이다.

2.3. 공간 데이터의 긍정적 측면과 가능성

2절에서 개략적으로 설명한 문제 대부분은 아직 만족스러울 정도로 해결되지 못하고 있다. 사실 1950년대 후반에서 1960년대에 걸쳐 지리학에 불어온 계량 혁명(Quantitative Revolution)의 과정에서 이 문제들은 사소한 것으로 치부되고 감춰지기도 하였고, 공간 데이터가 가진 특수성에서 발생하는 이러한 통계적 문제들은 다루기가 쉽지 않기 때문에 수학적 지식을 갖춘 지리학자와 지리적 문제에 관심을 가진 통계학자 등 소수만이 이들 문제에 관심을 가지고 연구를 계속해 왔다. 하지만 최근 GIS 기술이 발전하고 공간 데이터의 중요성에 대한 인식이 확대되면서 공간 데이터의 특수성에 관한 연구에 상당한 발전이 있었다. 사용되는 기술의 정교함이나 복잡성과는 무관하게 공간 데이터의 특수성을 이해하는 것은 공간 데이터 분석의 잠재력을 발휘하는 데 필수적이다. 이 점을 이해하기 위해 이 절에서는 공간 데이터의 특수성이 통계 분석을 어렵게 하는 문제점에 초점을 맞추는 대신, 위치 정보라는 고유한 특성이 지리 현상의 작동 원리를 이해하는 데 어떤 통찰력을 제공하는지에 초점을 맞추어 공간 데이터의 특수성을 설명한다.

이 책 전체를 통틀어서 계속 언급되는 공간적 개념 중 가장 중요한 것은 거리(Distance)와 인접성(Adjacency), 상호작용(Interaction) 그리고 그와 직접적으로 연결된 개념인 이웃(Neighborhood) 등 네 가지이다. 이 개념은 공간 데이터에 대한 통계적 분석에서 다양한 형태로 나타난다. 이 절에서는 각 공간 개념의 중요성을 지적하고, 그 개념이 어떤 통계 분석에서 어떤 방식으로 사용되는지를 설명한다. 공간 분석에서는 측정값의 통계적 분포(평균, 분산 등의 전형적인 기술 통계치)와 더불어서 공간상에서 개체들이 어떻게 분포하는지가 중요한 분석 대상이 되기 때문에 개체들의 분포를 설명하는 공간적 개념들이 매우 중요하다. 공간적 분포는 객체 사이의 공간적 관계로만 설명될 수 있으며, 공간적 관계는 일반적으로 거리, 인접성, 상호작용 및 이웃이라고 부르는 관계로 측정된다.

거리

거리(Distance)는 대개 연구 대상이 되는 공간 개체 사이의 간격으로 설명된다. 지구의 곡률 효과가 거의 나타나지 않는 작은 연구 지역에서는 일반적으로 직선거리(유클리드 거리, Euclidean Distance)가 사용되며, 수학 교과서에 익숙하게 보았던 피타고라스(Pythagoras)의 공식을 사용하여 계산할 수 있다.

$$d_{ij} = \sqrt{(x_i - x_j)^2 + (y_i - y_j)^2} \qquad (2.1)$$

즉, (x_i, y_i)와 (x_j, y_j) 좌표를 가진 두 점 사이의 직선거리는 수식 2.1의 공식으로 계산된다. 다만 지구는 구체이기 때문에 지구 반대편에 있는 두 점의 거리를 계산할 때처럼 연구 지역이 클 때는 지표면의 곡률(Curvature)을 고려하기 위해 더 복잡한 계산이 필요할 수도 있다.

직선거리는 거리 측정 방법 중 가장 간단한 것이고, 그 외에도 다양한 수학적 거리 측정 방법들이 있다. 교통수단을 이용한 실제 이동 거리를 계산할 필요가 있을 때는 도로나 철도, 수로, 항공로 등을 따라서 거리를 계산해야 한다. 다양한 거리 계산 방식이 있을 수 있다는 사실은 거리라는 공간적 개념에 대한 인식의 범위를 확대한다. 거리는 또 시간으로 측정되기도 하는데 도로를 따라 한 지점에서 다른 지점으로 이동할 때 걸리는 시간을 나타내는 것을 시간 거리라고 한다. 시간 거리는 킬로미터 단위로 측정되는 것이 아니라 시간 단위(시간과 분 단위)로 측정된다. 거리의 개념을 시간 거리까지 확대해서 분석에 적용하면 거리는 매우 복잡하고 때로는 모순적인 개념이 되기도 한다. 예를 들어, 어떤 도시의 유명한 건물 두 개 사이의 거리를 주민들이 어떻게 인식하는지를 조사한다고 하자. 설문 대상자를 선정하고 각자에게 예를 들어 박물관에서 기차역까지 가려면 몇 분이나 걸리는지 묻는 방식으로 거리와 관련한 데이터를 수집할 수 있다. 이렇게 조사한 거리 측정값은 매우 독특한 특징을 가질 수도 있다. 예를 들어, 같은 지점들이라고 하더라도 B에서 A로 갈 때보다 A에서 B로 가는 것이 더 오래 걸릴 것이라고 사람들이 인식하고 있을 수도 있다는 것이다(물론, 실제로 그런 경우도 있다). 또한 동일한 두 지점 사이의 이동 시간을 나타내는 시간 거리는 도시의 도로망 구조나 이동 시간대에 따라 매우 큰 폭으로 변하기도 한다. 시간 거리는 이동 방향에 따라 달라지기도 하는데, 예를 들어 중위도 지역에서 항공기로 여행할 때는 같은 거리라고 하더라도 편서풍의 영향 때문에 동쪽에

생각해 보기: 거리의 개념화

『Distance and Space』(1983)에서, 가트렐은 거리가 어떤 집합의 요소 사이 관계의 한 종류이며, 이때 집합의 요소는 공간적 위치를 가진 개체가 된다고 설명하고 있다. 여기에서는 영국의 런던 시내에서 이리저리 이동한다고 가정하고 거리의 개념에 대해서 생각해 보자. 런던 거리가 익숙하지 않은 사람은 자신이 사는 도시를 생각해도 무방하다.

런던의 유스턴 역에서 출발해서 워털루 역까지 이동한다고 가정하고, 교통수단과 교통비 등을 고려한 다양한 거리 개념에 대해 생각해 보자.

1. 우선, 두 기차역 사이의 직선거리가 얼마인지 알아보자. 거리 계산을 위한 지도는 다음 웹 사이트에서 찾을 수 있다. 축척의 개념을 알고, 자를 이용해서 길이를 재면 간단히 계산할 수 있다.
   http://maps.geogle.com

2. 다음으로, 유스턴 역에서 워털루 역까지 택시를 타고 이동한다고 생각하고 택시비가 얼마나 나올지 계산해 보자. 택시는 보통 두 지점 간 최단 경로를 골라서 운행하겠지만, 분명한 것은 차로를 따라서만 이동한다는 것이다. 런던의 시내 택시 요금표는 아래 웹 사이트에 안내되어 있다.
   http://www.tfl.gov.uk/gettingaround/taxisandminicabs/taxis/1140.aspx

3. 실제로 두 역 사이를 이동하는 데는 지하철이 가장 빠를 것이다. 런던 지하철은 복잡한 노선들로 이루어져 있다. 아래의 웹 사이트를 참조해서 우스턴 역에서 출발해서 갈 때 가장 어느 노선들을 따라가면 워털루 역에 가장 일찍 도착할 수 있을지 알아보자. 요금은 같은 것으로 가정하자.
   http://www.tfl.gov.uk/gettingaround
   http://maps.geogle.com

이상 세 경우 중 어느 거리가 두 역 사이의 거리를 측정하는 데 가장 적합하다고 생각하는가?

서 서쪽으로 비행할 때가 그 반대 방향으로 비행할 때보다 시간이 훨씬 덜 걸리게 된다.

이처럼 거리를 측정하는 방법은 매우 다양하지만, 논의의 통일성을 위해 이 책의 대부분에서는 거리 개념의 복잡성을 무시하고 단순한 유클리드 거리를 중심으로 내용을 설명하고 있다. 거리 개념의 발전과 다양성에 대해서는 가트렐(Gatrell)의 저서인 『Distance and Space』(1983)에서 더 많은 내용을 찾아볼 수 있다.

인접성

인접성(Adjacency)은 거리의 측정을 명목척도 혹은 이진(binary) 척도로 환산한 것으로 볼 수 있다. 두 개의 공간 개체는 '인접하고 있거나', '인접하지 않거나' 둘 중 한 경우에 해당하는 것이다. 물론 인접 여부를 결정하는 기준은 고정된 것이 아니고, 필요에 따라 조정할 수 있다. 가장 단순한 기준은 두 폴리곤이 같은 경계선을 공유하고 있는 경우만을 인접하고 있다고 판단하는 것이다. 이 밖에도 일정 거리(예, 100m) 내에 있는 개체는 모두 인접하고 있다고 하거나, 거리순으로 가장 가까운 6개의 개체를 모두 인접하고 있다고 판단할 수도 있다. 물론 거리가 가장 가까운 이웃(Nearest Neighbor)만을 인접하고 있다고 할 수도 있다.

거리와 마찬가지로 인접성 개념도 다양하게 정의될 수 있고, 때에 따라서는 물리적인 거리와 상관 없이 인접성을 평가할 수도 있다. 예를 들어, 도시 간 정기 항공편이 있는가를 가지고 인접성을 정의하는 경우도 있다. 영국의 런던과 벨파스트 또는 런던과 더블린 사이에는 정기 항공편이 있지만, 벨파스트와 더블린 사이에는 직항 정기 항공편이 개설되어 있지 않다. 정기 항공편 여부를 가지고 인접성을 정의한다면, 런던은 500km 거리의 벨파스트와 더블린 모두에 인접하지만, 아일랜드에 있는 두 도시인 벨파스트와 더블린(단지 136km 떨어져 있음)은 서로 인접하지 않는다고 할 수

생각해 보기: 인접성에 기반한 지도

바로 앞 '생각해 보기'에서 본 마지막 지도는 영국 런던의 지하철 노선도로 1933년 해리 벡(Harry Beck)이 작성한 상징적인 지하철 노선도와 같은 방식으로 제작되었다. 지하철 노선도는 대부분 역 사이의 실제 거리가 아니라 역과 역 사이의 인접성에 기반해서 작성된다. 따라서 역 사이의 실제 거리가 달라도 역과 역 사이의 모든 연결선은 똑같은 길이로 표현된다. 인접성에 기반한 지도 외에도, 시간, 비용, 심지어는 인간의 지각(Human Perception)을 거리로 치환하여 지하철 노선도와 유사한 지도를 그릴 수 있다. 3장에서는 같은 원리로 원래 공간적이지 않은 정보를 위치와 거리로 개념화한 공간화(Spatialization)에 대해서 살펴본다.

있다. 인접성은 면 단위 자료에서 공간적 자기상관 효과를 측정하거나(7장 참조), 공간 보간(Spatial Interpolation)을 통해 자료를 추정할 때(9장 및 10장 참조) 매우 중요하게 적용되는 개념이다.

상호작용

상호작용(Interaction)은 거리와 인접성의 결과로 나타나는 것이고, 가까운 것이 멀리 있는 것보다 더 밀접한 관련이 있다는 직관적인 아이디어인 '지리학 제1법칙'(Tobler, 1970 참조)에 기반한 개념이다. 수학적으로는 두 공간 개체 사이의 상호작용 정도는 0(상호작용 없음)과 1(높은 상호작용 정도) 사이의 숫자로 표현된다. 반면 인접성은 수학적으로 0(인접하지 않음) 또는 1(인접한)로만 표현되는데, 이는 인접성이 거리나 정도가 아니라 공간 개체의 인접 여부로만 평가되기 때문이다. 공간 분석에서 두 개체 사이의 상호작용 정도는 일반적으로 거리에 반비례하여 역거리 가중(Inverse Distance Weighting; IDW) 방식으로 계산된다.

$$w_{ij} \propto \frac{1}{d^k} \qquad (2.2)$$

수식 2.2에서 w_{ij}는 거리 d만큼 떨어져 있는 두 공간 개체 i와 j 사이의 상호작용 가중치를 나타낸다. 거리 지수 k는 거리에 따른 상호작용 가중치 감소 정도를 결정한다. k가 클수록 거리에 따른 상호작용 감소 효과가 커지는 것이다. 이 수식에 따르면 상호작용 가중치는 거리를 k 제곱한 숫자에 반비례하기 때문에, 서로 가까이 있는 공간 개체가 더 멀리 떨어져 있는 개체보다 강한 상호작용을 가지게 된다. 두 공간 개체 사이의 상호작용은 거리에 반비례하지만, 개체의 일부 속성에 비례하여 증가하기도 한다. 가장 대표적인 사례가 도시 사이의 상호작용으로 그 정도는 도시의 인구 크기인 p_i, p_j에 비례하여 커진다. 이를 적용하여 수식 2.2를 수정하면 다음과 같은 수식을 얻게 된다.

$$w_{ij} \propto \frac{P_i P_j}{d^k} \qquad (2.3)$$

공간 개체의 속성이 아니라 개체의 순수한 기하학적 특성만으로 상호작용을 측정할 때는 상호작용이 두 폴리곤의 면적에 비례하고 두 개체 사이의 거리에 반비례하는 것으로 모형화할 수도 있다.

거리 개념과 마찬가지로 상호작용도 두 공간 개체 사이에서 발생하는 다양한 교류를 모형화하는 데 사용할 수 있다. 예를 들어, 두 지역 또는 국가 사이의 교역량이나 전화 통화량, 인구 이동 등을 상호작용의 척도로 생각하는 것이다. 단순한 형태의 기하학적 상호작용에 대해서는 9장과 10장에서 보간법에 관해서 설명할 때 더 자세하게 다루도록 한다.

이웃

마지막으로 설명할 공간 데이터의 고유 개념은 이웃(Neighborhood)이다. 이웃은 여러 방법으로 정의할 수 있다. 예를 들어, 특정 공간 개체와 인접한 모든 개체의 집합을 그 개체의 이웃으로 정의할 수 있는데, 이 경우에는 인접성을 결정하는 기준에 따라 그 결과가 좌우된다. 특정 공간 개체가 속한 지역이나 그 개체로부터 일정 거리 이내에 포함되는 지역을 이웃으로 정의할 수도 있다. 거리나 인접성을 이웃을 정의하는 기준으로 사용하는 대신 서로 유사한 특성을 가진 지점들의 집합으로 이웃을 정의하기도 하는데, 이 경우가 이웃이라는 단어의 의미에 더 잘 부합한다는 의견도 있다. 내부적으로는 유사하지만, 주변 지역과 다른 지점 혹은 개체들의 집합이 이웃이라는 아이디어이다. 예를 들어, 많은 지형 객체는 연속면 수치 데이터에서 유사한 값을 가진 지점들의 조합으로 볼 수 있으며, 이 경우 우리가 산이라고 부르는 것은 주변 지점보다 고도가 높은 지점들의 조합, 즉 이웃으로 정의할 수 있다.

그림 2.2는 이 네 가지 기본적 공간 개념을 간단하게 표현한 것이다. 왼쪽 위 그림에는 가운데에 있는 객체 A와 다른 객체들 사이의 거리가 계산되어 표시되어 있다. 공간 좌표를 가지는 두 개체 사이의 거리는 쉽게 계산할 수 있다. 두 번째 그림에서 객체 A와 다른 객체(E와 F) 사이의 인접성은 객체

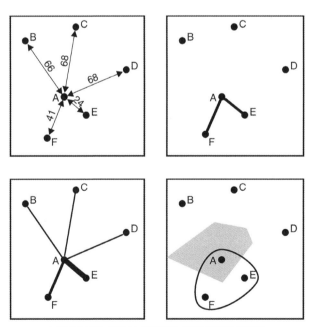

그림 2.2 거리, 인접성, 상호작용, 이웃 개념의 모식도

A와 E, F를 연결한 선으로 표시되어 있다. 이 경우 객체 E와 F는 왼쪽 그림에 표시된 B~E 객체 중 A에서 가장 가까운 두 객체이다. 인접성은 다양한 기준을 가지고 정의할 수 있는데, 이 경우에는 50m 이내에 있는 경우를 인접한 것으로 정의하였다고 할 수 있다. 이 기준을 다른 점들에 그대로 적용하면, B, C, D로 표시된 객체에는 인접한 객체가 없다. 거리 기준이 아니라 가장 가까운 두 객체를 인접한 객체로 정의했을 수도 있다. 이 경우는 모든 객체에 대해서 인접한 객체가 지정되도록 하는 정의이지만, 인접성이 객체 간 대칭적이지 않다는 문제가 있다. 즉 이 정의에 따르면 D의 인접 객체는 C와 E이지만, E의 인접 객체는 A와 F이다. 즉 E는 D의 인접 객체이지만, D는 E의 인접 객체가 아니다. 왼쪽 아래의 그림은 상호작용을 모식적으로 나타낸 것으로, A와 다른 객체 사이에 상호작용 정도가 선 두께로 표현되어 있다. 여기서 상호작용의 크기는 다른 조건이 같다면 일반적으로 거리에 반비례하기 때문에 A와 E 사이의 상호작용이 가장 크고, 이에 따라 가상 굵은 선으로 표현되어 있다. A와 B, C, D 각각을 연결하는 선은 상호작용이 작다는 의미에서 가는 선으로 표현된다. 오른쪽 아래의 그림은 A 객체를 기준으로 이웃의 범위를 정의하는 두 가지 방법을 표현하고 있다. 실선으로 둘러싸인 A, E, F 세 개의 객체는 인접한 객체의 집합을 이웃으로 정의한 것을 표현하고 있다. A를 포함하여 음영으로 표시된 지역은 지도상에서 다른 객체보다 A와의 거리가 더 가까운 지점들의 영역을 표시한 폴리곤으로 이웃의 범위를 정의하는 다른 방법 중 하나를 보여 준다.

공간 관계 행렬

거리, 인접성, 상호작용, 이웃 등의 공간 관계 개념은 행렬(Matrix)을 사용하면 편리하게 표현할 수 있다. 행렬의 표기와 연산 방식에 대한 기초적인 정보는 〈부록〉을 참고하기 바란다. 간단히 말해 행렬은 행과 열로 구성된 숫자 표이다. 예를 들어,

$$\begin{bmatrix} 2 & 1 \\ 5 & 3 \end{bmatrix} \quad (2.4)$$

수식 2.4는 두 행과 두 열이 있는 2×2 행렬이다. 행렬은 행과 열로 구성된 숫자 표를 대괄호로 둘러싼 형태로 작성된다. 공간 데이터에서 객체 사이의 거리는 행렬을 이용하여 요약 정리할 수 있다.

$$\mathbf{D} = \begin{bmatrix} 0 & 66 & 68 & 68 & 24 & 41 \\ 66 & 0 & 51 & 110 & 99 & 101 \\ 68 & 51 & 0 & 67 & 91 & 116 \\ 68 & 110 & 67 & 0 & 60 & 108 \\ 24 & 99 & 91 & 60 & 0 & 45 \\ 14 & 101 & 116 & 108 & 45 & 0 \end{bmatrix} \quad (2.5)$$

진한 대문자 D는 행렬의 이름을 나타낸다. 행렬 D는 그림 2.2의 여섯 점 객체 A, B, C, D, E, F 사이의 거리를 정리한 것이다. 첫 번째 행은 객체 A에서 객체 B, C, D, E 및 F까지의 거리를 각각 나타낸다. A와 B 사이의 거리는 66, A와 C 사이의 거리는 68, ⋯ , A와 F 사이의 거리는 41m이다. 행렬의 표현에 대해 기억해야 할 몇 가지 중요한 규칙은 다음과 같다.

- 행렬의 행과 열의 순서는 같다. 즉 행렬 D에서 행과 열은 모두 A, B, C, D, E, F 순이다.
- 거리 행렬은 각 객체에서 스스로까지 거리(예, A-A 거리)까지 포함하기 때문에 행렬의 왼쪽 위부터 오른쪽 아래까지를 연결한 주대각선의 값은 모두 0이다.
- 행렬은 주대각선에 대한 대칭이므로 3행 4열의 숫자는 4행 3열의 숫자와 같다. C에서 D까지의 거리와 D에서 C까지의 거리가 같다는 의미이다.

데이터에 포함된 모든 거리 정보는 행렬 하나에 다 정리되어 있으므로, 객체 간 거리를 기반으로 하는 분석은 모두 이 행렬을 이용하여 수행할 수 있다.

객체 간 관계가 1 또는 0으로 정의되는 인접성 정보도 거리 행렬과 마찬가지 방식으로 행렬 A로 정리할 수 있다.

$$\boldsymbol{A}_{d \le 50} = \begin{bmatrix} * & 0 & 0 & 0 & 1 & 1 \\ 0 & * & 0 & 0 & 0 & 0 \\ 0 & 0 & * & 0 & 0 & 0 \\ 0 & 0 & 0 & * & 0 & 0 \\ 1 & 0 & 0 & 0 & * & 1 \\ 1 & 0 & 0 & 0 & 1 & * \end{bmatrix} \quad (2.6)$$

이 행렬은 행렬 이름에서 짐작할 수 있듯, 객체 사이의 거리가 50m 미만인 것을 기준으로 인접성을 정의한 경우의 인접성 행렬이다. 거리 행렬과 마찬가지로 인접성 행렬은 주대각선을 기준으로 대칭이다. 행이나 열의 숫자를 합하면 해당 객체에 인접한 객체의 수를 알 수 있다. 첫 번째 행의 행 합계는 2인데, 이것은 개체 A가 두 개의 인접 개체를 가지고 있다는 것을 의미한다. 이 행렬에서 주대각선의 값은 숫자 대신 별표 기호로 표시하였는데, 이는 객체가 스스로와 인접하는지가 명확하지 않기 때문이다. 필요에 따라서는 객체 자체의 인접 여부, 즉 객체 A와 A, B와 B 사이의 인접성 여부를 어떻게 판단할지 기준을 정하고 기호 대신 0이나 1로 인접성을 표현할 수도 있다.

인접성 행렬은 인접성을 어떻게 정의하느냐에 따라 달라질 수 있다. 각 객체로부터 거리가 가장 가까운 세 개의 이웃 객체를 인접한 것으로 정의했을 때 인접성 행렬은 다음과 같다.

$$\mathbf{A}_{k=3} = \begin{bmatrix} * & 1 & 0 & 0 & 1 & 1 \\ 1 & * & 1 & 0 & 1 & 0 \\ 1 & 1 & * & 1 & 0 & 0 \\ 1 & 0 & 1 & * & 1 & 0 \\ 1 & 0 & 0 & 1 & * & 1 \\ 1 & 1 & 0 & 0 & 1 & * \end{bmatrix} \quad (2.7)$$

앞에서 설명한 것처럼, 가장 가까운 이웃(Nearest Neighbor)의 조합으로 인접성을 정의하면 객체 간 인접성이 대칭적이지 않고 따라서 인접성 행렬도 주대각선을 기준으로 대칭이 아니다. 모든 객체가 가장 가까운 3개 객체를 인접 객체로 갖기 때문에 2.7의 행렬에서 각 행의 합은 3으로 같지만, 각 열의 합은 5, 3, 2, 2, 4, 2로 서로 다르다. 여기에서 사용한 인접성 정의에 따르면 E가 B의 인접 객체라는 사실이 B가 E의 인접 객체라는 것을 보장하지 않기 때문이다. 이 행렬에서 객체 A는 연구 지역의 중심에 있어서 다른 모든 객체의 인접 객체가 되는 것을 볼 수 있다.

마지막으로 그림 2.2의 자료를 이용해 상호작용 행렬(또는 가중치 행렬) W를 만들어 보자. 간단한 거리 반비례, 즉 역거리 가중 규칙(1/d)을 적용하여 작성한 상호작용 가중치 행렬은 다음과 같다.

row totals:

$$\mathbf{W} = \begin{bmatrix} \infty & 0.0152 & 0.0147 & 0.0147 & 0.0417 & 0.0244 \\ 0.0152 & \infty & 0.0196 & 0.0091 & 0.0101 & 0.0099 \\ 0.0147 & 0.0196 & \infty & 0.0149 & 0.0110 & 0.0086 \\ 0.0147 & 0.0091 & 0.0149 & \infty & 0.0167 & 0.0093 \\ 0.0417 & 0.0101 & 0.0110 & 0.0167 & \infty & 0.0222 \\ 0.0244 & 0.0099 & 0.0086 & 0.0093 & 0.0222 & \infty \end{bmatrix} \quad \begin{matrix} 0.1106 \\ 0.0639 \\ 0.0688 \\ 0.0646 \\ 0.1016 \\ 0.0744 \end{matrix} \quad (2.8)$$

이 행렬에서 주대각선은 각 객체 내부의 상호작용이라는 의미에서 무한대 값으로 표시된다. 하지만 무한대는 통계적으로 매우 다루기 어려운 수이기 때문에 통계 분석을 위한 계산 과정에서는 제외되는 경우가 대부분이다. 상호작용 가중치 행렬은 2.8의 형태로 사용하기도 하지만, 각 행의 가중치 값의 합이 1이 되도록 표준화한 형태로 변형하여 사용하기도 한다. 무한대 값을 제외한 각 행의 가중치 합이 2.8에 표시되어 있는데, 이를 이용하여 표준화한 가중치 행렬을 계산할 수 있다. 첫 번째 행의 각 항목은 0.1106으로 나누고, 두 번째 행의 항목들은 0.0639로 나눗셈하는 식으로 얻어지는 표준화된 가중치 행렬은 다음과 같다.

$$\mathbf{W} = \begin{bmatrix} \infty & 0.1370 & 0.1329 & 0.1329 & 0.3767 & 0.2205 \\ 0.2373 & \infty & 0.3071 & 0.1424 & 0.1582 & 0.1551 \\ 0.2136 & 0.2848 & \infty & 0.2168 & 0.1596 & 0.1252 \\ 0.2275 & 0.1406 & 0.2309 & \infty & 0.2578 & 0.1432 \\ 0.4099 & 0.0994 & 0.1081 & 0.1640 & \infty & 0.2186 \\ 0.3279 & 0.1331 & 0.1159 & 0.1245 & 0.2987 & \infty \end{bmatrix} \quad (2.9)$$

열 합계:　1.4161　0.7949　0.8949　0.7805　1.2510　0.8626

표준화된 가중치 행렬에서 각 행의 합은 1이다. 여기에서 각 열의 합계는 해당 객체가 연구 지역 내 다른 모든 객체와 갖는 상호작용 효과의 합을 나타낸다. 2.9의 행렬에서는 지도의 중심부에 위치하여 다른 객체들과의 거리가 상대적으로 가까운 A의 상호작용을 나타내는 1열이 가장 큰 합계(1.4161)를 가진다. 주변 객체와의 상호작용의 합이 가장 작은 객체는 D로 열의 합이 0.7805이다.

여기에서 강조하고 싶은 것은 거리, 인접성 또는 상호작용 가중치 행렬의 값을 분석하는 구체적인 기법에 관한 것이 아니라, 공간 데이터의 특성을 행렬의 형태로 정리하는 것이 공간 분석에서 매우 유용하다는 사실이다. GIS와 공간 분석 기법이 발전하면 할수록 행렬을 이용한 데이터 분석의 중요성과 유용성이 커지고 있다. 이는 행렬을 이용한 다양한 수학적 분석을 통해 공간 데이터에 대한 새로운 분석 관점이 생기기 때문이기도 하고, 단순히 행렬을 사용하면 복잡한 수학적 분석을 간단명료한 형태로 정리하여 제시할 수 있기 때문이기도 하다. 이유가 무엇이건 공간 분석에서 행렬을 이용한 기법은 점점 더 다양하게 개발되고 있으며, 따라서 이 책의 여러 부분에서 행렬을 이용한 분석 기

생각해 보기

아직 부록에 포함된 행렬의 표기법과 연산 방법을 읽어 보지 않았다면 더 진도가 나가기 전에 시간을 내서 꼭 읽어 보길 바란다. 몇 시간을 투자해서 행렬을 공부한다고 훌륭한 수학자가 될 수 있는 것은 아니지만, 지리 정보 분석을 공부할 때는 매우 큰 도움이 될 것이라고 확신한다.

법에 대한 설명을 다룬다.

근접 폴리곤

객체들의 공간적 속성을 측정하는 또 다른 일반적인 방법은 연구 지역을 분할(partition)하여 근접 폴리곤(Proximity Polygon)을 작성하는 것이다. 근접 폴리곤 작성을 위한 지역 분할의 원리는 그림 2.3에서처럼 점 개체들이 모여 있는 연구 지역을 점 개체 각각과의 거리를 기준으로 분할하는 사례로 쉽게 설명할 수 있다. 여기에서 모든 특점 점 객체의 근접 폴리곤은 다른 개체보다 해당 개체에 더 가까운 공간 영역으로 정의될 수 있다. 근접 폴리곤은 티센(Thiessen) 또는 보로노이(Voronoi) 폴리곤이라고도 하며, 지리학뿐만 아니라 수학, 통계학 등 다양한 학문 분야에서 활용되는 개념이다(Okabe et al., 2000 참조). 수학적인 계산은 어렵지만, 근접 폴리곤을 작성하는 방법을 기하학적으로 쉽게 설명하면 그림 2.4에서와 같이 두 점 객체를 연결한 가상의 선에 수직 방향으로 교차하는 직선으로 경계선을 긋는 방식으로 근접 폴리곤을 만들 수 있다.

선 객체나 면 객체의 근접 폴리곤을 작성하는 과정은 조금 더 복잡하다. 하지만 연구 대상 지역을 특정 객체(점, 선 또는 면)와의 거리를 기준으로 모든 지점이 가장 가까운 객체의 근접 폴리곤에 포함되도록 공간을 분할하는 것은 이론적으로 명확한 원리이다. 이는 점, 선, 면 객체가 섞여 있는 경우에도 마찬가지다. 따라서 근접 폴리곤의 개념은 모든 객체 유형에 적용될 수 있으며, 일부 공간 분석 기법에서는 매우 유용하게 활용될 수 있다. 근접 폴리곤의 개념을 비누 거품 뭉치와 같은 것이라고 가정하면, 심지어 3차원 공간에서도 근접 폴리곤의 개념을 적용할 수 있다. 근접 폴리곤의 중요한 속성

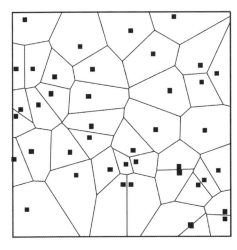

그림 2.3 점 객체들 주위로 만들어진 근접 폴리곤

그림 2.4 근접 폴리곤 작성 방법. 근접 폴리곤의 면들은 두 점 객체를 연결한 가상의 선에 수직으로 교차하는 직선이다.

중 하나는 근접 폴리곤은 서로 겹치지(overlap) 않는다는 것이다. 어느 지점이 둘 혹은 그 이상의 객체로부터 같은 거리에 있다면 그 지점은 근접 폴리곤의 경계선에 위치하게 되는 것이다.

근접 폴리곤을 통해 우리는 이웃에 대한 두 가지 다른 개념을 이용할 수 있다. 첫 번째는 비교적 단순한 개념으로, 각 개체의 근접 폴리곤이 해당 개체의 이웃으로 정의될 수 있다는 것이다. 이 아이디어는 실생활에 매우 유용하게 적용할 수 있다. 예를 들어, 우체국의 위치를 나타내는 점 객체를 대상으로 근접 폴리곤을 작성하면, 각 우체국의 우편 배달 관할 구역으로 사용할 수 있다. 마찬가지로 학교, 병원, 슈퍼마켓 등과 같은 다른 유형의 건물에도 같은 아이디어가 적용될 수 있다. 초등학교를 나타내는 점 객체들 주위로 근접 폴리곤을 작성하면, 취학 연령 어린이들을 어느 초등학교에 배정할 것인지를 결정할 때 유용하게 활용할 수 있다.

근접 폴리곤으로부터 발전된 이웃의 두 번째 개념은 삼각망을 통해 구현할 수 있다. 점 개체를 둘러싼 근접 폴리곤을 기준으로 설명해 보자. 근접 폴리곤의 각 면을 가운데 두고 수직 방향으로 서로 마주 보는 두 개의 점 객체를 연결하는 선을 모두 그리면 그림 2.5에서 검은색으로 표시된 삼각형들이 생기는데, 이 삼각형의 모음을 델로네 삼각망(Delaunay Triangulation)이라고 한다. 점 객체들을 연결하여 만들어진 델로네 삼각망은 표고점 데이터를 사용하여 연속적인 지형 기복을 표현하는 등의 방법으로 유용하게 사용되고 있다.

근접 폴리곤이 아니라 앞에서 살펴보았던 이웃 및 인접성에 대한 다른 접근법들은 지리 공간의 비균일성(Non-Uniformity)을 고려하지 못한다는 비판을 받는다. "100m 이내의 객체는 인접한 것으로 한다."와 같은 단순한 인접성 및 이웃 설정 기준이 지리 공간의 비균일성을 무시하고 있다는 것이다. 근접 폴리곤을 이용한 인접성 및 이웃 설정이 공간의 비균일성을 직접적으로 고려하는 것은 아니다. 하지만 '가장 가까운 이웃' 또는 '50m 이내'와 같은 기준을 사용하여 인접성을 설정하는 것과 다르게, 근접 폴리곤은 객체의 공간적 분포 패턴을 간접적으로 반영하고 있다는 장점이 있다. 특히 근접 폴리곤을 작성할 때 직선거리 대신 교통망을 따라 거리를 계산하는 방식을 적용하면, 공간의 비균일성

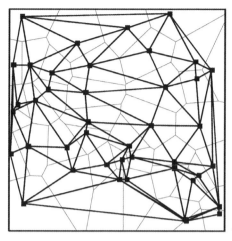

그림 2.5 근접 폴리곤을 이용한 델로네 삼각망

을 더 잘 반영할 수 있다(Okabe et al., 2000; 2008 참조).

근접 폴리곤을 기반으로 한 공간 분석 기법은 아직 상대적으로 많이 활용되지 못하고 있는데, 그림 2.4에서 볼 수 있는 것처럼 수작업으로 근접 폴리곤을 작성하기 위해서는 상대적으로 매우 복잡한 과정이 필요하기 때문이다. 하지만 최근에는 컴퓨터를 이용해 근접 폴리곤을 생성하는 알고리즘이 많이 개발되었고, 그에 따라 다양한 공간 분석에서 근접 폴리곤을 이용한 기법이 활용되고 있다.

요약

- 공간적 자기상관(Spatial Autocorrelation)은 서로 가까운 관측값들이 서로 유사할 가능성이 크다는 것으로, 데이터가 중복되는 부분이 있어 일반적 추론 통계의 신뢰도를 훼손한다.
- 가변적 공간 단위 문제(MAUP; Modifiable Areal Unit Problem)는 자기상관과 마찬가지로 일반적 통계 분석, 특히 회귀분석 결과의 신뢰성을 훼손한다.
- 지리학 연구에서 항상 그렇듯이, 축척(Scale)은 공간 분석 결과에 중대한 영향을 줄 수 있으며 적절한 축척을 선택하는 것은 모든 공간 분석 연구에서 매우 중요한 첫 단계이다.
- 공간의 비균일성(Non-Uniformity of space) 또한 문제가 된다. 가장자리 효과(Edge effects)는 거의 항상 존재하고, 따라서 공간 분석 과정에서 반드시 고려되어야 한다.
- 공간 데이터의 특수성 때문에 발생하는 통계 분석의 어려움은 여전하지만, 지난 30여 년간 이 문제를 극복하기 위한 관련 연구는 상당한 진전을 이루었다. 정량적 지리 분석 도구는 이 문제로 1970~1980년대에 인문지리학 진영으로부터 매우 심한 비판을 받았으나, 공간 분석은 이후 많은 과학적 진전과 더불어 더욱 정교한 분석 기법으로 발전하였다.
- 거리, 인접성, 상호작용, 이웃의 개념은 지리 정보 분석에서 가장 기본적인 개념적 토대이다. 각 개념은 다양한 방식으로 정의될 수 있다.
- 행렬을 사용하면 공간 객체의 분포 패턴과 관계없이 거리, 인접성, 상호작용, 이웃 등의 개념을 효과적으로 요

약, 표현할 수 있다.

- 근접 폴리곤이나 델로네 삼각망을 이용한 공간 분할은 지리 분석에서 매우 유용하다.
- 공간 데이터(spatial data)는 정말 특별하다!

참고 문헌

Doll, R. (1955) Etiology of lung cancer. *Advances in Cancer Research*, 3: 1-50.

Freedman, D., Pisani, R., and Purves, R. (1998) *Statistics*, 3rd ed. (New York: W. W. Norton).

Gatrell, A. C. (1983) *Distance and Space: A Geographical Perspective* (Oxford: Oxford University Press).

Gehlke, C. E. and Biehl, K. (1934) Certain effects of grouping upon the size of the correlation coefficient in census tract material. *Journal of the American Statistical Association*, 29(185): 169-170.

Okabe, A., Boots, B., Sugihara, K., and Chiu, S. N. (2000) *Spatial Tessellations: Concepts and Applications of Voronoi Diagrams*, 2nd ed. (Chichester, England: Wiley).

Okabe, A., Boots, B., and Sugihara, K. (1994) Nearest neighborhood operations with generalized Voronoi diagrams: a review. *International Journal of Geographical Information Systems*, 8: 43-71.

Okabe, A., Satoh, T., Furuta, T., Suzuki, A., and Okano, K. (2008) Generalized network Voronoi diagrams: concepts, computational methods, and applications. *International Journal of Geographical Information Science*, 22: 965-994.

Openshaw, S. (1983) The Modifiable Areal Unit Problem. Concepts and Techniques in Modern Geography 38, 41 pages (Norwich, England: Geo Books). Available at http://www.qmrg.org.uk/catmog.

Openshaw, S., and Taylor, P. J. (1979) A million or so correlation coefficients: three experiments on the modifiable areal unit problem in Wrigley, N. (ed.), *Statistical Methods in the Spatial Sciences* (London: Pion), pp. 127-144.

Tobler, W. R. (1970) A computer movie simulating urban growth in the Detroit region. *Economic Geography*, 46: 234-240.

03 지도, 지도화 기본 개념

내용 개요

• 지리 정보 분석에서 지도의 역할
• 분석 도구로서의 지도 – 일반적 통계 분석에서 그래프의 역할과 유사함
• 그래픽 변수(Graphic Variables)와 지리적 시각화(Geovisualization)
• 섬(Point), 면(Area), 연속면(Field) 등 데이터 유형별 지도화 기법
• 비공간 데이터의 지도적 표현: 공간화(Spatialization)

학습 목표

• 지리 정보 분석에서 지도와 지도의 역할이 중요한 이유를 이해한다.
• 종이 지도와 컴퓨터 지도의 주요한 차이점을 간략히 설명한다.
• 베르탱(Bertin)의 7가지 그래픽 변수를 설명하고, 지도 제작에서 적절한 그래픽 변수를 선택하는 방법을 이해한다.
• 컴퓨터 기술의 발달에 따라 새로 도입된 그래픽 변수들을 나열하고 설명한다.
• 지리 현상을 표현하기에 가장 적절한 지도 유형을 선택하고 그 이유를 설명한다.
• 공간화와 관련된 이론적 근거와 지도화 방법을 설명한다.
• 모든 지도를 비판적 시각으로 검토한다.

이 장은 지도와 지도화를 주제로 하고 있지만, 실제로 지도를 제작할 때 어떤 기호와 어떤 색채 배열을 사용할지 등 구체적인 지도 제작 기법들에 관해서는 설명하지는 않고, 그림 자료를 이용한 설명도 최소한으로만 사용하였다. 실제적인 지도 제작에 도움이 되는 구체적인 기법들에 대해서는 참고할 만한 다른 교과서들이 많이 있고(예를 들어, Dent, 1990; Robinson et al., 1995; Krygier and Wood, 2005), 인터넷을 통해서 관련 정보를 쉽게 검색하여 찾아볼 수 있다. 이 장에서는 지도의 디자인 기법 대신 공간 데이터의 탐색과 분석 도구로서 지도를 설계하고 사용할 때 활용할 수 있는 다양한 관

점을 설명하고, 그와 관련하여 참고할 만한 문헌에 대한 정보를 제공하는 것을 주된 목표로 한다.

3.1. 서론: 지도학 전통

지도는 GIS를 이용해서 만들 수 있는 가장 설득력 있는 의사소통 수단이다. 이 사실은 학회나 박람회에서 GIS 기업들이 자신들의 홍보관을 자신들이 개발한 GIS 시스템으로 제작한 온갖 지도들로 채워 놓은 것을 보면 쉽게 알 수 있다. 그러나 지도가 GIS 시스템의 분석 대상이 되는 지리적 현상의 본질을 파악하는 유용한 도구가 된다는 것은 쉽게 드러나지 않는 지도의 기능이다. 전지구적 위치 정보 시스템(Global Positioning System: GPS)과 같은 기술을 사용하여 실시간으로 공간 정보를 수집할 수 있을 정도로 GIS 기술이 발전했음에도 불구하고, 종이 지도가 여전히 GIS의 주요한 데이터로 사용되고 지도 분석을 위해 개발된 분석 기법들이 GIS를 이용한 공간 분석에도 여전히 그대로 적용되고 있다. 이런 상황에서 지도의 작성에 관한 지식을 포괄하는 지도학적 전통을 이해하는 것은 데이터 입력, 분석 및 지도 디자인 등 GIS 분석의 전 과정에서 매우 중요하다(Kraak, 2006 참조).

지난 10여 년간 지리적 분석 도구로서 기존의 지도 유형이나 새로운 형태의 지도가 가진 기능에 관한 다양한 연구가 있다(Winchester, 2002; Foxell, 2008; Johnson, 2006; Schwartz, 2008 참조). 최근에는 GIS 기술과 인터넷 사용이 일반화되면서 일상생활에서도 다양한 형태의 지도를 접할 수 있게 되었다. 차량 내비게이션, 지도화 기능이 있는 GPS, 휴대전화기를 통해 제공되는 위치 기반 정보, 접속자의 위치에 따라 맞춤형 정보를 제공하는 웹 사이트 등 다양한 매체를 통해 많은 사람이 위치 정보와 지도를 일상적으로 활용하고 있다. 심지어는 인터넷에 연결하여 자신이 여행 중 촬영한 사진을 여행지별로 정리하거나, 여행 경로를 지도로 만들어 저장하는 등 맞춤형 지도를 만들 수 있는 서비스도 등장하여 활발하게 이용되고 있다. 허드슨-스미스(Hudson-Smith, 2008)는 구글지도(Google Maps™)와 구글어스(Google Earth™)에서 제공되는 지도 데이터와 기능을 이용해서 인터넷 사용자가 쉽게 본인이 원하는 지도를 제작하는 방법을 정리하여 발표하였다. 지도 제작을 목적으로 하지만 기존의 지도학적 전통에 구애되지 않는 다양한 활동을 표현하는 용어로 신지리학(Neo-geography)이라는 새로운 용어가 만들어지기도 하였다. 신지리학은 국가적인 지도 제작 기관이 제공하는 데이터 대신, 개인들이 수집한 정보(Crowd Sourcing; Volunteered Geographic Information: VGI)나 구글(Google) 같은 검색 업체가 집계한 지리 자료를 이용하여 지도를 작성하는 활동에 더 큰 관심을 보이기도 한다. 이러한 급격한 시대 변화와는 반대로 지도의 활용에 가장 민감해야 할 지리학자들은 지도와 지도 작성 규범의 급속한 변화에 별다른 관심을 보이지 않는 것으로 보인다 (Dodge and Perkins, 2008).

지도는 수 세기 동안 지형 및 지적 정보를 저장하고 처리하기 위한 도구로 사용되어 왔고, 19세기 이후로는 지리적 통계 데이터를 표현하기 위해 주제도(Thematic map)가 활발하게 사용되고 있다. 지리 정보를 저장, 처리하고 전달하기 위한 매체로서 지도의 유용성은 잘 알려져 있지만, 지리 정보의 분석 수단으로서 지도의 유용성은 상대적으로 크게 평가받지 못하고 있는 것이 사실이다. 시각화는 오랫동안 데이터의 특성을 이해하기 위한 수단으로 사용되었지만, 보통의 경우에는 수학이나 통계학의 보조적인 수단으로만 제한적으로 활용되어 온 것이다.

시각적인 도구인 지도가 독립적인 분석 도구로 인정받지 못한 이유는 크게 세 가지로 나누어 볼 수 있다. 우선 지도는 데이터를 요약하여 단순화하는 역할을 하지 못한다는 인식이다. 과학을 정의하는 방법의 하나는 알고리즘에 따른 압축(Algorithmic Compression)이라는 개념으로, 즉 방대한 정보로부터 일관된 패턴을 찾아 현실을 단순화한다는 것이다. 이 관점에서 볼 때 지도는 지리적 현상의 다양한 패턴은 있는 그대로 보여 주어 현상에 대한 이해를 도울 수는 있지만, 지리적 현상을 일반화된 패턴으로 단순화시키는 데는 수학 방정식만큼 효과적이지는 않다는 것이다. 사실 공간적 관계와 패턴을 보여 줌으로써 지리적 현상에 대한 다양한 정보를 제공한다는 지도의 장점은 알고리즘에 따른 압축이라는 과학의 개념과 상반되는 것으로 간주하고, 따라서 과학적이지 못하기 때문에 독립적인 분석 도구로 인정받지 못하는 것이다. 둘째, 지도가 제공하는 정보는 다양하게 해석될 수 있다는 점이다. 일상 언어나 회화 작품과 마찬가지로 지도는 지도를 보는 사람의 시각에 따라 다양하게 해석될 수 있는 다중적인(polysemic) 의사소통 수단이다. 지도에 표현된 기호는 지리적 현상을 단순화하여 표현한 것이고, 독자의 경험이나 선입견에 따라 다양하게 해석될 수 있다. 지도 제작자는 지도를 작성하는 과정에서 지도에 사용된 다양한 기호들이 독자들에게 어떻게 해석될 것인지에 지속적인 관심을 가져야 한다. 그런데도 지도는 제작자가 의도한 바를 제대로 전달하지 못하여 의도와는 다른 해석을 유발할 가능성이 있다. 이러한 점은 모든 기호의 의미가 사전에 엄격하게 정의되어 각 기호가 단 한 가지 의미로만 해석되고 다른 의미로 해석될 수 없는 수학적 표현과 대비된다. 셋째, 지도의 제작은 그리 쉬운 작업이 아니라는 점이다. 비교적 최근까지도 지도 제작을 위한 데이터를 구하기 어려웠고, 수작업으로 지도를 작성하기 위해서는 전문적인 도구와 기술이 필요했다. 지도 제작이 상당한 시간과 비용이 있어야 하는 작업이었기 때문에 데이터 탐색을 위해 다양한 지도를 제작해 본다는 것이 현실적으로 불가능했다는 것이다.

3.2. 지리적 시각화와 공간 분석

시각적 도구인 지도가 독립적인 분석 도구로 사용되기 어렵다는 인식은 "시각적인 수단으로 데이터와 정보를 탐구하여 연구 대상에 대한 이해와 통찰력을 얻는다."(Earnshaw and Wiseman, 1992)는 의미의 과학적 시각화(Scientific Visualization)라는 개념이 개발되면서 많이 약화되었다. 시각화가 모든 과학에서 널리 사용되기 시작한 데에는 여러 가지 이유가 있다. 우선, 센서 기술(Sensor technology)과 자동화된 데이터 수집 기술의 개발은 데이터 처리 속도를 능가하는 속도로 데이터 용량의 급증을 가져오고 있다. 둘째, 현대 과학에서 가장 흥미로운 발견 중 상당수는 비선형 역동성(Non-Linear Dynamics) 또는 혼돈 이론(Chaos theory)과 관련되어 있는데, 이와 관련된 현상들은 작동 원리와 구조가 매우 복잡하여 간단한 수학적 모형보다는 시각적인 도구를 통해 표현하는 것이 효과적이다. 셋째, 복잡한 시뮬레이션 모형이 일반적인 현대 과학에서는 시뮬레이션 결과를 표현하기 적합한 시각화 기법의 중요성이 점점 더 커지고 있다. 예를 들어, 복잡한 시뮬레이션을 통해 모형화한 대기 순환 모형은 지구 온난화의 원인과 전 지구에 걸친 변화 패턴을 표현하는 데 유용하게 사용되고 있다. 마지막으로 중요한 이유는 컴퓨터 기술의 발전에 힘입어 예전에는 슈퍼컴퓨터에서나 가능했던 다양한 과학적 시각화 기법이 데스크톱 컴퓨터에서도 구현할 수 있을 정도로 일반화되었다는 점이다.

시각화(Visualization)는 통계학의 한 분야인 탐색적 데이터 분석(Exploratory Data Analysis: EDA)에서 유래하였다. 전통적으로 시각적 표현이 분석 결과를 전달하기 위한 목적으로 사용된 것과 달리 시각화는 시각적 표현을 통해 분석 아이디어를 개발하는 데 중점을 둔다. 시각화는 시각적 표현을 통해 분석 아이디어를 고안한 다음 분석 결과를 비 시각적인 방법으로 제시하는 방식으로 전통적인 연구 절차를 뒤집는다. 그런 의미에서 시각화라는 개념과 지도학은 많은 공통점을 가지며, 때로는 지도학과 시각화 용어가 같은 의미를 가진 것으로 받아들여지기도 한다. 과학적 시각화에서 개발된 다양한 기법들은 전통적인 지도 디자인을 개선하고, 공간 보간이나 원격탐사 이미지 분류에서의 오류를 시각화하거나 새로운 형태의 지도 표현을 고안하는 데 다양하게 활용되고 있다(Fisher et al., 1993). 자연과학 분야에서 시각적 표현을 통한 분석을 과학적 시각화라고 규정하였기 때문에(Hearnshaw and Unwin, 1994 참조), 지리학 분야에서는 시각화와 지도학을 융합한다는 의미에서 지리적 시각화(Geovisualization; Geographic Visualization)라는 용어가 만들어져 사용되고 있다(Dykes et al., 2005; Dodge et al., 2008).

지리적 시각화를 뒷받침하는 기술적 변화는 단순히 지도를 이전과는 다른 방식으로 그린다는 것을 의미하는 것이 아니라, 지도를 디자인하고 사용하는 방식에 중대한 변화를 가져온다는 의미다. 기존의 지도 제작에서는 효과적인 정보 전달을 위해 지도에 표시할 지형지물을 선택하고 단순화된 형태의 지도 기호를 사용하여 표현하는 것이 중요했지만, 지리적 시각화에서는 가능한 한 많은 양의 데이터를 동시에 표현하여 마치 우리가 사는 세상을 하늘에서 내려다보는 것처럼 사실적인 지도를 제작하는 예도 많이 있다(Fisher and Unwin, 2002). 또한 지리적 시각화의 관점에서 지도는 일반 청중을 대상으로 연구나 분석의 최종 결과물을 제시하는 것이 아니라, 연구자가 다양한 방법으로 작성된 지도를 사용하여 연구 아이디어를 개발하고, 연구의 진행 상황 등을 확인하여 공간 분석 과정을 개선하는 도구로서 더 큰 의미가 있다.

GIS를 이용해 컴퓨터 화면에 다양한 지도를 쉽게 그릴 수 있게 되면서, 지도는 이제 시각화 및 분석 도구로서 기능이 확장되었다. 그림 3.1의 왼쪽 그림은 전통적인 연구 절차를 표현한 것으로, 연구 질문(주제)의 선정과 데이터 수집, 분석과 결론이 선형적인 절차로 진행되며 여기에서 지도는 주로 연구 결과를 표현하는 도구로 사용된다. 반면 GIS를 이용한 연구는 그림 3.1의 오른쪽 흐름도와 유사한 방식으로 진행된다. GIS를 이용하면 데이터를 쉽게 지도로 표현할 수 있으므로 지도에 나타난 공간 현상의 분포를 시각적으로 확인하고 연구 질문(주제)의 도출을 유도한다. 물론 때에 따라서는 지도를 그려 보기 전에 이미 연구 질문이 있고, 연구 주제에 따라 데이터를 수집하여 GIS로 지도를 작성하는 방식으로 연구를 진행하기도 한다. 하지만 이 경우에도 지도는 연구 질문이나 주제를 개선하고 더 복잡한 주제로 발전시키는 중요한 매체로 활용된다는 것이 전통적인 연구 진행 절차와 가장 큰 차이라고 할 수 있다. 이상과 같은 연구 질문, 데이터, 지도 사이의 복잡하고 유동적인 과정은 유용한 연구 결론이 도출될 때까지 계속된다. 물론 전통적인 연구 절차와 GIS 환경의 연구 절차가 완전히 분리된 것은 아니다. 전통적 연구 절차에서도 분석 결과에 따라 연구 질문을 수정하고 새로운 데이터를 수집하는 식으로 순환적인 절차를 차용하기도 하고, GIS 환경에서도 정형화된 연구에서는 체계적인 선형적 접근 방식이 사용되기도 한다. 중요한 점은 지도가 전통적인 연구 절차에서처럼 단순히 연구 결과

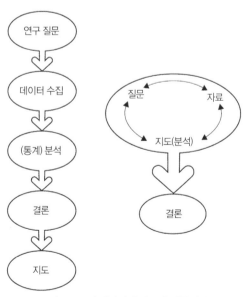

그림 3.1 분석 과정에서 지도의 역할 변화

를 제시하는 도구가 아니라 연구 과정에서 중요한 분석 도구로 활용된다는 것이다.

분석 결과의 시각적 표현이라는 단순한 역할에서 자체적인 분석 기능과 연구 아이디어의 개발이라는 지도의 기능 변화는 전통적 지도 제작 기법에 대한 학문인 지도학(Cartography) 분야에 중대한 변화를 가져왔다. 과학적 시각화 기법으로서 GIS에서 지도화의 의미가 규정되기 시작한 것이다 (Hearnshaw and Unwin, 1994; MacEachren and Fraser Taylor, 1994; Unwin, 1994). 하지만 GIS와 컴퓨터 기술이 아무리 급속히 발전하고 있다고 하더라도 지도 제작에서 전통적 지도학의 연구 성과들이 제시하는 기본 원칙이 무시되어서는 안 된다. 지도 제작 기술이 변화하더라도 지도학자들의 연구를 통해 누적된 지도 제작 원칙과 지도 해석 방법에 대한 지식은 여전히 유효하다. 애니메이션 지도와 같은 역동적인 지도 표현과 상호작용에 기반한 대화형 지도 등 새로운 형태의 지도는 분명히 강력한 분석 도구이지만, 이런 도구를 효과적으로 사용하기 위해서는 효과적인 지도학적 의사소통을 위한 지도 표현법을 추구해 온 전통적 지도학 연구의 성과를 존중하고 지도 제작에 반영해야 한다. 이 장은 효과적인 지도학적 의사소통을 위해 고려해야만 하는 지도 디자인의 요소에 대해서 중점적으로 설명한다.

3.3. 그래픽 변수

지도는 기본적으로 2차원 평면에 그려지기 때문에 지도 위에 정보를 표시하는 방법은 매우 제한적이다. 지리적 정보의 시각적 표현을 위한 그래픽 요소에 대한 체계적인 분류는 1967년 프랑스의 자크 베르탱(Jacques Bertin)이 쓰고, 베르그(W. J. Berg)가 영어로 번역한 『Semiology of Graphics』(1983)가 가장 대표적이다. 'Semiology'라는 용어는 '기호학'으로 번역될 수 있는데, 시각적 기호들을 분류하는 이론으로 이해할 수 있다. 베르탱은 정보의 시각적 표현에서 서로 다른 정보를 표현하기 위해서 사용하는 다양한 방법을 위치(Location), 명도 혹은 채도(Color/Value), 색상(Hue), 크기(Size), 모양(Shape), 간격/질감(Spacing/Texture) 및 방향(Orientation) 등 7가지로 분류하였고, 이 분류는 베르탱의 '그래픽 변수(graphic variables)'라고 불리고 있다.

- 위치(Location)는 지도에서 기호가 배치된 곳으로, 지리적 현상의 공간적 관계를 표시하는 가장 중요한 수단이다. 위치라는 속성은 매우 분명하고 단순하다고 할 수 있지만, 지도학에서는 때로 주의 깊게 다루어야 하는 변수이다. 지도에 사용된 투영법(map projection)이 달라지면 기호의

상대적 위치도 달라질 수 있기 때문이다. 중요한 것은 구형(球形)의 지구를 평면으로 변환하는 과정에서 모든 지도투영법이 어떤 형태로든 왜곡을 발생시킨다는 점을 이해하고, 그를 이용한 공간적 관계의 해석에 주의를 기울여야 한다는 점이다.

• 명도 혹은 채도(Color/Value)는 기호의 밝음 또는 어두움의 정도이다. 명도는 보통 등간척도나 비율척도 변숫값의 차이를 나타내기 위해 사용된다. 종이 지도에서는 일반적으로 어두운색 기호가 변숫값이 높은 것을 나타내지만, 검은 배경의 컴퓨터 화면에서는 밝은 음영이 큰 값을 나타내는 식으로 표현되기도 한다. 베르탱이 그래픽 변수를 고안할 때는 기술적인 제한으로 인해 명도와 속성값의 관계가 단순하게 설정되었으나, 기술적인 변화에 따라 기호의 음영과 기호가 나타내는 속성값의 관계는 이제 직접적인 관계가 아니게 된 것이다.

• 색상(Hue)은 명도와 달리 일반적으로 양적 차이가 아닌 명목척도나 순위척도 자료와 같은 질적 변수(Qualitative variable)를 표현하는 데 사용된다. 과거에는 종이 지도를 원색으로 인쇄하는 데 비용이 많이 들었기 때문에, 대부분 지도는 흑백이나 단색으로 제작되었고 따라서 색상 변수는 많이 사용되지 않았다. 하지만 최근 고화질의 컴퓨터 모니터와 컬러 프린터의 보급이 확대되면서, 색상 변수가 지도 제작에 점점 더 많이 사용되고 있다.

• 색(Color)은 지도 제작에서 가장 자주 잘못 사용되는 그래픽 변수이다. 그 이유는 네 가지 정도로 나눠볼 수 있다. 우선, 색 이론(Color theory)에 따르면 색은 단순히 빨강, 파랑, 초록 등을 나타내는 색상(Hue)과는 다른 개념이며, 색상과 함께 밝거나 어두움을 나타내는 명도(Value, Lightness)와 색상의 순수한 정도를 나타내는 채도(Chroma)가 동시에 합쳐져서 만들어지는 감각이다. 둘째, 사람의 눈과 뇌는 다양한 색들에 반응하는 민감도가 다르다. 사람들의 눈은 녹색을 가장 민감하게 식별하고, 그다음으로 빨간색, 노란색, 파란색, 자주색 순으로 민감하게 반응한다. 셋째, 색은 문화적 맥락에서 해석되며 그에 따라 지도를 읽는 방식에 영향을 준다. 예를 들어, 빨간색은 뜨거움이나 위험의 의미가 있고 녹색은 친환경적이라는 인상을 준다는 등의 문화적 연관성을 가진다. 숙련된 지도 제작자나 광고 제작자는 지도나 광고의 목적에 따라 필요한 느낌을 주는 색을 선택적으로 사용한다. 마지막으로, 색은 색 자체를 구성하는 색상, 명도 및 채도뿐만 아니라 색이 차지하는 면적이나 주변의 색들이 달라지면 착시 효과로 인해 다른 색으로 인식될 수도 있다는 점을 유의하여야 한다. 예를 들어, 진한 빨간색이 작은 면적에 칠해졌을 때는 괜찮을지라도 넓은 면적을 진한 빨간색으로 채색하게 되면 시각적 균형을 깨뜨리는 효과로 나타나기도 하고, 같은 음영의 회색이라도 주변이 밝은색이면 더 어둡게 주변이 검은색이면 흰색에 가까운 밝은 회색으로 인식되기도 하는 것이다. 따라서 색이라는 그래픽 변수를 지도에 사

용할 때는 더 세심한 주의를 기울여야 한다. 색을 사용함으로써 지도학적인 문제를 해결하는 것보다 더 많은 문제를 일으킬 수도 있기 때문이다. 예쁜 원색을 더 많이 사용한다고 해서 시각적인 효과가 향상되리라고 하는 단순한 기대는 대부분 실망스러운 결과로 돌아온다.

- 기호의 크기(Size)를 사용하여 양적 차이를 나타낼 수 있음은 분명하다. 그러나 기호의 크기를 기호가 나타내는 값과 비례하도록 한다고 해도, 지도를 읽은 사람의 뇌가 기호 크기 사이의 비율을 정확하게 해독하기 어렵다는 사실이 밝혀졌다. 이에 대해서는 3.6절 비례적 도형 표현도에 대한 설명에서 더 자세히 다루도록 한다.

- 기호의 기하학적 형태인 모양(Shape)은 지도에서 공간 객체의 유형을 구분하는 데 주로 사용된다. 모양은 지도 제작에서 기본적으로 사용되는 그래픽 변수로 예를 들어, 학교와 병원 건물을 다른 모양의 기호로 표현한다거나, 고속도로와 일반도로를 다른 모양의 선으로 표현하는 식으로 사용된다.

- 패턴의 밀도나 패턴에서 점이나 선 사이의 간격(Spacing)은 양적 차이를 나타내는 데 사용할 수 있다. 지도 제작에서 가장 대표적인 사례는 점 객체의 분포를 밀도로 나타내는 점 밀도 지도(Dot Density map)이다. 질감(Texture)은 패턴을 달리하여 자료의 질적 차이를 표현하는 데 사용되기도 하고, 질감의 밀도, 밝기 차이를 이용해 양적 자료를 표현하는 데 사용하기도 한다.

- 마지막으로, 사선을 사용한 패턴에서 사선의 각도 혹은 방향(Orientation)은 면 객체의 질적(qualitative) 차이를 나타내는 데 사용될 수 있다.

베르탱의 7가지 그래픽 변수 구분은 단순하고 논리적이지만, 사람들이 시각적인 자극은 어떤 방식

지도학의 함정

마크 몬모니어(Mark Monmonier)의 유명한 책 『지도와 거짓말(How to Lie with Maps)』(1991)에는 '색(色): 매력적이지만 산만하다'라는 장이 있는데, "색은 지도학의 늪이다."라는 문장으로 시작된다. 인터넷이나 여러 매체에 실려 있는 지도들을 보면, 디자인을 화려하게 만들기 위해 너무 많은 수의 원색을 부적절하게 사용한 사례들을 쉽게 찾아볼 수 있다.

색을 그래픽 변수로 사용할 때 생기는 이러한 문제점을 해결할 수 있는 가장 간단한 방법은 가능한 한 가장 단순한 형태의 색상 배열을 사용하는 것이다. 미국 펜실베이니아 주립대학교 신디 브루어(Cindy Brewer) 교수와 마크 해로우어(Mark Harrower)는 지도 제작에서 사용하기에 적합한 색상 배열을 추천해 주는 인터넷 서비스인 컬러브루어(ColorBrewer, http://www.colorbrewer.org)를 개발하여, 지도를 제작하는 사람들에게 색상 배열 선택을 위한 매우 유용한 가이드라인을 제공하고 있다.

그래픽 변수 실습

1. 베르탱의 그래픽 변수는 지나치게 단순한 구분이라는 지적이 있다. 어떤 면에서 그런지 생각해 보자.

2. 1장 4절에서 설명한 측정 수준에 관한 내용을 살펴보고, 명목척도, 순위척도, 등간척도, 비율척도 각각의 데이터 유형을 시각적으로 표현하기 위해 어떤 그래픽 변수들이 효과적으로 쓰일 수 있을지 생각해 보자. 다음 표의 각 칸에 해당 그래픽 변수가 해당 측정 수준 데이터의 표현에 적합한지를 상, 중, 하 중 하나로 표시해 보자.

측정 수준 그래픽 변수	명목척도	순위척도	등간척도	비율척도
위치				
명도				
색상				
크기				
모양				
간격/질감				
방향				

으로 인식하는지에 관한 다양한 연구를 통해 그래픽 변수의 특성은 매우 복합적이어서 매우 조심스럽게 사용해야 한다는 것이 밝혀졌다. 그중에서도 가장 중요한 점은 각각 그래픽 변수가 데이터의 특성에 따라 적합한 유형의 데이터에만 선택적으로 적용되어야 한다는 것이다. 예를 들어, 색상은 질적 정보의 차이를 표시하는 데 사용하면 잘 작동하지만, 양적 변화를 표현하는 데 사용하는 것은 매우 위험해서 세심한 주의가 필요하다. 반대로 명도와 크기는 정량적 정보를 효과적으로 표현할 수 있지만, 질적 정보의 차이를 표현하는 데는 적합하지 않다.

3.4. 새로운 그래픽 변수들

컴퓨터 기술의 발달로 다양한 시각화 기법들이 개발되면서 이제는 베르탱의 7가지 그래픽 변수를 넘어서는 다양한 그래픽 변수를 활용한 지도들이 많이 고안되었다. 새로운 지도학적 시간 변수들에는 동적으로 변화하는 지리 현상을 효과적으로 표현하는 애니메이션(Animation), 지도투영법(Map Projection)의 창의적인 사용, 지도와 원 데이터의 연결을 통한 동적인 탐색, 지도와 다른 그래픽 자료와의 연결 등이 포함된다.

애니메이션과 대화식 지도

여러 장의 지도를 연속적으로 빨리 보여 주는 애니메이션 지도에 대한 아이디어는 이미 오래전에 등장하였다(Tobler, 1970 참조). 그러나 이전에는 여러 장의 연속된 지도를 작성하고, 그 지도들을 사진으로 촬영한 뒤 영화 필름으로 만들어 극장에서 영사기를 통해 영화를 상영하던 방식으로 제작해야 했기 때문에, 애니메이션 지도를 만든다는 것은 매우 큰 노력이 있어야 하는 작업이었다. 그러던 것이 최근 대용량의 디지털 데이터와 그래픽 기능이 뛰어난 고성능 컴퓨터가 일반화되면서 애니메이션 지도를 제작하는 작업이 상대적으로 빠르고 쉬워졌다. 애니메이션 지도는 관심 대상 지역의 지리적 현상의 변화 과정을 제작자가 원하는 속도로 보여 줄 수 있다는 점에서 매우 효과적인 시각화 도구이다.

애니메이션과 같이 지도를 통해 역동적인 시각 정보를 전달할 수 있는 다른 방법으로는 대화식 동적 지도(Interactive Dynamic map)가 있다. 대화식 지도에서는 확대/축소(Zoom) 기능을 사용하여 실시간으로 지도의 축척을 변경하거나, 이동(Pan) 기능을 이용해 지도에 표시된 지역을 바꿔 볼 수 있다. 또한 지도와 해당 통계 그래프를 화면에 동시에 나타내고, 그래프의 특정 요소를 선택하면 동시에 지도에서도 그에 해당하는 지역이 강조되어 표시되도록 할 수도 있다. 애니메이션 지도는 시간 순서 대신 특정한 변숫값의 변화 순서에 따라 작성할 수도 있고, 특정 현상의 작동 원리와 경로를 보여 주기 위해 사용할 수도 있다. TV 날씨 예보에서 자주 보는 애니메이션 형태의 바람 지도나 태풍의 이동 방향을 보여 주는 화면이 대표적인 사례이다.

동적인 지도화 기법을 채택한 대화식 지도의 초기 사례로는 페레이라와 위긴스(Ferreira and Wiggins, 1990)의 지도를 들 수 있다. 그들은 단계구분도(Choropleth map)와 함께 밀도 다이얼(density dial)이라고 하는 추가적인 인터페이스를 제공하여 지도 사용자가 지도의 급간 구분을 실시간으로 바꿔 보고 어떤 급간 분류 체계에서 어떤 공간 패턴이 나타나는지를 탐색해 볼 수 있도록 하였다. 또 펜실베이니아 주립대학교의 지도 시각화 연구팀은 애니메이션 지도에서 사용되는 동적 변수들을 체계적으로 분류하여 발표하였는데, 여기에는 애니메이션 지도에서 장면(sequence)의 지속 시간(duration), 변화율(rate of change), 순서(ordering) 및 속도(이벤트의 반복 주기; phase) 등이 포함된다(DiBiase et al., 1992).

애니메이션 지도는 연구의 초기 단계에서 지리 현상의 공간적인 패턴을 쉽게 보여 줄 수 있다는 점에서 매력적인 시각화 도구이지만, 학문적인 연구에서는 널리 사용되지 못하고 있다. 그 이유는 두 가지 정도로 정리할 수 있는데, 우선 첫째는 연구자가 애니메이션 지도를 이용해서 공간 현상에 대한 통찰력을 쉽게 얻을 수 있기는 하지만 일반적인 연구 발표 방식, 즉 책이나 논문에서 애니메이션 지도를 사용할 수 없다는 문제이다. 따라서 대부분 경우 연구와 관련된 애니메이션 지도는 연구 논문과는 별도로 인터넷을 통해 동영상으로 제공하게 된다. 둘째는 애니메이션이나 컴퓨터를 활용한 상호작용 기반 대화식 지도에서 사용할 수 있는 새로운 그래픽 변수들이 많이 고안되었지만, 그것을 효과적으로 사용하기 위한 표준화된 설계 규칙들이 아직 미비하다는 점이다.

상호참조와 브러싱

컴퓨터 지도에서 사용자가 선택한 특정 객체가 강조되어 표시되는 것을 일시적 기호화(Transient Symbolism)라고 한다. 특정 객체를 선택하면 형광색으로 표시되도록 하는 것이다. 일시적 기호화의 개념은 브러싱(Brushing)이라는 도구로 발전하였는데, 화면에 지도와 지도에 나타낸 자료를 토대로 한 그래프를 동시에 보여 주고 지도의 특정 객체를 선택하면 그래프에서 해당 객체가 자동으로 선택되고, 반대로 그래프에서 어떤 객체를 선택하면 지도에서도 그 객체가 선택되어 표시되는 것이다. 몬모니어(Monmonier, 1989)는 화면에 단계구분도(3.7절 참조)와 통계 산포도를 동시에 표시하고 브러싱을 통해 데이터와 지도가 서로 연결된 시각화를 구현하였다. 인쇄된 지도에서는 사용자가 필요한 정보를 찾아 강조하는 것이 힘들었지만 컴퓨터 지도에서 일시적 기호화를 사용하면 사용자가 실시간으로 원하는 지역이나 정보를 선택하여 강조해서 표현할 수 있고, 지도와 통계 자료(표나 그래프)가 상호참조를 통해 연결되면 특정 지역의 통계적 특성을 실시간으로 탐색할 수 있으므로 상호참조와 브러싱 기법은 공간 데이터의 탐색적 통계 분석에서 단순하지만 매우 강력한 도구로 활용될 수 있다.

지도투영법

지도투영법(Projection)은 공 모양의 지구를 평면의 지도로 변환하는 과정을 의미하며, 지도 제작에서 투영법은 일반적으로 다양하게 바꿀 수 있는 것이 아니라 필요에 따라 표준 투영법 중에서 가장 적합한 것을 선택하여 사용하는 것으로 인식되고 있다. 모든 투영법은 구형의 지구를 평면으로 변환하는 과정에서 일정 정도의 왜곡을 초래하기 때문에 '정확한 투영법'이라는 개념은 존재할 수 없다.

투영된 지도에서 면적이 정확하면 형태가 왜곡되고, 대륙의 모양이 정확하면 면적이 왜곡될 수밖에 없다는 것이다. 기존의 지도 제작 방식에서는 이러한 투영법 각각의 특성을 파악하여 지도로 표현하고자 하는 지역의 경위도상 위치와 크기, 지도로 표현하고자 하는 주제 등에 따라서 투영법을 선택한 다음, 고정된 투영법을 해당 지도 제작에 표준적으로 사용하였다. 하지만 GIS를 이용해서 실시간의 다양한 투영법을 적용하여 지도를 쉽게 만들어 볼 수 있는 환경에서는 투영법의 변화를 효과적인 그래픽 변수로 사용할 수 있다. 지도투영법을 바꿔 가면서 지도에 나타나는 공간 현상의 패턴 변화를 살펴보는 식으로 탐색적 분석 기법을 적용할 수 있다는 것이다. 7절에서 설명하는 카토그램(Cartogram)은 지도를 작성할 때 국가나 지역의 크기를 해당 지역의 면적 대신 그 지역이 가진 속성 값의 크기에 비례하도록 만드는 지도를 말하는데, 넓은 범주에서는 특수한 투영법을 적용한 지도 제작 방법으로 구분할 수 있다.

3.5. 지리적 시각화에서의 이슈들

지리적 시각화는 효과적인 공간 데이터 탐색 도구로 최근 그 활용이 크게 확대되고 있지만, 여전히 극복해야 할 문제점들도 있다. 인쇄 지도에서 컴퓨터 지도로의 변화로 인해 분석가는 많은 새로운 그래픽 변수를 사용할 수 있게 되었고, 화려하고 동적으로 연결되어 시각적 효과를 극대화한 새로운 지도는 매우 매력적이다. 가장 큰 문제점은 이러한 새로운 유형의 그래픽 변수를 적절히 사용하기 위한 체계화된 사용 규칙이 거의 없다는 사실이다. 때로는 지리적 시각화를 통해 종이 지도에서는 구현할 수 없는 지리 정보 분석이 가능하지만, 그렇다고 해서 새로운 기술이 항상 전통적인 지도보다 효과적이라고 할 수는 없다. 마찬가지로 컴퓨터 지도가 종이 지도와 다르다는 이유로 거의 2세기 동안 축적되어 온 주제도 작성의 전통과 지혜를 무시해야 한다는 의미는 아니다.

지리적 시각화는 단일한 분석 전략이 아니고 데이터, 그 데이터가 표현하고 있는 지리 현상 그리고 시각화에 사용된 기술 사이의 상호작용과 관련해서 세 가지 정도의 서로 다른 접근 방식들을 포괄하는 개념이다. 첫 번째는 객체 연결이나 브러싱 등 기법을 사용하여 대화식으로 데이터를 탐색하는 순수한 의미의 지리적 시각화이다. 이 경우는 공간 데이터를 가공하지 않고 있는 그대로 관찰한다는 성격이 강하다. 반면 두 번째는 공간 분석 기법으로서의 지리적 시각화 관점으로, 데이터 값을 수학적으로 가공하여 지도화하는 경우가 해당한다. 예를 들어, 원래의 데이터로부터 밀도를 추정한다거나, 연구 가설의 검증을 위해 확률을 계산하고 연구 주제에 따라 특정 지역을 중심으로 국지적 통계를 추출하는 등의 기법을 말한다. 이 책의 상당한 부분은 이러한 관점과 기법들에 대한 설명에 할 애되어 있다. 세 번째 접근법은 지리적 현상의 특정한 측면을 강조하기 위하여 지리 공간을 변형하여 표현하는 방식이다. 카토그램과 같이 특정 주제를 강조하기 위해 지리 공간을 특정 방식으로 재 투영하여 표현하는 것이 여기에 해당한다. 대부분의 공간 분석은 이 세 가지 접근 방식 중 하나 혹은 여러 접근 방식을 섞어서 사용하는 형태로 진행된다. 메니스(Mennis, 2006)는 지리가중 회귀분석 (Geographically Weighted Regression: GWR)으로 알려진 국지적 통계의 결과를 지리적 시각화 기법을 통하여 효과적으로 제시함으로써 분석 기법의 개선을 가져왔다(8장 참조). 마찬가지로 고전적인 공간 분석 도구인 모란 산포도(Moran scatter plot) 역시 독립적인 통계 그래프로 사용되는 대신 그래프와 연결된 단계구분도와 같이 제시됨으로써 그 효과를 극대화할 수 있었다(Anselin, 1996).

여전히 지리적 시각화에서 어떤 기법이 무슨 이유로 가장 효과적이라고 할 수 있는지에 대한 명확한 해답은 없다. "이 데이터를 시각화하는 가장 효과적인 방법은 무엇인가?"와 같은 질문에 대한 대답도 명확하게 제시하기 힘든 것이 사실이다. 적당한 수준에서 정리된 디자인 규칙, 상호작용 이론이나 기호학(Semiotics)에 기초한 추측, 사용성(Usability) 평가와 인지 실험(Perception experiment) 결과, 그리고 시각적 인지적 본능에 기반한 경험 등만이 효과적인 지리적 시각화 기법의 결정을 위해 우리가 사용할 수 있는 근거가 된다. 결과적으로 지리적 시각화는 복잡하고 이해하기 어려운 그래픽과 관련 데이터를 형태만 바꿔서 다시 복잡하고 이해하기 어려운 다른 데이터로 변환하는 새로운 방법인 것처럼 보이기도 한다. 어쩌면 지리적 시각화의 과학적 근거가 될 수 있는 유용한 이론들이 있지만, 아직 적절히 조직화하지 못한 것일 수도 있다. 동시에 지리적 시각화라는 개념 자체가 과학적인 학문 체계로 정립되기 힘든 개념일 수도 있다.

마지막 쟁점은 과연 지리적 시각화가 과학적 이론의 생성과 검증 그리고 표현을 위한 새로운 도구라는 주장이 타당한가에 대한 논란이다. 그래픽과 과학 이론 그리고 기존의 지식체계 사이의 상호작용은 지리적 시각화의 과학적 기능을 강조하는 사람들이 인식하는 것보다 더 복잡한 경우가 많다. 기존의 과학적 가설을 검증하는 방법으로 지리적 시각화 기법을 사용한 사례는 많이 있다. 그러나 지리적 시각화를 통해서 새로운 과학적 가설을 수립할 수 있다는 주장은 논란의 대상이 되는 경우가 많다. 대표적인 사례는 존 스노(John Snow) 박사가 영국 런던의 소호 지역에서 발생한 콜레라 전염병의 확산을 지도로 표현한 1854년 지도이다. 당시에는 콜레라가 공기 중에 떠다니는 독기(毒氣, miasma)에 의해서 확산한다는 이론이 지배적이었는데, 스노 박사의 지도는 지도를 통해 콜레라가 물 펌프를 중심으로 확산하는 수인성 전염병임을 입증하였다는 것이다(Koch and Denke, 2004 참조). 이를 근거로 많은 학자는 스노 박사가 지도를 이용하여 콜레라가 수인성 전염병이라는 가설을 만들었다고 주장하였다. 즉 지리적 시각화가 과학적 이론의 도출에 효과적으로 사용된 대표적인 사례로 스노 박사의 연구를 제시하고 있는 것이다. 그러나 최근의 연구(Brodie et al., 2000; Koch, 2004; 2005)에서는 스노 박사가 콜레라 지도를 작성하기 전에 이미 임상적인 분석을 통해서 콜레라가 수인성 전염병일 것이라는 가설을 세웠고, 지도는 단지 그 가설을 증명하기 위한 단순한 시각화 도구였다는 논리로 지리적 시각화의 이론 도출 기능을 부정하고 있다.

3.6. 점 자료의 지도화 및 탐색

점 지도

점 지도(Dot map)는 가장 단순한 형태의 지도로 하나의 공간 객체가 지도 위에 하나의 점으로 표시되는 식으로 작성된다. 이 경우 지도의 각 점은 명목척도로 측정된 객체 유형을 나타내고, 베르탱의 그래픽 변수 분류(3.3절)에 따르면 위치라는 그래픽 변수를 사용한 경우에 해당한다. 구글지도 같은 인터넷 지도 서비스에서는 핀 지도(Pin map)라는 이름으로 불리기도 한다.

점 지도의 작성 원리는 비교적 간단하다. 지도화할 공간 개체의 각 위치에 점 기호를 배치하기만 하면 된다. 각 개체가 하나의 기호로 표현되기 때문에 일-대-일 지도화(one-to-one mapping)이며, 따라서 지도에 표현된 기호의 수는 개체의 수와 같다. 점 지도 디자인에서는 각 점을 어떤 모양, 크기 및 색의 기호로 표현할 것인가만 결정하면 된다. 가장 간단한 형태의 기호는 검은색의 동그랗고 작

구글지도 서비스를 이용하여 핀 지도 만들기

인터넷 브라우저에서 www.google.com에 접속하여 '지도(Map)' 탭(혹은 옵션)을 선택하면 구글지도 서비스로 이동할 수 있다. 검색 창에 "광주광역시 스타벅스"처럼 도시 이름과 상점 이름을 조합하여 검색어를 입력한다(검색 결과가 없는 경우는 광주광역시에 실제로 스타벅스가 없는 경우인데, 이 경우에는 다른 검색어를 사용하면 된다). 검색 결과는 오른쪽 지도 창에 핀 지도 형태로 나타난다. 각 핀은 '이벤트(해당 상점)'와 정확히 일대일로 대응하며, 핀을 클릭하여 선택하면 해당 상점의 이름이나 전화번호와 같은 관련 속성 자료를 볼 수 있다. 하지만 대부분의 인터넷 지도 서비스와 마찬가지로 지도 검색을 통해 나타난 핀 지도는 그 정확성이 보장되지 않는다. 상점이 다른 위치로 이전하거나 문을 닫았을 수도 있고, 새로 개점한 상점이 지도 서비스에 아직 반영되지 않은 경우도 많은 것이다. 따라서 인터넷 지도 서비스의 핀 지도는 상점을 찾아가기 위해 위치를 참조하는 정도로는 사용할 수 있지만, 공식적인 통계 분석에는 적합하지 않은 경우가 많다.

은 점이다. 점의 크기는 지도에서 개별적으로 식별할 수 있고, 다른 점들과 겹치지 않을 정도의 크기로 결정된다. 점 지도에서 전반적인 시각적 인상은 흰색의 배경과 검은색의 점들이 차지하는 영역의 크기에 따라 결정되고, 기본적으로는 많은 점이 배치된 지역에서 밀도가 높은 것으로 인식된다. 하지만 매카이(Mackay, 1949)는 시각적 인지 실험을 통해서 점이 드문드문 나타날 때와 점이 많이 있어서 복잡한 점 지도에서 점들의 집중 배치에 따라 밀도 변화가 다르게 인식된다는 연구 결과를 발표하기도 하였다.

단순 점 지도에서는 점 하나가 하나의 공간 개체의 정확한 위치를 나타내기 때문에 지도 작성자가 점의 수를 임의로 바꿀 수 없지만, 때로는 지도에 표시해야 하는 점의 개수가 너무 많거나 점들이 겹쳐져서 지도에 표시되는 점의 개수를 조정해야 하는 경우가 생기기도 한다. 이 경우에는 지도의 점 하나가 두 개 이상의 공간 개체를 표현하도록 조정하여 다-대-일 지도화(many-to-one mapping)가 필요하다. 그렇게 점 하나가 여러 개의 공간 개체를 표현하도록 하는 점 지도 유형을 점 밀도 지도라고 하며, 이 경우에 사용되는 그래픽 변수는 위치가 아니라 점들 사이의 간격이 된다. 점 하나가 여러 공간 개체를 나타내기 때문에 개별 객체의 정확한 위치를 표현할 수 없기 때문이다. 점 밀도 지도의 가장 큰 장점은 공간 개체의 공간적 분포에 대한 개괄적인 이미지를 쉽게 전달할 수 있다는 것이다. 한 점이 몇 개의 공간 개체를 표현하도록 설정할 것인가에 대한 명확한 규칙은 없지만, 몇몇 지도학자는 주어진 점 크기를 사용할 때 밀도가 가장 높은 곳에서만 점들이 중첩되는 정도로 점당 개체의 수를 조정하는 것이 유용하다고 제안하였다. 점 밀도 지도의 가장 큰 단점은 점의 위치가 임의적이라는 것이다. 개체의 공간적 분포 패턴에 대한 다른 정보가 있으면 점 밀도 지도에서도 점들의 위치를 해당 개체들이 나타내는 지리적 현상의 공간적 분포에 따라 배치할 수 있지만, 그렇지 않았을 때 지도 제작자는 점들을 균등하게 배치하는 수밖에 없는 것이다. GIS를 이용하여 점 밀도 지도를 작

점 지도와 점 밀도 지도

구글지도가 아닌 구글 검색에서 '점 지도(dot map)'를 검색하면, 글 자료와 더불어 다양한 지도들이 이미지 형태로 검색되는데, 대부분의 이미지가 실제로는 점 밀도 지도이다. 저자들이 실제로 구글에서 '점 지도'를 검색했을 때는 미국 농무부(USDA)의 2002년 농업 통계 조사 결과를 나타낸 점 지도와 스리랑카의 범죄 발생 위치를 보여 주는 점 지도 정도가 엄격한 의미의 일-대-일 지도화로 작성된 지도였다. 이는 대부분의 일반인 그리고 심지어 다수의 지도 제작자들 역시 단순 점 지도와 점 밀도 지도를 혼동하고 있음을 반영하는 결과이다. 검색어를 '점 지도(dot map)' 대신 '핀 지도(pin map)'로 했을 때는 그런 혼동이 조금 덜한 것으로 나타났지만, 그 정도 차이는 크지 않았다.

성할 때도 컴퓨터 알고리즘을 이용하여 적절한 점 크기를 설정하거나 점 하나당 몇 개의 개체를 표현할 것인지는 정할 수 있지만, 점들의 위치를 정확하게 배치하는 것은 어렵다는 한계가 있다.

커널 밀도 지도

점들의 위치로 지도를 표현할 때 가장 핵심적으로 전달하고자 하는 정보는 사건(event) 또는 지형지물의 단위면적당 밀도(density)이다. 5장에서 자세히 살펴보겠지만, 공간 분석에서는 밀도를 특정한 지리 현상의 강도(Intensity of process)를 추정하는 것으로 간주한다. 밀도의 추정치(λ)는 다음과 같은 수식으로 나타낸다.

$$\hat{\lambda} = \frac{n}{a} = \frac{\#(S \in A)}{a} \qquad (3.1)$$

수식 3.1에서 $\#(S \in A)$는 연구 지역 A에서 발견된 패턴 S에 해당하는 사건(event)의 개수고, a는 연구 지역 A의 면적이다. 이렇게 연구 지역 전체에 대한 사건의 밀도를 측정하는 것은 전역적(global) 분석이라고 하고 매우 제한된 용도로만 사용되는 반면, 공간 분석의 대부분 사례에서는 연구 지역 내의 세부 지역에 대해 국지적 점 밀도를 추정하는 기법을 사용하는데, 이것을 커널 밀도 추정(Kernel Density Estimation; KDE)이라고 한다. 커널 밀도 추정은 어떤 지리적 현상이 가시적으로 해당 사건이 발생하는 위치뿐만 아니라 연구 지역 내의 모든 위치에서 일정한 패턴으로 나타난다는 가정에 기반을 두고 있다. 커널 밀도는 연구 지역 내의 모든 지점에서 그 지점을 중심으로 일정 반경의 영역, 즉 커널을 설정한 뒤 커널 내부에서 발생한 사건 수를 계산하여 측정한다. 3.5절에서 분류한 지리적 시각화 전략의 관점에서 보자면, 커널 밀도 추정 기법은 점 객체 데이터를 '밀도'라고 하는 연속면 데이터로 변환하여 공간적 패턴을 시각적으로 쉽게 인식할 수 있도록 하는 접근 방식으로 이해할 수 있다.

가장 단순한 커널 밀도 추정은 밀도를 추정할 지점을 중심으로 일정 반지름의 원을 그리고, 그 원 안에서 발생한 사건의 수를 세어 원의 면적으로 나누는 방식으로 얻을 수 있다. 따라서 p 지점에서의 사건 밀도 추정치는 다음과 같은 공식으로 나타낼 수 있다.

$$\hat{\lambda}p = \frac{\#(S \in C(\mathbf{p}, r))}{\pi r^2} \qquad (3.2)$$

수식 3.2에서 $C(\mathbf{p}, r)$은 p 지점을 중심으로 한 반지름 r의 원이다(그림 3.2 참조). 연구 지역 안의 모든 지점에 대해 이런 방식으로 밀도 추정치를 얻을 수 있으며, 모든 지점에서의 추정치를 이용하여 지

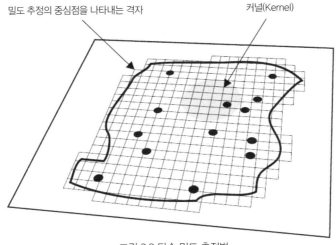

밀도 추정의 중심점을 나타내는 격자

커널(Kernel)

그림 3.2 단순 밀도 추정법

도를 작성하면 해당 지리 현상의 분포 패턴을 효과적으로 시각화할 수 있다.

커널 밀도 추정 기법은 커널 함수를 이용하여 조금 더 복잡한 형태로 변형되어 사용하기도 한다. 커널 함수는 국지적 밀도를 추정할 때 추정 지점에서 가까운 거리에서 발생한 사건에 멀리서 발생한 사건보다 더 큰 가중치를 반영하여 추정치를 계산한다. 이때 커널 함수는 커널 밀도 추정 결과들의 합이 연구 지역 내에서 발생한 사건의 수(n)와 일치되도록 조정(fitting)되어야 한다. 그림 3.3은 자주 사용되는 커널 함수 중 하나인 4차 방정식 커널 함수를 개념적으로 보여 주고 있다.

4차 방정식 커널 함수 외에도 추정하고자 하는 지리 현상의 특성에 따라 다양한 커널 함수가 이용될 수 있지만, 대역폭(bandwidth; r)은 거의 항상 사용되는 매개변수다. 다양한 밀도 함수가 사용자의

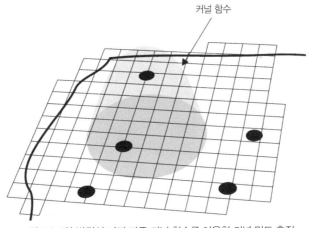

커널 함수

그림 3.3 4차 방정식 거리 가중 커널 함수를 이용한 커널 밀도 추정

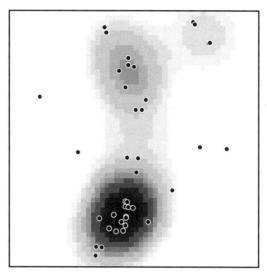

그림 3.4 원래의 점 데이터 분포와 중첩한 커널 밀도 추정 결과 지도

선택에 따라 사용될 수 있다는 점에서 커널 밀도 추정 기법은 어느 정도 임의적인 측면이 있지만, 거리가중 함수 조정 절차를 통해 밀도 추정 결과인 밀도 연속면이 연속적이고 부드러운 기복을 나타낸다는 점에서 상당히 효과적인 시각화 방법이다. 커널 밀도 추정 결과는 그림 3.4와 같은 형태로 나타나고, 때에 따라서는 추정된 밀도 값이 같은 지점들을 연결한 등치선도를 사용하여 등고선과 같은 형태로 밀도 분포를 표현할 수도 있다.

커널 대역폭이라고 불리는 r 값은 밀도 추정 결과에 매우 큰 영향을 미친다. 대역폭이 크면 추정 밀도를 나타낸 연속면 지도는 매우 평탄한 공간적 변이를 보여 주고 커널의 크기가 연구 지역 면적과 같아지면, 연구 지역의 거의 모든 지점에서 추정 밀도가 같은 값을 갖게 된다. 반면에 대역폭이 작으면 추정 결과 연속면 지도는 개별 점 객체 주변에서는 밀도 값이 매우 크고, 점 객체에서 대역폭 거리 이상 떨어져 있는 지점은 추정 밀도 값이 0이 되어 매우 급격한 변화를 보이는 연속면 지도가 된다. 대역폭의 크기에 따라서 커널 밀도 추정의 결과가 큰 폭으로 달라지는 문제는, 연구 주제와 연구 목적의 맥락에서 의미 있는 커널 대역폭을 사용하는 식으로 해결하는 것이 이상적이다. 예를 들어, 범죄 발생 지점의 분포 패턴을 조사할 때는 긴급 출동하는 경찰 순찰차의 5분 이내 도달거리를 커널 대역폭으로 사용할 수 있다. 어느 경우에도 커널 대역폭의 크기는 밀도 추정의 결과에 큰 영향을 주기 때문에, 다양한 대역폭 값을 적용하여 그중 가장 만족스러운 밀도 지도를 골라서 사용하는 것이 좋다.

커널 밀도 추정은 하나의 점 객체가 단일한 사건을 표현하고 있는 경우에 사용되는 것이 일반적이지만, 하나의 점 객체 각각에 속성값을 이용하여 속성값의 공간적 분포 패턴을 추정하는 데도 사용할 수 있다. 예를 들어, 점 객체가 어떤 지역의 사업체를 나타내고 각 점 객체에는 고용된 직원의 수가 속성값으로 저장되어 있다고 하자. 그러면 커널 밀도 추정에서 직원 수를 지정하여 연구 지역의 '고용 밀도' 분포를 추정한 밀도 지도를 작성할 수 있고, 이를 통해 복잡한 공간 현상의 분포를 시각화할 수 있다. 다만 커널 밀도 추정을 이런 방식으로 사용하는 것은 9장과 10장에서 설명하는 공간 보간 기법과 혼동될 수 있으므로 사용에 주의가 필요하다.

커널 밀도 변환은 GIS를 이용한 공간 분석에서 가장 유용한 도구 중 하나이다. 커널 밀도 지도는 점 객체의 분포 패턴에서 어떤 현상이 집중되어 발생하는, 즉 국지적 밀도 추정치가 매우 높은 지역을 말하는 '핫스폿'을 쉽게 시각적으로 보여 줄 수 있는 아주 유용한 시각화 도구이다. 또한 커널 밀도 변환은 점 데이터를 다른 유형의 공간 데이터와 연계하여 분석할 수 있도록 변환하는 도구로도 유용하게 사용될 수 있다. 연구 지역의 사망률 분포 자료가 행정 구역 중심점에 사망률이 기록된 형태의 점 데이터로 입력되어 있는데, 래스터 형태의 대기 오염 자료와 연계하여 대기 오염이 사망률에 미치는 영향을 분석하고자 하는 경우를 예로 들어 보자. 이런 경우에는 커널 밀도 추정을 이용해서 점 데이터인 사망률 자료를 대기 오염 자료와 같은 공간 해상도를 가진 밀도면 자료로 변환한 뒤, 대기 오염 자료와 중첩하여 그 상관관계를 쉽게 분석할 수 있다. 점 데이터를 이용한 밀도 추정 도구는 대부분의 상용 GIS 소프트웨어에서 제공되고 그 사용법도 간단한 편이다. 하지만 밀도 추정을 위해서 사용된 커널 함수에 대한 자세한 정보가 없는 경우가 많아 사용하는 데 주의를 기울여야 한다. 한편 브런스던(Brunsdon, 1995)은 커널 밀도 추정 기능을 제공하는 공개 소프트웨어를 개발하여 발표하였는데, 이 도구는 관측된 점 데이터의 국지적 분포에 따라 대역폭을 가변적으로 정의하여 밀도를 추정하는 방식을 사용한다는 특징이 있다.

비례적 도형 표현도

비례적 도형 표현도(Proportional Symbol map)에서는 점 데이터의 속성 중 순위, 등간 및 비율척도로 측정된 속성 데이터의 값에 비례하도록 점 기호의 크기를 조정함으로써 점 객체의 위치와 속성을 동시에 표현할 수 있다. 공장별 생산량이나 고용자 수, 도시별 인구를 나타낸 지도 등을 예로 들 수 있다. 이때 생산량이나 인구와 같은 점 개체의 속성을 도형의 크기로 직접 나타낼 수 있으며, 일반적으로 원 기호가 가장 많이 이용된다.

비례적 도형 표현도에서 속성값의 크기를 어떤 도형으로 나타내는가에 따라 시각적 인지가 달라질 수 있다. 일반적으로 인간의 인지 시스템은 원의 크기를 잘 식별하지 못한다는 문제가 있다. 정사각형 두 개를 비교할 때는 한 면의 길이가 2배면 면적이 4배라는 것을 비교적 쉽게 인지할 수 있지만, 지름이 2배인 원을 보았을 때는 그 면적이 4배라는 것을 쉽게 인식하지 못한다는 것이다. 원의 면적을 비교할 때는 지름이 큰 원의 면적을 상대적으로 작게 인식하는 경향이 있다. 이러한 문제를 해결하기 위한 다양한 방안은 로빈슨 등의 연구(Robinson et al., 1995)를 참고하기 바란다.

비례적 도형 표현도의 특수한 형태로 파이 그래프 지도(Pie Chart map)가 있다. 비례적 도형 표현도가 하나의 속성값만을 표현하는 반면에, 파이 그래프 지도에서는 점 개체 하나당 여러 속성을 동시에 표현할 수 있다. 예를 들어, 각 공장의 총생산량에서 여러 제품이 차지하는 비중을 비율로 변환하여 파이 그래프로 나타내는 것이다. 이때 파이 그래프의 크기는 비례적 도형 표현도와 같이 공장의 총생산량에 비례하도록 조정하여야 한다.

파이 그래프 지도에서는 총생산량에서 각 제품이 차지하는 비중과 같이 모두 합하여 100%가 되는 속성값을 표현하지만, 공장별 총생산량과 공장별 고용자 수와 같이 서로 비율을 계산할 수 없는 속성 데이터를 동시에 표현할 수는 없다. 이 경우에는 비례적 도형 표현도의 또 다른 변형인 막대그래프 지도(Bar Chart map)를 사용할 수 있다.

점 데이터의 시각화에 대한 설명을 마무리하기 전에 몇 가지 주의 사항에 대해 언급할 필요가 있다. 지금까지 살펴본 점 데이터 시각화 기법들(점 지도, 비례적 도형 표현도)은 면 단위로 집계된 자료를 시각화하는 데도 흔히 사용된다. 면 단위 데이터를 점 지도나 비례적 도형 표현도로 시각화하는 것이 특별히 문제가 있는 것은 아니지만, 유의하여야 할 점은 그 경우에 지도에서 점이나 도형이 표현된 위치는 데이터 자체의 특성이 아니라 임의로 정의된다는 사실이다. 따라서 점 지도나 비례적 도형 표현도 형태의 지도를 보게 되면 다음과 같은 두 가지 간단한 질문을 해 볼 필요가 있다.

- 지도에서 기호가 정확한 사건 발생 지점이나 지형지물의 위치에 배치되어 있는가? 아니면 면 객체 내부에 임의로 배치되어 있는가?
- 지도 기호의 개수와 지도가 표현하고 있는 사건(혹은 지형지물)의 수 사이에는 어떤 관계가 있는가? 일-대-일, 다-대-일, 일-대-다 가운데 어떤 관계인가?

이상 두 질문에 대한 대답이 "지도에서 기호가 임의로 배치되어 있고, 지도 기호와 사건의 수 사이의 관계가 일-대-일 대응이 아니다"라면, 그 지도는 점 데이터가 아닌 면 데이터를 점 데이터 시각화 방식으로 표현한 지도임을 알 수 있다.

3.7 면 자료의 지도화와 탐색

단순 채색 지도

면 데이터를 지도화하는 방법은 다양하지만, 그중에서 가장 단순한 방식은 단순 채색 지도(Color Patch map)로 색상 지도[Chorochromatic map: 'Choro'는 면(area)을, 'chromatic'은 색(color)을 의미함]라고도 한다. 단순 채색 지도에서 그래픽 기호는 특정 속성의 존재 여부를 표시하기 위해 사용된다. 예를 들어, 영국 전체를 도시화 지역과 그렇지 않은 지역으로 구분하여 도시화 지역만 도시화를 의미하는 'u'라는 글자로 표현하고 나머지 지역은 여백으로 남겨 두는 방식으로 단순 채색 지도를 작성할 수 있다. 중생대에 형성된 암석이 나타나는 지역을 표현한 지도라던가, 일정량 이상의 강수량이 나타나는 지역을 지도에 표현할 때도 단순 채색 지도를 사용할 수 있다. 이처럼 하나의 색이나 하나의 기호만을 이용하여 특정 현상이 나타나는 지역과 그렇지 않은 지역만으로 단순화하여 작성한 단순 채색 지도는 2단계 모자이크 지도(two-phase mosaic)나 이진 지도(Binary map), 두 가지 색만을 사용하여 작성된 경우에는 2색 지도(two-color map)라고 불리기도 한다. 어느 이름으로 불리건 간에 하나의 색(혹은 기호)은 특정 속성이 존재한다는 것을 나타내는 데 사용되고, 다른 색(혹은 기호)이나 여백으로서 흰색 영역은 해당 속성이 나타나지 않는 지역을 표현하는 데 사용된다. 단순 채색 지도는 여러 색상을 사용하여 명목척도로 측정된 여러 변숫값을 동시에 표현할 수도 있다. 이와 같은 유형의 단순 채색 지도는 k-색 지도(k-color map)라고 불리는데, 여기서 k는 지도에 사용된 색의 수이고 동시에 지도에 표현된 명목척도 변숫값의 종류이기도 하다.

지질이나 분수계와 같이 자연적인 지역 구분을 사용할 때는 단순 채색 지도가 잘못 해석될 여지가 거의 없지만, 행정 구역과 같이 인위적인 지역 구분을 사용하여 집계된 자료를 지도화한 단순 채색 지도는 그렇지 않다는 문제가 있다. 인위적인 지역 구분을 사용한 단순 채색 지도에서는 추가적인 정보가 없다면 채색된 면(지역) 안에서 특정 속성이 구체적으로 어디에서 나타나는지를 알 수 없기 때문이다. 또 다른 문제는 속성값의 측정에 사용된 명목의 분류는 상호배타적이지만(즉 하나의 현상 이 둘 이상의 명목으로 분류될 수 없지만), 공간적으로는 상호배타적이지 않은 경우가 발생할 수 있 다는 점이다. 이런 경우에는 지도에서 한 지점이 둘 이상의 명목으로 분류되어 기호가 서로 겹쳐서 나타나게 된다. 예를 들어, 한 지점의 토양이 한 종류가 아니라 지표층에서는 한 토양이 1m 아래에 는 또 다른 토양이 나타나서 한 지점에 두 종류의 토양이 있을 수도 있다. 이 문제를 해결하기 위해서 는 몇 가지 방법을 사용할 수 있다. 가장 분명한 해결책은 공간적으로 배타적인 범주만을 사용하여 지도를 작성하는 것이다. 다른 방법으로는 색과 같은 면 기호와 함께 점 기호를 사용하여 한 지점에 여러 기호가 동시에 표현되도록 하거나, 가장 간단한 방법으로 범주마다 별도의 채색 지도를 제작하 는 방법이 있다.

단계구분도

면 객체 데이터의 시각화에 사용되는 두 번째 유형의 지도는 단계구분도(Choropleth map; 'Choro' 는 지역, 'pleth'는 값을 의미함)로, 가장 보편적으로 사용되는 지도 유형이며 동시에 이 장에서 설명 하는 모든 지도 유형 중에서 가장 부정확하게 사용되는 경우가 많은 지도이기도 하다. 단계구분도는 일반적으로 인위적인 지역 구분인 면 객체를 대상으로 측정된 등간 또는 비율척도 속성 데이터를 표 현하기 위해 사용된다. 대부분의 지리 데이터, 특히 인구센서스와 같은 지역 통계 자료는 대부분 인 위적인 지역 구분으로 집계된 경우가 많아 단계구분도를 사용하여 지도화하는 것이 일반적이며, 따 라서 대부분의 GIS 소프트웨어에서 단계구분도는 가장 기본적인 지도화 기법으로 제공되고 있다.

그림 3.5는 단계구분도가 사용된 사례로, 뉴질랜드 오클랜드 지역의 약 250개 행정 구역의 인구 밀도 분포를 표현하고 있다. 지도를 작성하는 데 사용된 데이터는 크게 두 가지로 나눠 볼 수 있다. 우선, 각 행정 구역별로 집계된 인구의 수이다. 집계된 인구 데이터가 없는 주변의 행정 구역들은 채색하지 않고 외곽선만으로 표현되어 있다. 둘째는 인구 집계의 단위가 된 행정 구역의 면적과 모양을 나타내고 있는 면 객체들이다. 행정 구역별로 집계된 인구를 행정 구역의 면적으로 나누어 인구 밀도를 계산하고, 모든 행정 구역을 인구 밀도에 따라 5개의 급간(그룹)으로 분류하여 인구 밀도가 낮은 그룹은 밝은색, 인구 밀도가 높은 급간은 어두운색 음영으로 채색하였다.

통계학자가 단계구분도를 본다면 단계구분도가 통계학에서 일반적으로 사용되는 그래프인 도수분포도(Histogram)와 그 원리가 매우 유사하다는 것을 쉽게 알 수 있을 것이다. 즉 단계구분도의 면 객체 각각은 도수분포도의 막대(bin, class), 밀도 값은 도수분포도 막대의 높이와 비슷하기 때문이다. 단계구분도는 데이터를 왜곡하지 않고 공간적 패턴을 명료하게 표현할 수 있다는 장점이 있지만, 어떤 현상의 지리적 분포 패턴을 충실하게 표현하는 데는 많은 한계를 가지고 있다. 단계구분도를 도수분포도의 2차원 버전이라고 생각하면 그 이유를 알 수 있다. 통계학에서 도수분포도는 표본 데이터의 분포를 설명하고 모집단의 확률 밀도 함수를 추정하기 위해 사용된다. 도수분포도는 데이터의

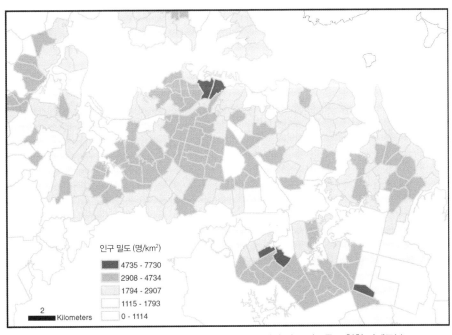

그림 3.5 뉴질랜드 오클랜드 지역의 2006년 행정 구역별 인구 밀도를 표현한 단계구분도

내용을 두 가지 요소로 분리하여 표현하는데, x축의 값 범위와 y축에 막대 높이로 표시되는 빈도(도수)이다. 도수분포도는 값 범위와 빈도라는 두 축을 사용해 데이터의 내용을 표현하기 때문에 2차원 공간인 종이나 컴퓨터 화면에 쉽게 그릴 수 있는 것이다. 도수분포도를 작성할 때는 사용하는 값 범위의 크기, 즉 막대의 너비(bin size)를 작성자의 의도에 맞게 변경할 수 있고, 막대 너비에 따라 빈도를 계산하여 막대의 높이로 표현하면 된다. 하지만 두수분포도의 2차원 버전이라고 할 수 있는 단계구분도에서는 지도 작성자가 도수분포도에서 막대 너비에 해당하는 면 객체의 크기를 임의대로 지정할 수가 없다. 행정 구역 경계와 같이 단계구분도의 공간 단위는 이미 정해져 있으므로 지도 작성자가 통제할 수 없고, 면 객체들은 다 그 크기와 형태가 다르다. 또한 단계구분도에서는 모든 면 객체의 속성값을 큰 값부터 제일 작은 값까지 나열하여 일정한 기준에 따라 급간으로 분류하여야 한다. 이처럼 내부적으로 복잡한 데이터 처리가 필요한 단계구분도는 다음과 같은 여러 요소를 적절히 고려하여 작성하지 않으면 지리 현상의 공간적 패턴을 효과적으로 시각화할 수 없다.

- 공간 단위. 단계구분도에 사용된 공간 단위는 자연적인 지역 경계인가 아니면 인위적으로 설정된 지역 경계인가? 전자라면 자연적 지역 경계의 기준은 무엇이고, 누가 지역 경계를 구분하였는지를 명확히 해야 한다. 공간 단위가 행정 구역과 같이 인위적으로 설정된 경계로 나뉘어 있다면 그 구분이 해당 지리 현상의 표현에 적합한지 먼저 고려해 보아야 한다. 단계구분도에서 면적이 큰 면 객체의 색이 전체 지도에서 차지하는 영역이 너무 커서 단계구분도가 표현하고 있는 현상을 이해하는 데 방해하고 있지는 않은지, 면 객체의 경계선에서 색이 바뀌는 것이 해당 지리 현상의 특성을 제대로 반영한 것인지도 반드시 살펴보아야 한다.
- 데이터 특성. 단계구분도가 표현하고 있는 속성값이 개수(count)라면 면적이 넓은 지역이 당연히 더 큰 값을 가지는 경향이 있어서 지도가 표현하고 있는 정보가 의미 없는 정보가 될 위험이 크다. 단계구분도로 지도화하기 위해서는 총인구수와 같은 개수 자료는 비율 자료로 변환하여 사용하여야 한다. 단계구분도는 단위면적당 인구 또는 인구 1,000명당 출생아 수와 같이 표준화된 자료를 사용할 때만 의미 있는 정보를 전달하는 시각화 도구가 될 수 있다. 또한 속성값이 비율 값인 경우에도 비율 값들이 너무 작은 값을 가지고 계산된 것이 아닌지를 살펴보아야 한다. 인구가 천 명인 지역에 한 사람이 더 추가되면 인구 밀도 값에 큰 변화가 없지만, 인구가 한 명인 지역에 한 사람이 추가되면 인구 밀도 값이 급격하게 바뀌어서 단계구분도가 데이터의 작은 변화에도 매우 불안정하게 바뀔 수 있기 때문이다.
- 급간 분류 체계(Classification). 대부분의 단계구분도는 단계구분도라는 명칭에서 알 수 있듯이,

각 면 객체의 속성값을 일정한 수의 단계 혹은 급간(class)으로 분류하여 표현한다. 다양한 인지 실험과 경험적 연구에 따라 급간의 개수는 5~7개가 가장 적절한 것으로 알려졌지만, 급간의 구분을 어떤 방식으로 할 것인지에 대해서는 정해진 규칙이 없다. 하지만 그림 3.6에서 확인할 수 있듯이, 같은 데이터라도 단계구분도를 작성할 때 급간 분류를 어떤 방식으로 하는가에 따라서 매우 다른 형태의 공간적 분포를 보여 줄 수 있다. 그림 3.6은 2006년 뉴질랜드 오클랜드 노스쇼 어시(North Shore)의 53개 센서스 지역 단위의 아시아계 인구의 비율을 단계구분도로 표현한 것이다. 왼쪽 지도는 5개의 등간격(equal interval) 급간을 사용하여 작성한 단계구분도이고, 오른쪽 지도는 사분위수(quantile)를 기준으로 5개 급간으로 분류한 단계구분도이다. 단계구분도의 급간 분류 체계에 관한 고전적인 연구에서 에반스(Evans, 1977)는 단계구분도 작성에서 사용할 수 있는 수많은 급간 분류 체계를 검토하였는데, 그가 내린 결론은 적절한 급간 분류 체계를 선택하기 위해서는 먼저 데이터의 통계적 빈도 분포를 주시해야 한다는 것이었다.

• 기호. 과거에 수작업으로 단계구분도를 작성할 때는 각 면 객체를 사선이나 격자 패턴을 채워 명암 효과를 주고, 높은 속성값을 갖는 객체가 어둡게 표현되도록 하는 방식을 사용하였다. 컴퓨터를 사용한 지도 작성이 일반화된 지금은 보통 단일 색상을 선택하여 명도와 채도를 조정하여 속성값의 크기를 표현한다. 예를 들어, 밝고 옅은 빨간색을 사용하여 속성값이 작은 객체를, 어둡고 짙은 빨간색은 속성값이 높은 객체를 표현하도록 하는 것이다. 단계구분도에 사용된 색채 배열(Color Scheme)은 단계구분도의 형태에 큰 변화를 가져올 수 있으므로 주의 깊게 선택하여야 한다.

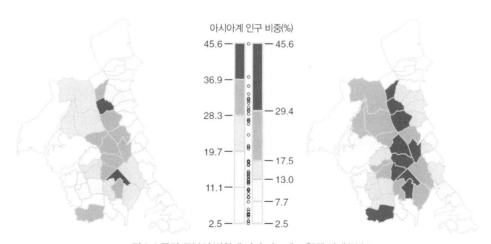

그림 3.6 급간 구분의 변화에 따라 다르게 표현된 단계구분도

이러한 이슈들은 다이크스와 언윈의 연구(Dykes and Unwin, 2001)에서 상세하게 설명하고 있는데, 핵심적인 내용은 어떤 색채 배열, 급간 구분 체계, 공간 단위를 사용하였는가에 따라 같은 데이터를 사용한 단계구분도라도 그 시각적 형태가 매우 크게 바뀔 수 있다는 사실이다.

통계학자들과 지도학자들은 사용된 공간 단위, 급간, 색채 배열에 따라 형태가 크게 변하는 단계구분도의 문제점을 극복하기 위해 다양한 연구를 진행하고, 여러 대안을 제안하였다. 단계구분도의 대안으로 제시된 기법들은 많이 있지만, 지리적 시각화와 공간 분석의 장점들을 반영하여 새로운 형태의 단계구분도를 작성하는 것을 공통점으로 하고 있다.

급간 구분이 없는 단계구분도

이미 오래전에 토블러(Tobler, 1973)는 컴퓨터를 이용해 다양한 색을 쉽게 표현할 수 있어서 단계구분도에서 급간을 반드시 구분하여 표현할 필요가 없다는 점을 지적한 바 있다. 그 의견에 대해 당시에는 상당한 반론이 있었지만(Dobson, 1973 참조), 최근에는 급간 구분이 없는 단계구분도(Classless Choropleth map)가 흔히 사용되고 있고 대부분의 GIS 소프트웨어에서 관련된 기능을 제공하고 있다. 이 접근법에는 몇 가지 매력적인 기능이 있지만 적절한 급간 구분이라는 단계구분도의 문제에 대한 근본적인 해결책이라고 보기는 어렵다. 인간의 시각적 인지 시스템이 가진 한계 때문인데, 인간의 시각은 7개 이상의 색조를 구분하기 어렵고 따라서 지도를 읽는 사람이 급간 구분이 없는 단계구분도에서 각 면 객체에 해당하는 속성값을 알아내기가 어렵다는 문제가 있기 때문이다.

상대 비율을 이용한 단계구분도

단계구분도의 문제점을 해결하기 위한 또 다른 방법은 지도의 표현 형식 대신 지도에 나타낼 속성 값을 변환하여 사용하는 기법이다. 질병 역학(epidemiology)과 같은 분야에서 집계된 자료는, 특히 질병의 발생이 흔하지 않은 경우 지역별 속성값이 매우 낮고 지역의 속성값이 0인 경우가 많다. 이런 데이터를 가지고 단계구분도를 작성하게 되면 급간의 구분이 어려울 뿐만 아니라 질병의 발생률도 질병 발생 건수의 작은 변화에 민감하게 반응하여 결과적으로 매우 비현실적인 단계구분도가 되는 경우가 많다. 크레시(Cressie, 1993)는 속성값의 상당수가 0인 경우에 대처하는 간단한 방법으로 객체별로 인구에 비례하여 질병 발생률을 계산하기 전에 모든 객체의 속성값에 1을 더하여 질병 발생률을 계산하는 방법을 고안하기도 하였다. 그러나 이 방법은 속성값이 0인 경우에도 발생률을 계산할 수는 있지만, 속성값의 작은 변화에도 단계구분도가 크게 변화하는 불안정성의 문제를 해결하지는 못한다는 문제가 있다. 또 다른 대안은 특정한 모집단 분포를 가정하고 그에 대한 상대적 점수를 계산하여 단계구분도를 작성하는 것이다. 질병 역학에서는 종종 표준화 사망률을 사용하는데, 이는 각 지역(면 객체)의 사망률을 외부적으로 지정된(예를 들어, 전국 평균) 연령별/성별 사망률에 대한 상대적 비율로 계산한 것이다. 각 지역의 속성값을 그대로 사용하지 않고, 기준이 되는 값에 대한 상대적 비율을 계산하여 단계구분도를 작성하면 기존의 단계구분도가 가진 문제점들을 효과적으로 개선할 수 있다. 예를 들어, 센서스 연구 그룹(Census Research Unit: CRU, 1980)은 부호 표시 카이 제곱 통계(signed chi-square statistic)라는 새로운 상대적 비율 변수를 사용하여 단계구분도를 작성하는 방법을 제안하였다. 부호 표시 카이 제곱 통계는 모집단이 균등 분포한다는 가정하에서 각 객체와 기댓값의 편차를 계산하여 제곱한 후, 그 값을 다시 기댓값으로 나누어 계산한다. 제곱 값이기 때문에 기댓값보다 작은 객체에는 음수(−) 부호를 기댓값보다 큰 객체에는 양수(+) 부호를 다시 표시해 주기 때문에 '부호 표시 카이 제곱 통계'라는 이름을 사용하였다. 부호 표시 카이 제곱 통계를 단계구분도로 작성할 때는 가운데 0값을 기준으로 상호 대칭되는 급간 분류와 색채 배열을 사용하여야 한다. 다이크스와 언윈(Dykes and Unwin, 2001)이 제안한 방법은 간단한 제곱근 관계인 $(O_i - E_i)/\sqrt{E_i}$ 를 사용하는 것이다. 이 경우에는 부호 표시 카이 제곱 통계에서처럼 계산 후 부호를 다시 표시해 줄 필요가 없다는 장점이 있다. 초이놉스키(Choynowski, 1959)가 제안한 또 다른 접근법은 모집단 분포가 푸아송(Poisson) 분포라고 가정하고, 관측된 값보다 극단적으로 차이가 나는 값이 발생할 확률을 계산하여 지도화하는 것으로, 이 유형의 지도는 보건의료 지리학이나 공간 역학 분야에서 자주 활용되었다. 마지막으로, 몇몇 학자들은 베이즈(Bayesian) 방식으로 단계구분도의 한계를 극복하는 방법에 접근할 수 있다고 제안하기도 하였는데, 각 객체에 대해 상대적인 비율이 속성값으로 계산되면 그 비율 값의 신뢰도 수준에 따라서 전체 평균 속성값 기준으로 비율 값을 미세하게 조정하는 방법들이다(Marshall, 1991; Langford, 1994).

밀도구분도

단계구분도의 한계를 극복하고 더 나은 시각화를 위해 배경 지도를 변형하여 사용하려는 시도도 많이 있었다. 예를 들어, 인구 분포와 관련된 데이터를 이용하여 단계구분도를 그릴 때 행정 구역 단위를 사용하는 것이 일반적이기는 하지만, 사람들이 거주하지 않는 숲이나 호수, 기타 상업 시설 등은 인구 밀도 계산에서 제외하는 것이 더 합리적인 인구 분포를 보여 줄 수 있다. 이런 방식으로 단계구분도의 배경이 되는 공간 단위를 변형하여 작성한 단계구분도를 밀도구분도(Dasymetric map)라고 하며, 여러 학자에 의해 제안되었다. 많은 학자는 밀도구분도의 아이디어가 라이트의 연구(Wright, 1936)로부터 기원했다고 서술하고 있지만, 파브리칸트(Fabrikant, 2003)에 따르면 1920년대 러시아 학자들도 이와 유사한 시도를 하였던 것으로 보인다. 라이트는 일반 지형도를 수작업으로 분석하여 인구의 거주 지역과 거주가 불가능한 지역을 구분하였지만, GIS와 원격탐사의 사용이 일반화된 최근에는 원격탐사 이미지를 분류하여 상대적으로 쉽게 연구 지역을 다양한 밀도의 거주 지역과 거주 불가능 지역으로 분류할 수 있다(Langford and Unwin, 1994; Mennis, 2003).

면 객체를 위한 연속면 모형

배경이 되는 면 단위 지도를 변형하여 단계구분도의 한계를 극복하려고 한 또 다른 시도는 형태와 면적이 다른 다양한 면 객체 단위로 집계된 데이터를 정규 격자 형태로 변형하여 연속면(Continuous Surface)으로 시각화하는 것이다. 공간 데이터의 공간 해상도(Spatial Resolution)가 점점 더 높아지고 GIS에서 사용하는 면형 공간 단위의 크기도 점점 작아지는 상황에서, 면 객체의 속성값 데이터를 통계학자가 도수분포도를 사용하는 것과 유사한 방식으로 사용할 수 있게 된 것이다. 면 객체 단위의 공간 데이터를 커널 밀도 추정 기법이나(Thurstain-Goodwin and Unwin, 2000, Donnay and Unwin, 2001) 공간 보간법을 이용하여(Martin, 1989) 고해상도의 래스터 밀도면(Density Surface)으로 변환하여 시각화하는 것이다. 이런 방식으로 면 단위 데이터를 연속면 데이터로 변환하면 다양한 래스터 분석 도구를 이용하여 추가적인 분석을 수행할 수 있다는 장점을 가진다(Dykes et al., 1997).

카토그램

면 단위로 집계된 데이터의 시각화를 개선하기 위한 마지막 접근법은 데이터를 카토그램(Carto-gram)으로 재투영(reproject)하여 시각화하는 것이다. 카토그램은 국가나 지역의 형태를 비현실적으로 왜곡한다는 면에서는 매우 급진적인 지도화 방식이지만, 새롭고 참신한 시각화 기법으로 주목받고 있다. 카토그램에 관한 초기 연구로는 토블러의 연구(Tobler, 1963)가 대표적이다. 면 단위 데이터를 이용한 카토그램은 일반적으로 인구와 같은 속성값에 비례하도록 면 객체의 면적을 왜곡하여 표현한다. 국가나 지역의 면적이 왜곡되기 때문에 카토그램을 처음 본 사람들은 카토그램이 참신하지만 이해하기 어려운 지도라고 생각하기 쉽다. 하지만 카토그램이 가진 독창성 때문에 지리적 분석에서는 상당히 유용한 것으로 평가받고 있고, 다양한 방식으로 활용되고 있다(Dorling, 1996; Tobler, 2004).

카토그램은 지도 투영의 한 형태로 볼 수 있다. 카토그램 작성에서 가장 핵심적인 작업은 공간 데이터의 속성값에 따라 면 객체의 면적을 체계적으로 확대/축소하는 것이다. 면 단위 지도를 카토그램으로 변환하여 시각화한 시도는 오랫동안 다양한 방식으로 진행되었지만(Dorling, 1994; Tobler, 2004 참조), 지역의 원래 배치, 즉 국가 간 인접성을 최대한 유지하면서 지도를 카토그램으로 변환하는 것은 매우 복잡하고 어려운 작업이다. 초기에는 다양한 기계적 방법을 사용하였지만(Hunter and Young, 1968; Skoda and Robertson, 1972), 1980년대 이후로는 지도의 카토그램 변환을 위한

카토그램 활용 사례

대니얼 돌링(Daniel Dorling)의 연구팀이 여러 사회·경제적 변수를 활용한 카토그램 세계 지도를 제작하여 인터넷(http://www.worldmapper.org)을 통해 제공하고 있다. 카토그램으로 제작된 지도들을 보면 새로운 방식으로 표현된 세계 지도가 세계 각국에 대한 이미지를 다양한 방식으로 바꿀 수 있다는 사실에 놀랄 수밖에 없을 것이다. 총인구를 이용해 작성한 카토그램 세계 지도에서는 인도와 중국이 세계 인구에서 차지하는 비중이 얼마나 큰지를 볼 수 있고, 다른 사회·경제적인 변수들을 이용해 작성한 카토그램을 보면 우리가 살고 있는 세계에서 지역적 불평등이 얼마나 심한지를 한눈에 파악할 수 있다. 이 카토그램 세계 지도들은 지도집(atlas)으로 발간되기도 하였다(Dorling et al., 2008). 카토그램의 다른 사례들도 인터넷 검색 서비스를 통해 쉽게 찾아볼 수 있다. 흥미로운 카토그램 중에서는 2008년 미국 대통령 선거 결과를 주별로 시각화한 지도도 있다.

컴퓨터 알고리즘이 다양하게 개발되었다(Dorling, 1992; 1995; Gusein-Zade and Tikunov, 1993; Gastner and Newman, 2004; Keim et al. 2004 참조).

3.8. 연속면 자료의 지도화와 탐색

지점 고도: 표고점, 수준점, 버블 플롯

지형이나 기상 현상과 같이 공간상에서 연속적으로 변화하는 연속면 자료는 다양한 방법으로 지도화할 수 있다. 그중 가장 간단한 방법은 실제 데이터 값을 여러 지점에 점 형태로 표시하는 것이다. 지도에 표시할 지점은 연속면에서 중요한 의미를 갖는 지점(예, 산봉우리나 골짜기)이나 무작위로 추출된 표본 지점, 혹은 일정한 간격으로 배열된 격자일 수도 있다. 지형도를 보면 곳곳에 해발고도를 옆에 표기한 점들이 있는 것을 볼 수 있는데, 이 점들을 표고점(Spot Height)이라고 한다. 표고점은 위치와 고도를 모두 정확하게 표시하지만, 지도 위의 건물이나 하천과 같은 객체와 달리 실제로 존재하는 객체는 아니다. 반면 지형도에서 볼 수 있는 또 다른 지점 고도 표시인 수준점(Benchmark)이나 삼각점(Triangulation point)은 해당 지점에 표석이나 안내판 등이 설치되어 있어, 표고점과는 달리 실제로 존재하는 객체라고 할 수 있다. 지점 고도 객체들은 해당 지점의 위치와 고도(혹은 해당 지점에서 측정된 값)만을 제공하고 다른 추가적인 정보는 제공하지 않기 때문에 단순하고 정확하다는 장점이 있다. 반면 지점 고도는 해당 현상의 공간적인 구조에 대한 정보를 제공하지 않기 때문에 해당 현상이 연구 지역 전반에 걸쳐서 어떤 변화 패턴을 보이는지 파악하기 위해서는 공간 보간(Interpolation)을 통해 전체적인 연속면을 만들어야 한다는 한계를 가진다. 이런 한계를 극복하기 위해서 지점 고도를 표시한 점 객체에 그 측정값에 따라 크기나 색상을 다르게 표현하기도 하는데, 이러한 기법을 버블 플롯(Bubble plot)이라고 한다. 버블 플롯은 지점 고도 객체들을 보고 연속면의 전체적인 공간적 분포를 파악하기에 유용한 기법이다.

등고선과 등치선

지점 고도로부터 보간을 사용하여 연속면 모형을 만들면 다양한 시각화 기법으로 표현할 수 있다. 지형 고도를 나타내는 등고선(Contour)과 같은 등치선(Isoline)은 연속적인 지리 현상을 표현하는 가장 대표적인 방법이다. 등치선 지도에서는 공간 현상의 3차원 연속면을 표현하기 위해 동일한 속성값(z)을 가진 지점들을 연결한 가상의 선인 등치선을 주된 시각화 도구로 사용한다. 등치선은 연속면 자료의 절댓값을 표시하고 등치선 사이의 간격으로 고도와 같은 속성값의 공간적 변이를 파악할 수 있다. 결국 등치선 지도는 연속면의 속성값 변화를 하늘에서 수직으로(Orthogonal) 내려다본 듯한 공간적 패턴을 표현할 수 있다. 등치선 지도 또는 등고선 지도의 가장 큰 문제점은 지도를 제대로 이해하기 위해서는 지도가 표현하고 있는 지리적 현상의 기본적인 특성에 대해서 사전 지식이 필요하다는 점과 등치선 지도의 작성에 사용된 공간 보간이 원자료만큼의 정확성을 보장하지 못한다는 것이다. 등치선 지도 작성 기능은 대부분의 GIS 소프트웨어에서 제공하고 있으며, 등치선 지도 작성의 기본이 되는 공간 보간 기법에 대해서는 9장과 10장에서 자세히 설명하고 있다.

대개 등치선은 옅은 색의 가늘고 연속적인 선으로 표시되며 일정한 간격으로 해발고도와 같은 속성값이 표기되어 있다. 등고선의 경우 지형의 해석을 돕기 위해서 5번째 등치선은 두껍게 표시하기도 한다. 등치선 지도에서 표현하고 있는 지리 현상을 이해하기 위해서 가장 중요한 지도 요소는 등치선의 수와 등치선 사이의 간격이다. 예를 들어, 등고선들이 촘촘하게 많이 그려진 지역은 지형의 기복이 심한 지역이고, 등고선 사이의 간격이 넓을수록 지형의 기복이 완만하다는 것을 나타낸다. 등치선 지도에서는 등치선 사이의 간격으로 지리적 현상의 변화 정도를 표시하기 때문에 촘촘한 간격의 등치선을 사용할수록 해당 현상에 대한 자세한 정보를 전달할 수 있지만, 촘촘하게 배치된 등치선들은 지도에 표시된 다른 공간 객체들이 잘 보이지 않게 만들기도 한다. 따라서 등치선 지도의 등치선 간격은 단계구분도에서 급간을 구분하는 것과 마찬가지로 신중하게 결정되어야 하며, 국가 지형도와 같은 유형의 표준 지도에서는 일관성 있는 등치선 간격이 적용되어야 한다. 등치선 간격의 결정을 위해서는 지도의 축척과 용도, 그리고 지도화할 지리 현상의 특성을 세밀히 검토하여야 한다. 예를 들어, 영국의 육지측량부(U.K. Ordnance Survey)에서 제작하는 1:50,000 축척 지형도에서는 10m 간격의 등고선을 사용하고 있다. 10m 간격의 등고선은 일종의 타협안이라고 할 수 있는데,

등고선 지도 살펴보기

국토지리정보원 홈페이지에 접속하여 1:50,000 축척 지형도를 내려받아 살펴보자. 종이에 인쇄된 지형도를 사용하여도 좋다. 지도에서 등고선을 찾아 몇 미터 간격인지, 어떤 기호로 표현되어 있는지 조사해 보자. 영국 육지측량부(Ordnance Survey)나 미국 지질조사국(Geological Survey)에서 제작한 비슷한 축척의 지형도를 내려받아 비교해 보는 것도 좋다.

스코틀랜드 고원과 같은 산악 지역에서는 지형 기복을 분명하게 표현할 수 있지만, 저지대의 평평한 지역에서는 고도 변화가 매우 작아 10m 간격 등고선을 사용하면 지형 기복의 주요한 특징을 표현하기가 어렵다는 문제가 있다. 등고선 간격보다 작은 지형 기복 변화는 등고선 지도에서 표현할 수 없기 때문인데, 예를 들어 10m 등고선과 20m 등고선 사이에는 10~20m 범위의 다양한 지형 요소가 있지만 등고선 지도만으로는 그 지형 요소들을 파악할 수 없는 것이다.

등치선 지도의 보완

표고점과 등치선은 다른 보조적 수단을 이용해 보완하여 전체적인 시각적 인상을 향상시킬 수 있다. 계단식 채색(Layer coloring) 기법은 등고선 지도에서 등고선 사이 공간은 점진적인 색채 배열을 이용해 채색하여 지형 기복을 쉽게 파악할 수 있도록 하는 기법으로, 래스터 형식의 공간 데이터에 쉽게 적용할 수 있다. 지형도, 특히 소축척의 지형도에서는 등고선과 함께 고도가 낮은 평지는 녹색으로 표시하고 고도가 높아지면서 황색과 갈색을 거쳐 높은 산지는 흰색으로 채색하는 방식으로 계단식 채색 기법을 활용한다. 마찬가지로 신문에 실리는 날씨 예보 지도에서도 등온선과 함께 기온이 낮은 지역은 파란색, 기온이 높은 지역은 빨간색으로 채색하는 방식으로 계단식 채색 기법을 활용한다. 계단식 채색 기법은 지형이나 기온의 변화를 한눈에 파악하기 쉽게 한다는 장점이 있지만, 실제와는 달리 채색된 색이 갑자기 바뀌는 곳에서 해당 현상이 갑자기 바뀌는 것과 같은 오해를 유발할 수 있다는 점에서 사용에 유의해야 한다.

연속면 데이터를 표현하는 또 다른 방법은 벡터 연속면(Vector Field)의 개념을 도입해서 지형의 경사와 같은 연속면의 변화 방향과 강도를 화살표 형태로 표현하는 것이다. 일반적인 래스터 데이터는 격자마다 속성값만이 표현되는 스칼라(Scalar) 형태이지만, 벡터(Vector)를 사용하면 속성값의 크기와 방향을 동시에 표현할 수 있다. 바람이나 인구 이동, 해류 등이 벡터 형태 데이터라고 할 수 있다. 스칼라 형태인 연속면 지도에 벡터의 개념을 도입하면, 연속면의 모든 지점에 속성값 변화의 크기와 방향을 동시에 표현할 수 있다. 지형 기복을 연속면으로 시각화하는 경우를 예로 들면, 래스터 격자에는 해당 지점의 고도를 표시하고 그 위에 경사의 정도와 방향을 표시하는 화살표를 겹쳐서 표현하는 방식으로 지형 기복의 변화를 표현하는 것이다. 지형 경사의 방향(Aspect)은 화살표가 지시하는 방향으로, 지면의 경사도(Slope)는 화살표의 길이로 표현할 수 있다. 지도가 너무 복잡해 보일 때는 지면의 경사도를 시각화하는 지도와 지형 경사의 방향만을 시각화하는 지도로 나누어 표현할 수도 있다.

다른 등치선 지도에서는 잘 사용되지 않지만 등고선 지도에서 자주 사용되는 보완적인 기법으로는 음영 기복(Shaded Relief)이 있다. 마치 공중에서 지표면을 바라볼 때 햇빛을 받아 밝게 빛나는 산봉우리와 그늘져서 어둡게 보이는 계곡들이 보이는 것과 같은 효과를 만들어내는 것이다. 대부분의 GIS 소프트웨어는 수치 고도 모형(Digital Elevation Model: DEM) 데이터를 사용하여 음영 기복 지도를 작성하는 기능을 제공하고 있다. 음영 기복 지도는 지형의 기복을 표현하기 위해 단독으로 사용되기도 하고, 등고선 지도에 중첩하여 사용하기도 한다. 음영 기복의 형태는 가상의 햇빛이라고 할 수 있는 광원(光源)의 위치에 따라 결정된다. 광원이 지형의 수직 방향에 위치한다면 지형의 그림자가 거의 나타나지 않기 때문에 음영 기복이 분명하게 표현되지 않고, 광원이 너무 낮으면 음영 기복에서 그림자로 어둡게 표현되는 지역이 너무 많아져서 지형 기복을 제대로 표현하기 힘들다. 보통은 북서쪽에 45° 정도 비스듬한 각도로 광원을 설정하고 음영 기복도를 작성하는데, 그렇게 하면 북서쪽을 바라보는 경사면은 밝게, 반대쪽인 남동쪽 사면은 어둡게 표현되어 지형의 입체감을 느낄 수 있게 된다. 음영 기복 지도는 지형을 입체적으로 보이도록 하는 효과를 주지만 다음과 같은 몇 가지 단점이 있기 때문에 사용에 유의하여야 한다. 첫째, 같은 경사도를 가진 사면도 경사면이 바라보는 방향에 따라서 경사도가 달라 보이게 된다는 점이다. 예를 들어, 광원을 북서쪽으로 설정하였을 때 남동쪽을 향한 완만한 경사면이 북쪽을 바라보는 가파른 경사면보다 어둡게 표현되어 더 가파른 경사면처럼 인식될 수도 있다는 것이다. 둘째, 인간 시각의 한계와 착시 효과로 인해서 음영 기복 지도에서 밝은색으로 표시된 능선과 어둡게 표시된 계곡을 반대로 착각하는 경우도 드물지 않게 발생한다는 점이다.

이상 살펴본 등치선 지도를 보완하기 위한 세 가지 시각화 전략 중에서 음영 기복과 같이 격자 데이터를 다른 형태의 데이터로 변환하여 표현하는 방식은 속성값을 그대로 표현하는 것보다 연속면의 형태를 더 잘 보여 줄 수 있다는 장점이 있다. 음영 기복을 작성하는 방식은 고도 값으로부터 지형 기복에 의해 생기는 그림자(음영)를 직접 계산하여 사용하는 방식과, 고도 값으로부터 연속면 자료의 변화 정도 예를 들어 지표면 경사도를 계산하고 그것을 다시 음영 기복 지도로 표현하는 두 가지 방식이 있다. 후자처럼 연속면의 속성값을 가공하여 해당 속성의 변화율, 예를 들면 경사도를 계산하면 변화율의 연속면 자료를 다양한 공간 분석에 활용할 수도 있다. 여러 학자는 수치 고도 모형 데이터로부터 지형 기복의 국지적 변화율, 즉 경사도를 계산하여 산봉우리나 협곡, 계곡 등의 지형 객체를 추출하는 연구를 수행한 바 있고(Fisher et al., 2004 참조), 나아가서 우드 등(Wood et al., 1999)은 이러한 분석 방법이 인구 밀도와 같은 사회·경제적 변수 데이터에도 유용하게 적용될 수 있음을 보여 주었다.

기타 연속면 자료 지도화 기법

연속면 데이터를 시각화하는 기법들을 구분하는 유용한 기준은 그 시각화 기법이 지도의 정사 원칙(Planimetric Correctness)을 따르고 있는지 여부이다. 지도의 정사 원칙이란 지도 시각화를 통해서 지리적 현상을 평면에 표현하였을 때 모든 지점의 위치가 정확하고 지점 간의 거리가 왜곡되지 않는 것을 말한다. 또한 다른 지형지물에 가려서 보이지 않는 시형지물이 있어서는 안 된다는 원칙이다. 전통적인 등치선 지도는 정사 원칙을 엄격하게 따르는 시각화 기법이다.

지형 기복을 시각화하는 기법 중 정사 원칙을 지키지 않는 경우도 많다. 사실 지형의 모든 지점을 하늘에서 수직으로 내려다보듯이 표현하는 것은 매우 비현실적이다. 우리가 실제로 아무리 높은 비행기나 산봉우리에서 지형을 내려다보더라도 정사 시점으로 지형을 보는 것은 불가능하기 때문이다. 따라서 정사 시점보다는 실제로 지형을 바라보듯이 비스듬하게(Perspective) 지형을 표현하여 원근감 효과를 재현하는 것이 더 현실감 있는 지형 시각화 기법이라고 할 수 있다. 많은 GIS 소프트웨어에서 지형이나 연속면 데이터를 비스듬하게 바라보는 것처럼 3차원과 유사하게 투영하여 시각화하는 도구를 제공하고 있다. 가장 간단한 형태는 지형 기복을 그물망 형태로 표현하여 높낮이에 따라 입체적인 효과를 부여하는 방법이다. 그물망식 기복도(Fishnet)라고 알려진 이 형태의 시각화는 우리가 실제로 산봉우리에서 지형을 바라보는 모습과 비슷하게 지형을 지도로 재현할 수 있고, 등고선 지도에서처럼 지형이 층이 져서 보이는 문제가 발생하지도 않는다. 그물망식 기복도와 같은 3차원 투영법은 지형 기복의 연속면에 다른 속성값의 이미지를 겹쳐서(draping) 표현하는 방법으로 지형 기복을 더 사실적으로 표현할 수 있다. 지형에 겹쳐서 표현하는 이미지로는 지표 고도 또는 평균 강우량과 같은 속성값을 사용할 수도 있고, 원격탐사 이미지나 음영 기복을 사용하여 가상 현실과 같은 효과를 부여할 수도 있다(Fisher and Unwin, 2002). 그러나 3차원으로 투영된 지형 기복에 이미지를 중첩하여 표현하는 것은 기술적으로 상당히 복잡한 기법이고, 디자인 과정에서도 수직 과

랜드서프를 이용한 연속면 시각화

대부분의 GIS 소프트웨어가 연속면 시각화를 위한 다양한 기능을 제공하고 있지만, 연속면 시각화에 특화된 소프트웨어로 런던시립대학(London's City University)의 조 우드(Jo Wood)가 개발한 랜드서프(Landserf)라는 프로그램이 있다. 랜드서프는 연속면 시각화 및 분석을 위해 개발된 공개 소프트웨어로 http://www.landserf.org에서 내려받을 수 있다.

장(Vertical exaggeration), 선 빈도(Line frequency), 순차 배열(Sequencing), 시선 방향(Viewing direction) 등 다양한 그래픽 변수의 정밀한 조정 과정이 필요하다.

해당 웹 사이트의 'image gallery'에는 랜드서프를 이용한 다양한 연속면 시각화 사례가 소개되어 있다. 여기에는 지형의 3차원 시각화, 경사면 시각화, 수치 고도 모형 데이터를 이용해 제작한 동영상 형태의 조감 영상(fly through) 등이 포함된다.

3.9. 비공간 데이터의 공간화

우리는 일상생활에서 '지도(Map)'와 '지도화(Mapping)'라는 단어를 지리적이지 않은 대상을 시각적으로 나타낸다는 비유적인 의미로 사용하기도 한다. 예를 들어, 뇌 '시도', DNA 염기 시열 '지도'를 그린다거나 은하계나 컴퓨터 하드디스크 드라이브를 '지도화'한다는 식으로 그 용어를 사용하는 것이다(Hall, 1992 참조). 이 경우 '지도'라는 용어는 "관심 대상을 2차원 공간의 (x, y) 좌표로 표현한다"라는 의미로 사용되는 것이다. 그 관심 대상이 지리적인 현상이라면 당연히 그 결과는 일반적인 의미의 지리적 지도가 되지만, 관심 대상이 지리적인 현상이 아닌 변수라고 하더라도 2차원적인 시각화를 이용해 해당 현상에 대한 이해를 증진한다는 효과는 분명하다. 간단한 시각적 표현을 통해 객체 간의 관계를 이해할 수 있다는 시각화의 이점은 같다. 이처럼 지리적이지 않은 현상을 2차원 공간에 시각적으로 표현하여 지리적 시각화의 장점을 활용하는 기법을 비공간 데이터의 공간화(Spatialization)라고 한다.

지리적 지도에서 공간 객체의 위치를 표시할 때는 동-서 방향의 가로축과 남-북 방향의 세로축이 교차하는 2차원 평면 좌표계를 사용한다. 평면 좌표계에서 측정한 거리는 지표면에서의 직선거리인 실제 거리이다.

공간화를 이해하는 핵심은 평면 좌표계에서 거리를 기준으로 객체를 배치하는 것과 동일한 개념을 유지하면서도 거리에 대한 정의를 융통성 있게 적용하는 것이다. 이 아이디어에 대한 가장 교과서적인 설명은 가트렐의 책(Gatrell, 1983)에서 찾아볼 수 있는데, 그는 여기에서 '거리'라는 개념을 '개체들 사이의 관계'라는 폭넓은 개념으로 정의하고 다양한 '거리' 개념을 소개한다. 예를 들어, 두 장소 간의 실제 거리뿐만 아니라 두 지점 사이를 이동하는 데 걸리는 시간이나 이동에 드는 비용도 '시간 거리' 또는 '비용 거리'와 같은 거리 개념으로 치환할 수 있다는 것이다. 서울과 뉴욕 사이에는 직항 노선이 있고 강릉과 뉴욕 사이에는 직항 노선이 없을 때, 공간적인 거리는 서울과 뉴욕 사이가 더 멀지만 시간 거리로는 서울과 뉴욕 사이가 강릉과 뉴욕 사이보다 짧다. 어떤 경우에는 특정한 현상을 분석할 때 시간 거리가 더 유용할 수도 있고, 때로는 실제 거리보다 비용 거리가 공간적 현상을 이해하는 데 더 유용할 수도 있다는 것이다.

이렇게 거리의 개념을 확장할 수 있다면, 두 현상 또는 객체 사이의 유사성(Similarity) 정도도 거리 개념으로 치환할 수 있을 것이다(Fabrikant et al., 2004 참조). 예를 들어 생태학적 표본 중에서 식물 종별 표본의 수, 책이나 문서에서 사용한 공통 핵심 단어의 수, 심지어는 축구 경기에서 선수들끼리 공을 패스한 횟수(Gatrell and Gould, 1979) 등도 거리 개념으로 치환하여 2차원 평면에 표현할 수 있다. 다변량 데이터에서 변수 사이의 상관관계를 측정하는 피어슨(Pearson) 상관계수도 상관관계라는 2차원 공간에서의 변수 간 거리로 표현할 수 있다.

공간화는 측정된 개체 간 유사성/차별성을 행렬 형식으로 변환하여 2차원 또는 3차원 공간에 지도처럼 표현하는 것이다. 공간화는 통계학적으로도 매우 복잡한 과정이므로 여기에서 간단하게 설명하기 힘든 주제이지만, 핵심적인 아이디어는 다변량 데이터를 2차원(혹은 3차원) 공간에 표현하기 위해서는 수많은 변수를 2개(혹은 3개)의 직교하는 축에 배치할 수 있도록 데이터를 요약·축소하는 과정이 필수적이라는 것이다(Skupin and Fabrikant, 2003). 가트렐(Gatrell, 1983)은 다변량 데이터에서 객체의 유사성을 2차원으로 표현하기 위해 통계학적 방법인 다차원 척도법(Multi-Dimensional Scaling: MDS)을 사용하였다. 다변량 데이터를 2차원 좌표에 표현하기 위해 두 개 혹은 세 개의 변수로 변환하는 기법은 다양한 통계학적 방식을 차용하여 고안되었는데, 여기에는 주성분 분석(Principle Component Analysis: PCA), 투영 추적(Projection pursuit), 스프링 모형화

(Spring modelling), 유도망 척도법(Pathfinder Network Scaling), 자생지도(Self-Organizing Map: SOM), 나무 지도(Tree map) 등이 포함된다(Skupin and Fabrikant, 2003).

3.10. 결론

이 장에서는 공간 분석에서 활용한 다양한 시각화 기법들에 대해서 개괄적으로 살펴보았다. 그를 통해서 단순한 지도화와 공간 데이터에 대한 이해를 돕고, GIS를 활용한 공간 분석에서 지리적 시각화가 어떻게 활용될 수 있는지를 소개하고자 하였다. GIS를 사용하여 쉽고 빠르게 지도를 작성할 수 있게 되면서 지도를 그리는 데 필요한 복잡한 기술을 모두 이해할 필요가 없게 되기는 하였지만, 그렇다고 해서 GIS 분석이 전통적인 지도학의 아이디어를 무시해도 된다는 의미는 아니다. 요점은 수작업으로 지도를 제작하던 방식에서 컴퓨터를 이용한 디지털 지도 제작으로 시각화 방식이 바뀌었다고 해도 지도 디자인 기술과 지도 요소 구성의 과학적 측면은 여전히 중요하다는 것이다. 지도를 쉽게 제작할 수 있고 더 많은 사람이 지리적 시각화를 통해 공간 분석을 수행하게 된 지금, 오히려 지도를 제작하거나 GIS를 이용해 공간 분석을 수행하는 모든 사람이 지리적 시각화의 복잡성과 어려움을 인식하는 것이 더 중요해졌다고 할 수 있다. 공간 분석의 최종 결과를 표현하기 위해 지도를 사용하는 대신 공간 분석 과정에서 공간 데이터의 특성을 파악하기 위한 일시적 시각화로 지도를 사용할 때는 지도 디자인의 모든 규칙을 준수하는 것이 더는 중요하지 않을 수도 있지만, 지리 자료의 시각화를 유용하게 만들기 위한 기본적인 규칙을 이해하는 것은 여전히 매우 유용하다. 지리적 시각화 과정에서 전통적인 지도학 규칙을 어기게 되더라도, 언제 또는 왜 기존의 지도학 규칙을 무시할 필요가 있는지, 기존 규칙에 벗어난 시각화가 지리 현상의 시각적 표현에 어떤 영향을 미칠 수 있는지 이해하는 것은 매우 유용한 기술이자 지식이다. 마찬가지로 좋은 지도를 만드는 방법을 이해하면 데이터 탐색과 분석에서 지리적 시각화 기법을 더욱 효과적으로 사용할 수 있다.

요약
- 지도는 매우 오래된 정보 표현 형태로, 그 활용 방식도 매우 다양하다.
- 시각화를 통한 공간 데이터를 탐색하는 것은 새로운 기법은 아니다. 하지만 기술 발전에 따라 더 많은 데이터가 축적되고 지도 작성이 쉬워지면서, 새로운 지도 표현 방법들이 개발되는 등 더 효과적인 분석 전략으로 발전하였다.
- 전통적인 지도 제작에서 사용된 그래픽 변수는 매우 제한적이었으며, 대표적인 예로는 베르탱이 제안한 7가지

(위치, 값, 색조, 크기, 모양, 간격, 패턴) 그래픽 변수를 들 수 있다.

- 컴퓨터를 이용한 시각화 기술의 발달로 애니메이션, 상호연결 및 브러싱 등과 같은 새로운 그래픽 변수들이 지리적 시각화에 활용되고 있지만, 새로운 그래픽 변수들이 지도 사용자의 지도 이해에 어떤 역할을 하는지는 거의 알려지지 않았다.
- 1장에서 설명한 공간 개체 유형(점, 선, 면, 연속면)별로 다양한 지도화 기법들이 고안되었지만, GIS 소프트웨어 모두가 그 시각화 기능들을 다 제공하지는 않는다.
- 공간화(Spatialization)는 비공간 데이터를 2차원 공간에 지도처럼 표현하는 기법이다.
- 마지막으로 모든 기술적인 변화에도 불구하고, GIS 사용자는 효과적인 지리적 시각화를 구현하기 위해 전통적인 지도학에서 고안한 다양한 기법과 디자인 규칙을 이해할 필요가 있다.

참고 문헌

결론의 마지막 부분에서 강조한 것처럼 효과적인 지리적 시각화를 구현하기 위해서는 전통적인 지도학에서 고안한 다양한 기법과 디자인 규칙을 이해할 필요가 있다. 전통적 지도학의 대표적인 연구 성과들을 독자가 참고할 수 있도록 정리하였기 때문에 이 장의 참고 문헌 목록이 다른 장보다 길어지게 된 점을 이해해 주시기 바란다.

Anselin, L. (1996) The Moran scatterplot as an ESDA tool to assess local instability in spatial association. In: M. Fischer, H. J. Scholten, and D. Unwin, eds., *Spatial Analytical Perspectives on GIS*, (London: Taylor & Francis): pp. 111-125.

Bertin, J. (1983) *Semiology of Graphics* (Madison: University of Wisconsin Press).

Brody, H., RussellPip, M., Vinten-Johnasen, P., Paneth, N., and Rachman, S. (2000) Map-making and myth-making in Broad Street: the London cholera epidemic, 1854. *The Lancet*, 356(9223): 64-68.

Brunsdon, C. (1995) Estimating probability surfaces for geographical point data: an adaptive technique. *Computers and Geosciences*, 21: 877-894.

Choynowski, M. (1959) Maps based on probabilities. *Journal of the American Statistical Association*, 54: 385-388.

Cressie, N. A. (1993) *Statistics for Spatial Data*, rev. ed. (Hoboken, NJ: Wiley), pp. 385-393.

CRU, Census Research Unit. (1980) *People in Britain —A Census Atlas* (London: Her Majesty's Stationery Office).

Dent, B. D. (1990) *Cartography: Thematic Map Design* (DuBuque, IA: WCB Publishers).

DiBiase, D., MacEachren, A. M., Krygier, J., and Reeves, C. (1992) Animation and the role of map design in scientific visualization. *Cartography and Geographic Information Systems*, 19: 201-214.

Dobson, M. W. (1973) *Choropleth maps without class intervals? A comment. Geographical Analysis*, 5: 358-360.

Dodge, M., McDerby, M., and Turner, M., eds. (2008) *Geographic Visualization* (Chichester, England: Wiley).

Dodge, M., and Perkins, C. (2008) Reclaiming the map: British geography and ambivalent cartographic practice. *Environment and Planning A*, 40: 1271-1276.

Dolan, M. E., Holden, C. C., Beard, M. K., and Bult, C. J. (2006) Genomes as geography: using GIS technology to build interactive genome feature maps. BMC Bioinformatics, 7: 416 (available at www.biomedcentral.com/1471-2105/7/416).

Donnay, J. P. and Unwin, D. J. (2001) Modelling geographical distributions in urban areas. In: J. P. Donnay, M. J. Barnsley, and P. A. Longley, eds., *Remote Sensing and Urban Analysis, GISDATA* 9 (London: Taylor & Francis), pp. 205-224.

Dorling, D. F. L. (1992) Visualizing people in time and space. *Environment and Planning B: Planning and Design*, 19: 613-637.

Dorling, D. (1994) Cartograms for visualizing human geography. In: H. Hearn- shaw, and D. Unwin, eds., *Visualization in Geographical Information Systems* (Chichester, England: Wiley), pp. 85-102.

Dorling, D. F. L. (1995) *A New Social Atlas of Britain* (Chichester, England: Wiley).

Dorling, D. (1996) Area cartograms: their use and creation. Concepts and Techniques in Modern Geography, 59, 69 pages (Norwich, England: Geo Books). Available at http://www.qmrg.org.uk/catmog.

Dorling, D., Newman, M., and Barford, A. (2008) The Atlas of the Real World (London: Thames and Hudson) (also available at http://www.worldmapper. org).

Dykes, J. A., Fisher, P. F., Stynes, K., Unwin, D., and Wood, J. (1997) The use of the landscape metaphor in understanding population data. *Environment and Planning, B: Planning and Design*, 26: 281-295.

Dykes, J. A., MacEachren, A. M., and Kraak, M.-J., eds., (2005) *Exploring Geovisualization* (Amsterdam: Elsevier).

Dykes, J. and Unwin, D. J. (2001) Maps of the Census: A Rough Guide (available at http://www.agocg.ac.uk/reports/visual/casestud/dykes/dykes.pdf).

Earnshaw, R. A. and Wiseman, N. (1992) *An Introduction to Scientific Visualization* (Berlin: Springer-Verlag).

Evans, I. S. (1977) The selection of class intervals. *Transactions of the Institute of British Geographers,* Vol. 2, 98-124.

Fabrikant, S. I. (2003) Commentary on "A History of Twentieth-Century Ameri- can Academic Cartography" by Robert McMaster and Susanna McMaster. *Cartography and Geographic Information Science*, 30: 81-84.

Fabrikant, S. I., Montello, D. R., Ruocco, M., and Middleton, R. S. (2004) The distance-similarity metaphor in network-display spatializations. *Cartography and Geographic Information Science*, 31: 237-252.

Ferreira, J., Jr. and Wiggins, L. L. (1990) The density dial: a visualization tool for thematic mapping. Geo Info Systems, 10: 69-71.

Fisher, P. F., Dykes, J., and Wood, J. (1993) Map design and visualisation. *The Cartographic Journal*, 30: 36-42.

Fisher, P. F. and Unwin, D. J., eds. (2002) *Virtual Reality in Geography* (London: Taylor & Francis).

Fisher, P., Wood, J., and Cheng, T. (2004) Where is Helvellyn? Fuzziness of multiscale landscape morphometry. *Transactions of the Institute of British Geographers*, 29: 106-128.

Foxell, S. (2008) *Mapping England* (London: Black Dog Publishing).

Gastner, M. T. and Newman, M. E. J. (2004) Diffusion-based method for produing density equalizing maps. *Proceedings of the National Academy of Science*, USA, 101: 7499-7504.

Gatrell, A. C. (1983) *Distance and Space: A Geographical Perspective* (Oxford: Clarendon Press).

Gatrell, A. C, and Gould, P. (1979) A micro-geography of team games: graphical explorations of structural relations. *Area* 11: 275-278.

Gusein-Zade, S. M. and Tikunov, V. (1993) A new technique for constructing continuous cartograms. *Cartography and Geographic Information Systems*, 20: 167-173.

Hall, S. S. (1992) Mapping the Next Millennium: The Discovery of New Geographies (New York: Random House).

Hearnshaw, H. and Unwin, D. J., eds. (1994) *Visualisation and GIS* (London: Wiley).

Hudson-Smith, A. (2008) *Digital Geography: Geographic Visualisation for Urban Environments* (London: UCL/ CASA).

Hunter, J. M. and Young, J. C. (1968) A technique for the construction of quantitative cartograms by physical accretion models. *Professional Geographer*, 20: 402-407.

Johnson, S. (2006) *The Ghost Map* (New York: Riverhead; London: Penguin Books).

Keim, D., North, S., and Panse, C. (2004) CartoDraw: a fast algorithm for generating contiguous cartograms. *IEEE Transactions on Visualization and Computer Graphics*, 10: 95-110.

Kennelly, P. J. and Kimerling, A. J. (2001) Hillshading alternatives: new tools produce classic cartographic effects. ArcUser (available at http://www.esri.com/news/arcuser/0701/althillshade.html).

Koch, T. (2004) The map as intent: variations on the theme of John Snow Cartographica, 39: 1-13.

Koch, T. (2005) Cartographies of Disease: Maps, Mapping and Medicine (Red- lands, CA: ESRI Press).

Koch, T. and Denke, K. (2004) Medical mapping: the revolution in teaching— and using—maps for the analysis of medical issues. *Journal of Geography*, 103: 76-85.

Kraak, M.-J. (2006) Why maps matter in GIScience. The Cartographic Journal, 43: 82-89.

Krygier, J. and Wood, D. (2005) Making Maps: A Visual Guide to Map Design for GIS (New York: Guilford Press).

Langford, I. (1994) Using empirical Bayes estimates in the geographical analysis of disease risk. *Area*, 26: 142-190.

Langford, M. and Unwin, D. J. (1994) Generating and mapping population density surfaces within a geographical information system. *The Cartographic Journal*, 31: 21-26.

MacEachren, A. M. and Fraser Taylor, D. R., eds. (1994) *Visualisation in Modern Cartography* (Oxford: Pergamon Press).

Mackay, J. R. (1949) Dotting the dot map. *Surveying and Mapping*, 9: 3-10. Marshall, R. J. (1991) Mapping disease and mortality rates using empirical Bayes estimators. *Applied Statistics*, 40: 283-294.

Martin, D. (1989) Mapping population data from zone centroid locations. *Trans- actions of the Institute of British Geographers*, 14: 90-97.

Mennis, J. (2003) Generating surface models of population using dasymetric mapping. *Professional Geographer*, 55(1): 31-42.

Mennis, J. (2006) Mapping the results of geographically weighted regression. *Cartographic Journal*, 43(2): 171-179.

Monmonier, M. (1989) Geographic brushing: enhancing exploratory analysis of the scatterplot matrix. *Geo-*

graphical Analysis, 21: 81-84.

Monmonier, M. (1991) How to Lie with Maps (Chicago: University of Chicago Press).

Robinson, A. H., Morrison, J. L., Muehrcke, P. C., Kimerling, A. J., and Guptill, S. C. (1995) Elements of Cartography, 6th ed. (London: Wiley).

Schwartz, S. (2008) *The Mismapping of America* (Rochester, NY: University of Rochester Press).

Skoda, L. and Robertson, J. C. (1972) Isodemographic Map of Canada (Ottawa: Lands Directorate, Department of Environment, Geographical Papers, 50). See also http://www.csiss.org/classics/content/27.

Skupin, A. and Fabrikant, S. I. (2003) Spatialization methods: a cartographic research agenda for non-geographic information visualization. *Cartography and Geographic Information Science*, 30: 95-119.

Thurstain-Goodwin, M. and Unwin, D. J. (2000) Defining and delimiting the central areas of towns for statistical monitoring using continuous surface representations. *Transactions in GIS*, 4: 305-317.

Tobler, W. R. (1963) Geographic area and map projections. *Geographical Review*, 53: 59-78.

Tobler, W. R. (1970) A computer movie simulating urban growth in the Detroit region. *Economic Geography*, 46: 234-240.

Tobler, W. R. (1973) Choropleth maps without class intervals. *Geographical Analysis*, 5: 26-28.

Tobler, W. (2004) Thirty-five years of computer cartograms. *Annals of the Association of American Geographers*, 94: 1-58.

Unwin, D. J. (1994) Visualization, GIS and cartography. Progress in Human Geography, 18: 516-522.

Winchester, S. (2002) The Map That Changed the World (London: Penguin Books).

Wood, J. D., Fisher, P. F., Dykes, J. A., Unwin, D. J., and Stynes, K. (1999) The use of the landscape metaphor in understanding population data. *Environment and Planning B: Planning and Design*, 26: 281-295.

Wright, J. K. (1936) A method of mapping densities of population with Cape Cod as an example. *Geographical Review*, 26: 103-110.

04 지도 – 공간 작용의 결과를 표현하는 매체

내용 개요

- 공간 작용의 결과로 나타나는 공간 패턴의 개념
- 점 패턴 분석을 위한 단순 작용 모형 – 독립적 무작위 프로세스와 완전 공간 임의성
- 단순 프로세스 모형을 이용한 점 패턴의 기댓값 추정 방법
- 공간 작용에서 부동성(Stationarity)과 1차 및 2차 효과의 개념
- 등방성(Isotropic) 및 이방성(Anisotropic) 공간 작용의 구분
- 선형(Line), 면형(Area) 객체 및 연속면(Field) 데이터에 대한 공간 작용 개념 적용 원리

학습 목표

- 공간 통계 분석에서 확률론적(Stochastic) 프로세스 접근 방식의 필요성을 이해한다.
- 결정론적(Deterministic) 공간 작용과 확률론적 공간 작용의 사례를 제시하고 설명한다.
- 독립적 무작위 프로세스의 두 가지 기본 가정을 나열한다.
- 정방 구역 계산법을 사례로 독립적 무작위 프로세스의 결과를 추정하는 원리를 설명한다.
- 1차 및 2차 효과와 관련한 비정상성(Non-Stationarity)의 사례를 제시한다.
- 등방성 및 이방성 프로세스를 구별하여 설명한다.
- 이상의 개념들을 선형, 면형 객체 및 필드 객체에 적용할 수 있는 방법을 간략히 설명한다.

4.1. 서론: 지도와 공간 작용

공간 분석의 관점에서 공간적 패턴과 공간 작용의 중요성은 이미 1장에서 강조하여 설명한 바 있다. 공간적 패턴은 그러한 결과가 공간적으로 나타나게 한 공간적 인과 과정에 대한 단서를 제공한다. 지도를 비롯한 시각화 기법들은 공간분석가에게 공간적 패턴을 효과적으로 표현할 수 있다는 점에서 매우 유용한 도구이다. 이 장에서는 지도와 여타 시각화 기법을 이용한 공간 패턴 표현 기법을 더

공간 작용	공간 패턴
?	?

그림 4.1 초보적 수준에서 공간 통계 분석을 바라보는 시각. 이 장의 내용을 통해 두 개념의 관계를 구체적으로 살펴보도록 한다.

자세히 살펴보고, 지도로 표현되는 공간적 패턴이 공간 작용의 결과로 이해할 수 있다는 관점을 자세히 설명하고자 한다.

초보적인 수준에서 공간 작용과 공간적 패턴의 관계에 대한 이해는 그림 4.1과 같이 매우 모호할 수밖에 없다.

그림 4.1이 그리 유용한 그림이 아니라는 점에는 모두 동의할 것이다. 이 장에서는 공간 분석에서 공간 작용이 어떤 의미를 갖는지에 대해 구체적으로 설명함으로써 그림의 왼쪽 부분을 이해할 수 있도록 할 것이다. 다음 장인 5장에서는 그림의 오른쪽 부분인 공간적 패턴의 개념을 구체적으로 설명하고 공간 작용과 공간적 패턴이 통계직으로 어떻게 관련되어 있는지 설명함으로써 그림 4.1을 구체화하고자 한다. 하지만 공간 작용과 공간적 패턴의 개념을 완전히 분리하여 설명하는 것이 불가능하므로, 이 장을 읽고 나면 두 가지 개념의 관계에 대한 기본적인 아이디어는 이해할 수 있을 것으로 기대한다. 특히 점 패턴 분석을 중심으로 공간 작용과 공간적 패턴을 설명하기 때문에 이 장과 5장을 학습한 후에는 공간 분석의 일반적인 개념과 점 패턴 분석과 관련된 보다 구체적인 개념을 충분히 이해할 수 있을 것이다.

4.2절에서는 결정론적 프로세스로 시작하여 확률론적 프로세스까지 공간 작용의 개념을 설명한다. 가장 핵심적인 아이디어는 공간 작용이 공간적 패턴을 만든다는 사실이다. 4.3절에는 공간 작용과 패턴의 상관관계를 수학적으로 증명하고, 독립적 무작위 프로세스로 발생한 공간 패턴의 일부 속성은 예측할 수 있다는 사실을 사례를 들어 설명한다. 이를 위해서 수학 계산식이 여러 번 등장하겠지만, 가능한 한 독자들이 쉽게 이해할 수 있도록 단순하게 표현하였다. 여기서 중요한 것은 수학적 공식들이 아니라, 공간 작용을 수학적 모형으로 표현하고 그 모형을 사용하여 공간 작용의 결과로 발생할 것으로 예상되는 공간 패턴을 실세계에서 나타나는 공간 패턴과 비교하여 그 모형의 효용성을 평가할 수 있다는 원리를 이해하는 것이다. 그를 토대로 5장에서 다뤄지는 다양한 점 패턴 분석의 통계적 평가를 이해할 수 있기 때문이다. 이 장의 마지막 부분은 점 패턴을 중심으로 설명한 공간 작용의 정의가 선형, 면형 객체 및 필드 객체에 어떻게 적용될 수 있는지에 대한 설명을 다룬다.

4.2. 공간 작용과 공간 패턴

우리는 앞부분에서 이미 기존의 통계 분석 기법을 공간 데이터에 적용할 때 다양한 기술적인 문제 (공간적 자기상관, 가변적 공간 단위 문제, 축척 및 가장자리 효과 등)가 발생할 수 있다는 것을 살펴 보았다. 그런데 그보다 더 심각한 문제가 있다. 지리학적 연구에 추론 통계(Inferential Statistics) 기 법을 사용하는 것이 정당한가에 대한 근원적인 의심을 하게 만들기도 하는데, 그것은 바로 "지리 데 이터가 일반 통계학에서 사용하는 표본과는 성격이 다른 경우가 많다"는 사실이다. 일반 통계 자료 와는 다르게 지리 데이터는 모집단(population) 전체를 나타내는 경우가 많다. 지리학적 연구에서 연구자는 해당 연구 지역의 이해만을 목적으로 하여, 연구 지역에서 발견된 사실을 다른 모든 지역 에 적용하여 추론하려는 의도가 없는 경우가 많다. 이 경우 해당 연구에 사용된 지리 데이터는 표본 자료가 아니라 연구 지역의 모집단 자료이다. 인구센서스 자료는 대표적으로 국가 전체 지역을 대상 으로 조사되는 자료이다. 미국의 본토 48개 주의 센서스 자료를 모두 가지고 있는데, 동부 해안의 몇 개 주의 센서스 자료만을 가지고 미국 전체 주의 센서스 자료를 추정하는 것은 불필요한 동시에 불 합리한 일이 되는 것이다. 따라서 표본 자료의 표본 평균에 기반을 두어 모집단을 추정하고 그 신뢰 도를 평가하는 추론 통계의 과정 자체가 필요하지 않다. 미국의 주별 영아 사망률을 알고 싶으면 인 구센서스 자료에서 이미 제공하고 있는 약 3,000개 카운티의 데이터를 평균하여 주별 영아 사망률 을 간단히 계산할 수 있는 것이다.

이 문제에 대응하는 방법은 크게 두 가지로 나뉘는데, 첫째는 지리 자료의 분석을 기술적(descrip- tive) 분석과 지도화에 국한하고, 통계적 가능성이나 표본 통계를 이용한 신뢰도 등의 개념을 무시하 는 것이다. 연구 대상 지역에 대한 전체 데이터를 확보한 경우에 이 방식은 매우 합리적인 접근법이 다. 펜실베이니아주의 카운티별 인구 데이터를 가지고 있는 상황에서 단순히 통계적인 엄밀성을 위 한다는 이유로 "펜실베이니아주 카운티 평균 인구는 95% 신뢰 수준에서 150,000±15,000명이다." 라고 설명할 필요는 전혀 없기 때문이다.

다른 방법은 공간적으로 나타나는 패턴을 특정한 공간 작용(process)과 그로 인해 발생할 수 있는 결과라는 관점에서 생각하는 것이다. 이 관점에서는 지도로 표현된 공간적 패턴은 연구자가 설정한 가설적 공간 작용 때문에 생성된 것으로 다양한 가능한 결과 중 하나로 간주한다. 이 경우 통계 분석 은 다음과 같은 질문을 둘러싼 이슈에 초점을 맞추게 된다. "관찰된 공간적 패턴이 이 특정한 공간 작용에 의해 생성된 것이 맞는가?"

결정론적 공간 작용

공간 작용(Process)은 매우 모호한 개념으로 사전적 정의로는 쉽게 이해하기 힘든 단어이고 그 의미역시 사례에 따라 매우 다양하게 사용된다. 완벽하지는 않지만, 이후의 설명에서 더 깊이 있게 이해할 것으로 기대하면서 공간 작용을 정의하자면 다음과 같다. 공간 작용은 공간적 패턴이 생성되는과정에 대한 설명이다. 공간 작용에 대한 설명은 많은 경우 수학적인 공식을 이용하며 결정론적인(Deterministic) 방식을 따른다. 예를 들어, x와 y가 각각 남, 북 방향의 공간 좌표인 경우,

$$z = 2x + 3y \qquad (4.1)$$

수식 4.1은 x-y 좌표 평면의 모든 위치에서 z 값을 생성하는 공간 작용을 설명한다. 이 방정식에 좌표 쌍의 값을 대입하면 z 값이 반환된다. 예를 들어, 좌표 (3, 4)는 x 값이 3, y 값이 4이므로 z=(2×3)+(3×4)=18 과 같은 방식으로 계산된다. 그림 4.2는 수식 4.1로 표현된 공간 작용이 공간 패턴으로 나타난 결과를 보여 준다. 1, 2장에서 설명한 내용에 따르면 그림 4.2의 공간 패턴은 공간적으로 연속된 필드 개체이다. 그림에서 점선으로 표현된 등치선을 살펴보면 필드 개체 z는 왼쪽 아래 남서쪽에서부터 오른쪽 위 북동쪽으로 z 값이 증가하는 단순 경사면임을 알 수 있다.
이러한 형태의 공간 작용은 각 위치에서 항상 같은 결과를 산출하기 때문에 매우 단순한데, 그 점이바로 '결정론적'이라는 용어의 의미이다. 즉 좌표 (3, 4)에서 z의 값은 해당 공간 작용이 수없이 반복

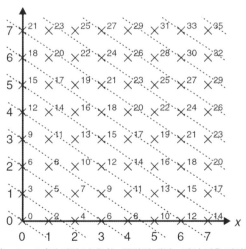

그림 4.2 결정론적 공간 작용(z=2x+3y)에 따라 나타나는 공간적 패턴. z값이 같은 지점들은 점선으로 연결되어 등치선을 형성한다. 결정론적 공간 작용이기 때문에 이 그림은 해당 공간 작용의 유일하게 가능한 결과라고 할 수 있다.

되더라도 항상 18이 된다는 것이다.

확률론적 공간 작용과 그 결과

지리 데이터 대부분은 결정론적으로 작동하지 않는다. 오히려 그보다는 수학적 함수로 명확하게 정의할 수 없는 다양한 변이에 영향을 받는 우연한 과정의 결과인 것처럼 보이는 경우가 많다. 이 우연성 요소(Chance element)는 인간의 개인적 또는 집단적 의사 결정 과정에 영향을 받을 수밖에 없는 지리적 현상에서는 필연적이라고 할 수 있다. 또한 기상 현상과 같이 결정론적인 물리적 법칙에 따라 좌우되는 것을 생각될 수 있는 지리 현상에서도 우연성 요소가 작동하는 경우가 많다. 물리학에서도 혼돈(Chaos) 이론이나 복잡계 시스템(Complex system) 이론과 같이 결정론적 작용조차도 무작위적이고 예측할 수 없는 결과를 만들어 낼 수 있음을 분명히 증명한 경우가 많이 있다. – 자세한 내용은 제임스 글릭(James Gleick)의 명저 『Chaos』를 참고하기 바란다(Gleick, 1987). 게다가 모든 현상을 정확하게 측정하기가 불가능하다는 점도 결정론적 공간 패턴에서 무작위 오차가 발생하게 하는 요인이 되기도 한다. 우연성 요소의 이유가 무엇이든 간에 결과는 같은 공간 작용이 여러 가지 서로 다른 결과를 생성할 수 있다는 것이다.

이러한 무작위적(Random) 또는 확률론적인(Stochastic) 요소를 공간 작용에 대한 설명에 도입하게 되면 공간 작용과 그 결과인 공간 패턴의 예측은 매우 복잡한 모습을 띠게 된다. 예를 들어, 앞의 수식 4.1의 공간 작용에 무작위적 우연성 요소를 반영하면 $z = 2x + 3y + d$와 같이 정의되는데, 여기에서 d는 무작위 요소로 각 좌표에서 임의로 선택된 값인 -1이나 $+1$의 요소가 반영된다는 것이다. 수식 4.2와 같이 정의된 공간 작용은 무작위 요소가 어떻게 반영되는가에 따라 실현될 때마다 다른 결과가 도출될 수 있다.

$$z = 2x + 3y \pm 1 \quad (4.2)$$

그림 4.3은 수식 4.2와 같이 정의된 공간 작용의 두 가지 서로 다른 결과를 보여 준다. 그림 4.2에서와 같이 z 값이 같은 지점을 연결한 등치선을 그리면, 남서쪽에서 북동쪽으로 z 값이 증가하는 패턴은 같지만, 그 등치선들은 그림 4.2에서처럼 직선으로 나타나지는 않는다. 이러한 무작위적 또는 확률론적인 공간 작용의 결과는 사실상 무한하게 다양하게 나타날 수 있다. 그림에서처럼 64개 좌표만을 연구 대상으로 한다고 해도, 2^{64} 즉 18,446,744,073,709, 551,616개의 가능한 결과가 나타날 수 있는 것이다.

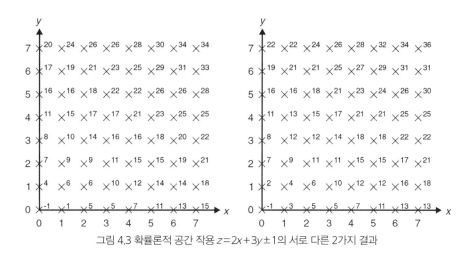

그림 4.3 확률론적 공간 작용 $z=2x+3y\pm1$의 서로 다른 2가지 결과

생각해 보기: 무작위 수

앞의 내용을 완전히 이해했다면 이 부분은 건너뛰어도 좋지만, 확률론적 공간 작용의 이해에서 무작위 요소가 어떻게 반영되는지를 간단한 예를 들어 살펴보자.

수식 4.2에서 무작위 요소로 각 값에서 1을 더하거나 빼는 대신, 0~9 범위의 무작위 정수(random integer) 값을 더하거나 빼서 얻은 결과로 등치선 지도를 그림 4.3의 옆에 그려 넣어 보자. 엑셀(Excel)과 같은 스프레드시트 프로그램을 이용하거나 통계 교과서의 부록 부분을 보면 무작위 숫자를 쉽게 얻을 수 있다. 한 번에 두 정수를 구하고, 첫 번째 숫자가 5보다 작은 정수(0~4)이면 다음 숫자를 결과에 더하고, 첫 숫자가 5보다 크면 다음 숫자만큼을 결과에서 감산한다.

주의할 것은 결과 지도에 나타난 공간적 패턴이 무작위적인 것은 아니라는 점이다. 지도는 여전히 남서쪽에서 북동쪽으로 z 값이 증가하는 같은 변화 패턴을 보여 주지만, 지점별로 우연성 요소가 반영된 것이다. 즉 무작위성은 공간 작용의 2번째 요소인 우연성 요소에 적용되는 개념이라는 것이다.

작용에 위치 또는 좌표라고 하는 지리적 요소가 전혀 반영되지 않는다면 결과는 어떻게 나타날까? 생각해 보면 지리적 요인이 전혀 없다는 아이디어는 지리학자가 제안할 수 있는 궁극적인 귀무가설이며, 이 절의 나머지 부분에서는 그것이 의미하는 바가 무엇인지를 점형의 공간 작용을 상정하고 점 지도(dot/pin map)를 작성하는 것을 사례로 설명할 것이다. 우선, 다음과 같은 간단한 경우를 생각해 보자.

위의 실험에서 얻어지는 결과는 독립적 무작위 프로세스(Independent Random Process: IRP)에 의해 생성된 점 지도이며, 완전 공간 임의성(Complete Spatial Randomness: CSR)라고도 한다.

두 개의 숫자를 이용하여 방안지에 특정 셀에 표시하는 과정은 통계학에서 사건(event)이라고 하

우연성의 지도화

지리적 요소가 반영되지 않은 완전한 우연성을 지도화한다는 개념은 다음과 같은 실험을 통해 쉽게 이해할 수 있다. 엑셀과 같이 무작위 숫자를 생성할 수 있는 스프레드시트 프로그램이 설치된 컴퓨터가 있다면 아주 쉽게 실험해 볼 수 있지만, 그렇지 않더라도 손으로도 쉽게 수행할 수 있을 것이다.

1. 우선 가로(동서), 세로(남북) 방향 각각 100개(0~99)의 칸을 가지는 정사각형의 방안지를 그린다.
2. 스프레드시트 프로그램을 이용하거나, 통계학 교과서 부록의 난수표를 이용하여 0~99 사이 숫자 2개 무작위로 선택한다. 스프레드시트 프로그램이나 난수표를 사용하기 어렵다면, 여러분이 가진 전화번호부의 전화번호들에서 마지막 두 숫자를 이용해도 좋다.
3. 선택된 두 숫자를 각각 x축 및 y축 좌표로 사용하여 방안지에서 두 숫자가 교차하는 셀에 표시한다.
4. 2~3단계를 50회 정도 반복하여 해당하는 셀에 표시하면 순수하게 우연성에 기반하여 작성한 점 지도를 얻을 수 있다.

1~4단계를 다시 반복하면 전혀 다른 결과의 점 지도를 얻을 수 있다.

며, 모든 사건은 0~99 사이의 정숫값을 같은 확률로 선택하는 과정이다. 즉 균등 확률 분포(uniform probability distribution)의 표본을 추출하는 것이다. 실험의 과정은 4단계로 매우 단순하지만, 과정이 같더라도 매번 실행할 때마다 전혀 서로 다른 형태의 점 지도를 얻을 수 있다는 것은 분명한 사실이다. 실험의 결과로 얻게 되는 점 지도 각각은 고정된 균등 확률 분포에서 무작위 표본 선택을 과정을 통해 얻은 **작용의 결과**이다. 위 실험에서는 무작위 값의 범위를 0~99 사이의 정숫값으로 한정하였고 100×100=10,000 가지의 경우의 수만을 가정하였으므로, 엄밀히 말하자면 위 실험의 사례를 완전한 IRP 혹은 CSR이라고 할 수는 없다. 완전한 IRP 실험을 위해서는 무작위 숫자를 정수가 아닌 실수로 설정하는 방식의 조정이 필요하다.

여기에서 꼭 기억해야 할 중요한 세 가지 이슈는 다음과 같다.

- 무작위(random)라는 개념은 지도에 나타난 패턴이 아니라 지도에 표시된 지점을 결정하는 방법을 설명하는 것이라는 점이다. 즉 패턴이 무작위적이라는 것이 아니라 패턴을 생성한 작용이 무작위적이라는 의미이다. 또한 균등 확률 분포뿐만 아니라 다른 다양한 확률 분포를 가정했을 때도 동일한 방식으로 같은 과정에 따라 다양한 결과 지도를 얻을 수 있다.
- 확률론적 작용에 의해 만들어진 지도는 특정한 공간적 패턴을 나타낸다. 균등 확률 분포를 가정한 무작위 실험의 결과를 보면, 많은 사람이 흔히 질병 발생 빈도를 나타내는 점 지도에서 볼 수 있는 유형의 군집화된(clustered) 점 패턴이 나타나는 것을 보고 그 유사성에 놀라움을 표시하

는 경우가 흔히 있다.

• 100% 우연성에 부합하는 공간적 패턴이라는 것은 존재할 수 없다. 현실 세계에서 범죄나 질병의 발생 위치, 공장 또는 떡갈나무의 위치 등을 점으로 나타내는 경우, 그 위치는 다양한 행태적 환경적 원인에 의해 결정되기 때문이다. 여기서 중요한 점은 다양한 공간 작용은 특유의 개별적인 역사적, 환경적 영향을 받음과 동시에 우연성이라는 요소에 의해서도 동시에 결정된다는 점이다.

4.3. 공간 작용으로 인해 발생하는 공간 패턴의 예측

이제 점 지도의 예를 사용하여 공간 작용의 결과로 발생하는 공간적 패턴에 대한 몇 가지 사실을 추론하는 방식에 대해 살펴볼 것이다. 그 과정에서 몇 가지의 기본 가정과 간단한 수학 공식이 활용된다. 점 지도의 공간적 패턴을 생성할 수 있는 무한히 많은 공간 작용 중에서 가장 단순한 유형은 공간

적 제약이 전혀 작동하지 않는 독립적 무작위 프로세스(IRP) 또
는 완전 공간 임의성(CSR)이다. 2절의 '우연성의 지도화' 실험을
해 본 독자는 그 의미를 쉽게 이해할 것이다. IRP는 기본적으로
두 가지 전제 조건에 기반하고 있다.

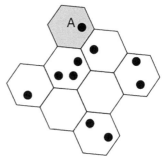

그림 4.4 육각 방형구를 이용한
점 개수 세기

1. 동일 확률(Equal probability) 조건. 어떤 사건(event)이 어
   느 위치에서 발생하건 간에 그 가능성 혹은 확률은 같다는
   것이다.

2. 독립성(Independency) 조건. 특정 사건의 발생 위치는 다른 사건의 발생 위치와는 무관하게 독
   립적으로 결정된다는 것이다.

위의 두 가지 조건을 모두 만족한다는 것은 현실 세계에서 공간 개체나 사건의 발생 위치가 주변 환
경이나 다른 개체와의 거리와 부관하게 결정된다는 것을 의미한다.

이 경우에는 방형구(Quadrat)라고 불리는 일정한 면적의 격자로 연구 대상 지역을 덮어서 방형구 내
에서 관찰되는 사건의 평균값을 구하는 방식으로 쉽게 공간 현상의 기댓값을 구할 수 있다. 그림 4.4
는 10개의 사건(event)이 분산되어 분포하는 지역에 8개의 육각형 방형구를 중첩한 모습을 표현하
고 있다.

이와 같은 분석 방법을 정방 구역 계산법(Quadrat Count)이라고 하는데, 사건(점)이 없는 방형구가
2개, 점이 1개 포함된 방형구가 3개, 2개의 점을 포함하고 있는 방형구가 2개, 3개의 점이 있는 방형
구가 1개 있음을 알 수 있다(정방 구역 계산법에 관한 내용은 5장에서 자세하게 다루고 있다).

우리의 목표는 우선 IRP에 대해서 방형구 내 사건 수의 기대 빈도 분포를 얻어내는 것이다. 말하자면
우리의 연구 질문은 "연구 지역을 8개의 방형구로 구분하였을 때, 하나의 특정 사건이 특정 방형구
에서 발견될 확률은 얼마인가?" 혹은 "특정 방형구에서 2개 혹은 3개의 사건이 발견될 확률은 얼마
인가?"와 같은 것이 된다. 분명한 것은 그에 대한 답은 연구 지역에 분포하는 사건, 즉 점들의 개수에
따라 달라진다는 것이다. 그림 4.4의 사례에서는 총 10개의 사건이 연구 지역 내에 흩어져 있고, 연
구 질문은 "특정 방형구에서 0, 1, 2, …, 10개의 사건이 발견될 확률이 얼마인가?"이다. 우리는 하나
의 방형구에 10개의 사건이 모두 포함될 확률은 해당 방형구에 1개의 사건이 포함될 확률보다는 상
대적으로 작을 것이라는 사실은 쉽게 추정할 수 있다.

그림의 사례에서 방형구 내 사건 수의 예상 빈도 분포를 구하기 위해서는 몇 단계의 수학적 추론 과

정을 거칠 필요가 있다. 우선, 어떤 특정 사건이 특정 방형구에서 발견될 확률을 알아야 한다. 각 사건에 대해 그 사건이 특정 방형구(예를 들어, 그림 4.4에서 음영 표시된 방형구)에서 발견될 확률은 방형구의 크기가 전체 연구 지역의 크기에서 차지하는 비율에 따라 결정되며, 다음과 같이 계산할 수 있다.

$$P(\text{event A in shaded quadrat}) = \frac{1}{8} \qquad (4.3)$$

모든 방형구의 크기가 같고 연구 지역이 8개의 방형구로 채워져 있으므로 특정 사건인 A가 음영 표시된 방형구에서 발견될 확률은 1/8이 된다는 것이다. 이러한 계산은 사건이 발견될 확률은 연구 지역 내에서 모든 지점이 동일하고(동일 확률 조건), 해당 지점의 환경적 요소의 영향을 받지 않는다는, 즉 1차 효과(1st-order effects)가 존재하지 않는다는 가정에 따른 것이다.

두 번째 단계에서는 특정 사건 A가 음영 표시된 방형구에서 발견되고, 동시에 음영 표시된 방형구에서 A 외의 사건이 발견되지 않을 확률을 계산해 보자. 이 경우에는 사건 A가 해당 방형구에서 발견될 확률(1/8)과 9개의 다른 이벤트 B, C, ⋯, J가 다른 방형구에서 발견될 확률(각 7/8)을 모두 곱하여 계산한다. 따라서 사건 A가 특정 방형구에서 발견되는 유일한 사건일 확률은 다음과 같이 주어진다.

$$P(\text{event A only}) = \frac{1}{8} \times \frac{7}{8} \times \frac{7}{8} \times \frac{7}{8} \times \frac{7}{8} \times \frac{7}{8} \times \frac{7}{8} \times \frac{7}{8} \times \frac{7}{8} \times \frac{7}{8} \qquad (4.4)$$

이 계산 방식은 각 사건의 발생 위치가 다른 모든 사건의 발생 위치의 영향을 받지 않는다는 가정(독립성 조건)에 따른 것이며, 사건의 발생에서 2차 효과가 존재하지 않는다고 가정하는 것이다. 3단계에서는 특정 방형구(예를 들어, 음영 표시된 방형구)에서 하나의 사건만이 발견될 확률을 계산해 보자. 이 경우 해당 방형구에서 발견되는 사건은 A로 한정되지 않고, 따라서 연구 지역에 분포하는 10개 사건 중 어느 것이어도 상관없다. 따라서 해당 방형구에서 하나의 사건이 발견되는 경우는 사건의 총 개수인 10가지 방법이 있다.

$$P(\text{one event only}) = 10 \times \frac{1}{8} \times \frac{7}{8} \times \frac{7}{8} \times \frac{7}{8} \times \frac{7}{8} \times \frac{7}{8} \times \frac{7}{8} \times \frac{7}{8} \times \frac{7}{8} \times \frac{7}{8} \qquad (4.5)$$

수식 4.5를 일반화하여, 특정 방형구에서 k개의 사건이 발견될 확률은 다음과 같은 공식으로 계산할 수 있다.

$$P(k \text{ event}) = (k \text{개의 사건 조합 경우의 수}) \times \left(\frac{1}{8}\right)^k \times \left(\frac{7}{8}\right)^{10-k} \qquad (4.6)$$

n개의 사건 집합에서 구할 수 있는 'k개의 사건 조합 경우의 수'를 구하는 수식은 다음과 같다.

$$C_k^n = \frac{n!}{k!(n-k)!} = \binom{n}{k} \qquad (4.7)$$

수식 4.7에서 느낌표(!)는 계승(factorial) 연산을 나타내고 n!는 다음과 같이 계산한다.

$$n \times (n-1) \times (n-2) \cdots \times 1 \qquad (4.8)$$

'k개의 사건 조합 경우의 수'를 계산하는 공식인 수식 4.7을 수식 4.6에 대입하면, 특정 방형구에서 10개의 사건 중 k개의 사건이 발견될 확률은 다음과 같은 공식으로 계산할 수 있다.

$$P(k \text{ events}) = C_k^{10} \times \left(\frac{1}{8}\right)^k \times \left(\frac{7}{8}\right)^{10-k} = \frac{n!}{k!(10-k)!} \times \left(\frac{1}{8}\right)^k \times \left(\frac{7}{8}\right)^{10-k} \qquad (4.9)$$

이제 이 공식에 k 대신 0에서 10까지의 숫자를 각각 대입하여 특정 방형구에서 k개의 사건이 발견될 확률을 각각 계산할 수 있고, 그 결과로 10개의 사건 분포 패턴에서 8개의 방형구를 기반으로 하여 정방 구역 계산법에 따른 확률 분포를 표 4.1과 같이 얻을 수 있다.

표 4.1과 같은 확률 분포는 통계학에서 흔히 볼 수 있는 유형으로 이항 분포(binomial distribution)라고 불리며, 수식으로는 다음과 같이 표현된다.

$$P(n, k) = \binom{n}{k} p^k (1-p)^{n-k} \qquad (4.10)$$

조금 더 생각해 보면, 위 정방 구역 계산 사례에서 확률 p는 연구 지역의 면적에 대한 방형구의 상대적 면적 비율에 따라 결정된다는 사실을 알 수 있다.

$$p = \frac{\text{방형구 면적}}{\text{연구 지역 전체 면적}} = \frac{a/x}{a} = \frac{1}{x} \qquad (4.11)$$

여기서 x는 연구 지역에 중첩된 방형구의 개수이다. 이를 수식 4.10에 대입하면 IRP에 의해 생성된 점 패턴에 대한 정방 구역 계산의 확률 분포는 다음과 같은 수식으로 표현할 수 있다.

표 4.1 그림 4.4의 자료와 본문의 설명에 따른 확률 분포 계산 결과 (n=10)

방형구 내 사건의 수	k개 사건 조합 경우의 수	$\left(\dfrac{1}{8}\right)^k$	$\left(\dfrac{7}{8}\right)^{10-k}$	$p\,(k\ \text{events})$
0	1	1.00000000	0.26307558	0.26307558
1	10	0.12500000	0.30065780	0.37582225
2	45	0.01562500	0.34360892	0.24160002
3	120	0.00195313	0.39269590	0.09203810
4	210	0.00024412	0.44879532	0.02300953
5	252	0.00003052	0.51290894	0.00394449
6	210	0.00000381	0.58618164	0.00046958
7	120	0.00000048	0.66992188	0.00003833
8	45	0.00000006	0.76562500	0.00000205
9	10	0.00000001	0.87500000	0.00000007
10	1	0.00000000	1.00000000	0.00000000

$$P(k,\,n,\,x) = \binom{n}{k} \left(\frac{1}{x}\right)^k \left(\frac{x-1}{x}\right)^{n-k} \qquad (4.12)$$

수식 4.12는 p=1/x인 경우의 이항 확률 분포이며, 여기서 n은 연구 지역 내 전체 사건의 수, x는 사용된 방형구의 수, k는 방형구당 사건의 수이다.

단순한 사례를 들어서 설명하였지만, 정방 구역 계산을 통한 확률 분포의 예측은 공간 통계 분석에서 매우 중요한 개념이다. 위 사례에서 우리는 IRP 공간 작용을 가정하고, 그 작용이 발생하였을 때 나타날 것으로 예측되는 정방 구역 계산의 빈도 분포를 수학적으로 계산하였다. 따라서 이 확률 분포는 관측된 실세계의 공간적 분포와 그 작용 원리를 판단할 수 있는 기준으로 사용될 수 있다. 예를 들어 그림 4.4의 사례에서 나타난 점 패턴은 표 4.2의 2열에 표시된 것처럼 방형구별 빈도를 정리할 수 있다. 즉 "사건이 발견되지 않은 방형구가 2개, 1개의 사건이 발견된 방형구가 3개, …, 10개의 사건이 발견된 방형구는 0개"라는 방식으로 정리한 것이다.

정방 구역 계산 방법에 따른 관측값의 분포는 표 4.1에서 정리한 것과 같은 이항 확률 분포에서 예상되는 기댓값 분포와 비교할 수 있다. 표 4.2의 3열은 정방 구역 계산법에 따른 방형구당 사건 개수의 비율 관측값이고, 4열은 이항 확률 분포에서 예측되는 기댓값이다. 3열과 4열의 값을 비교해 보면 그림 4.4 점 패턴 분포의 관측값 확률 분포는 독립적 무작위 프로세스(IRP)를 가정한 이항 확률 분포와 매우 유사하게 나타나며, 이는 그림 4.5의 도수분포도에서도 쉽게 확인할 수 있다.

이항 확률 분포의 이론적 평균과 표준 편차 역시 이미 알려져 있으므로, 관측값을 이용한 통계적 추론과 검정을 조금 더 정밀하게 할 수 있는 것이다. 이에 대한 자세한 내용은 다음 장에서 다룬다.

표 4.2 그림 4.4 점 패턴의 정방 구역 계산 결과의 빈도 분포와 이항 확률 분포에서 예측된 빈도 분포 비교

k	방형구 개수	관측 비율	예측 비율
0	2	0.250	0.2630755
1	3	0.375	0.3758222
2	2	0.250	0.2416000
3	1	0.125	0.0920381
4	0	0.000	0.0230095
5	0	0.000	0.0039445
6	0	0.000	0.0004696
7	0	0.000	0.0000383
8	0	0.000	0.0000021
9	0	0.000	0.0000001
10	0	0.000	0.0000000

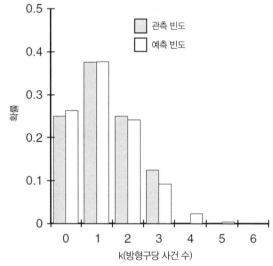

그림 4.5 그림 4.4의 점 패턴에 대한 관측 빈도 분포와 IRP를 가정한 예측 빈도 분포 비교

이 절에서는 공간적 작용을 수학적으로 설명하는 것이 가능하다는 것에 대해 설명하였다. 또한 간단한 점 패턴을 사례로 하여 IRP에 의해 생성된 공간적 패턴의 정방 구역 계산 결과를 예측할 수 있으며, 이를 사용하여 관측된 점 패턴이 IRP 작용 때문에 생성된 것인지 아닌지를 판단할 수 있다는 점을 살펴보았다. 다시 말해서, 관측된 공간 패턴이 IRP 작용에 의해 생성되었다는 귀무가설을 상정하고, 통계적 검정을 통해 그 가설의 진위를 판단할 수 있다는 것이다. 다음 장에서는 이러한 일반적인 접근 방식을 기반으로 다양한 점 패턴 측정값에 대한 몇 가지 통계 검정 방식에 대해 구체적으로 설

명한다.

주의할 점은 위 수식들에서 사용한 이항(binomial) 방정식이 실세계 현상을 표현하기에는 적합하지 않은 경우가 많다는 사실이다. n과 k 값이 그리 크지 않은 경우에도 순차곱셈(계승, factorial)의 계산은 매우 복잡하다. 예를 들어, 50!는 3.0414×10^{64}로 매우 큰 값이 되고, n=50은 그 순차곱셈 값이 매우 크기는 하지만 실제 현상에서는 매우 소규모의 점 패턴밖에 나타내지 못한다는 것이다. 실제 공간 분석 사례에서는 n 값이 1,000을 넘는, 즉 분석 대상이 되는 공간 현상의 사건이 1,000건을 넘는 경우도 드문 일이 아니라는 것이다. 그나마 다행인 것은, n 값이 어느 정도 수준만 되면 이항 확률 분포가 푸아송 분포와 비슷해지므로 푸아송 분포를 사용할 수 있다는 점이다. 푸아송 분포는 다음과 같은 수식으로 표현된다.

$$P(k) = \frac{\lambda^k e^{-\lambda}}{k!} \qquad (4.13)$$

여기에서, λ는 방형구당 패턴의 전체 강도이고 $e \approx 2.7182818$은 자연대수의 밑(base of natural logarithm)이다. 그림 4.4의 사례에서 각 방형구의 크기(면적)를 1이라 하면, λ는 10/8=1.25가 되고 그 경우 그림 4.4에 나타난 공간 현상의 푸아송 분포는 표 4.3과 같이 얻어진다.

n 값이 크면 클수록 푸아송 분포의 값이 이항 분포와 유사해지므로, 대부분의 경우는 이항 분포를 계산하는 것보다 푸아송 분포를 계산하기가 더 쉽고 편리하다.

표 4.3 이항 확률 분포와 푸아송 분포의 비교
(n 값이 작은 경우)

k	이항 분포	푸아송 분포
0	0.26307558	0.28650480
1	0.37582225	0.35813100
2	0.24160002	0.22383187
3	0.09203810	0.09326328
4	0.02300953	0.02914478
5	0.00394449	0.00728619
6	0.00046958	0.00151796
7	0.00003833	0.00027106
8	0.00000205	0.00004235
9	0.00000007	0.00000588
10	0.00000000	0.00000074

4.4. 기타 개념 정의

IRP는 수학적으로 간명하고 공간 분석을 위한 유용한 출발점이 되지만, 지나치게 단순화된 가정에 기반하고 있어 비현실적이다. IRP는 실세계의 공간 작용을 설명하기 위해 사용되기보다는 독립성과 무작위성을 가정한 귀무가설로 사용되고, 통계적 검정을 통해 그를 기각함으로써 지리적인 변수의 영향을 받을 수밖에 없는 공간 현상이라는 대립 가설(alternative hypothesis)을 채택하는 방식으로 활용된다. 실세계 공간 패턴이 완전히 무작위적인 공간 작용에 발생한다면, 지리학이라는 학문 자체가 무의미하고 GIS를 이용한 공간 분석 작업을 할 필요도 없을 것이기 때문이다.

대부분의 공간적인 점 패턴을 살펴보면 그 발생에 IRP 이외의 다른 요소가 작동하고 있음을 알 수 있다. 실제 세계에서 특정 장소, 특정 시간에서의 공간적 사건은 다른 장소나 시간의 사건과 독립적으로 발생하는 경우가 거의 없으므로, 공간 분석에서는 일반적으로 점 패턴의 분석을 통해 공간적 무작위성 가설을 기각하고 공간적 의존성을 확인할 수 있을 것으로 기대한다. 실제 공간 작용은 크게 두 가지 측면에서 IRP/CSR과 다를 것으로 예상된다. 첫째는 연구 지역 내 수용성의 차이(variations of receptiveness)로 지리적 사건이 발생할 확률이 모든 지점에서 같다는 '동일 확률 조건'이 현실적으로는 불가능하다는 것이다. 식물 종의 예를 들어 보자면, 대부분의 식물 종은 특정 토양과 같이 생육에 적합한 환경이 있고 그에 따라 다른 토양보다는 생육에 적합한 토양이 분포하는 지역에 집중되어 분포하는 경우가 대부분이다. 질병 분포의 사례에서도, 질병의 발생 위치를 점으로 표현하는 경우 점들이 인구가 밀집된 지역에 집중되어 분포하는 경향을 나타내는 것이 일반적이다. 통계학에서는 공간 작용에 나타나는 이러한 공간적 영향을 1차 효과(first-order effect)라고 한다.

둘째, 공간적 사건의 발생 위치가 다른 사건의 발생 위치와 무관하다는 '독립성 조건' 역시 대부분은 비현실적이다. 공간 작용의 독립성이 부정되는 경우는 크게 두 가지이다. 예를 들어, 19세기 후반 캐나다 대초원의 정착지 형성 과정을 생각해 보자. 유럽 이주민이 퍼지면서 마을은 서로 경쟁하면서 성장하였다. 다양한 이유로, 특히 철도 노선 근처 위치했다는 경쟁 우위가 부여된 마을은 번성하고 일부 마을은 생겼다가도 쇠퇴하여 없어지기도 하였다. 주변에 번성한 마을이 있는 경우에는 근처에서 새로운 마을이 성장하기 힘들어서 번성한 정착지들은 서로 일정한 거리를 두고 서로 떨어져 있는 경향이 발생하였는데, 이처럼 도시 분포에서 도시 간에 일정한 간격을 두는 것은 중심지 이론(Central Place theory; King, 1984 참조)에 의해 예측된 현상이다. 이 경우 점 객체는 근처에 새로운 점 객체가 발생하는 것을 억제하는 경향이 있어 점 객체의 군집화를 방해하는 요소가 된다. 반대의 경우로는 실제 공간 작용에서 특정 위치에서 한 공간 현상이 발생하면 근처에서 유사 현상이 발생할 확률이 증가하게 되는 집단화(aggregation) 또는 군집화(clustering) 작용이 있다. 예를 들어, 가축들에게 발병하는 수족구병이나 인간의 결핵과 같은 전염성 질병의 확산, 또는 이웃 농민이 이미 성공적으로 사용한 새로운 기술을 채택할 가능성이 큰 농업 공동체 내에서 혁신의 보급 등의 사례는 이미 발생한 공간 현상의 주변에 유사한 현상이 집중되는 경우에 해당한다. 통계학에서는 이 유형의 공간적 영향을 2차 효과(second-order effect)라고 한다.

1차 및 2차 효과 모두 어떤 현상이 발생할 확률이 위치에 따라 바뀔 수 있다는 사실을 말하고 있으며, 이때 우리는 그 공간 작용이 고정적이지[정상(定常)적, stationary] 않다고 표현한다. 정상성(Stationarity)은 매우 복잡한 개념이지만, 본질적으로 공간 작용이 발생하는 원리와 그 현상의 발생 위치가 확률적으로만 결정되고 지리적 위치에 따라 달라지지(drift) 않는다는 것이다. 점 형태의 공간 현상에서 공간 작용의 기본 속성은 단일 매개변수로 설정되는데, 그것은 특정 지역 범위(예를 들어, 방형구) 내에서 공간 현상이 발생할 확률이며 이는 작용의 강도라고 불린다. 정상성은 그 작용의 강도가 위치에 따라 변하지 않는다는 것을 의미한다. 정상성은 다시 1차 및 2차 정상성으로 나누어 볼 수 있는데, 1차 정상성은 위치에 따라 대해 그 강도가 변화하지 않는다는 것이고, 2차 정상성은 공간 현상의 사건 간에 상호작용이 없다는 것이다. IRP는 1차 정상성과 2차 정상성을 모두 가진다고 가정한 작용을 말한다. 작용 강도의 변화는 또 방향에 따라 달라지기도 하는데, 이러한 작용을 이방성(Anisotropic) 작용이라고 하며 방향에 따른 차이가 발생하지 않는 등방성(Isotropic) 작용과 대조되는 개념이다.

모든 공간 작용은 1차 효과나 2차 효과 또는 둘 모두의 영향을 받을 수 있으며, 어떤 형태로든 일정 수준에서 균일성(Uniformity) 또는 군집화의 경향을 나타내게 된다. 여기에 공간 통계 분석의 한 가지 중요한 약점이 있다. 즉 공간 작용의 단순한 사례(예를 들어, 점 지도)를 관찰하는 것으로는 두 가지 효과 중 어느 요인으로 인해서 해당 공간 패턴이 나타나는지는 판별할 수 없다는 점이다. 다시 말해서, 5장에서 설명하는 통계 검정 기법을 사용하면 특정한 공간 패턴이 독립적인 무작위 작용의 결과로 나타나는 것이 아니라는 사실을 증명할 수는 있지만, 그 요인이 지리적 환경의 차이 때문인지 아니면 공간적 사건들 사이의 상호작용 때문인지는 명확하게 구분할 수 없다는 것이다.

4.5. 선, 면, 연속면 자료에서의 확률론적 공간 작용

지금까지는 점 형태의 공간 작용을 중심으로 IRP/CSR의 개념과 원리를 설명하였다. 연구의 관심이 주로 점 패턴 분석에 집중되어 있다면 바로 다음 장인 5장의 내용으로 넘어가도 좋지만, 공간 작용을 수학적으로 정의할 수 있다고 하는 아이디어가 선이나 면, 혹은 연속면 형태의 공간 패턴에도 그대로 적용될 수 있다는 점에 유의해야 한다. 아래에서는 점 형태가 아닌 다른 공간 객체를 대상으로 할 때 IRP/CSR 공간 작용의 개념이 어떻게 적용될 수 있는지를 설명한다.

선형 객체

점 개체가 공간적 분포 패턴을 보이는 것과 마찬가지로 선 객체(Line object)는 길이(Length), 방향(Direction) 및 연결성(Connection, 선형 객체들이 연결되어 네트워크를 형성하는 경우) 등의 공간적 패턴을 보인다. 흔한 경우는 아니지만, 위에서 언급한 IRP 공간 작용을 가정한 확률론적 기댓값의 개념을 선형 객체의 공간 패턴에 적용하면 경로 길이(Path Length), 방향 및 연결성의 기댓값을 추정할 수 있다.

이 IRP 실험을 반복적으로 수행했을 때 얻을 수 있는 기댓값의 분포는 어떤 형태를 가지게 될까? 일반 원칙은 점 패턴에서와 같지만, IRP를 가정했을 때 경로 길이의 예상 빈도 분포를 추론하는 것은 다소 복잡하다. 여기에는 세 가지 이유가 있다. 첫째는, 점 패턴의 정방 구역 계산에서 빈도 분포는 이산적(discrete, 정수)인 데 반해서 선 패턴의 경로 길이는 정수가 아닌 실수로 측정된다는 점이다. 정방 구역 계산에서는 방형구 내에 사건이 $k=1, 2, \cdots, n$개인 경우를 세서 빈도 분포를 계산할 수 있지만, 실수 형태인 경로 길이의 빈도 분포는 수학적으로 더 복잡한 연속 확률 밀도 함수 형태로 나타낼 수밖에 없다는 점이다. 둘째, 위 실험에서 임의로 그려 넣은 직선들은 빈 공간의 테두리 위에 있는 두 지점을 연결한 것이기 때문에 그 길이의 분포는 그 빈 공간의 형태에 따라 달라질 수밖에 없다는 것이다. 셋째는 통계학에서 점 형태의 공간 작용에 관한 연구는 활발하게 이루어졌지만, 무작위 선형 객체를 대상으로 한 통계 분석에 관한 연구가 상대적으로 미흡하다는 점이다. 무작위 선형 객체를 대상으로 한 통계 분석 연구는 호로비츠(Horowitz, 1965)의 연구가 대표적인데 게티스와 부츠(Getis and Boots, 1978)의 설명이 흔히 인용된다.

호로비츠는 앞에서 설명한 독립적인 무작위 작용 가정에 근거해서 정사각형, 직사각형, 원, 입방체(Cube), 구체(Sphere) 등 5가지 기본 도형에 대해 주어진 길이의 선형 객체가 생성되는 확률을 유도

무작위 선형 객체

잔디밭 공원이나 광장과 같이 정해진 통행로가 없는 직사각형의 공간을 상상해 보자. 점 패턴 분석에서 임의의 지점을 무작위로 선택하는 것과 마찬가지로 임의의 선형 객체를 그려 넣는다고 하면 그것이 바로 독립적 무작위 프로세스를 나타내는 선형 객체가 된다. 예를 들어, 위에서 상상한 직사각형의 빈 공간에서 테두리 한 지점을 선택하고 테두리의 다른 지점을 다시 선택하여 두 지점을 연결하는 직선을 그려 넣는 것이다. 이 작업을 일정 횟수(n)만큼 반복하여 n개의 무작위 선형 객체를 그려 넣었을 때, 그 선형 객체의 길이를 측정하면 그 빈도 분포가 어떤 형태를 가지게 될까?

하였다. 그림 4.6은 호로비츠가 직사각형에서 나타날 수 있는 선형 객체의 경로 길이 확률 분포를 유도한 결과를 보여 준다. 우측의 도수분포도는 스프레드시트 시뮬레이션을 이용하여 좌측의 직사각형에서 그려질 수 있는 선형 객체의 경로 길이 빈도를 계산한 것이고, 막대그래프에 그려진 경향선은 이론적 확률 밀도 함수를 나타낸 것이다.

여기에서 주의해야 할 점은 연속 확률 분포에서 개별 경로 길잇값의 확률값은 매우 작으므로, 빈도 그래프에서 세로축은 확률값 대신 확률 밀도, 즉 길잇값의 단위당 확률을 사용하였다는 것이다. 또한 이 확률 밀도 함수는 영역의 형태에 크게 영향을 받는다는 점을 기억하여야 한다. 특정한 기하학적 형태에서 직선 경로의 통계적 속성을 계산해야 하는 경우는 다양하지만, 지리학보다는 오히려 물리학 실험에서 일반적으로 사용된다. 원자로에서의 감마선 실험, 입방형 실험 공간에서의 음파 이동 등과 같은 실험에서는 특정한 기하학 형태를 고려한 직선 경로 통계 분석이 유용한 경우가 많다는 것이다. 지리학에서는 원형의 광장을 가로질러 이동하는 보행자의 경로를 분석한 게티스와 부츠의 연구(Getis and Boots, 1978)가 있기는 하지만 현실성이 떨어진다는 지적을 받고 있으며, 일반적으로 사용되지는 않는다. 문제는 지리학적 관심거리가 되는 현상의 공간적인 형태는 정확한 수학적 확률 계산이 가능한 정사각형, 원 등과 같이 기하학적 형태를 가지는 경우가 거의 없다는 사실이다. 그보다는 컴퓨터 시뮬레이션을 사용하여 복잡한 실세계에 적합한 독립적 무작위 확률 분포를 도출해 내는 것이 더 중요하다고 할 수 있다.

지리학적 연구에서 활용 가능성이 더 큰 방법은 호로비츠 모형처럼 단순한 기하 도형을 가로지르는 직선의 확률 밀도 대신 실제 도시와 같은 불규칙한 형태의 영역 내에서 가능한 모든 거리의 확률을 구하는 것이다. 예를 들어, 다양한 형태를 지닌 도시 내부에서의 이동 거리나 결혼을 결정한 커플의

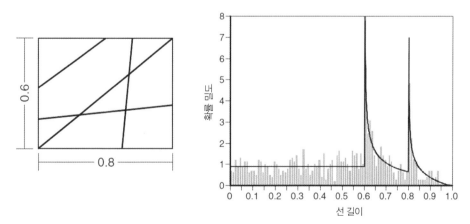

그림 4.6 이론적 확률 밀도 함수(경향선)와 좌측 직사각형 내에서 가능한 선형 객체의 길이 도수분포도

친가 사이 거리의 분포 등을 계산하는 것이다. 이런 데이터가 있다면 연구 영역의 형태에 상관없이 관측된 경로 길이의 분포가 균일한지 아니면 무작위적인지에 대한 통계 검정을 수행할 수 있다. 실제로 테일러의 선구적인 연구(Taylor, 1971)에 따르면, 관측된 경로 길이의 빈도 분포는 연구 영역의 형태에 강한 영향을 받고, 관측된 결과를 평가하기 위해서는 제한된 확률 밀도 분포를 사용해야 한다. 따라서 수학적 분석보다는 컴퓨터 시뮬레이션을 제한된 분포 모형의 구축이 필수적이라고 할 수 있다.

IRP 개념은 선형 객체의 방향 속성을 연구하는 데 성공적으로 사용된다. 이 분야의 연구는 자연지리학이 주도해 왔는데, 퇴적물의 방향을 통해 공간 작용의 원리를 추정하는 빙하 퇴적물, 즉 빙력토 연

형태(모양)에 따른 경우의 수 차이

지리적 연구 대상이 가진 형태의 중요성을 다음의 간단한 사례를 통해서 설명해 보자. 모든 테이블이 정사각형인 카페를 상상해 보자. 각 테이블에는 4면에 각각에 의자가 하나씩 있다. 카페에 오는 고객들을 종일 관찰한 결과, 테이블의 모서리를 사이에 두고 옆에 앉는 커플의 수가 건너편을 바라보고 마주 앉는 커플의 2배가 되는 것으로 나타났다고 하자. 이 관측을 근거로 "사람들은 모서리를 사이에 두고 옆에 앉고자 하는 심리적인 선호가 있다."라고 결론을 내릴 수 있을까?

사실 이런 단순한 관측으로 그러한 결론을 도출하는 것은 부적절하다. 그림 4.7에서 볼 수 있는 것과 같이, 두 고객이 테이블을 가로질러 서로 마주 보고 앉는 방법은 두 가지뿐이다. 반면에 테이블 모서리를 사이에 두고 옆에 앉을 방법은 네 가지로 그 두 배이다. 하루 동안 카페를 방문한 고객들이 앉는 위치를 관찰한 결과는 고객들이 테이블에 앉는 방식을 무작위로 선택할 때 기대할 수 있는 결과와 정확히 일치하기 때문에, 테이블에 앉는 방식을 선택하는 고객들의 선호 경향에 대해 아무런 정보를 제공해 주지 못할 가능성이 있다.

그림 4.7 커플이 커피숍 테이블에 앉을 때의 경우의 수

테이블의 형태는 커플이 앉는 방식의 종류나 수를 결정하는 중요한 요인이다. 마찬가지로 도시의 모양과 교통망의 구조도 관찰할 수 있는 이동의 경로와 이동 거리에 영향을 미친다. 물론 지리적인 현상의 사례는 카페 테이블의 사례보다 훨씬 복잡하기는 하지만 형태가 경우의 수를 결정한다는 기본 개념은 같다.

구가 대표적인 사례이다. 이 경우 타원형의 퇴적물 분포에서 원의 중심을 기준으로 가장 긴 직선을 도출하고 그 방향을 북쪽을 기준으로 한 각도의 형태로 측정한다(그림 4.8).

이 분야 연구에 대한 자세한 내용은 마디아의 연구(Mardia, 1972)나 그 후속 연구(Mardia and Jupp, 1999)를 참고하기 바란다. 핵심은 빙하 퇴적물 분석에서 퇴적물 분포의 방향은 빙하의 이동 방향을 보여 준다는 것이다. 교통지리학에서 유사한 연구로는 골짜기를 따라서 형성된 교통망의 방향을 분석한 사례를 들 수 있다.

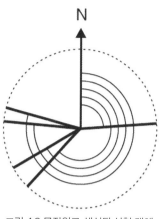

그림 4.8 무작위로 생성된 선형 객체들과 방위(북쪽 기준)

연결망 형태의 네트워크 데이터 역시 선형 데이터에 해당한다. 최근에는 다양한 분야에서 네트워크 네이터를 분석하여 성장하는 네트워크가 어떤 구조를 가지는지를 통계적으로 분석하는 연구가 이루어지고 있다(Watts, 2003, Barabasi, 2002 등의 연구는 네트워크 데이터를 이용한 통계 분석의 다양한 사례를 정리하여 보여 준다). 네트워크의 통계적 속성 분석은 인터넷망이나 뇌의 신경망, 사회적 관계망, 전염병 확산 등 다양한 분야의 연구에 활용되고 있다. 하지만 그와 같은 형태의 연결망에서는 결절(노드, node)이 지리적인 위치를 명시적으로 포함하지는 않기 때문에, 결절이나 연결선(link)의 지리적 위치를 중요시하는 지리학적 연구와는 상당한 차이를 가진다.

과거 대부분의 지리학 연구에서는 연결망의 패턴이라는 네트워크의 구조를 주어진 것으로 간주하고, 그 구조에서의 다양한 흐름을 분석하는 데 주력하였다. 그러나 세부 네트워크 혹은 선형 객체의 무작위적 결합으로 인한 네트워크 생성 과정에 관한 연구도 일부 있었는데, 이와 관련된 연구는 주로 지형학 분야에서 진행되었다. 대표적으로 슈리브의 연구(Shreve, 1966)가 있는데, 그는 유역 분지 내의 하천 수계망이 계층형 트리 구조로 나타나는 것을 관찰하고, 그것을 무작위적 선형 객체 생성을 가정한 하천 진화 모형과 비교하여 그 생성 원리를 규명하고자 시도하였다. 그 결과로 자연 발생한 트리 구조의 하천 수계망이 선형 객체의 무작위적 결합 모형과 상당한 유사성을 가진다는 것을 입증하였다. 이 발견의 지형학적 의미와 그와 관련한 통계적 검정 방법 및 자세한 학문적 비평은 이후로도 활발하게 진행되었다(Milton, 1966; Werritty, 1972; Jones, 1978).

현실 세계의 지리적 네트워크는 트리 구조가 아닌 경우가 대부분인데 이에 대한 통계 분석 연구는 상대적으로 미비한 실정이다. 흔하지 않은 사례로 통계학자인 링의 연구(Ling, 1973)가 있다(Getis and Boots, 1978, 104; Tinkler, 1977 참조). 위 사례에서와 마찬가지로 링은 결절과 연결선의 수가 같은 경우를 가정하여 무작위 모형을 기반으로 예측한 네트워크와 실세계에서 관측된 네트워크의 패턴을 비교하였는데, 결론적으로 그 결과는 우리가 앞에서 방형구를 이용하여 점 패턴의 무작위 할당을 설명하는 데 사용한 기본적 이항 분포 모형과 수학적으로 매우 유사한 것으로 나타났다. 결절 사이를 연결하는 연결성을 무작위로 할당한다는 점에서는 같지만, 네트워크 데이터의 무작위 모형은 점 데이터 무작위 모형과 근본적인 차이가 있다. 결절을 어떤 방식으로 연결하여 링크, 즉 연결선을 할당할 것인가는 무작위로 결정되지만, 연결선의 할당이 시행될 때마다 남아 있는 연결 가능 방식은 줄어들고 그에 따라서 특정한 연결 방식의 확률이 변하게 된다는 것이다. 즉 네트워크의 연결 방식은 무작위적이지만 매 할당 시행 사이에 종속성(dependence)의 개념이 적용되는 것이다. q개의 연결선으로 이어져 있는 n개의 결절로 구성된 네트워크의 경우, 이 종속성을 고려한 확률 분포는 초기하 분포(hypergeometric distribution)의 형태로 나타난다(Tinkler, 1977, 32 참조).

관련 연구의 또 다른 사례로는 무작위 행보(Random Walk) 통계가 있다. 무작위 행보는 연속적인 공간 또는 격자에서 임의 방향으로 향하는 연속된 점 위치를 생성하는 공간 작용을 말한다. 무작위 행보 이론은 물리학 분야에서 주로 활용되는 수학적 개념인데, 브라운 운동(Brownian motion, 액체나 기체 속에서 미세입자들이 불규칙하게 운동하는 현상. 역자 주)이나 가스 확산과 같은 물리적 현상을 설명하기 위해 고안된 이론이다. 무작위 행보 이론의 개략적인 내용은 베르그의 연구(Berg, 1993)를 참고하면 쉽게 이해할 수 있는데, 그는 생물학적인 예제를 이용해서 이론을 설명하고 있다. 최근에는 GPS 수신 장치가 소형화되어 GPS를 이용해 이동 궤적을 기록하는 기술이 급격하게 발전하면서, 동물의 이동 패턴이나 붐비는 건물이나 거리에서 사람들의 이동과 같은 지리학적인 현상을 연구하기 위해 무작위 행보 이론을 활용할 가능성이 커지고 있다. 위에서 언급된 다른 연구에서와 마찬가지로 무작위 행보 이론을 지리학적 연구에서 효과적으로 활용하기 위해서는 무작위 행보라고 하는 추상적인 모형을 어떻게 도로망에서의 이동과 같이 현실적인 상황에 적용할 수 있을 것인가에 대한 고찰이 필요하다.

면형 객체

면 객체(Area objects)를 기반으로 한 지도는 지리학 분석 결과를 표시하는 가장 대표적인 지도 유형이지만, 여러 면에서 지도 작성 및 분석이 가장 복잡한 상황에 해당한다. 점이나 선과 마찬가지로, 우리는 특정한 형태의 공간 작용을 가정하고 면 객체의 특정 관측된 패턴과 그 객체에 할당된 값이 해당 공간 작용의 실현일 가능성을 조사할 수 있다. 면형 지도에서 IRP/CSR 작용은 정성적 색상 지도

간단한 IRP/CSR 면형 데이터 실험

정사각형 용지를 가로, 세로 8칸으로 나누어 64의 네모 칸으로 이루어진 가상의 공간을 그려 보자. 왼쪽 위 네모부터 시작해서 칸마다 동전을 던져서 앞면이 나오면 검게 칠하고, 뒷면이 나오면 흰 네모로 남겨 두는 식으로 동전 던지기 실험을 64회 반복해서 가상의 면 지도를 그린다. 그 결과로 얻은 지도는 가상의 IRP/CSR 공간 작용의 잠재적 실현이라고 할 수 있다. 여러분의 실험에서 확인할 수 있듯이, 그 결과가 체스판과 똑같이 검은색과 흰색 사각형이 완벽하게 교차하는 형태로 나타날 가능성은 매우 희박하다. 이 실험 결과에 대한 자세한 설명은 7장에서 살펴보도록 한다.

에서 지도의 각 폴리곤에 색을 무작위로 할당하거나 단계구분도에서 폴리곤의 속성값을 무작위로 할당하는 방식으로 모형화할 수 있다. 두 경우 모두 지도에 표현된 공간 작용을 독립적 무작위 프로세스(IRP/CSR)로 가정하고, 지도의 공간 패턴을 해당 작용의 잠재적 실현으로 간주하는 것이다.

7장에서 자세히 설명하겠지만, 무작위 음영 지도(randomly shaded maps)는 현실 세계에서 거의 찾아보기 힘들다. 지리학 제1법칙 때문에 그런 것인데, 토블러의 지리학 법칙이라고도 불리는 이 법칙에 따르면 "모든 것은 다른 모든 것들과 관련되어 있고, 가까이 위치한 것들은 멀리 위치한 것보다 더 밀접하게 관련되어 있다."(Tobler, 1970, 234) 우리가 주위에서 관찰할 수 있는 대부분 공간 현상이 공간적 자기상관 관계를 보인다는 점에서 지리학 제1법칙은 엄밀히 말해 이론적 법칙이 아닌 일종의 경험칙(observational law)이라고 할 수 있다. 또한 관찰된 데이터가 공간적 자기상관 관계를 보인다는 것은 해당 현상이 IRP/CSR 작용으로 생성된 것이 아니라고 말하는 것과 같다.

IRP/CSR 개념을 면형 데이터에 적용하려고 할 때 발생하는 또 다른 복잡한 문제는 면형 공간 단위 사이의 인접성 패턴이 공간 현상 분포 패턴의 기술 통계 계산에 영향을 준다는 사실이다. 즉 지도에 나타난 폴리곤 속성값의 전체 빈도 분포만 가지고는 IRP/CSR 작용으로 인한 결과를 예측할 수 없다는 것이다. 예를 들어, 단계구분도에서 속성값 측정의 기본 단위가 되는 영역인 공간 단위가 어떻게 배열되어 있는가에 따라 IRP/CSR을 가정한 공간 작용의 결과로 나타나는 공간적 패턴이 완전히 달라질 수도 있다는 것이다. 면형 공간 데이터의 이러한 복잡한 특성 때문에, 면형 공간 작용의 통계적 예측과 분석에서는 수학적 모형보다는 컴퓨터를 이용한 시뮬레이션을 사용하는 것이 일반적이다.

연속면

IRP 개념은 연속면(Fields) 자료의 통계 분석에서도 유용하게 활용할 수 있다. 우선 아래 글 상자의 간단한 사례를 생각해 보자.

다른 많은 과학 분야에서 일반적으로 사용되는 모형이기는 하지만, 면형 객체의 사례에서 설명한 것과 마찬가지로 지리학적 현상의 분석에서 단순 무작위 연속면 모형은 현실의 공간 작용과는 매우 다른 이론적인 모형이라는 사실을 주의할 필요가 있다. 통계학에서 공간적 연속면 변수를 다루는 통계 이론 분야는 지리통계(Geostatistics)라고 불리며(Isaaks and Srivastava, 1989; Cressie, 1991 참조), IRP/CSR 개념을 적용하여 다음의 세 가지 요소를 가지는 연속면 변수를 모형화하는 이론적 개념의 개발에 연구가 집중되어 있다.

- 결정론적이고 광역적인 특성을 가진 공간적 추세(spatial trend), "공간적 변동(Drift)"
- 공간적 변동에 더해진 "지역화 변수(Regionalized Variable)": 자기상관에 의존하고 공간적 자기 상관을 측정함으로써 부분적으로 예측 가능함.
- 예측 불가능한 무작위 오류 요소 또는 "잡음(Noise)"

연속면 변수의 세 가지 요소를 영국 해안 지역의 강수량 분포를 예로 들어 설명해 보자. 해안선을 중심으로 강수량은 내륙으로 갈수록 감소하는 공간적인 추세(즉 공간적 변동)를 보이며, 그 광역적

무작위 연속면

점형의 공간 작용과 연속면 형태의 공간 작용은 두 가지 측면에서 서로 다른 속성을 가진다. 우선 점형 공간 작용의 결과는 현상이 나타나는 지점들이 띄엄띄엄 떨어져서 이산적으로 나타나지만, 연속면 형태의 공간 작용의 결과는 해당 지역의 모든 지점에 나타나기 때문에 작용의 결과가 없는 지점이 없으며, 그 변화도 점진적이므로 '연속적'인 패턴을 보인다. 둘째로 점형 공간 작용과 달리 연속면 형태의 공간 작용의 결괏값은 '0이나 1' 혹은 '있음/없음'과 같은 명목척도가 아니라 비율이나 연속적 수치로 측정된다는 점이다. 따라서 무작위 연속면 모형의 결과는 해당 지역의 모든 지점에서 속성값을 무작위로 표본 추출하는 방식으로 나타나며, 모집단은 연속 확률 분포이다.

표준 정규 분포에서 무작위로 표본 값을 추출하여 무작위 연속면(Random Spatial Field)을 생성할 수 있다는 것이다. 예를 들어, 가로세로 20칸, 총 400칸의 격자형 방안지를 만들어 보자. 그리고 표준 정규 분포로부터 무작위로 뽑은 숫자를 각 방안지에 써넣은 다음, 값이 같은 지점을 연결하여 등치선도를 그릴 수 있다.

실제로 위 작업을 수행해 보지 않더라도, 그 작업이 간단하지 않다는 것을 쉽게 짐작할 수 있을 것이다. 무작위 표본 추출과 독립성이라는 가정은 모든 격자의 값이 −∞와 +∞ 사이의 어느 값이든 될 수 있다는 것을 의미하기 때문이다. 흥미로운 점은 엑셀과 같은 스프레드시트 프로그램을 이용해서 위 작업을 수행해 보면, 공간적 현상의 분포 패턴과 매우 유사한 형태의 등치선도를 얻을 수 있다는 사실이다.

인 특성에 더하여 국지적으로는 해발고도가 높은 지역에서 강수량이 크게 나타나는 국지적인 특성(즉 지역화 변수)을 관찰할 수 있다. 그 외에도 해안 지역 강수량 분포에서는 원인을 알 수 없는 특이한 지역과 강수량 측정 과정의 불확실성 요소 등(즉 잡음)이 반영되어 나타나기도 한다(Bastin et al., 1984 참조). 이처럼 연속면 형태의 공간 작용은 공간적 변동과 지역화 변수, 잡음이라는 세 가지 요소가 복합적으로 작용하는 현상으로 체계적으로 분석할 수 있다. 10장에서는 최적 등치선도(optimum Isoline maps)를 작성하는 과정에서 지리통계적(geostatistical) 접근법이 어떤 방식으로 활용될 수 있는지에 대해서 구체적으로 살펴보도록 한다.

4.6. 결론

이 장에서는 공간 작용의 의미에 대한 명확한 아이디어를 제공함으로써 공간 통계 분석으로 가는 중요한 한 발을 내디뎠다. 공간 통계 분석의 구조에 대한 그림 4.1의 모호한 도식은 이제 그림 4.9에 표현된 것처럼 조금 더 구체화한 모습으로 이해될 수 있을 것으로 기대한다. 우리는 공간 작용이 공간 객체와 그 분포 패턴이 생성되는 과정이라는 사실을 살펴보았다. 특히 공간 작용을 수학적으로 기술하는 방식에 집중하여 설명하였다. 그 이유는 두 가지인데, 첫째로는 수학적 모형이 분석에 가장 쉬운 유형이기 때문이고, 둘째로는 수학적 설명이나 모형이 공간 분석에서 일반적으로 통용되고 있기 때문이다.

그림 4.9에 언급되어 있지만 이 장에서 자세히 다루지 않은 부분은 '컴퓨터 시뮬레이션'에 관한 내용인데, 최근 공간 분석에서 그 중요성이 점점 커지고 있는 분야이며 이후 장에서 구체적으로 설명하도록 한다. 수학적 모형뿐 아니라 컴퓨터 시뮬레이션이나 모형을 사용해서도 공간 작용을 표현할 수 있다. 앞에서 IRP/CSR에 따라 일련의 점 사건 분포를 생성하기 위해 전화번호부에서 무작위 수를 추출하는 과정을 생각해 보자. 수학적 확률 분포를 이용하는 대신 엑셀과 같은 스프레드시트 프로그램의 난수 생성 함수나 산포도 작성 기능을 사용하면 같은 작업을 매우 빨리 마칠 수 있다는 사실만으로도 컴퓨터 시뮬레이션을 이용한 공간 작용 모형화의 유용성을 쉽게 알 수 있다. 컴퓨터 프로그램을 사용하면 이보다 훨씬 더 복잡한 공간 작용을 표현할 수도 있다. 날씨 예측에 사용되는 시뮬레이션은 컴퓨터 시뮬레이션을 이용한 복잡한 공간 작용 모형화의 대표적인 사례이다.

공간 과정을 묘사하는 방법이 무엇이든 간에 중요한 것은 그 묘사를 통해 특정한 공간 작용으로 생성될 것으로 기대되는 공간적 패턴을 나타낼 수 있다는 사실이다. 이 장에서는 IRP/CSR 작용을 가

공간 작용   공간 패턴
                             ?

수학적 설명

혹은

컴퓨터 시뮬레이션

↓

기댓값

그리고/또는

분포

그림 4.9 구체화된 공간 통계 분석 프레임워크. 공간 작용에 대한 구체적인 내용이 추가되었다. 공간 패턴에 관한 내용은 다음 장의 설명을 통해 추가될 예정이다.

정하고 그로 인해 생성될 것으로 기대되는 공간적 패턴을 수학적으로 설명하였다. 이것은 관심 대상이 되는 공간 작용의 예측된 결과(predicted outcomes)와 실제 관측된 분포 패턴(observed pattern)을 비교할 수 있도록 해 준다는 점에서 매우 중요하다. 공간 현상에 관한 통계적 설명을 위해서 필수적인 작업이기 때문이다. 다음 장에서 그림 4.9의 오른쪽 공백을 채울 수 있도록 공간 패턴의 개념을 자세히 살펴볼 것이다.

이 장에서는 공간 통계에 관한 기본적이면서도 생소하게 다가올 수 있는 수학적 개념들에 관해 설명하였다. 이 개념들은 이어지는 장에서 점 객체, 면 객체 및 연속면 데이터에 공간 분석이 어떻게 적용되는지를 구체적으로 살펴보면서 다시 다루어지게 될 것이다. 현재 시점에서 독자들은 다음 4가지 주요한 개념적 원리만 기억하면 된다. 첫째는 지도를 비롯한 공간 데이터는 공간 작용의 결과로 간주할 수 있다는 기본적인 아이디어이다. 둘째, 비록 대부분의 공간 작용이 하나의 결과로만 나타난다는 측면에서 결정론적일 수밖에 없지만, 공간 작용의 기술에 무작위 요소가 반영될 가능성이 크기 때문에 확률론적 공간 작용을 가정하고 분석하는 것이 공간 통계에서 일반적이라는 사실이다. 확률론적 작용은 많은 서로 다른 패턴을 생성할 수 있으며, 우리가 관찰한 특정 패턴은 확률론적 공간 작용의 다양한 기대 결과 중 하나로 간주된다. 셋째, IRP의 기본 개념은 1장에서 설명한 개체 유형(점, 선, 면, 연속면) 모두에 다양한 방식으로 적용될 수 있다. 마지막으로, 점 패턴과 IRP/CSR의 작동 원리를 설명한 부분에서 본 것처럼 수학적 접근법을 사용하면 공간 작용의 평균적인 결과에 대해 엄밀한 통계적 진술을 제공할 수 있다는 점이다.

요약

- 공간 분석에서 지도는 결정론적(Deterministic) 또는 확률론적(Stochastic) 공간 작용의 결과로 간주된다.
- 일반적으로 공간 패턴은 확률론적 작용의 잠재적 실현 결과로 해석한다.
- 확률론적 작용의 대표적인 예는 완전 공간 임의성(CSR)이나 독립적 무작위 프로세스(IRP)이다.
- CSR를 가정한 점 객체의 패턴을 분석하는 경우, 모든 점 객체가 무작위로 배치되어 모든 지점에서 점 객체가 존재할 확률이 같고, 점 객체 사이의 영향이 배제된다고 했을 때, 이는 해당 작용에 1차(1st-order) 및 2차 효과(2nd-order effect)가 없다고 가정한다.
- CSR에서 방형구당 기대 빈도 분포는 이항 분포에 따르며, 이때 확률 p는 전체 지역 면적에 대한 방형구 면적 비율, n은 패턴의 사건 수에 의해 계산된다. 이는 푸아송 분포와 유사한 것으로 간주하며, 이때 강도(Intensity)는 방형구당 사건 수로 계산된다.
- 이상의 아이디어는 적절한 수정을 통해서 다른 공간 객체 유형의 속성(예를 들어, 선형 객체의 길이 및 방향, 연결망, 면 객체의 자기상관 및 공간적 연속면)에도 적용할 수 있다.
- "모든 것이 다른 모든 것과 관련되고, 가까운 것들은 먼 것보다 더 밀접하게 관련되어 있다"는 토블러의 지리학 제1법칙은 현실 세계의 지리적 현상은 대부분 IRP/CSR의 원리와 부합하지 않는다는 사실을 서술하고 있다.
- 지리학 제1법칙의 서술은 지리적 환경의 차이 때문에 현실 세계에서는 동일 확률 가정(1차 부동성; 1st-order stationarity)이 성립하지 않는다는 사실을 반영한다. 또한 이전에 발생한 사건이 이후 발생하는 사건에 영향을 줄 수밖에 없다는 점은 사건 사이의 독립성 가정(2차 부동성; 1st-order stationarity)이 성립하지 않는다는 사실을 반영한다. 실제로 공간 데이터 분석만으로 이러한 효과를 완벽하게 분석하기는 매우 어렵다.

참고 문헌

Barabási, A.-L. (2002) *Linked: The New Science of Networks* (Cambridge, MA: Perseus).

Bastin, G., Lorent, B., Duque, C., and Gevers, M. (1984) Optimal estimation of the average rainfall and optimal selection of rain gauge locations. *Water Resources Research*, 20: 463-470.

Berg, H. C. (1993) *Random Walks in Biology* (Princeton, NJ: Princeton University Press).

Cressie, N. A. C. (1991) Statistics for Spatial Data (Chichester, England: Wiley). Getis, A. and Boots, B. (1978) *Models of Spatial Processes* (Cambridge: Cambridge University Press).

Gleick, J. (1987) Chaos: Making a New Science (New York: Viking Penguin). Horowitz, M. (1965) Probability of random paths across elementary geometrical Shapes. *Journal of Applied Probability*, 2(1): 169-177.

Isaaks, E. H. and Srivastava, R. M. (1989) *An Introduction to Applied Geostatistics* (New York: Oxford University Press).

Jones, J. A. A. (1978) The spacing of streams in a random walk model. *Area*, 10: 190-197.

King, L. J. (1984) *Central Place Theory* (Beverly Hills, CA: Sage).

Ling, R. F. (1973) The expected number of components in random linear graphs. *Annals of Probability*, 1: 876-881.

Mardia, K. V. (1972) *Statistics of Directional Data* (London: Academic Press). Mardia, K. V. and Jupp, P. E. (1999) *Directional Statistics* (Chichester, England: Wiley).

Milton, L. E. (1966) The geomorphic irrelevance of some drainage net laws. *Australian Geographical Studies*, 4: 89-95.

Shreve, R. L. (1966) Statistical law of stream numbers. *Journal of Geology*, 74: 17-37.

Taylor, P.J. (1971) Distances within shapes: an introduction to a family of finite frequency distributions. *Geografiska Annaler*, B53: 40-54.

Tinkler, K. J. (1977) An Introduction to Graph Theoretical Methods in Geography. Concepts and Techniques in Modern Geography; 14,56 pages (Norwich, England: Geo Books). Available at http://www.qmrg.org.uk/catmog.

Tobler, W. (1970) A computer movie simulating urban growth in the Detroit region. *Economic Geography*, 46: 23-40.

Watts, D. J. (2003) *Six Degrees: The Science of a Connected Age* (New York: Norton).

Werritty, A. (1972) The topology of stream networks. In: R.J. Chorley, ed.,Spatial *Analysis in Geomorphology* (London: Methuen), pp. 167-196.

05 점 패턴 분석

내용 개요

- 공간 분석에서 패턴(Pattern)의 정의
- 패턴의 확대 개념
- 점 패턴의 측정 기법
- 다양한 측정 기법을 이용해 관측된 점 패턴과 IRP/CSR의 비교

학습 목표

- 점 패턴 분석의 의미를 정의하고, 점 패턴 분석 수행을 위한 조건들을 나열한다.
- 평균 중심점, 표준 거리, 정방 구역 계산, 최근린 거리, G, F 및 K 함수 등 1차 및 2차 속성 측정 기법들을 설명한다.
- 다양한 점 패턴 측정값을 평가하기 위해 IRP/CSR 개념을 어떻게 사용할 수 있는지 설명하고, 그를 활용하여 점 패턴과 그와 관련한 공간 작용에 대한 통계적 진술을 구성한다.

5.1. 서론

점 객체들의 위치만으로 구성된 점 패턴 자료는 가장 단순한 형태의 공간 데이터지만, 그렇다고 해서 그 데이터의 분석이 특별히 단순하다고 할 수는 없다. GIS를 사용한 응용 지리학 연구에서는 단순 점 패턴 데이터가 매우 흔히 활용된다. 가장 대표적인 사례로 범죄 발생 위치나 질병으로 인한 사망자의 위치를 점 객체로 표현한 데이터를 이용한 핫스폿 분석(Hotspot analysis)을 들 수 있다. 이외에도 특정 식물 종의 분포나 고고학 유적지의 위치를 조사한 점 데이터도 흔히 이용된다. 핫스폿 분석과 같은 응용 연구에서는 점 객체들의 공간적 분포를 기술하고, 그 분포에서 특정 지점을 중심으로 군집화(Clustering) 패턴이 나타나는지 혹은 전체 지역에서 점 객체들이 균등하게 분포하는지를

통계적으로 검증하는 것이 핵심이다. 이 장에서는 점 패턴(Point Pattern)이 무엇을 의미하는지 그리고 점 패턴의 사례를 설명한다는 것이 어떤 의미인지에 대해 개략적으로 살펴본다. 그런 다음 관찰된 실세계의 공간 패턴을 어떻게 4.3절에서 설명한 IRP와 관련하여 설명할 수 있는지를 설명한다.

그를 위해서 우선 이와 관련한 몇 가지 학술적 용어를 명확히 정리할 필요가 있다. 점 패턴은 연구 지역에 분포하는 일련의 사건(event)들로 구성된다. 각 사건은 연구 지역의 특정 위치에 해당 현상의 발생을 의미하는 하나 이상의 점 객체가 존재함을 나타낸다. 수학적으로 n개의 사건으로 구성된 점 패턴은 사건 위치의 집합 $S=\{s_1, s_2, \cdots s_i, \cdots, s_n\}$로 표현되며, 여기에서 각 사건(또는 점) s_i의 위치는 좌표 (x_i, y_i)이다. 공간 패턴이 나타나는 연구 지역은 면적이 a인 영역 A로 표현한다. '사건'이라는 용어가 특정 위치에서 관심 대상이 되는 객체가 발생했다는 의미로 사용된다는 점이 중요한데, 이를 통해서 점 패턴 내의 사건들과 연구 영역의 다른 임의의 지점들을 구분할 수 있도록 해 준다는 점에서 매우 유용한 개념 정의이다. 가장 단순한 형태의 점 패턴에서 각 사건은 객체의 발생 위치만을 나타내지만, 필요에 따라서는 각 사건을 나타내는 점에 추가적인 속성 정보가 포함되기도 있다. 속성 정보가 포함된 사건으로 구성된 패턴을 표식 점 패턴(Marked Point Pattern)이라고 한다. 예를 들어, 생태학 연구의 경우 나무의 수령이나 건강 상태, 공간 역학 연구에서는 발병 일자 등이 사건의 위치에 더해진 속성 정보, 즉 표식(mark)으로 사용될 수 있다.

사건들의 집합이 엄밀한 의미의 패턴을 구성하기 위해서는 다음과 같은 몇 가지 조건을 만족하여야 한다.

- 2차원 좌표 평면에 지도화할 수 있어야 한다. 사건의 위치가 정확한 경위도 좌표로 표현되어야 사건(점) 사이의 거리를 정확하게 측정할 수 있다. 연구 대상 지역이 지나치게 크면, 지표면의 굴곡으로 인해서 점 사이의 정확한 거리 측정이 어렵고, 투영법의 선택에 따른 오차의 발생 가능성도 커지기 때문에 분석 결과의 신뢰도가 하락할 수 있다.
- 연구 지역이 객관적으로 결정되어야 한다. 연구 지역의 형태와 범위는 사건의 분포 패턴과 상관없이 독립적으로 결정하는 것이 이상적이다(2.2절의 MAUP 관련 논의 참조). 동일한 공간 패턴이라도 연구 지역이 어떻게 설정되었는가에 따라 서로 다른 분석 결과가 나타날 수 있다는 점에서 객관적인 연구 지역 설정은 매우 중요한 요건이다. 국경선, 섬의 해안선, 또는 숲의 외곽선과 같이 자연적인 경계가 있는 경우를 제외하면, 대부분 경우 현실 세계에서 객관적인 연구 지역 경계를 결정하는 것은 매우 어려운 일이다. 따라서 연구 지역을 결정할 때는 그 설정의 논리적 근거에 대한 주의 깊은 고려가 필요하고, 임의적인 연구 지역 설정으로 나타나는 부작용을 최소

화하기 위해 가장자리 효과 보정(Edge Correction)과 같은 추가적인 도구를 적용하는 것도 고려해 보아야 한다.

- 패턴에는 연구 대상인 사건 혹은 개체가 모두 포함되어 있어야 한다. 즉 표본 자료가 아닌 전수조사 자료일 때만 정확한 패턴 분석이 가능하다는 것이다. 부득이하게 전수조사 자료를 획득할 수 없는 경우에는 공식적인 표본 추출 과정을 거쳐서 제한적인 통계 분석을 수행할 수 있다. 예를 들어, 생태 연구에서 방형구(Quadrat)를 이용해 표본을 추출하거나 표본 자료를 이용해 평균 최근린 거리를 추정하는 등의 분석은 가능하다. 그러나 대부분의 지리학 연구에서는 점형의 사건 발생 지점이 모두 주어져 있는 경우가 많아서 표본을 이용한 패턴 분석은 일반적이지 않다.
- 연구 지역 내의 각 객체와 패턴의 각 사건 사이에 일대일(one-to-one) 대응 관계가 성립하여야 한다.
- 사건의 위치가 정확하게 표시되어야 한다. 예를 들어, 면형 객체를 중심점(Centroid)의 위치로 표시하거나 선형 객체를 선 위의 임의의 지점으로 표시해서는 정확한 패턴 분석을 수행하기 힘들다.

현실 세계에서 위와 같은 조건들을 완벽하게 만족하는 데이터를 확보하는 것은 매우 힘든 일이다. 그럼에도 불구하고 이 장에서는 위 조건들을 모두 만족하는 가상의 공간 패턴을 가정하고 공간적인 점 패턴 분석의 이상적인 모형을 설명한다. 현실 세계에서 거의 존재하지 않는 이상적인 모형을 설명하는 이유는 실세계의 복잡한 공간 현상과 문제를 이해하기 위해서는 먼저 모형화된 공간 패턴에서 적용되는 가정들과 접근 방식을 이해하는 것이 필수적이기 때문이다. 이 장의 설명을 토대로 6장에서는 실세계의 복잡성을 공간 통계에 반영하는 방법들에 대해서 구체적으로 살펴볼 예정이다.

5.2. 점 패턴 묘사

점 객체의 경우 사건들이 점으로 표현된 지도에서 볼 수 있는 패턴은 해당 현상의 실제적인 분포 패턴을 나타낸다. 그럼 어떻게 패턴을 정량적으로 묘사할 수 있을까? 지도를 이용한 직관적인 이해와 달리 공간 패턴을 숫자를 통해 정량적으로 기술하는 것은 단순한 작업이 아니다. 정량적인 패턴 묘사는 일반적으로 서로 반대되는 개념이지만 밀접하게 연관된 점 밀도와 점 분리(point separation)의 관점에서 이루어지는데, 두 개념 각각은 앞에서 언급한 공간적 패턴의 두 가지 측면, 즉 1차 효과

점 패턴의 지도화

점 패턴을 기술하는 가장 중요한 방법의 하나는 공간 패턴을 지도화하는 것이다. 점 패턴을 지도화하는 다양한 방법들에 대해서는 3장 6절의 내용을 참고하기 바란다. 가장 쉬운 지도화 방법은 단순 점 지도지만, 공간 분석 전문가들은 커널 밀도 추정 기법을 이용하여 공간 패턴의 밀도 분포를 추정하고 그를 이용해서 등고선 지도와 비슷한 형태인 등치선도를 작성하는 방법을 더 선호한다. 점 패턴 데이터에 등간척도 또는 비율척도로 측정된 속성 정보가 포함된 경우에는 비례적 도형 표현도를 사용하는 것이 가장 효과적이다.

와 2차 효과에 관련되어 있다. 1차 효과는 공간상에 나타나는 작용의 강도(intensity) 변이를 말하며, 사건의 공간적 밀도로 측정된다. 점 패턴 지도에서 1차 효과는 사건들이 발생한 지점의 절대 위치로 결정된다. 점 패턴에서는 단위면적당 사건 수와 같은 측정값이 지역마다 다른데, 이는 각 지점이 해당 사건이 발생하는 데 얼마나 "매력적인" 조건을 가지고 있는가에 따른 것이다. 반면 2차 효과가 강하게 나타난다는 것은 사건 발생 지점들 사이에 거리에 반비례하는 상호작용이 존재한다는 것을 의미하며, 이 경우에는 지점들 사이의 거리에 따른 상대 위치가 중요하다. 점 패턴에서 이러한 효과들은 인접한 사건들 사이의 거리가 커지거나 줄어드는 형태로 나타난다.

공간 패턴에서 1차 효과와 2차 효과를 구분하는 것은 공간 현상의 작동 원리를 파악하는 데 매우 중요하다. 하지만 사건 밀도의 공간적 변이를 관찰하는 것으로 두 효과의 영향을 분리하여 설명하는 것은 현실적으로 불가능하다는 점은 기억할 필요가 있다.

그림 5.1은 공간 패턴에서 1차 효과와 2차 효과를 구분하기 어렵다는 점을 예를 들어 보여 준다. 왼쪽 상자의 점 패턴을 보면, 북동쪽 끝에서 남서쪽 모서리 방향으로 점 밀도가 증가하는 경향을 보이는 1차 변동을 쉽게 파악할 수 있다. 반면 가운데 상자의 점 패턴에서는 사건들이 무리 지어 나타나는 군집화 경향이 나타나며, 이는 2차 효과의 영향이 크다는 사실을 반영한다. 1차 효과에 의해서 군집화 경향이 나타나는 경우가 없는 것은 아니지만, 사건들의 발생 위치가 서로 가까이 모여서 나타

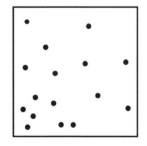 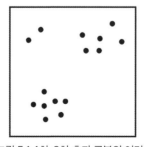 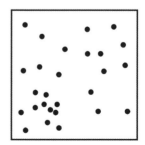

그림 5.1 1차, 2차 효과 구분의 어려움

나는 경향은 2차 효과로 해석하는 것이 더 타당할 것이다. 오른쪽 상자의 점 패턴은 두 효과를 구분하기 어려운 사례를 보여 주고 있다. 왼쪽 상자에서와 같이 북동-남서 방향의 변이 경향이 여전히 존재하지만, 가운데 상자처럼 일정한 군집화 경향이 동시에 나타나는 것이다. 따라서 오른쪽 상자의 점 패턴은 1차 효과에 의해 발생한 것인지 2차 효과에 의해 발생한 것인지 명확하게 구분하여 설명할 수 없는 것이다.

중심 경향성

복잡한 접근법들이 많이 있지만, 간단한 기술 통계를 적용하여 점 패턴을 정량적으로 측정할 수도 있다. 예를 들어, 점 패턴 S의 평균 중심점(Mean Center)은 다음과 같이 계산할 수 있다.

$$\bar{\mathbf{s}} = (\mu_x, \mu_y) = \left(\frac{\sum_{i=1}^{n} x_i}{n}, \frac{\sum_{i=1}^{n} y_i}{n} \right) \qquad (5.1)$$

즉, $\bar{s}$는 패턴의 모든 사건의 좌푯값을 평균하여 얻은 좌표에 위치하는 점이다. 비슷한 방식으로 공간 패턴의 표준 거리(Standard Distance)를 계산할 수도 있다.

$$d = \sqrt{\frac{\sum_{i=1}^{n} (x_i - \mu_x)^2 + (y_i - \mu_y)^2}{n}} \qquad (5.2)$$

표준 거리는 기초 통계에서 자룟값의 표준 편차를 계산하는 방식과 거의 유사하게, 사건들이 평균 중심점을 중심으로 얼마나 분산되어 있는지를 측정하는 기법이다. 평균 중심점과 표준 거리를 함께 사용하면, 그림 5.2의 왼쪽 상자에 표시된 것처럼 평균 중심점(μ_x, μ_y)을 중심으로 반경이 d인 점 패턴의 요약 원(summary circle)을 그릴 수 있다.

요약 원의 개념을 확대해서 단일 표준 거리 대신 가로, 세로축에 대해 개별적으로 표준 거리를 계산하여 패턴의 형태와 분산 정도를 측정하면, 그림 5.2의 오른쪽 상자에 표시된 것처럼 표준 거리 타원(Standard Distance ellipse)을 사용할 수도 있다. 요약 타원(summary ellipse)은 점 패턴의 위치나 분산뿐만 아니라 그 형태까지 표현할 수 있다는 점에서 요약 원보다 진보된 기법이라고 할 수 있다. 요약 타원은 직교하는 두 축의 방향을 삼각법을 이용해 얻은 뒤, 각 축에 따라 표준 거리를 별도로 계산하는 방식으로 계산한다.

중심 경향성(Centrography) 측정법이라고 불리는 평균 중심점 및 표준 거리 기법은 서로 다른 점 패

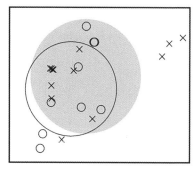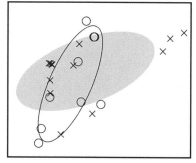

그림 5.2 두 점 패턴(원과 십자 기호)에 대한 요약 원 및 평균 타원. 검은 윤곽선의 원과 타원은 원으로 표시된 사건들의 분포를, 회색 음영으로 채색된 원과 타원은 십자 기호로 표시된 사건들의 분포를 요약하여 보여 주고 있다.

턴을 비교하거나 특정 패턴의 시간에 따른 변화를 추적하는 데 유용하지만, 패턴에 대해 제공하는 정보가 매우 단순하고 연구 지역의 크기나 형태에 매우 민감하다는 단점을 가진다. 패턴 자체에 대한 설명은 패턴의 지점별 변이와 연구 지역 내 사건들 사이의 관계에 대한 것이 주요한 내용이 되어야 하므로, 중심 경향성 외에도 다음 절에서 설명하는 다양한 측정 기법들이 활용되어야 한다.

밀도 기반 점 패턴 측정

밀도 기반(Density-based) 접근법은 점 패턴에서 나타나는 1차 효과의 특성을 중심으로 패턴을 기술한다. 여기서 주의할 것은 공간 작용 자체의 실제 강도 λ와 연구 영역에서 관찰된 사건 밀도(즉 실제 강도의 추정치)를 구별하여 이해하여야 한다는 점이다. 점 패턴의 사건 밀도, 혹은 실제 강도의 추정치는 수식 5.3으로 계산할 수 있다.

$$\hat{\lambda} = \frac{n}{a} = \frac{\#(S \in A)}{a} \qquad (5.3)$$

여기에서 $\hat{\lambda}$은 강도의 추정치이고 $\#(S \in A)$는 연구 지역 A(면적 a)에서 관찰된 패턴 S에 포함된 사건의 수이다. a는 연구 지역 A의 면적이고, m^2 또는 km^2와 같은 면적 단위로 계산된다. 패턴의 밀도 추정 기법이 가진 가장 큰 문제는 그 결과가 연구 영역의 형태나 면적에 따

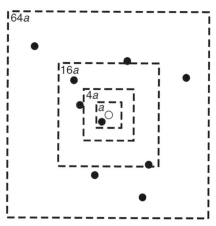

그림 5.3 밀도 측정의 어려움. 동일 패턴에서도 다양한 크기의 연구 영역에서 서로 다른 국지적 밀도 값이 도출된다.

라 크게 달라진다는 점이다. 이는 모든 형태의 밀도 추정에서 공통으로 발생하는 문제이며, 특히 '국지적(local)' 밀도를 계산할 때 심각한 문제가 된다. 그림 5.3을 예를 들어 설명해 보자. 그림에서는 면적이 a, 4a, 16a, 64a인 4개의 가상적인 연구 영역이 있고, 각 연구 영역에서 관찰되는 사건의 수는 각각 2, 2, 5 및 10개이다. 단위면적 a가 1km²라고 하면, 4개의 연구 영역 각각에서의 흰색 점을 중심으로 한 사건 밀도는 2.0, 0.5, 0.31, 0.15로 서로 달라진다. 미적분 같은 복잡한 수학적 원리를 이용하지 않으면, 이 문제를 쉽게 해결할 방법이 없다. 커널 밀도 추정 기법(3.6절 참조)도 이 문제를 해결하기 위한 다양한 접근법 중 하나라고 할 수 있다.

정방 구역 계산 기법

평균 밀도와 같은 단순 요약 통계는 공간 패턴에 포함된 다양한 정보를 전달하기 힘들고, 연구 지역의 형태나 크기에 따라 쉽게 달라진다는 문제가 있다. 이 문제를 해결할 수 있는 방법 중 하나는 고정된 크기의 격자 혹은 방형구(Quadrat)를 이용해서 패턴의 사건 수를 측정하는 기법이다. 4.3절에서 소개한 정방 구역 계산 기법(Quadrat Count method)이 이에 해당한다(그림 4.4). 정방 구역 계산은 방형구를 어떻게 배치하는가에 따라서 두 가지 방식으로 나뉜다. 그림 5.4의 왼쪽 그림은 방형구를 일정 간격으로 배치하여 전체 연구 지역을 덮는 전수조사 방식을, 오른쪽은 연구 지역에 일정 크기의 방형구를 무작위로 배치하여 표본 조사 방식으로 사건의 수를 세는 방식을 보여 주고 있다 (Rogers, 1974; Thomas, 1977 참조).

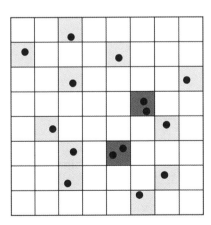 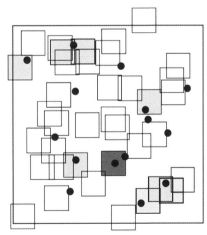

그림 5.4 정방 구역 계산 기법의 두 가지 사례: 전수조사 방법(왼쪽)과 무작위 표본 추출법(오른쪽). 사건(점)을 포함한 방형구가 음영 표시되어 있다.

생태학에서 식생 조사와 같은 현장 조사에서는 무작위 표본 조사 방법은 일반적으로 사용된다 (Greig-Smith, 1964 참조). 방형구를 이용한 통계 이론 대부분이 표본 추출과 관련한 것이고, 무작위 표본 추출 방식을 사용하면 전수조사 기법과 달리 원(circle)형 방형구를 사용할 수도 있다는 장점이 있다. 반면 전수조사 방식에서는 연구 대상 지역 전체를 방형구로 덮어야 하기 삼각형, 사각형, 육각형 방형구만을 사용할 수 있다. 무작위 표본 추출 방식에서는 방형구가 겹쳐지는 것도 가능하므로 필요에 따라서 표본의 수를 증가시키는 것도 가능하다는 점에서 더 융통성 있는 통계 분석이 가능하다. 즉 연구 지역 내에서 사건의 분포가 드문드문한 경우 방형구의 크기가 작으면 사건이 관측되지 않은 방형구가 너무 많다는 문제가 생기는데, 그 경우 방형구의 크기를 키우는 대신 방형구 수를 증가시키는 방식으로 일정 크기의 표본 수를 확보할 수 있다는 것이다. 표본 조사 방식을 이용하면 전체 패턴에 대한 완전한 데이터를 갖고 있지 않은 경우에도 점 패턴을 기술할 수 있다는 장점도 가지고 있다. 이는 현장 조사에서 매우 유용한데, 다만 방형구의 위치에 따른 편향(bias)을 최소화하지 않으면 신뢰성 있는 분석 결과를 얻을 수 없다는 점은 유의하여야 한다. 또한 표본 조사 방식에서는 공간 패턴에 나타나는 사건 일부가 분석에서 빠질 수 있다는 점도 기억하여야 한다. 그림 5.4의 오른쪽 그림이 표본 조사 방식의 정방 구역 계산 기법 원리를 보여 주고 있는데, 그림에서 알 수 있듯이 몇몇 사건(점)은 어느 방형구에도 포함되지 않지만 몇몇 사건은 여러 방형구에서 중복적으로 계산된다. 중요한 것은 모든 방형구에서 관측된 모든 사건이 계산된다는 것이다. 그런 점에서 표본 조사 방식은 무작위 표본 추출을 통해 방형구 형태의 영역 내에서 관측될 것으로 예상되는 사건의 수를 추정하는 기법이라고 정리할 수 있다.

전수조사 방식의 정방 구역 계산 기법은 관측된 사건 분포 자료가 현상 전체를 포괄하기 때문에 표본을 사용할 필요가 없는 경우 주로 사용된다. 질병의 발생과 전파나 범죄의 발생 분포에 대한 지리학적 연구가 대표적인 사례들이다. 이 방식에서는 방형구 배치의 기준점과 배치 방향, 방형구의 크

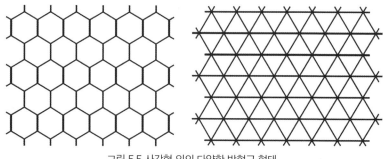

그림 5.5 사각형 외의 다양한 방형구 형태

기 등에 따라 빈도 분포의 관측 결과가 달라질 수 있다. 방형구의 크기가 크면 공간 패턴에 대한 설명이 너무 일반적이고 포괄적인 데 비해서, 크기가 작은 방형구를 쓸수록 그 안에 사건이 포함되지 않는 방형구의 수가 늘어나게 되어 패턴의 공간적 변이를 파악하기 힘들게 된다. 따라서 전수조사 방식에서는 적절한 크기의 방형구를 설정하는 것이 매우 중요하다. 한편 실제 연구에서 드물기는 하지만 사각형이 아닌 육각형이나 삼각형 형태의 방형구가 사용되기도 한다.

위에서 설명한 두 가지 중 어느 방식을 이용하건 간에, 정방 구역 계산의 결과는 각 방형구 내에서 관측되는 사건의 수를 기록한 목록이다. 사건이 관측되지 않은 방형구의 개수, 하나의 사건이 관측된 방형구의 개수 등을 기록하여 빈도 분포를 표로 만드는 것이다.

예를 들어, 런던 중부의 특정 브랜드 커피숍의 분포를 살펴보자(그림 5.6). 연구 지역 안에는 총 n=47개의 커피숍이 있고, 총 x=40개의 방형구를 사용하여 계산하였을 때, 방형구당 평균 커피숍 수는 μ=47/40=1.175이다. 방형구별 커피숍 개수는 그림에서 각 방형구 왼쪽 위에 표시되어 있다.

그림 5.6의 커피숍 분포를 정방 구역 계산 기법으로 분석한 결과는 표 5.1과 같이 정리된다. 표의 내용을 이용해 관측된 분포 패턴의 분산 s^2를 계산하면 85.775/(40-1)=2.19936이다. 이를 이용하면 유용한 요약 통계 중 하나인 분산-평균 비율(Variance-Mean Ratio: VMR)을 2.19936/1.175=1.87180으로 계산할 수 있다. 4.3절에서 IRP/CSR 작용의 결과는 푸아송 분포로 나타난다고 설명하였는데, 푸아송 확률 분포의 가장 중요한 특성이 바로 평균과 분산 값이 같다는 점, 즉 VMR이 1.0이라는 것이다. 표 5.1의 결과를 토대로 계산한 VMR은 푸아송 분포에서 VMR의 두 배에 가까우므로, 그림 5.6의 커피숍 분포는 IRP/CSR 작용의 결과로 보기 어렵다고 말할 수 있다. VMR이 크다는 것은 방형구별 사건 수의 변동성이 매우 크다는 것을 나타내고, 무작위적인 점 분포에서 예상되는 것보다

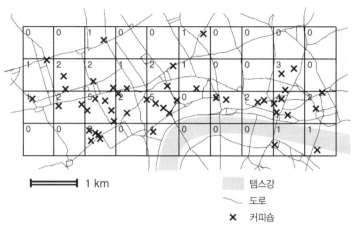

그림 5.6 런던 중심부의 커피숍 분포

표 5.1 정방 구역 계산 결과와 커피숍 분포 패턴의 분산도 계산 결과

사건 수 K	방형구 수, X	$K-\mu$	$(K-\mu)^2$	$X(K-\mu)^2$
0	18	−1.175	1.380625	24.851250
1	9	−0.175	0.030625	0.275625
2	8	0.825	0.680625	5.445000
3	1	1.825	3.330625	3.330625
4	1	2.825	7.980625	7.980625
5	3	3.825	14.630625	43.891875
Totals	40			85.775000

많은 수의 방형구에서 아주 적은, 또는 아주 많은 수의 사건이 관측되었음을 의미한다. 이 설명과 그림 5.6의 커피숍 분포를 생각해 보면, 이것이 분포 패턴에서 군집화 패턴이 나타남을 의미한다는 점을 쉽게 이해할 수 있다. 표 5.1을 보면 5개의 사건이 관측된 방형구가 3개나 있는데, 이는 커피숍이 5개나 몰려 있는 지역이 세 군데 있다는 의미로, 커피숍 분포 패턴에서 군집화가 나타나는 직접적인 이유가 되었다. 일반적으로, VMR이 1.0보다 큰 경우에는 군집화가 나타나는 것으로, 1.0 미만이면 점들이 균등하게 분포하는 것으로 해석할 수 있다.

거리 기반 점 패턴 측정

밀도 기반 점 패턴 측정 기법과는 달리 점 패턴에서 사건들 사이의 거리를 계산하여 패턴을 분석하기도 한다. 거리 기반 패턴 측정(Distance-based Point Pattern measure)은 공간 패턴에 나타나는

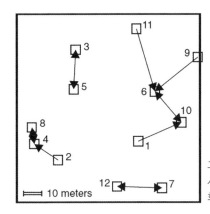

그림 5.7 점 패턴에 각 점과 가장 가까운 이웃(최근린) 점 사이의 거리. 각 사건에서 출발한 화살표는 가장 가까운 이웃 방향으로 그려져 있다(양쪽 화살표는 두 사건이 서로에게 최근린에 해당함을 의미한다. 역자 주)

2차 효과의 특성(2nd-order properties)에 대해 더 직접적인 설명을 제공한다. 이 절에서는 자주 활용되는 거리 기반 점 패턴 측정 기법들에 관해 설명한다.

최근린 거리(Nearest-Neighbor Distance)는 점 패턴의 특정 사건에서 이웃한 가장 가까운 사건까지의 거리를 의미한다. s_i와 s_j에서 각각 관찰된 사건들 사이의 직선거리 $d(s_i, s_j)$는 피타고라스 정리(Pythagoras's theorem)를 사용하여 쉽게 계산할 수 있다.

$$d(s_i, s_j) = \sqrt{(x_i - x_j)^2 + (y_i - y_j)^2} \qquad (5.4)$$

수식 5.4를 이용하면 패턴의 각 사건에 대해 가장 가까운 사건을 쉽게 찾을 수 있다. 사건 s_i에 대해 가장 가까운 사건까지의 거리를 계산하고 이 값을 $d_{min}(s_i)$라고 하면, 평균 최근린 거리를 다음과 같이 계산할 수 있다(Clark and Evans, 1954).

$$\bar{d}_{min} = \frac{\sum_{i=1}^{n} d_{min}(s_i)}{n} \qquad (5.5)$$

이 수식을 이용하여 그림 5.7의 점 패턴에 대해 최근린 거리를 계산한 결과는 표 5.2와 같다.

가장 가까운 이웃이 같은 점들(9;10;11, 2;8, 1;6)이나, 서로가 서로에게 가장 가까운 이웃인 경우(3;5, 7;12, 4;8)도 어렵지 않게 찾아볼 수 있다. 표 5.2의 결과를 이용하면 점들의 최근린 거리의 합 $\sum d_{min}$은 259.40이고, 평균 최근린 거리는 259.40/12=21.62이다.

예를 들어, 산림 지역의 수종 분포를 분석하는 경우와 같은 일부 사례에서는 사건 모집단을 표본 추출하고 표본의 각 사건에 대해 가장 가까운 이웃과 그 거리를 찾아냄으로써 평균 최근린 거리를 계산할 수 있다. 이때 최근린 거리의 단점은 그것이 단일 통계이기 때문에 공간 패턴에 관한 많은 정보

표 5.2 그림 5.7의 점 패턴에 대한 최근린 거리 계산 결과

점	X	Y	최근린	D_{min} 최근린 거리
1	66.22	32.54	10	25.59
2	22.52	22.39	4	15.64
3	31.01	81.21	5	21.11
4	9.47	31.02	8	9.00
5	30.78	60.10	3	21.14
6	75.21	58.93	10	21.94
7	79.26	7.68	12	24.81
8	8.23	39.93	4	9.00
9	98.73	77.17	6	29.76
10	89.78	42.53	6	21.94
11	65.19	92.08	6	34.63
12	54.46	8.48	7	24.81

를 무시하고 단순한 지표만을 제공한다는 점이다. 표 5.2에 정리된 모든 최근린 거리를 하나의 평균 값으로 요약하는 것은 한편으로는 편리하지만, 실제로는 너무 단순화된 통계라는 것이다. 공간 분석 분야에서는 최근 이러한 문제를 해결하기 위한 다양한 접근 방식이 고안되고 있다.

최근린 접근법의 개선과 보완을 위한 다양한 시도 중에 가장 대표적인 것이 G 함수와 F 함수이다. 이 중 가장 간단한 것이 G 함수인데, 때로는 정밀 최근린(refined nearest neighbor)이라고 불리기 도 한다. G 함수는 평균 최근린 거리와 마찬가지로 표 5.2에 정리된 최근린 거릿값을 사용하지만, 평 균값을 사용하여 요약하는 대신 최근린 거리의 누적 빈도 분포를 도출하는 방식을 사용한다. 수학적 으로 G 함수는 다음과 같이 정의된다.

$$G(d) = \frac{\#(d_{min}(\boldsymbol{s}_i) < d)}{n} \qquad (5.6)$$

즉 특정 거리 d에 해당하는 G 값은 공간 패턴의 최근린 거리 분포에서 그 값이 d보다 낮은 경우의 비 율을 알려준다. 그림 5.7의 사례를 이용하여 G 함수를 도출한 결과는 그림 5.8과 같다.

표 5.2의 자료를 토대로 설명하면 다음과 같다. 표 5.2에서 가장 짧은 최근린 거리는 점 #4와 #8 사이 의 9.00이다. 따라서 d=9.00일 때 12개 중 두 점, 즉 2/12=0.167이 9.00 이하의 최근린 거리를 가지 므로, 거리 d=9.00에서의 $G(d)$는 0.167이다. 다음 가장 짧은 최근린 거리는 점 #2와 #4 사이의 15.64 이며, 세 점(#2, #4, #9)이 그 이하의 최근린 거리를 가진다. 12개 중 3개, 즉 0.25의 비율이므로 $G(d)$

에 그려진 다음 변곡점은 $d = 15.64$에서의 0.25이다. d가
증가함에 따라, 최근린 거리가 d 이하인 경우의 비율은 지
속해서 증가한다. 이 과정은 12개의 모든 점과 그에 해당
하는 최근린 거리가 반영될 때까지 반복된다.

G 함수의 형태는 점 패턴에서 점들이 어떻게 분포하는가
에 대한 유용한 정보를 제공한다. 점들이 가까운 거리에
밀집하여 군집을 이루고 있다면, G 값은 짧은 거리(낮은 d
값)에서 빠르게 증가한다. 반대로 점들이 균등한 간격으로
분산된 경우에는 G 값이 그 균등한 간격에 해당하는 거리
범위까지는 천천히 증가하고 그 이후에 빠르게 증가한다.

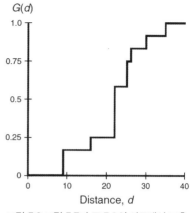

그림 5.8 그림 5.7과 표 5.2의 자료에서 도출
한 G 함수

그림 5.8의 사례에서 G 값은 $20 < d < 25$ 범위에서 가장 빠르게 증가하는데, 이는 그림 5.7의 점 패턴
에서 최근린 거리의 상당수가 이 범위에 있다는 사실을 반영한 것이다. 이 사례에서는 분석에 사용
된 점(사건)의 수가 적기 때문에($n=12$), G 함수가 "울퉁불퉁하게(bumpy)" 나타나지만, 대부분의 연
구 대상 패턴에서는 사례 수(n)가 크고 그에 따라 G 함수에서도 조금 더 부드러운 변화 패턴이 관찰
되는 것이 일반적이다.

F 함수는 G 함수와 유사하지만 공간 패턴의 다른 측면을 측정할 수 있다는 장점이 있다. 패턴에서 점
사이 최근린 거리의 비율을 누적하는 G 함수와 달리, F 함수는 연구 영역에서 임의의 지점을 무작위
로 선택하고, 그 지점으로부터 패턴 내 다른 점까지의 최단 거리를 계산하는 방식으로 도출된다. F
함수는 이렇게 도출된 최단 거리의 누적 빈도 분포이다. 패턴으로부터 m개의 지점을 무작위로 선택
하였을 때, 그 집합 $\{\mathbf{p}_1 \cdots \mathbf{p}_i \cdots \mathbf{p}_m\}$에 대한 F 함수는 다음과 같이 계산된다.

$$F(d) = \frac{\#[d_{\min}(\mathbf{p}_i, S) < d]}{m} \qquad (5.7)$$

여기에서, $d_{\min}(\mathbf{p}_i, S)$는 무작위로 선택된 지점 $\mathbf{p}_i$에서 점 패턴 S의 점까지의 최단 거리이다. 그림 5.9
는 그림 5.7의 점 패턴에 무작위로 선택된 지점들이 추가된 모습과 그 결과로 얻어진 F 함수를 함께
보여 준다. F 함수는 무작위로 선택된 지점들로 이루어진 표본의 수를 증가시킴으로써 부드러운 누
적 빈도 곡선을 얻을 수 있다는 점에서 G 함수보다 유용한 것으로 평가되기도 한다. 단, 통계 소프트
웨어를 사용하여 실제로 F 함수를 계산할 때는, 무작위로 지점을 선택하는 대신 일정 간격으로 배치
된 격자 형태의 지점들을 사용하는 것이 일반적이다.

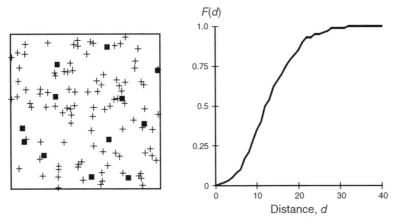

그림 5.9 그림 5.7의 점 패턴에 무작위로 선택된 지점들(+표시)이 추가된 모습과 그 결과로 얻어진 F 함수

F 함수와 G 함수는 개념상 혼동하기 쉽지만, 점 패턴의 군집 혹은 균등 분포 정도에 따라서 상반되게 작동한다는 점에서 두 기법의 차이점을 명확하게 이해하는 것이 중요하다. G 함수는 패턴에서 사건들이 얼마나 가깝게 분포하는지를 측정하는 반면에 F 함수는 연구 영역 내의 임의의 지점으로부터 사건들이 얼마나 떨어져서 분포하는지를 측정한다. 따라서 사건들이 연구 지역의 한구석에 밀집해 있으면, 많은 사건이 짧은 최근린 거리를 가지므로 G 값이 짧은 거리에서 급격하게 상승한다. 반면에 F 함수는 처음에는 천천히 증가하지만 거리가 멀어지면서 더 급격하게 증가하게 된다. 왜냐하면 사건들이 한구석에 모여 있어서 연구 영역의 상당 부분이 비어 있고, 따라서 F 함수 측정을 위해 무작위로 선택된 지점들 대부분이 가장 가까운 사건으로부터 아주 먼 거리에 있기 때문이다. 균등 분포하는 점 패턴인 경우는 그 반대가 되는데, 패턴 P 내에서 위치 대부분은 균등 분포하고 있는 사건들로부터 비교적 가까우므로 F 값이 d 값이 작은 구간에서 빠르게 상승하는 반면, 사건들 사이의 거리는 상대적으로 멀기 때문에 G 값은 처음에는 천천히 증가하고 더 먼 거리에서는 더 빠르게 상승하는 것이다.

F 함수와 G 함수의 차이를 정확히 이해하면 그 정보를 이용하여 공간 현상의 분포 패턴을 쉽게 이해할 수 있다. 그림 5.10의 사례를 가지고 설명해 보자. 그림에서 위쪽 부분은 군집 분포하는 점 패턴을 보여 주고 있다. 해당 패턴에서 대부분 사건(약 80%의 점)은 이웃한 점들과의 거리가 매우 가까우므로 우측의 그래프에서 G 함수는 약 0.05까지의 짧은 거리에서 빠르게 상승하는 것을 확인할 수 있다. 반면에 F 함수는 일정 거리 범위에서 꾸준히 증가하는 형태를 보인다. 상대적으로 균등 분포에 가까운 아래쪽 예제에서는 임계 간격인 0.05까지는 G 값이 전혀 상승하지 않다가 0.05 이후에 빠르게 상승하여 0.1 거리에서 거의 100%에 도달하는 것을 볼 수 있다. F 함수는 위 그림의 사례보다는

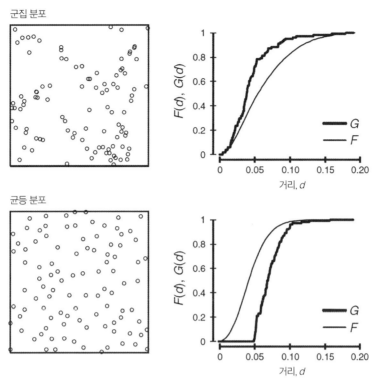

군집 분포

균등 분포

그림 5.10 군집 분포 / 균등 분포 점 자료의 *F* 함수와 *G* 함수 비교

경사가 크지만, 이 경우에도 일정 거리 범위에서 점진적으로 상승하는 패턴을 보인다. 위쪽과 아래쪽 모두 가로축을 0~0.2 범위로 통일하였는데, 그를 통해서 서로 다른 점 분포에서 두 함수가 서로 반대되는 증가 패턴을 보인다는 것을 표현하였다.

지금까지 살펴본 거리 기반 분포 패턴 측정법(즉 최근린 거리, *G* 함수 및 *F* 함수)의 가장 큰 문제점은 그 기법들이 점 패턴의 각 이벤트 또는 특정 위치로부터 가장 가까운 이웃만을 사용한다는 점이다. 특히 최근린 거리가 패턴 내의 다른 근린 거리보다 매우 짧은 군집화된 패턴에서는 패턴에 나타나는 다른 구조적인 특성을 파악할 수 없다는 점에서 매우 큰 약점이 된다. 이 문제를 해결하기 위해서 다양한 대안들이 제시되었는데, 그중 비교적 간단한 방법은 최근린뿐만 아니라 두 번째, 세 번째, 혹은 그 이상의 최근린을 탐색한 뒤 그 평균 거리를 계산하여 이용하는 것이다(Thompson, 1956; Davis et al., 2000 참조). 그러나 더 일반적으로 사용되는 방법은 패턴 *S* 내의 모든 사건 사이의 거리를 계산하여 활용하는 *K* 함수이다(Ripley, 1976).

거리 *d*에서 *K* 함수의 값을 계산하는 방식을 이해하는 가장 쉬운 방법은 그림 5.11에서 보는 것처럼 점 패턴의 각 사건을 중심으로 반경 d의 원을 그려보는 것이다. 그리고 나서 각 원 안에 있는 이웃 사건의 수를 모두 세고, 그 평균값을 계산한다. 그 평균값을 전체 연구 영역의 사건 밀도로 나누어 $K(d)$ 값을 얻을 수 있다. 이 과정을 거릿값 d를 바꿔가면서 반복하면 K 함수를 계산할 수 있다.

$$K(d) = \frac{\sum_{i=1}^{n} \#[S \in C(s_i, d)]}{n\lambda} = \frac{a}{n} \cdot \frac{1}{n} \sum_{i=1}^{n} \#[S \in C(s_i, d)] \qquad (5.8)$$

수식 5.8에서 $C(s_i, d)$는 사건 s_i를 중심점으로 한 반경 d의 원을 말한다. 군집 분포 패턴과 균등 분포 패턴의 K 함수는 그림 5.12와 같다.

K 함수는 사건(점) 사이의 거리를 모두 사용하기 때문에 G 함수나 F 함수보다 점 패턴에 대한 자세한 정보를 제공하며, 그 변화 패턴도 직관적으로 이해할 수 있다. 예를 들어, 그림 5.12 상단의 군집 분포 점 패턴에 대한 K 함수 곡선에서 수평으로 나타나는 부분(대략 0.2에서 0.6 사이)은 패턴의 점 사이 거리가 나타나지 않는 범위와 일치한다. 즉 점들이 군집 분포하여 0.2 정도까지의 거리(d)까지는 K 함숫값이 증가하다가, 0.6 정도까지의 거리에서는 K 함숫값이 증가하지 않는다. 0.6보다 큰 거리에서는 거리가 먼 군집의 점들이 고려되어 K 함숫값이 다시 증가한다. 여기에서 0.2는 패턴에 나타나는 군집의 크기로, 0.6은 군집 사이의 이격거리로 해석할 수 있다. 실제 사례에서는 그림 5.12에서처럼 뚜렷한 군집이 나타나는 경우가 드물어서, K 함수의 해석이 이 경우처럼 단순하지 않다. K

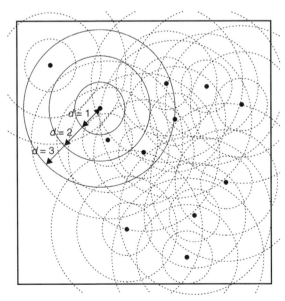

그림 5.11 점 패턴에서 K 함수 계산 방식. K 함수는 각 사건(점)으로부터 일련의 거리 내에 위치하는 다른 사건의 수를 기반으로 계산한다. 반경 거리 d 값이 커지면 외곽 부분의 사건을 둘러싼 원의 상당 부분이 연구 영역을 벗어나게 된다는 점에 유의할 필요가 있다.

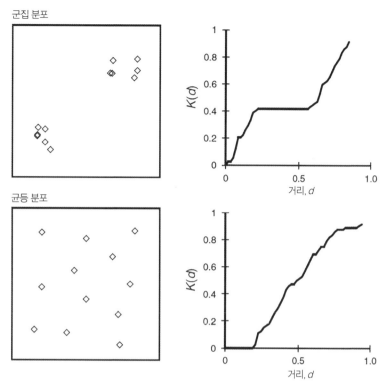

그림 5.12 군집 분포 / 균등 분포 점 자료의 K 함수

함수의 해석에 관한 내용은 뒷부분에서 IRP/CSR에서 기대되는 함수 곡선과 비교할 때 좀 더 구체적으로 다루도록 한다.

최근에는 리플리의 $K(d)$ 함수를 변형하여 적용한 사례들을 다양하게 찾아볼 수 있다. *O-ring* 통계 (Wiegand and Moloney, 2004), 쌍 상관 함수(pair correlation function) 또는 근린 밀도 함수(Perry et al., 2006) 등이 이에 해당하는데, 이 방법들을 이용하면 일부 패턴의 경우 더 효과적인 분석이 가능하다. 그림 5.12에서 볼 수 있듯이, 원래 $K(d)$ 함수는 반경 거리 d의 변화에 따라 원형 범위에서 관찰되는 이웃 사건의 비율 누적 도표로 표현한다. 반면 쌍 상관 함수는 각 사건을 중심으로 일련의 반경 거리에서 관찰되는 이웃 사건의 개수를 누적하지 않고 개별적으로 나타낸다. 다양한 이격거리에서 관찰되는 사건 쌍의 개수는 확률 밀도 추정 기법을 통해 연속 함수로 변환된다. 쌍 상관 함수 접근법을 사용하면 특정 이격거리에서 사건 쌍의 관찰 빈도를 더 명확하게 파악할 수 있다.

가장자리 효과

이상에서 살펴본 모든 거리 함수 기법들이 가진 문제점 중 하나는 가장자리 효과(Edge Effect)의 발생 가능성이 크다는 것인데, 특히 패턴의 사건 수가 적을 때는 분석 결과의 신뢰성을 심각하게 저하한다. 가장자리 효과는 연구 영역 가장자리 근처의 사건(또는 점)이 최근린 거릿값이 큰 경향 때문에 발생하는데, 실제로는 연구 영역, 밖에 더 가까운 이웃 사건이 존재할 수도 있다는 점에서 문제가 된다. 그림 5.11은 가장자리 효과의 가능성을 시각적으로 보여 주고 있다. 거리 함수 측정에서 반경 거리 d 값이 클수록 사건을 둘러싼 원의 상당한 부분이 연구 영역의 바깥에 만들어지고, 연구 영역 바깥의 분포 패턴을 알 수 없는 상황에서 거리 함수의 신뢰성이 저하되는 결과를 초래한다는 것이다.

가장자리 효과를 예방하는 가장 간단한 방법은 연구 영역의 경계선에서부터 일정 거리를 두고 완충 구역(Guard zone)을 설정하여 사용하는 것이다(그림 5.13 참조). 연구 영역 내의 검은색 점들은 점 패턴 분석의 주된 대상이다. 반면 완충 구역의 흰색 점들은 G 함수나 K 함수의 사건 간 거리, 혹은 F 함수의 점–사건 거리의 계산에만 사용되는 보조 정보로, 연구 대상인 점 패턴의 일부로 간주하지는 않는다. 그림에 표시되어 있듯이 연구 영역 내의 사건 중 3개는 최근린이 연구 영역이 아닌 완충 구역에 존재한다는 것을 확인할 수 있다.

완충 구역을 사용하여 가장자리 효과를 해결하는 방법은 실제 분석에서는 사용되지 않는 데이터를 추가로 수집해야 한다는 단점이 있다. 연구 지역만의 데이터를 가지고 가장자리 효과를 극복하는 방법으로 리플리(Ripley, 1977)는 가중치 보정법(Weighted Edge Correction)을 제안하였다. 가중치 보정법은 사건 사이의 거리를 계산할 때, 사건의 위치를 중심으로 한 일정 반경의 원이 연구 지역에 포함되는 정도를 가중치로 반영하는 방법이다.

그를 통해서 해당 원이 연구 영역 내에 완전히 포함되는 경우 1(100%)을 가중치로 하고, 그렇지 않으면 해당 원의 면적 혹은 둘레 길이가 연구 역원 내에 포함되는 비율만큼 가중치를 부여하는 것이다. 가장자리 효과 문제를 해결하기 위한 세 번째 접근법은 연구 영역의 아래쪽 일부를 잘라 위쪽에, 왼쪽 일부를 잘라 오른쪽에 붙이는 방식으로 가장자리 부분을 보완한 뒤 사건 간 거리를 계산하는 방식(toroidal wrap)이다. 야마다

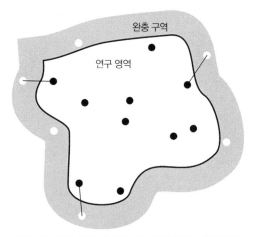

그림 5.13 거리–기반 점 패턴 분석에서 완충 구역의 활용

가장자리 효과 시뮬레이션

간단한 시뮬레이션을 통해 가장자리 효과의 강도 변화를 살펴볼 수 있다. 표 5.3은 IRP/CSR을 가정한 점 패턴을 100회 시뮬레이션해서 클라크와 에반스(Clark and Evans, 1954)의 R-지수 평균값을 계산해 본 결과이다. 시뮬레이션한 점 패턴은 패턴 내 사건 빈도에 따라 구분하였다.

표 5.3 R-지수 통계 시뮬레이션 결과

No. of events, n	Mean R value
10	1.1628
12	1.1651
25	1.1055
50	1.0717
100	1.044

5장 3절에서 제시한 수학적 이론에 따르면 IRP/CSR 패턴에서 R-지수 평균값은 정확하게 1.00이어야 한다. 그렇다면 왜 시뮬레이션 결과에서는 그렇게 나타나지 않는 것일까?

우선은 표 5.3의 결과는 100회라는 제한된 횟수의 시뮬레이션 결과를 평균한 것으로 무한한 수의 실현을 가정한 수학적 기대치와는 다를 수밖에 없다는 점을 언급하지 않을 수 없다.

하지만, 표 5.3의 자세히 살펴보면 시뮬레이션에서 점 사건의 수를 증가시키더라도 R-지수 평균값이 1.0보다는 크게 나타나는 것을 볼 수 있는데, 그것이 바로 가장자리 효과로 인한 편향(bias)이라고 해석할 수 있다. 그림 5.7에서 보았듯이, 연구 지역 외곽 경계에 가까운 사건들(예를 들어, #9, #10, #11 등)은 -연구 지역이 물리적으로 제한되지 않은 현실에서는- 가장 가까운 이웃이 연구 지역 바깥에 위치할 확률이 높음에도 불구하고 최근린을 강제적으로 연구 지역 내부에서 찾을 수밖에 없다. 그 결과 점 패턴의 평균 최근린 거리는 연구 지역이 제한되지 않은 수학적 기대치(1.0)보다 클 수밖에 없다. 그러한 경향은 점 패턴 내에 사건의 수가 작을수록 크게 나타나게 되는데, 표 5.3에서 패턴 내 점의 수가 10개, 12개일 때 시뮬레이션한 R-지수 평균값이 수학적 추정치 1.0보다 16% 이상 과대 추정된 것을 확인할 수 있다. 점 패턴 내 사건의 수를 늘릴수록 연구 지역 외곽 경계에 가까운 사건이 전체 사건에서 차지하는 비중이 감소하기 때문에 그러한 경향(즉 가장자리 효과)이 약해지기는 하지만, 여전히 시뮬레이션 결과의 추정치는 수학적 추정치 1.0을 상회하게 되는 것이다.

와 로저슨(Yamada and Rogerson, 2003)은 K 함수 계산을 사례로 다양한 가장자리 효과 문제 해결 기법들의 효과를 경험적으로 검증한 바 있다. 이 분석에 따르면, 점 패턴 분석이 통계적 검증보다는 관찰된 패턴의 기술적 통계에 집중되었을 때는 그 차이가 거의 없는 것으로 드러났다.

5.3. 점 패턴의 통계적 분석

지금까지 점 패턴의 측정을 위해 사용되는 여러 가지 측정 기법을 기술 통계 측면에서 설명하였다. 원칙적으로, 이들 측정값을 이용하면 공간 패턴의 구조를 어느 정도 밝힐 수 있다. 앞에서 살펴본 측정 기법들은 다소간의 차이는 있지만(Perry et al., 2006 참조), 공간 패턴에 관해 유사한 특정을 측정하는데, 대표적으로는 공간 패턴 내의 사건들이 군집 분포하는지 아니면 균등 분포하는지를 알려준다. 그 결과를 그래프나 지도로 표현하면, 군집 분포 패턴은 정방 구역 계산 결과를 나타낸 도수분포 그래프에서는 특정 막대가 높은 빈도를 가지는 형태(peak)로 나타나고 커널 밀도 추정치를 지도화한 결과에서는 밀도 값이 특정 영역에서 매우 높게 나타나는 모습을 보이게 된다. 군집 분포 패턴은 또 거리 함수 계산 결과에서는 최근린 거리가 상대적으로 짧게 나타난다. 반면 균등 분포 패턴은 편평한 도수분포 그래프나 밋밋한 커널 밀도 추정치 지도, 비교적 긴 최근린 거리 형태의 측정 결과를 보이게 된다. 이와 같은 측정 결과는 통계적 분석 수치를 매우 직관적으로 제공한다는 장점이 있지만, 공간 통계의 관점에서는 충분하지 못한 분석 결과이다. 공간 통계 분석에서 더 중요한 질문은 다음과 같은 것이다. "군집 분포의 정도는 얼마나 되는가?", "균등 분포라면 그 간격은 얼마인가?", "측정된 패턴을 비교할 수 있는 기준은 무엇인가?" 이러한 질문에 답하기 위해서는 단순한 기술 통계의 영역을 넘어서 통계적 검증이 필요하다.

지금까지 살펴본 내용만으로도 '공간 분석'이라는 분석 틀에 대한 설명은 대부분 끝났고, 위에서 제시한 공간적 질문들에 대해서도 통계적인 답변을 제공할 수 있을 것이다. 공간 분석이라는 분석 틀에서 궁극적인 질문은 특정 관측 자료의 조합, 즉 관측된 표본이 어떤 가설적인 공간 작용의 실현인지 그렇지 않은지에 대한 것이다.

통계학적 용어로 설명하자면 귀무가설은 '관측된 공간 패턴이 특정한 공간 작용 때문에 만들어졌다.'라는 것이다. 이때 관측 결과인 공간 데이터, 패턴 또는 그를 시각화한 지도는 특정 공간 작용 때문에 만들어질 수 있는 모든 가능한 실현의 표본으로 간주하며, 우리는 통계적 분석을 통해 관측된 패턴이 가설적인 공간 작용에서 기대되는 공간 패턴과 얼마나 다른지를 평가하는 것이다. 통계적 공간 분석의 절차는 그림 5.14과 같다.

지금까지는 그림 5.14의 왼쪽과 오른쪽의 분석 절차를 나누어서 설명하였다. 4장에서는 그림의 오른쪽 부분에 대해 주로 설명하였는데, IRP/CSR과 같은 공간 작용이 어떤 특성들을 가지며 그 결과가 공간상에 어떤 패턴으로 나타나는지를 비교적 간단한 수학적 용어를 통해 설명하였다. 이 장의 뒷부분에서는 컴퓨터 시뮬레이션을 통해서도 같은 분석이 가능하다는 사실을 설명할 것이지만, 기본적으로 그 내용은 같다. 즉 특정한 공간 작용을 가정했을 때 발생할 것으로 예상되는 기댓값과 그 공간적 분포 패턴에 대한 설명이다.

이 장의 앞부분은 그림 5.14의 오른쪽 부분에 대해 주로 설명하였다. 사건들의 발생 위치들을 나타내는 점 패턴을 사례로, 정방 구역 계산이나 최근린 거리, F, G, K 함수나 쌍 상관 함수 등 공간 패턴을 설명하는 통계적 계산 기법을 소개하였다. 이 장의 나머지 부분에서 우리는 그림 5.14의 아래쪽에 나와 있는 것처럼 그림 왼쪽과 오른쪽 부분의 두 분석적 흐름을 통합하는 작업에 대해 살펴본다. 즉 특정한 공간 작용을 가정했을 때 예상되는 공간 패턴의 기댓값과 관측된 공간 패턴을 통계적으로 비교하여, 관측된 공간 패턴을 발생시킨 공간적 작용이 무엇인지를 통계적으로 추정하는 방법에 관해 설명할 것이다.

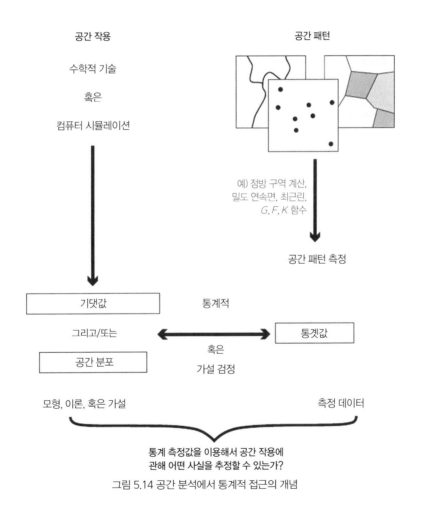

그림 5.14 공간 분석에서 통계적 접근의 개념

6.2절에서 살펴보겠지만 실제 통계적 평가에는 다양한 접근법들이 있다. 그러나 지금까지 주로 IRP/CSR 공간 작용의 귀무가설에 대해 주로 설명해 왔기 때문에 이 절에서는 고전적 통계 기법을 이용한 가설 검정 접근법에 초점을 맞춰 통계적 평가 방법을 설명하고자 한다. 이 접근법에서 근본적인 질문은 "어떤 공간 현상이 IRP/CSR 작용이라면, 관측된 공간 패턴이 나타날 확률은 얼마인가?"이다. 흔히 p-값으로 알려진 확률값은 관측된 패턴이 IRP/CSR 작용의 실현으로 발생했을 확률이다. p-값이 작으면($p=0.05$가 일반적으로 쓰이는 임계치다), 귀무가설을 기각하고 관측된 공간 패턴이 IRP/CSR 작용으로 생성된 것이 아니라는 결론을 내린다. p-값이 크면, 귀무가설을 기각할 수 없으므로 관찰된 공간 패턴이 IRP/CSR 작용이 반영된 결과일 수도 있다는 것을 인정해야 한다.

이 접근법은 IRP/CSR 작용에 의한 공간 패턴에서 나타나는 통계적 기댓값의 표본 분포에 대한 이론적 기반이 확립되어 있고, 따라서 그 표본 분포를 정확히 예측할 수 있다는 사실을 전제로 하고 있다. 이 경우와 달리 특정 공간 작용에 대한 표본 분포를 정확하게 예측할 수 없는 경우에는 컴퓨터 시뮬레이션을 사용하여 표본 분포를 합성(synthetic sample distribution)하여 사용하는 방법이 사용된다. 컴퓨터 시뮬레이션을 이용한 표본 분포 합성 접근법은 최근 점차 보편화되고 있으며, 이에 대해서는 5.4절에서 K 함수를 설명할 때 구체적으로 살펴보도록 한다.

정방 구역 계산

4.3절에서 IRP/CSR 가정하에서 점 분포 패턴의 정방 구역 계산 기대 확률 분포가 이항 분포 또는 더 실제적으로는 푸아송 분포의 형태로 나타난다는 것을 살펴보았다.

$$P(k) = \frac{\lambda^k e^{-\lambda}}{k!} \qquad (5.9)$$

여기서 λ는 방형구당 패턴의 평균 강도이고, e는 자연 대수의 밑(base)이다. 그러므로 완전한 공적 무작위성이라는 귀무가설이 관측된 점 패턴을 얼마나 잘 설명하는지 평가하기 위해서는 방형구당 사건 수 분포를 작성하여 이를 해당 점 패턴으로부터 추정된 λ 값의 푸아송 분포와 비교하면 된다. 관찰된 방형구당 사건 수 분포가 푸아송 예측에 얼마나 잘 맞는지는 평균과 분산이 같다($\lambda = \sigma$)는 푸아송 분포의 특성을 이용하여 평가할 수 있으므로, 분산 평균 비율(VMR)을 계산해서 그 값이 1.0이 되면 푸아송 분포인 것으로 볼 수 있다. 평균 분산 비율 같은 단일 지수를 이용하는 것 외에도, 그림 5.14의 아랫부분에 제시된 질문에 대한 답을 얻기 위해서는 유의성 검정 과정이 필요하다.

유의성 검정을 위한 가장 일반적인 접근법은 카이 제곱 분포를 표준으로 사용한 적합도(goodness -of-fit) 검정이다. 표 5.4는 런던 커피숍 분포 사례에서 그림 5.6과 표 5.1의 정방 구역 계산 결과를 가지고 카이 제곱 분석을 시행한 결과를 요약한 것이다.

관측값이 0이 아닌 급간이 여섯 개이므로 자유도는 6-1=5이다. 카이 제곱 값은 32.2614로 (p< 0.00001!) 95% 수준에서 유의성 확보를 위해 필요한 값보다 훨씬 크므로, 해당 점 패턴의 분포 작용이 IRP/CSR이라는 귀무가설을 기각하는 데 충분하다고 할 수 있다. 그러나 이 접근법에는 심각한 어려움이 있다. 이론적인 분포를 가정한 카이 제곱 통계는 표 5.4와 같은 경우에는 적합하지 않다.

카이 제곱 총계 32.2614 중 대부분은 5개 이상의 커피숍이 포함된 3개 방형구에서 비롯된 것 (25.9125)으로, 점 패턴이 군집 분포하고 있다는 결론과 일치한다. 또한 6개 중 3개 급간은 기대 빈도가 매우 낮아, 일반적으로 카이 제곱 검정에서 권장되는 수준인 5 미만으로 나타난다. 이 문제는 점 패턴에서 군집이 있는 경우 거의 항상 발생하는 문제이다. 모든 급간의 기대 빈도를 5 이상으로 만들기 위해서는 아래 세 개의 급간을 합쳐서 하나의 급간, 즉 "3 or more"를 만들어야 하는데, 이 경우에는 점 패턴을 무작위 분포 패턴과 쉽게 구분할 수 없다는 또 다른 문제가 발생하게 된다.

다른 통계 검정 방법은 정방 구역 계산의 VMR 값을 통계적으로 평가하는 것이다. 푸아송 분포에 대한 VMR 기댓값은 1.0이며 n이 전체 방형구 개수라고 할 때, $(n-1)$과 VMR의 곱은 $(n-1)$ 자유도를 갖는 카이 제곱 통계치다. 위의 경우 카이 제곱 검정 통계량은 $1.8718 \times 39 = 73.0$(p-값은 0.0007)이며, 해당 점 패턴이 IRP/CSR에 의해 생성된 경우라면 이런 결과가 나올 확률은 1,000분의 1에도 미치지 못한다는 의미이다. 따라서 이 경우에도 IRP/CSR의 귀무가설을 기각할 수 있다. 그러나 카이 제곱 적합도 검정과 마찬가지로 이 방법은 일반적으로 방형구당 평균 사건 수가 10 이상이 아니면 신뢰할 수 없는 것으로 간주하며, 따라서 신뢰도를 위해서는 대부분은 매우 큰 방형구를 사용해야 한다는 것을 의미한다.

표 5.4 그림 5.6과 표 5.1의 런던 커피숍 자료에 대한 카이 제곱 분석

K, 방형구 내 사건 수	관측된 방형구 수, O	푸아송 확률	기댓값, E	카이-제곱 $(O-E)^2/E$
0	18	0.308819	12.35276	2.5817
1	9	0.362862	14.51448	2.0951
2	8	0.213182	8.52728	0.0326
3	1	0.083496	3.33984	1.6393
4	1	0.024527	0.98108	0.0004
5	3	0.007114	0.28456	25.9123
총합	40	1.000000	40.00000	32.2614

결론적으로 정방 구역 계산 데이터도 가설 검정에 사용할 수 있기는 하지만, 방형구당 사건의 평균 강도(혹은 밀도)가 높은 매우 큰 데이터가 아니면 그 신뢰성을 확보하기가 매우 어렵다는 점을 유의하여야 한다.

최근린 거리

정방 구역 계산 대신에 평균 최근린 거리(Nearest-Neighbor Distance)를 사용하여 점 패턴을 기술한다고 하면, 클라크-에반스 R 통계를 사용하여 IRP/CSR 귀무가설에 대한 통계적 검정을 시도해 볼 수 있다. 클라크와 에반스(Clark and Evans, 1954)는 평균 최근린 거리에 대한 기댓값이 수식 5.10의 $E(d)$와 같으며,

$$E(d) = \frac{1}{2\sqrt{\lambda}} \qquad (5.10)$$

$E(d)$ 값에 대한 관측된 평균 최근린 거리의 비율 R이 점 패턴의 IRP/CSR에 대한 상대적 특성을 평가하는 데 사용할 수 있다고 제안하였다.

$$R = \bar{d}_{min} \bigg/ \frac{1}{(2\sqrt{\lambda})} \qquad (5.11)$$

R 값이 1보다 작으면 관측된 최근린 거리가 기대보다 짧다는 것을 보여 주기 때문에 군집 분포 경향을 나타낸다. 반면 R 값이 1보다 크면 균등하게 분포하는 경향을 나타낸다. 이러한 비교를 더 정밀하게 할 수 있도록 정규 분포에 기반한 유의도 검정을 시행할 수도 있다(Bailey and Gatrell, 1995, pp. 98-101 참조).

물론 이 접근법에도 몇 가지 복잡한 문제가 있다. 첫 번째 문제는 위의 드럼린 분포 사례에서 살펴본 바와 같이 연구 영역 A를 어떻게 정의하는가 하는 것이다. 또 다른 문제는 최근린 거리 기댓값이 가장자리 효과가 없는 제한되지 않은 연구 영역에 대해서만 정확하다는 점이다.

G 함수와 F 함수

IRP/CSR 가정하에서 G 및 F 함수의 기댓값은 다음 수식으로 얻을 수 있다.

드럼린은 무작위로 분포하고 있는가?

드럼린(빙퇴구, Drumlin)이라는 단어는 아일랜드어로 길고 낮은 유선형의 언덕을 지칭한다. 드럼린은 지질학자들이 '계란 바구니(basket of eggs)' 지형이라고 부르는 것처럼, 좁은 지역에 여러 개가 나타나 드럼린 들판을 이룬다. 드럼린은 빙하가 후퇴하면서 쌓인 퇴적물로 형성되는 것이라는 점에 대해서는 일반적으로 동의하지만, 그 정확한 형성 원인이 밝혀지지는 않았다. 스몰리와 언윈(Smalley and Unwin, 1968)의 이론에 따르면, 드럼린 들판에서 드럼린들의 공간적 분포는 IRP/CSR 가정에 부합한다고 주장하였다. 그들은 지도 분석에서 얻어진 데이터로 최근린 통계를 사용하여 그 이론을 주장하였고, 실제로 매우 타당한 것으로 보인다(Trenhaile, 1971; 1975; Crozier, 1976 참고).

하지만 통계 검정 기법에 대한 수년간의 검토 경험을 통해, 이제는 그들이 사용했던 점 패턴 분석 기법이 그들의 이론을 뒷받침하기에는 통계적 근거가 부족하다는 것이 분명해졌다. 우선 면적이 다양한 드럼린을 점 객체로 간주하고, 지형도에서 그 드럼린의 분포를 찾아낸다는 기본 분석 방식이 받아들이기 힘들다는 점을 지적할 수 있다(Rose and Letzer, 1976 참조). 사용된 포인트 패턴 분석 방법이 이론을 만족스럽게 테스트할 수 없었던 것은 분명하다. 두 번째로, 평균 최근린 거리만 사용한 것은 패턴을 좁은 범위에서만 분석할 수 있다는 한계를 가진다는 것이다. 연구 지역의 범위가 넓으면 무작위적이지 않은 패턴이 발견될 수도 있는 것이다. 마지막으로, 모든 초기 연구자들이 사용한 최근린 검정이 분석을 위해 선택된 연구 지역의 경계에 크게 의존한다는 사실이다. R 지표를 계산하는 방법을 살펴보면 강도를 추정하는 데 사용되는 영역 A를 변경하면 R 지표가 매우 크게 변화한다는 것을 알 수 있다. 즉 연구 대상 지역의 면적을 임의로 조정하면 원하는 R 지표 값을 얻을 수 있다는 것이다. 드럼린이 실제로 무작위로 분포하고 있을 수도 있지만, 스몰리와 언윈의 연구 결과는 그것을 통계적으로는 입증할 수 없다는 것이다. 드럼린 분포의 검정을 위해서는 다른 통계 검정 기법들, 예를 들어 G, F 및 K 함수를 사용하는 것이 더 합리적이었을 것이다.

$$E(G(d)) = 1 - e^{-\lambda \pi d^2}$$
$$E(F(d)) = 1 - e^{-\lambda \pi d^2} \qquad (5.12)$$

임의 분포하는 점 패턴에서 두 함수를 계산하는 수식이 같다는 점에 유의할 필요가 있다. IRP/CSR에 의해 생성된 패턴에서는 사건의 분포가 모두 무작위적이기 때문에, G 함수와 F 함수에서 사용되는 사건들의 분포가 같은 것으로 간주할 수 있는 것이다. 어느 경우라도 예측 함수는 관측된 G 및 F 함수와 같은 축에 그려서 비교할 수 있다. 예측 함수와 관측된 함수 그래프를 비교하면, 관측된 패턴이 IRP/CSR에 의해 생성된 패턴과 비교하여 얼마나 차이가 나는지를 볼 수 있다. 그림 5.10에서 제시된 군집 분포와 균등 분포 패턴의 사례를 이용하여 G 및 F 함수를 계산하여 그래프로 나타낸 것이 그림 5.15이다. 각 그래프에서 실제로 관측된 G 및 F 함수 곡선 사이의 부드러운 곡선은 예측 함수의 결과를 나타낸다.

그림 5.15의 좌우 그래프 각각에서 G 함수와 F 함수는 예측 함수를 가운데 두고 서로 반대편에 위치

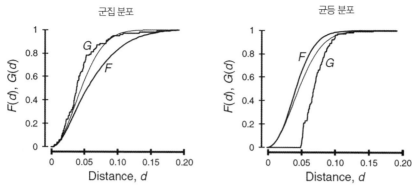

그림 5.15 IRP/CSR과 비교한 그림 5.10 점 패턴의 G, F 함수 그래프 비교.
좌우 그래프에서 가운데 곡선은 IRP/CSR에서 두 함수의 기댓값이다.

한다.

군집 분포 패턴의 경우, G 함수는 패턴의 사건들이 IRP/CSR에서보다 서로 가깝다는 것을 보여 주고 있는 반면에, F 함수는 IRP/CSR에서보다 연구 영역의 일반적인 위치들이 패턴의 사건들에서 더 멀리 떨어져 있다는 것을 보여 준다. 균등 분포 패턴의 경우에는 그 반대가 된다. G 함수는 균등 분포 패턴이 IRP/CSR의 실현에서 예상되는 것보다 훨씬 큰 최근린 거리를 가진다는 것을 명확히 보여 주고 있는 반면에, F 함수의 경우 사건 간의 균일한 간격 때문에 공간의 일반적인 위치들이 IRP/CSR 하에서 예상되는 것보다 패턴에 있는 사건들과 더 가깝다는 사실을 나타낸다.

이러한 분석 결과는 마찬가지로 확률이나 유의성 검정에 대한 설명이 추가될 때 더 정밀해질 수 있다. 또한 모든 거리 기반 분석법은 연구 지역의 크기나 모양이 변하면 그 결과가 달라질 수 있다는 문제를 가진다는 사실에도 유의하여야 한다.

연구 지역 변화에 따른 문제는 예측 함수를 결정하는 데 필요한 λ(평균 밀도)의 추정에 영향을 미친다. 다소 복잡한 수학이 필요하기는 하지만, 가장자리 효과는 수정할 수 있다. 실제 연구에서는 컴퓨터 시뮬레이션을 사용하여 연구 대상 현상의 기술 통계 기댓값에 대한 '합성(synthetic)' 예측을 개발하는 방법이 유용하게 활용된다. 이에 관해서는 K 함수를 다루는 부분에서 더욱 상세하게 살펴본다.

K 함수

IRP/CSR 가정에서 K 함수의 기댓값은 쉽게 결정된다. $K(d)$는 사건을 중심으로 반지름이 d인 원 안에 분포하는 사건들의 평균 개수를 의미하기 때문에, IRP/CSR 패턴의 경우 $K(d)$는 d에 정비례한다고 예상할 수 있다. 각 원의 면적은 πd^2이고 단위면적당 사건의 평균 밀도가 λ라고 하면, $K(d)$의 기댓값은 다음 수식으로 계산할 수 있다.

$$E(K(d)) = \frac{\lambda \pi d^2}{\lambda} = \pi d^2 \qquad (5.13)$$

관측된 K함수의 거리에 따른 변화는 앞에서 살펴본 G, F함수와 거의 같은 방식으로 그래프로 그릴 수 있다. 그러나 예상 함수가 거리의 제곱 값에 비례하여 증가하기 때문에, d가 증가함에 따라 $K(d)$함수의 기댓값과 관측값 모두 기하급수적으로 증가한다. 따라서 세로축을 적절하게 조절하지 않으면 특정 거리 범위에서 기댓값과 관측값 사이의 미세한 차이를 표현하기 어렵다는 문제가 있다.

이 문제를 극복할 수 있는 한 가지 방법은 관측된 K값이 기댓값과 일치하는 경우 함숫값이 0이 되는 파생 함수를 활용하는 것이다. 예를 들어, 수식 5.13의 $K(d)$ 기댓값을 0으로 변환하려면 수식을 π로 나누고 그 값의 제곱근을 구한 후 d를 빼면 된다. 패턴이 IRP/CSR 가정에 부합할 때 관측된 $K(d)$ 값에 대해 같은 연산 과정을 수행하면 0에 가까운 값을 얻게 된다. 이 과정을 통해 산출된 파생 함수는 L함수라고 불리며 다음 수식으로 계산된다.

$$L(d) = \sqrt{\frac{K(d)}{\pi}} - d \qquad (5.14)$$

누마타의 일본소나무 데이터(Numata, 1961; Diggle, 2003)와 스트로스의 미국삼나무 묘목 데이터(Strauss, 1975)에서 추출한 리플리(Ripley, 1977)의 데이터를 대상으로 L함수를 계산한 결과를 그래프로 나타낸 것이 그림 5.16이다. 일본소나무 데이터는 무작위 패턴과 구분하기 힘든 반면, 미국삼나무 데이터는 분명한 군집 분포 패턴을 보인다.

$L(d)$가 0보다 크면 IRP/CSR에서 예상되는 것보다 해당 거리 안에 더 많은 사건이 분포하고, 0보다 작으면 IRP/CSR에서 예상되는 것보다 적은 사건이 분포한다는 것을 의미한다. 미국삼나무 데이터의 경우, 대부분의 d 값 범위에서 $L(d)$가 0보다 크며 이는 거의 모든 거리에서 IRP/CSR에서 예상되는 것보다 많은 사건이 분포한다는 것을 나타낸다. 일본소나무의 경우 $L(d)$는 거리가 0.1에 가까울 때까지는 0에 가깝다가 그 이후 지속해서 하락한다.

하지만 가장자리 효과의 존재 때문에 단순 L함수는 해석하기 어려운 경우가 많이 있다. 위에서 설명한 두 데이터의 경우는 공통으로 거리(d) 값이 0.1이 되는 지점부터 $L(d)$ 값은 거리가 증가하면서 연속적으로 하락하는 형태로 나타난다. 이것은 단순하게는 해당 거리 범위 내에서 IRP/CSR에서 예상

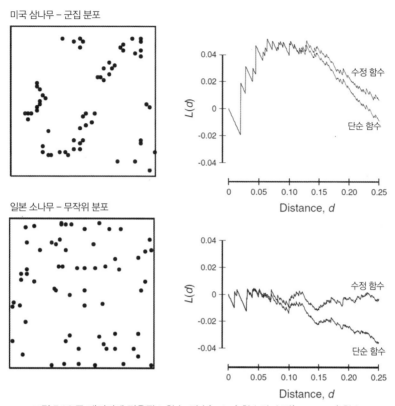

그림 5.16 두 데이터에 적용된 *L* 함수. 단순(naive) 함수와 수정(corrected) 함수

되는 것보다 적은 사건이 분포한다는 것으로 해석할 수도 있지만, 실제로는 해당 거리를 반지름으로 하는 원의 상당 부분이 연구 대상 지역 밖에 걸쳐 있어서 나타나는 현상이기도 하다. 조금 복잡한 수학 공식을 이용하면 *K* 및 *L* 함수의 계산을 수정하여 가장자리 효과를 반영한 수정 함수를 활용할 수 있다. 그림 5.16에 제시된 수정 함수의 결과 그래프는 리플리가 고안한 등방성 교정(Ripley, 1988 참조)을 사용하여 계산된 것이다. 또한 그림 5.13에서 설명한 것처럼 완충 구역을 사용하거나 5.2절에서 설명한 가장자리 효과 보정 방법을 사용할 수도 있다.

5.4. 몬테카를로 검정

이상에서 살펴본 다양한 그래프들을 이용하면 점 패턴이 군집 분포하는지 아닌지, 또 어느 정도 이격거리에서 군집을 이루고 있는지에 대한 단서를 얻을 수 있다. 그러나 이를 데이터에 대한 통계적 평가라고 할 수는 없다. 왜냐하면 L 함숫값이 0과 얼마나 차이가 나야 그 패턴이 비정상적으로 높다거나 낮다고 평가할 수 있는가 하는 기준이 모호하기 때문이다. 때에 따라서 기댓값 범위에 대한 분석 결과를 사용할 수 있으면 컴퓨터 시뮬레이션을 사용하는 것이 일반적이다. 우선 다음 글 상자의 간단한 예제를 살펴보자.

평균 최근린 거리와 같은 간단한 통계의 분포를 알아보기 위해 시뮬레이션을 시행한 것과 똑같은 방식으로 $K(d)$ 또는 그와 연관된 L 함수와 같이 복잡한 측정값의 분포를 알아보기 위해서도 시뮬레

12개 사건의 최근린 거리 시뮬레이션

그림 5.7과 표 5.2는 가로축과 세로축이 각각 100인 연구 대상 지역에서 12개 사건이 분포하는 간단한 패턴을 표현한 것이다. 측정된 평균 최근린 거리는 21.62이다. 이 분포 패턴이 IRP/CSR의 결과라고 가정한다면 $\bar{d}_{min}$은 얼마가 될까?

이 질문에 대한 답을 얻는 한 가지 방법은 같은 지역에 12개의 사건을 무작위로 배치하고(즉 x, y 좌표에 0~100 사이의 무작위 숫자를 할당하여), $\bar{d}_{min}$을 계산하는 것이다. 이를 통해서 하나의 값을 얻을 수 있겠지만, 만약 그 과정을 다시 실행하면 어떻게 될까? 각 사건의 위치를 결정하는 과정이 무작위적이기 때문에 위의 과정을 반복할 때마다 다른 결괏값을 얻게 될 것이다. 따라서 위의 단순한 과정을 계속 반복하여 실행하고 그 결괏값의 분포를 수집하면, 그 결과는 $\bar{d}_{min}$의 표본 분포라고 하는 빈도 분포가 된다. 또한 실험의 반복 횟수가 많아질수록 더 많은 $\bar{d}_{min}$ 값을 얻을 수 있고 시뮬레이션 된 표본 분포를 더 정밀하게 만들 수 있다.

직접 계산한다면 매우 오래 걸리는 일이 되겠지만, 컴퓨터는 반복 계산을 그리 어려워하지 않는다는 사실을 기억할 필요가 있다. 컴퓨터를 이용해 위의 실험을 1,000번 반복하여 얻은 평균 최근린 거리의 빈도 분포가 그림 5.17이다.

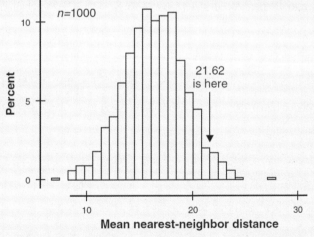

그림 5.17 12개 사건의 IRP/CSR 시뮬레이션 결과 (표 5.2와 비교해 보자.)

시뮬레이션 된 표본 분포는 평균 $\bar{d}_{min}$이 16.50이고 표준 편차가 2.93인 정규 분포이다. 표 5.2에서 계산된 관측값은 21.62로 이 평균보다 약간 크고, 표준 편차 2배 범위 안에 있기는 하지만, IRP/CSR의 일반적인 실현 결과에서 조금 벗어난다고 볼 수 있다. 1,000번의 시뮬레이션에서 $\bar{d}_{min}$ 값은 7.04~27.50 범위에 걸쳐 다양하게 나타났으며, 연구 지역의 외곽 경계를 무시한 경우의 이론적인 평균 최근린 거리는 14.43이었다.

이션을 시행할 수 있다. 이 접근법은 또한 시뮬레이션에서 관측된 데이터에서와 같은 연구 영역을 사용함으로써 가장자리 효과와 같은 문제를 깔끔하게 처리할 수 있게 해 준다. 각 시뮬레이션은 관측된 데이터와 같은 가장자리 효과를 받기 때문에 우리가 얻는 표본 분포는 복잡한 추가 절차 없이 가장자리 효과를 자동으로 반영한다. 이러한 시뮬레이션 접근법은 몬테카를로 절차(Monte Carlo procedure)로 알려져 있으며 현대 통계에 널리 사용된다.

보통 몬테카를로 시뮬레이션은 연구 영역 A에 n개(100개 또는 500개, 혹은 그림 5.17의 사례에서처럼 1,000개)의 사건을 무작위적 위치에 할당하는 방식으로 실행된다. 무작위로 생성된 점 패턴은 연구 대상 패턴에 적용된 분석 기법과 같은 방법을 사용하여 분석한다. 그리고 무작위로 생성된 패턴을 분석한 결과는 IRP/CSR에 의해 생성된 패턴이 내부에 존재할 것으로 예상되는 빈도 분포를 구성하는 데 사용된다. 생성된 시뮬레이션 패턴의 수에 따라 정확한 신뢰 구간을 알 수 있으므로 관찰된 패턴이 얼마나 비정상인지를 비교적 정확하게 판단할 수 있다. 점 패턴 분석을 위해 가장 자주 사용되는 프리웨어 소프트웨어 중 하나인 CrimeStat III(Levine and Associates, 2007)에는 이러한 시뮬레이션 기능이 내장되어 있다. 마찬가지로 R 통계 패키지와 점 패턴 분석을 위한 R 라이브러리인 SpatStat(Baddeley and Turner, 2005)에도 점 패턴 분석을 위한 시뮬레이션 기능이 포함되어 있다. 점 패턴 분석의 어려움 때문에 몬테카를로 시뮬레이션 접근법은 점차 더 보편화되고 있다.

그림 5.16의 점 데이터에 대한 99회 시뮬레이션을 사용한 분석 결과가 그림 5.18에 나와 있다. 이 그래프를 이용하면 점 분포 패턴에 대한 해석을 더욱 명확하게 할 수 있다. 미국삼나무 데이터의 경우, 관찰된 점 패턴이 대략 0.02~0.2의 거리 범위에서 IRP/CSR에 의해 생성된 패턴보다 군집 분포 패턴을 보인다는 것을 알 수 있다.

일본소나무 데이터를 분석한 결과인 오른쪽 그래프를 보면 관측된 L 함수는 모든 거리에서 IRP/CSR에 의해 생성된 시뮬레이션 범위 내에 있으므로, 최소한 L 함수의 관점에서는 IRP/CSR에 의해 생성될 것으로 예상되는 전형적인 패턴으로 판단할 수 있다.

몬테카를로 시뮬레이션 접근법은 다음과 같은 장점이 있다.

- 가장자리 효과 및 연구 영역의 면적 차이로 발생하는 부수적 효과를 바로잡기 위한 절차가 필요하지 않다. 다만 관측된 데이터와 시뮬레이션 된 데이터의 측정에 같은 계산이 적용된다는 조건만 만족하면 원하는 추가 교정을 시행해도 무방하다.
- 기본적으로는 관찰 대상 패턴과 같은 수(n개)의 사건을 가정하여 시뮬레이션을 수행하지만, 표본 평균 λ를 포함한 수식을 기반으로 한 접근 방법과 마찬가지로 사건의 수에 민감하지 않다. 시뮬레이션 된 패턴에서 n을 변화시킴으로써 이 가정의 중요성을 쉽게 측정할 수 있다.
- 몬테카를로 시뮬레이션 접근법의 가장 중요한 이점은 IRP/CSR 이외에도 다양한 공간 프로세스 모형을 편리하게 조사할 수 있다는 점이다. 몬테카를로 시뮬레이션은 어떤 이론에 기반한 어떤 공간 작용이라도 시뮬레이션에 기반하여 예상되는 패턴과 실제 관측된 패턴을 비교하여 평가할 수 있다. 실제로 쌍 상관 함수와 같은 측정의 통계적 평가는 시뮬레이션 접근법에 크게 의존하고 있다(Perry et al., 2006 참조).

시뮬레이션의 단점은 계산량이 많다는 것이다. 예를 들어, 100개의 사건이 분포하는 점 패턴이 있고 p=0.01, 즉 99% 신뢰 수준이 필요한 경우에는 최소한 99회 이상의 반복 시뮬레이션을 실행해야 한다. 또 각 시뮬레이션에서는 100개의 사건이 무작위 과정을 통해 생성되어야 한다. K 함수의 경우 각 시뮬레이션에서 100개의 사건 사이 각각의 거리를 계산해야 하므로 약 $100 \times 99 \times 99/2 \approx 500,000$회의 거리 계산이 필요하다. 또한 각각의 거리 계산에는 두 번의 빼기 연산(좌표의 차이), 두 번의 곱셈(좌표 차 제곱), 더하기 및 제곱근 연산 각 한 번 등 총 6회의 연산이 필요하므로 총 3백만 건의 수학 연산이 필요한 것이다. 거기에 시뮬레이션 결과 분포 범위(Envelope)를 계산하기 위해서는 부가적

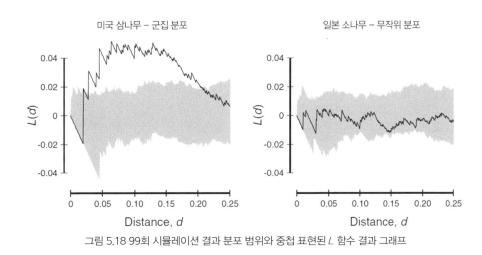

그림 5.18 99회 시뮬레이션 결과 분포 범위와 중첩 표현된 L 함수 결과 그래프

인 정렬 작업이 추가로 필요하다.

그런데도 이런 종류의 계산은 현대 데스크톱의 성능으로는 쉽고 빠르게 실행할 수 있다. 그림 5.18의 그래프 작성을 위한 시뮬레이션은 개인용 노트북 컴퓨터에서도 단 몇 초 만에 수행되었다.

하지만 그것이 가능하다는 것이 시뮬레이션 분석을 진행할 필요가 있다는 것을 의미하지는 않는다. 복잡한 시뮬레이션 분석을 시작하기 전에 우선 문제의 이해를 위해 복잡한 통계 기법을 적용하는 것이 적합한지를 생각해 보아야 한다. 어떤 경우에는 단순한 기술 통계만으로도 점 패턴을 쉽게 이해할 수도 있다. 반면 질병 발생의 핫스폿 분석과 같이 분석 결과에 대한 신뢰도가 매우 중요한 경우에는 1~2시간의 컴퓨터 작업을 통해 몬테카를로 시뮬레이션을 시행하는 것이 그를 통해 얻는 효과의 측면에서는 매우 효과적인 방법이 될 수도 있는 것이다.

5.5. 결론

이 장에서는 많은 세부 기법들을 다루고 있지만, 기본적인 아이디어는 매우 단순하다. 패턴의 개념이 무엇이고 패턴이 공간 작용과 어떻게 관련될 수 있는지를 이해하는 것이다. 원칙적으로 모든 공간 패턴은 공간적 부동성과 1차 및 2차 변동을 다양한 기법으로 측정하여 설명할 수 있다.

점 패턴에서 1차 및 2차 변이 각각은 밀도 기반 측정과 거리 기반 측정 등 두 가지 패턴 측정 기법과 직접 관련되어 있다. 밀도 기반 측정 중, 정방 구역 계산법과 커널 밀도 추정 기법은 연구 영역 내에서의 공간적 변동에 대한 밀도 측정의 민감성 문제를 해결할 수 있는 대안을 제공한다. 매우 단순한 평균 최근린 거리에서부터 G 함수와 F 함수, 패턴의 모든 사건 사이의 거리 정보를 모두 사용하는 K 함수와 쌍 상관 함수까지 거리 기반 측정에는 다양한 분석 기법이 존재한다. 가장 중요한 것은 공간 현상에 대한 본격적인 분석에 앞서서 이상의 기법들을 이용한 예비 조사, 기술 통계 분석의 필요성과 유용성을 이해하는 것이다. 예를 들어, 점 패턴에서 파생된 커널 밀도 추정 연속면은 특정 현상이 집중되어 분포하는 지역을 식별하는 데 도움이 되고, G, F 및 K 함수 등은 점 현상의 분포 패턴에서 특징적인 이격 거리(예를 들어, 군집 내 임계거리 혹은 군집 간 거리 등)를 찾아내는 데 활용될 수 있다. 대부분 경우 이러한 정보는 그 자체로도 매우 유용하다.

그러나 원한다면 더 나아가서 특정 분포 패턴이 어떤 가설적인 공간적 과정의 실현이었을 때 기대했던 패턴과 얼마나 잘 일치하는지를 평가해 볼 수도 있다. 그를 위해서는 사용하고자 하는 패턴 척도에 대한 표본 분포를 계산하는 과정이 필수적인데, 앞 장인 4장에는 분석적 방법으로 이 장에서는 시뮬레이션 기법을 이용하여 가설적인 공간 과정의 표본 분포를 추출하는 과정을 설명하였다. 가설로 설정한 공간 과정의 표본 분포를 계산하고 나면, 관측된 공간 패턴이 특정한 공간 과정의 실현이라고 하는 가설을 설정하고 이를 검정할 수 있다. 이 과정을 통해서 얻을 수 있는 결론은 관측된 공간 패턴이 특정한 공간 과정의 실현이라고 보기 힘들거나, 반대로 해당 패턴이 가설을 부정하기에 충분한 증거가 되지 못한다는 방식으로 결정된다. 어느 경우가 됐든 100% 확신할 수는 없지만(그것이 통계다!), 우리는 해당 결론에 일정한 확률을 부여할 수 있고, 바로 그 점이 검정 통계가 단순한 기술 통계보다 유용한 이유이다.

그럼 이것을 어떻게 활용할 수 있을까? 관측된 공간적 분포 패턴을 어떤 공간 작용 모형과 비교하면 실제로 지리적 현상의 작동 원리를 명확하게 이해하는 데 도움이 될까? 이것이 공간 통계 분석의 핵심이며 가장 기본적인 질문이다. 관측된 점 패턴이 IRP/CSR의 비정상적인 실현인지 아닌지는 가장 단순한 사례이며, 점 패턴을 실제로 분석할 때는 이외에도 다른 여러 가설을 설정하고 검정 과정을 거치게 된다. 그러면 값을 통계적으로 비교하는 것이 실제로 도움이 될 수 있을까? "이 패턴이 우연히 발생할 확률은 5%밖에 안 된다."라는 것을 아는 것이 실제로 유용할까? 이에 대한 답은 때에 따라 다를 수 있지만, 경험에 따르면 GIS를 사용하여 해결해야 하는 유형의 실용적인 문제들은 단순한 공간 패턴 분석 방법을 사용하여 해결할 수 있는 경우가 거의 없다.

중요한 결정을 내릴 때 그 결정의 근거로 공간 패턴을 사용하려면 통계적 접근이 매우 중요하다. 우리가 사는 세상에서 '중요한' 의사결정이라는 것은 보통 그 결정이 다수의 사람에게 영향을 미치거나 큰 재정적인 영향을 주는 경우를 의미한다. 대표적인 사례로 대기업 공장의 오염물 배출이 인근 주거 지역의 높은 질병 발생률과 관련이 있는가 하는 이해 충돌의 문제를 들 수 있다. 이러한 특별한 사례의 경우 단순 IRP/CSR 가정은 실제로 적용하기에 무리가 있다.

우리는 인구가 균등하게 분포되어 있지 않기 때문에 질병이 완전히 무작위로 발생하지는 않으리라는 것을 알고, 당연히 농촌 지역보다 도시에서 더 많은 질병이 발생할 것으로 기대한다. 병리 역학에서도 "위험도가 높은(at-risk)" 인구가 균등하게 분포하지 않는다는 것은 상식에 속한다. 따라서 통계적 검정을 적용하기 위해서는 관측된 분포와 위험도가 높은 인구 분포를 비교해야 한다. 이러한 상황에서 수행할 수 있는 통계적 검정의 좋은 사례는 가트렐 등의 논문(Gatrell et al., 1996)에 다양하게 제시되어 있다. 위에서 논의한 시뮬레이션 접근 방식을 사용하면, 위험도가 높은 인구의 밀도에 기반하여 질병의 발생 사례에 대한 일련의 점 패턴을 시뮬레이션하여 생성한 다음, 그것을 관찰된 질병 발생 점 패턴과 비교할 수 있다. 패턴의 측정에서는 이 장에서 논의된 다양한 측정 기법 중 하나를 활용하면 된다.

간단히 말해, 이 장과 이전 장에서 자세히 논의한 복잡한 아이디어조차도 공간적 현상의 작용 원리를 파악하기 위한 과정 일부일 뿐이다. 실제 분석 사례에서 발생할 수 있는 보다 실제적인 문제들에 대해서는 다음 장에서 살펴보도록 한다.

요약

- 점 패턴은 연구 영역 내의 특정 위치에서 나타나는 일련의 사건(event) 집합으로 구성되며, 각 사건은 관심 대상 현상의 단일 발생 위치를 나타낸다.
- 점 패턴은 다양한 적도 또는 통계를 사용하여 기술한다. 가장 간단한 방법은 평균 중심점과 표준 거리이며, 이는 요약 원(summary circle) 또는 타원으로 시각화할 수 있다. 하지만 평균 중심점이나 표준 거리는 공간 패턴에 대한 정보를 대부분 무시하고 단순화한 척도로서, 다른 패턴들과의 단순한 비교 또는 시간 경과에 따른 패턴의 변화를 기록하는 경우에만 유용하다.
- 패턴 측정은 1차 효과를 측정하는 밀도 측정과 2차 효과를 측정하는 거리 측정의 두 가지 유형으로 크게 나뉜다.
- 단순 밀도는 그다지 유용하지 않다. 센서스 또는 방형구 표본을 기반으로 한 정방 구역 계산법은 점 패턴 분포에 대해 간단하지만 유용한 요약 정보를 제공한다.
- 가장 간단한 거리−기반 패턴 측정법은 최근린 거리로, 각 사건에 대해 패턴에서 가장 가까운 이웃까지의 거리를 의미한다.
- 복잡한 거리 기반 측정법으로 G, F, K 함수 및 쌍 상관 함수가 있다. 이 함수들을 이용하면 패턴 내의 사건 간 거리를 종합적으로 분석하여 패턴에 대한 설명력을 향상시키지만, 해석이 어려워질 수도 있다.
- 깊이 있는 통계 분석이 필요하다고 생각되는 경우 일반적인 전략은 관측된 패턴과 가설 공간 작용에 따라 예측된 패턴을 비교하는 것이다. IRP/CSR이 가장 일반적인 가설이고, 통계 검정은 이상에서 논의된 모든 패턴 측정 척도들에 적용될 수 있다.
- 실제 분석에서는 가장자리 효과 등의 부수적인 효과 때문에 통계 검정을 적용하기 어려운 경우가 많아서, 컴퓨터 시뮬레이션을 통한 통계 검정이 선호되는 경우가 많다.

참고 문헌

Baddeley, A. and Turner, R. (2005). Spatstat: an R package for analyzing spatial point patterns. Journal of Statistical Software, 12(6): 1-42.

Bailey, T. C., and Gatrell, A. C. (1995) Interactive Spatial Data Analysis (Harlow, England: Addison Wesley Longman).

Clark, P. J. and Evans, F. C. (1954) Distance to nearest neighbour as a measure of spatial relationships in populations. Ecology, 35: 445-453.

Crozier, M. J. (1976) On the origin of the Peterborough drumlin field: testing the dilatancy theory. Canadian Geographer 19: 181-195.

Davis, J. H., Howe, R. W., and Davis, G. J. (2000) A multi-scale spatial analysis method for point data. Landscape Ecology, 15: 99-114.

Diggle, P. (2003) Statistical Analysis of Spatial Point Patterns (London: Arnold).

Gatrell, A. C., Bailey, T. C., Diggle, P. J., and Rowlingson, B. S. (1996) Spatial point pattern analysis and its application in geographical epidemiology. Transactions of the Institute of British Geographers, NS 21: 256-274. Greig-Smith, P. (1964), Quantitative Plant Ecology (London: Butterworths).

Grünbaum, B. and Shephard, G. C. (1987) Tilings and Patterns (New York: W. H. Freeman).

Levine, N.and Associates (2007) CrimeStat III: A Spatial Statistics Program for the Analysis of Crime Locations (available at http://www.icpsr.umich.edu/ CRIMESTAT/).

Numata, M. (1961) Forest vegetation in the vicinity of Choshi. Coastal flora and vegetation at Choshi, Chiba Prefecture. IV. Bulletin of Choshi Marine Labo- ratory, Chiba University 3, 28-48 (in Japanese).

Perry, G. L. W., Miller, B. P., and Enright, N. J. (2006) A comparison of methods for the statistical analysis of spatial point patterns in plant ecology. Plant Ecology, 187: 59-82.

Ripley, B. D. (1976) The second-order analysis of stationary point processes. Journal of Applied Probability, 13: 255-266.

Ripley, B. D. (1977) Modelling spatial patterns. Journal of the Royal Statistical Society, Series B, 39: 172-212.

Ripley, B. D. (1988) Statistical Inference for Spatial Processes (Cambridge: Cambridge University Press).

Rogers, A. (1974) Statistical Analysis of Spatial Dispersion (London: Pion).

Rose, J. and Letzer, J. M. (1976) Drumlin measurements: a test of the reliability of data derived from 1:25,000 scale topographic maps. Geological Magazine, 112: 361-371.

Smalley, I. J. and Unwin, D. J.(1968) Theformationandshapeofdrumlinsandtheir distribution and orientation in drumlin fields. Journal of Glaciology, 7: 377-390.

Strauss, D. J. (1975) A model for clustering. Biometrika, 63: 467-475.

Thomas, R. W. (1977) An introduction to quadrat analysis. Concepts and Tech- niques in Modern Geography, 12, 41 pages (Norwich, England: Geo Books). Available at http://www.qmrg.org.uk/catmog.

Thompson, H. R. (1956) Distribution of distance to nth neighbour in a population of randomly distributed individuals. Ecology, 37: 391-394.

Trenhaile, A. S. (1971) Drumlins, their distribution and morphology. Canadian Ceographer, 15: 113-26.

Trenhaile, A. S. (1975) The morphology of a drumlin field. Annals of the Association of American Geographers, 65: 297-312.

Wiegand, T. and Moloney, K. A., (2004) Rings, circles and null models for point patterns analysis in ecology. Oikos, 1104: 209-229.

Yamada, I. and Rogerson, P. A. (2003) An empirical comparison of edge effect correction methods applied to K-function analysis. Geographical Analysis, 37: 95-109.

06 점 패턴 분석의 응용

내용 개요

- 공간 통계 분석 접근법에 대한 지리학계의 학술적 비판 검토
- 실제 현상과는 동떨어진 IRP/CSR 가정 때문에 균일 푸아송 작용이 실제로는 유용하지 않은 경우가 많다는 점
- IRP/CSR의 대안으로 사용되는 점형 공간 작용 모형 설명
- 영국 북서부 핵 재처리 공장과 소아암 발생의 연관성에 관한 논쟁 검토; 점 패턴 분석 실제 사례에서 거의 변함없이 발생하는 일련의 문제들에 대한 설명을 포함한다.
- 균일 푸아송 작용 또는 IRP/CSR 모형의 적용을 어렵게 만드는 비균일성 또는 공간적 이질성 문제를 해결하는 방법
- 사건의 군집 분포를 가정한 집중 검정(Focused test) 접근법
- 군집 탐지(Cluster Detection)의 원리와 장점
- 지리 분석기(GAM: Geographic Analysis Machine)의 특성과 적용 방법
- 점 패턴 분석에서 2.3절에서 설명한 표준적인 GIS 기하학 변환 기법인 근접 폴리곤
- 점 패턴 분석에서 거리 행렬(Distance matrix)의 활용

학습 목표

- 점 패턴 분석의 맥락에서 공간적 통계 분석에 대한 지리학계의 학술적 비판의 기초를 이해하고 제기된 이슈에 대한 자신의 견해를 분명히 말할 수 있다.
- IRP/CSR이 일반적인 점 패턴 분석에서 비현실적인 가정인 이유를 이해한다.
- 점 패턴 분석에서 일반적(General), 집중(Focused) 검정 및 스캔(Scan) 통계 방식 등 서로 다른 접근법을 구별할 수 있다.
- 군집 탐지(Cluster Detection)에서 점 패턴 분석 기법의 장점과 점 패턴 분석을 실제 사례에 적용할 때 고려하여야 할 문제들을 설명할 수 있다.
- 점 패턴 분석에서 근접 폴리곤을 활용할 수 있는 방법을 이해한다.
- 사건 간 거리 행렬을 계산하고, 이를 점 패턴 분석에 사용하는 방법을 이해한다.

6.1. 서론: 공간 통계 분석의 문제점들

공간 통계 분석에 대한 4장과 5장의 고전적인 설명에서는 그 한계와 문제점들에 대해서 구체적으로 언급하지 않았지만, 공간 통계 분석은 통계적 추론 방식이나 현실 세계 문제에 적용하는 방식 등에서 많은 한계가 있다. 이 장에서는 이러한 문제를 자세히 살펴보고자 한다.

공간 통계 분석은 대부분 특정 희소 질병이 어느 지역에서 집중적으로 발생하지를 찾는다는 식으로 특정 응용 분야에 초점을 맞춰 진행된다. 그러나 해당 사례 분석의 세부적인 내용을 다루기 전에, 공간 분석의 효용성과 한계에 대한 두 저명한 지리학자의 비판을 먼저 검토하는 것도 공간 분석의 이론적 토대를 이해하는 데 큰 도움이 될 것이다. 그들이 공간 분석에 대해 비판적인 견해를 발표한 것은 이미 40여 년 전이지만, 그들의 비판적 의견은 공간 통계 분석 기법의 한계를 이해하고 타당성 높은 분석 기법을 개발하는 데 중요한 단서를 제공하고 있다.

피터 굴드의 비판

1970년 발표한 "Is statistix inferens the geographical name for a wild goose?"라는 제목의 논문에서 피터 굴드(Peter Gould, 1970)는 지리학에서 추론 통계를 사용하는 것의 문제점과 한계에 대해서 매우 유용한 비판을 제시하였고, 그것은 공간 통계 분석의 맥락에서 반드시 이해하고 있어야 할 문제들이다. 굴드의 비판은 다음과 같이 몇 가지로 요약할 수 있다.

- 지리 데이터는 표본이 아니다.
- 지리 데이터는 무작위적인 경우가 거의 없다.
- 자기상관(Autocorrelation) 때문에 지리 데이터는 독립적인 무작위 데이터가 될 수 없다.
- 지리 자료에서는 자료 항목의 개수 n이 항상 크기 때문에, 대부분의 지리 자료 분석에서는 결과가 통계적으로 유의미하다는 결과를 얻게 된다.
- 통계적 유의성(significance)보다는 과학적 유의성이 더 중요하다.

이전 장에서 설명한 내용을 토대로 굴드가 제시한 비판에 대해서 다음과 같이 답할 수 있을 것이다.

- 현상의 분포는 공간 작용의 구현이라는 접근 방식에서는 지리 데이터를 표본으로 볼 수도 있다.

- 지리 데이터는 무작위적이지 않다는 비판에 대해서는 직접적으로 반박하기 어렵다. 그러나 더욱 중요한 질문은 지리 데이터를 확률론적(혹은 무작위) 작용의 결과인 것으로 가정하고 데이터를 분석하는 것이 과학적으로 유용한지 아닌지이다. 이 질문에 대한 대답은 반드시 "그렇다."가 되어야 할 것이다.
- 데이터가 독립적으로 무작위가 아니더라도 IRP/CSR보다 나은 모형을 개발할 수 있다면 통계적 방법을 사용하는 것이 타당하고 유용하다. 이에 대해서는 6.3절에서 자세히 설명한다.
- n은 큰 경우가 많지만 항상 그렇다고는 할 수 없다. 통계적 유의성을 상식적으로 해석한다면 n이 크기 때문에 통계 분석 결과가 항상 유의미한 것으로 나오게 된다는 비판은 타당하지 않다.
- 과학적 유의성(Scientific Significance)의 중요성은 더는 강조할 필요가 없을 것이다. 다만 과학적 유의성은 현실에서 어떤 일이 일어나고 있는지에 관한 이론을 가지고, 어떤 통계 자료가 사용되든간에 그 이론을 적절히 검증하는 경우에만 얻을 수 있다.

굴드의 비판에서 가장 중요한 부분은 완전한 공간적 무작위 작용(IRP/CSR)이라는 귀무가설이 애초에 지리학적 검증에 적합하지 않은 가정이라는 점이다. 즉 IRP/CSR이라는 가정은 공간적인 현상에 지리적 작용이 전혀 발생하지 않고 지리학 연구자들이 연구를 통해서 발견하고자 하는 **공간적 1차 또는 2차 효과**가 전혀 없다는 가정이기 때문에, 지리학적 입장에서는 애초에 귀무가설이 타당하지 않다는 것을 염두에 두고 있을 수밖에 없다는 것이다. 실제로도 연구를 통해 IRP/CSR 귀무가설이 타당하다고 확인되었다면 지리학 연구자로서는 매우 실망스러운 결과일 것이고, 실제로 표본 수가 많은 경우에 그런 결과는 거의 찾아볼 수 없다. 또 다른 문제는 IRP/CSR 가정이 타당하지 않은 것으로 판명되더라도 실제로 해당 공간 현상에서 작동하는 공간 작용에 대해 알 수 있는 사실이 없다는 점이다. 예를 들어, "평균 나무 높이가 50m 이상이다"와 같은 귀무가설은 기각되면 분명한 의미가 있는 대립 가설("평균 나무 높이가 50m 미만이다")이 성립한다는 것을 의미하지만, IRP/CSR 귀무가설은 기각되더라도 의미 있는 대립 가설이 없으므로, 공간 작용을 규명하기 위한 추론 통계로서는 한계를 가질 수밖에 없다는 것이다.

데이비드 하비의 비판

데이비드 하비(David Harvey)도 1960년대에 발표한 두 논문(Harvey, 1966; 1968)을 통해 굴드가 제기한 문제에 대해 논의한 바 있다. 그의 주요 논점은 단순하지만 반박하기 힘들고 지리학적 연구에서 매우 중요한 의미가 있는데, 그에 따르면 고전적 통계적 접근 방식에는 근본적인 모순과 맹목적인 순환 논리가 내재하여 있다는 것이다. 어떤 프로세스 모형에 대한 검정을 위해서 일반적으로 우리는 데이터로부터 핵심 매개변수를 추정하는 방식을 사용한다(예를 들어, 점 패턴 분석에서 강도 λ를 추정하는 것과 같이). 이때 추정된 매개변수가 연구 결론에 매우 큰 영향을 미치기 때문에, 연구자가 원하는 결론을 유도하기 위해 연구 영역을 변경하는 방식으로 원하는 매개변수 추정치를 얻을 수도 있다는 것이다. 최근에 많이 사용되는 시뮬레이션 접근법은 이 문제에 대해 덜 취약하기는 하지만, 연구 영역의 선택은 공간 분석의 결과에 여전히 중대한 영향을 준다.

지리적 현상의 이해를 위한 공간 분석적 접근 방식의 한계와 문제점을 지적한 하비의 비판은 진지하게 받아들여져야 한다. 동시에 그의 비판은 결국 공간 분석 기법이 무엇이든 증명할 수 있다는 맹신을 경계해야 한다는 측면에서 매우 의미 있다고 할 수 있다. 이것은 과학 이론을 개발하고 확립하는 데 증거를 평가하는 과학 철학에서 매우 중요한 지점이다. 하비의 비판은 우리의 관찰을 설명하는 이론의 중요성을 지적한다. 공간 분석은 지리적 작용에 대한 어떤 이론이 관측 자료에서 얻은 증거와 얼마나 부합하는지를 평가하는 데 여전히 매우 중요한 역할을 한다. 지리적 현상에 대한 이해를 발전시키기 위해서는 이론과 적절한 기법이 모두 필요하다. 하비가 지적한 공간 분석의 태생적 한계는 적절한 공간 통계 분석 기법의 선택과 주의 깊은 적용을 통해 해결될 수 있다.

공간 분석에 대한 비판들의 시사점

공간 분석에 대한 굴드의 비판은 우리가 개괄적으로 살펴본 고전적 통계 접근 방식의 두 가지 중요한 약점을 지적하고 있다. 첫째, IRP/CSR 귀무가설을 기각하는 가설 검정 접근 방식은 특정 지리 현상에 대해서 우리가 알지 못하는 사실에 대해서는 새로운 정보를 전혀 제공해 주지 못한다는 점이다. 이것은 우리가 지금까지 살펴본 통계적 추론 방식의 태생적 한계에서 비롯된 문제이다. 최근에는 이에 대한 다양한 대안적 접근 방법이 제안되고 폭넓게 활용되고 있는데, 그에 대해서는 6.2절에서 살펴보도록 한다. 굴드가 지적한 공간 분석의 두 번째 약점은 IRP/CSR 작용 모형의 기본적인 한계에 관한 것이다. 5.4절에서 시뮬레이션 접근법을 설명하면서 이 문제에 대해 개괄적으로 논의하였는데, IRP/CSR 가정을 대체할 수 있는 분석 기법들에 대해서는 6.3절에서 조금 더 자세히 설명한다.

6.2. 고전적 통계 추정에 대한 대안

공간 분석에 대한 굴드와 하비의 우려 중 일부는 통계 기법을 점 패턴 분석에 적용한 최근의 연구들로 부분적으로 해결되었다. 이러한 최근 연구 중 상당수는 앞 장에서 주로 설명했던 전통적 통계 접근 방식 대신 다른 접근 방식을 이용한 통계적 추론과 관련되어 있으며, 이후에 다루어지는 다양한 공간 분석 기법들이 그와 유사한 접근법을 사용하고 있으므로 여기에서 먼저 개략적으로 살펴보자. 4장과 5장에서는 주로 고전적 통계 추론에 기초한 관점에 관해 설명하였다. 고전적 통계 추론은 도수 확률주의(Frequentism)라고도 불리며, 통계에 대한 기의 모든 소개 문헌에서 기본적으로 다루는 접근법이다. IRP/CSR과 같은 귀무가설 통계를 통해, 고전적 통계 추론은 '귀무가설로 설정된 작용이 작동한다면 관찰된 패턴은 그 작용으로 예측되는 결과와 얼마나 부합할까?'라는 질문에 대한 검정을 진행한다. 그리고 그 가설 검정의 결과는 p-값으로 계산되어 다음과 같은 두 판단 중 하나로 귀결된다.

- p-값이 낮으면 귀무가설을 기각한다. 관측된 패턴이 귀무가설로 설정된 작용의 결과가 아닐 가능성이 크다고 결론을 내릴 수 있다.
- p-값이 높으면 귀무가설을 기각할 수 없다. 이 경우 관찰된 패턴이 귀무가설로 설정된 작용의 결과가 아니라고 판단한 증거가 충분하지 않다고 결론을 내릴 수 있다.

고전적 통계 추론은 독립 무작위 작용(IRP)뿐만 아니라 일련의 작용 모형에 대해 순차적으로 적용할 수도 있다. 즉 가설 검정을 통해 IRP/CSR 귀무가설이 기각되면, 연속하여 다른 작용 모형들을 귀무가설로 설정하여 관측 데이터를 분석해 보는 것이다. 하지만 반복적인 가설 검정의 기술적 어려움과 더불어 절차적 문제의 객관적인 기준이 부족하여 실제로 그렇게 분석을 진행하는 경우는 거의 없다. 결국 고전적 통계 추론은 "데이터가 무작위가 아니라 군집 분포한다" 또는 심지어 "데이터가 무작위 분포한다고 할 수 없다"와 같은 단순하고 의미 없는 결과만을 제공하는 경우가 많다.

고전적 통계 추론의 대안으로 최근 많이 사용되는 접근법으로 유사도 기반 추론(Likelihood-based Inference)이 있다(Edwards, 1992 참조). 유사도 기반 추론은 점 패턴 통계 분석 결과를 이용하여 해당 결과가 다수의 작용 모형 중 어떤 모형의 예측 결과와 가장 유사한지를 평가하는 방식으로 진행된다. 고전 추론이 설정된 귀무가설 작용을 기준으로 관측된 패턴의 발생 확률을 추정하는 반면, 유사도 통계는 관측된 데이터 분석 결과가 다수의 후보 작용 모형 중 어떤 모형의 결과일 가능성이 가장 큰지를 각각 모형에 대한 유사도로 추정한다. 이런 방식은 증거를 기반으로 이론의 타당성을 평가하고자 하는 연구 접근법에 더 부합하는 방식으로 평가받고 있다.

유사도 통계의 세부 내용은 복잡해서 이 책의 주제를 벗어나므로 개략적으로만 살펴보자. 유사도 통계는 기본적으로 몇 개의 후보 작용 모형들에 대해 데이터에서 관측된 패턴을 기반으로 매개변수를 추정하고, 각 후보 모형이 데이터에서 관측된 패턴을 만들어 냈을 가능성을 각각 평가한다. 이 과정에서는 컴퓨터 시뮬레이션이 필수적으로 사용된다. 유사도 접근법의 가장 큰 장점은 단순히 IRP/CSR 가설을 기각하는 것 이상의 분석을 할 수 있으며, 잠정적으로나마 몇 가지 후보 모형 중 어느 것이 관측된 공간 패턴의 형성 원인이 되었는지 결론을 도출할 수 있다는 점이다. 다음 절에서는 IRP/CSR 가정 이외에 어떤 작용 모형이 유사도 통계의 후보 모형으로 사용될 수 있는지 살펴본다.

유사도 접근법을 적용할 때는 상당한 주의가 필요하다. 우선 후보 모형의 선택과 명세를 신중하게 지정하는 것이 중요하다. 또 하나의 모형의 유사도가 가장 크다고 해서 다른 후보 모형들이 전혀 적합하지 않다거나 후보 모형 간의 차이가 하나의 모형에 대한 강한 선호를 정당화하기에 충분하지 않다는 가능성을 배제하지 말아야 한다는 점도 중요하다. 그런 점에서 숫자 값으로 나타난 결과물만으로 '최적의' 모형을 기계적으로 선택하는 것이 아니라, 유사도 통계와 더불어 지리적 시각화를 신중하게 사용하여 최적의 모형을 선택하는 것이 매우 중요하다.

마지막으로, 선행 연구 등을 통해서 특정 공간 작용이 진행 중임을 강력하게 암시하는 상황에서는 베이즈 접근법(Bayesian approach)을 채택하는 것이 일반적이다(Bolstad, 2007 참조). 베이즈 접근법은 관측 자료를 사용하여 기존의 공간 작용 통계 모형을 조정 적용하는 접근법이다. 베이즈 접근법의 철학적 기반은 많은 과학자에 의해 타당한 것으로 인정받아 왔지만, 최근까지도 점 패턴의 통계적 분석에서는 많이 활용되지 못하고 있다.

유사도 접근법이나 베이즈 접근법을 지리적 시각화나 전통적 통계 가설 검정과 신중하게 결합하여 사용하면 굴드나 하비가 공간 분석의 한계로 지적하였던 문제, 즉 공간 분석이 당연히 옳지 않으리라고 예상되는 단순한 귀무가설을 기각하는 방식에 대한 훌륭한 대안이 될 수 있을 것이다.

6.3. IRP/CSR의 대안

IRP/CSR의 대안으로 활용되는 공간 작용 모형들에 대해 본격적으로 설명하기 전에, 그 본질적인 특성에 대해 먼저 설명해 두는 것이 유용하겠다. 앞서 언급했듯이 IRP/CSR은 가장 기본적으로 사용되는 귀무가설로서, 공간 현상의 분포 패턴에 1차 또는 2차 효과가 전혀 없다는 가정이다. 반면에 그 대안으로 사용되는 공간 작용 모형들은 1차 효과나 2차 효과 또는 두 개 모두 존재한다는 가정이라고 할 수 있다. 데이터에서 1차 효과와 2차 효과를 구별하는 것이 현실적으로 어렵다는 점은 이미 지적했지만, 양자를 구별하는 작용 모형을 이론적으로 고안하는 것은 가능하다. 1차 효과는 연구 지역에서 어떤 사건의 발생 확률이 장소에 따라 달라지는 것을 허용하는 방식으로, 2차 효과는 사건 간에 특정한 상호작용이 존재하는 것을 허용하는 방식으로 모형화가 가능하다.

1차, 2차 효과를 설명하는 데 일반적으로 활용되는 대표적인 응용 사례로 질병 발생의 공간적 분포를 다루는 공간 역학과 식물 종의 분포를 연구하는 식물 생태학이 있다.

공간 역학이나 식물 생태학 모두 연구 대상이 되는 현상에서 1차 효과의 존재를 쉽게 예상할 수 있다. 질병 발생 사례의 경우 환자의 주소와 같은 사건 발생 확률은 질병 발생 위험 인구의 공간 밀도에 따라 달라진다. 특정 질병의 발생 위험 요인에 대한 정보가 더 많이 확보된다면, 인구 집단의 구성, 주택 유형 등 다양한 변수에 따라 더 정밀한 1차 효과 비균질성(Inhomogeneity) 모형을 적용할 수도 있다. 위험 요인에 노출된 사람이 많을수록 질병 발생 가능성이 커지는 것이다. 마찬가지로 해발 고도, 경사도와 같은 지형 조건, 강수량, 태양 복사 등의 기후 조건, 및 토양 조건(산성도, 화학적 조성, 입도 등) 등의 환경적 요인에 따라 특정 생물 종의 공간적 분포에서도 공간적 1차 효과를 쉽게 예상할 수 있다.

질병 발생과 식물 종 분포는 또한 2차 효과인 상호작용 효과를 나타낼 것으로 예상된다. 특히 전염성 질병의 경우 한 지역에 발병 사례가 있으면 다른 지역보다 해당 지역에 같은 질병의 발생 빈도가 더 높게 나타날 것으로 예상할 수 있다. 식물 종 분포의 경우는 질병 발생 분포보다 2차 효과의 작동 원리가 더 명확하게 나타난다. 즉 종자의 분산과 뿌리 시스템을 통한 식물 종의 확산은 매우 일반적이

생각해 보기

1차 효과와 2차 효과에 대해서 자세히 알아보기 전에, 다음의 점 사상 분포에서 어떤 1차 효과(발생 확률의 공간적 변이)와 2차 효과(점 사상 사이의 상호작용)가 존재할 수 있을지 생각해 보자. 다음의 각 사례에서 1차, 2차 효과를 유발하는 실제 작용 원리는 어떤 것이 있는지 나열해 보자.

- 숲속의 나무
- 특정 도시의 절도 사건 분포
- 대형 상점 고객들의 집
- 특정 도시의 자동차 사고 발생 지점
- 어린이 천식 발병 사례
- 하계망의 강우 측정 지점
- 화재 사건 발생 분포

고, 따라서 한 지역에서 특정 식물 종이 발견되면 주변에 더 많은 개체가 분포하는 것으로 쉽게 예측할 수 있다. 그렇다면 이러한 1차 및 2차 효과는 공간적 작용 모형에 어떻게 반영할 수 있을까? 다음에서 몇 가지 간단한 사례를 살펴보자.

비균질 푸아송 분포는 균질 푸아송 작용(즉 IRP/CSR)의 단순한 확장 응용 사례 중 하나이다. 특정 사건의 발생 확률, 즉 강도 λ가 공간적으로 균질하다고 가정하는 대신 강도가 공간적 위치에 따라 달라질 수 있다고 가정하는 것이다. 그림 6.1은 비균질 푸아송 분포의 사례를 비교하여 보여 준다. 맨 왼쪽 지도는 전체 연구 영역에서 강도 λ=100인 균질 푸아송 분포이고, 두 번째와 세 번째 지도는 비균질 푸아송 분포의 사례로 강도 λ가 위치에 따라 달라지는 것을 음영으로 표현하고 있다. 두 경우 모두 λ 값의 범위는 100에서 200 사이이며 10 간격으로 등치선이 그려져 있다. 유의할 점은 사건의 발생 확률 λ 값이 공간적으로 비균질적임에도 불구하고 두 번째와 세 번째 지도에서 점으로 표현된 실제 사건의 분포는 맨 왼쪽의 균질 푸아송 분포와 크게 다르지 않다는 것이다. 세 번째 지도에서 왼쪽 윗부분의 사건 빈도가 상대적으로 낮기는 하지만, 여전히 강도 λ 값이 큰 가운데 부분에서 더 많은 사건이 나타난다고 보이지는 않는다. 강도 λ 값의 차이가 매우 크지 않으면, 이러한 현상은 복잡한 작용 모형에서 일반적으로 나타난다.

2차 효과는 주로 토마스 작용(Thomas process) 또는 푸아송 군집 작용으로 모형화한다. 여기서 단순 푸아송 작용(비균질 분포도 포함)은 "부모(parent)" 사건을 먼저 발생시키고, 각 부모 사건은 그 주변에 임의의 수의 "자녀(children)" 사건을 무작위로 생성한다. 그런 다음 부모 사건을 제거하면 최종 분포 패턴이 남는데, 그림 6.2는 그 세 가지 사례를 보여 준다. 2차 효과의 모형화를 위해서는 부모 사건의 분포 강도(λ), 각 부모의 자녀 사건 수(μ, 푸아송 분포의 평균 강도와 같음), 부모 사건 주변의 자녀 사건 분산 특성(σ) 등 세 가지 매개변수의 설정이 필요하다.

부모 사건 주변의 자녀 사건은 일반적으로 가우스 커널(Gaussian kernel)을 이용해 생성되기 때문에

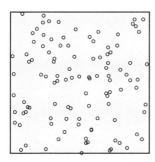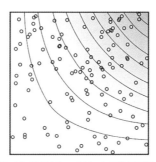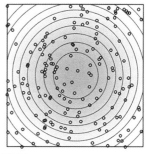

그림 6.1 푸아송 작용 분포 예시. 자세한 설명은 본문 참조

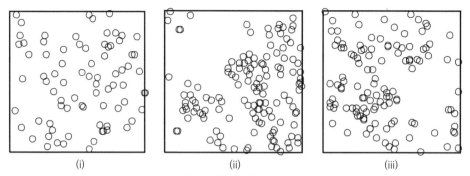

그림 6.2 토마스 작용 예시. 매개변수 설정은 다음과 같다.
(i) λ=10, μ=10, σ=0.3, (ii) λ=10, μ=10, σ=0.1, (iii) λ=20, μ=5, σ=0.1

자녀 사건들은 부모 사건을 중심으로 가까운 곳에 많이 그리고 멀어질수록 적게 생성되며, 그 정도는 커널의 표준 편찻값 σ로 설정된다. 그림 6.1에 대한 설명에서 언급하였듯이, 토마스 작용의 사례에서도 특정한 경우(그림 6.2. i)는 IRP/CSR 가정에서의 사건 분포 패턴과 시각적으로 구분하기 힘들다는 점을 유의할 필요가 있다.

매개변수를 어떻게 설정하는가에 따라 토마스 작용은 시각적으로도 확인할 수 있을 정도의 군집화된 분포 패턴을 생성하기도 한다. 반면 다른 작용 모형들은 군집 제약 조건(packing constraints) 또는 억제(inhibition) 기법을 사용하여 사건들이 최소 임곗값 거리 이상 떨어져서 발생하도록 하여 사건들이 균등 또는 분산 분포하는 패턴을 생성하기도 한다.

통계 분석 관점에서 볼 때, 작용 모형의 가장 까다로운 특징은 통계 분석이 진행되기 전에 관측된 데이터로부터 추정해야 하는 매개변수가 아주 많다는 점이다. IRP/CSR에 대한 통계 분석을 수행하기 전에 패턴의 강도를 추정하는 것과 같은 방식으로, 복잡한 작용 모형을 적용하기 위해서는 데이터로부터 더 많은 매개변수를 추정하여야 후속 통계 분석 절차를 적용할 수 있다. 비균질 공간 작용의 경우는 일반적으로 커널 밀도 추정을 통해 공간적으로 변화하는 작용의 강도를 추정한다. 다른 매개변수의 추정을 위해서는 복잡한 통계적 적합 절차가 포함될 수도 있다. 이상의 과정을 통해 최적의 후보 작용 모형이 도출되면 유사도 통계 기법을 사용한 통계 검정을 통해 관측된 데이터에 어느 작용 모형이 가장 적합한지를 평가할 수 있다. 페리 등의 연구(Perry et al., 2008)는 이러한 접근 방식을 이용한 공간 작용 모형화 연구의 가장 대표적인 사례이다.

6.4. 점 패턴 분석의 실제 사례

경험적으로 도출된 최적의 점 패턴 작용 모형을 실제 데이터에 적용하여 실제 분석 및 통계 검정에 사용한 사례는 사실 연구 문헌들에서도 쉽게 찾아보기 힘들다.

점 패턴 분석을 위해서 IRP/CSR보다 복잡한 작용 모형이 필요하다는 사실은 분명하지만, 여전히 해결해야 할 문제들이 남아 있다. 이론적인 근거와 모형 최적화를 통해서 실제 데이터에 가장 적합할 것으로 생각되는 모형을 찾아냈다면, 다양한 점 패턴 통계에 대한 기댓값을 구할 수는 있다. 하지만 관찰된 질병 발생 사례들을 비균질 푸아송 군집화 작용(혹은 다른 모형)과 비교한 연구를 통해서 우리가 얻을 수 있는 결론은 무엇일까? 결국 우리가 얻을 수 있는 결론은 관찰된 사건의 분포 패턴이 우리가 상정한 작용 모형에서 기대되는 패턴과 일치하는가 아닌가 하는 것이다. 두 패턴이 일치하지 않는다면 관찰된 패턴이 기대보다 더 군집 분포한다고 말할 수 있다. 이 결론이 때로는 유용할 수 있지만, 실제로는 여전히 지리적 현상의 분포를 이해하는 데 한계를 가질 수밖에 없다. 즉 이러한 접근법은 지리적 현상의 분포 패턴에 대한 일반적인 진술에 지나지 않는 것이다(Besag and Newell, 1991).

점 분포 패턴에 대한 지리학적 분석은 두 가지 추가적인 질문으로 연결된다. 첫째, 점들이 군집 분포한다면 그 군집이 하나의 중심점 주변에 몰려 있는가 아니면 중심점이 여러 개인가 하는 것이다. 이러한 연구 질문의 고전적인 사례는 영국 런던 소호(Soho) 지역의 콜레라 발생 분포에 대한 존 스노(John Snow) 박사의 1854년 연구로, 그는 콜레라 감염으로 인한 사망자들이 하나의 오염된 상수원 주변에 군집 분포한다는 가설을 기초로 연구를 진행하였다(Johnson, 2006 참조). 스노 박사의 연구는 이후에도 많은 학자에 의해 반복 확인되기도 하였다(Hills and Alexander, 1989; Diggle, 1990).

둘째, 지리적 현상의 분포 패턴에 대한 일반적인 가설 검정과 군집 분포의 중심점에 관한 연구 모두 연구 지역의 어느 부분에서 패턴이 기댓값과 차이를 보이는지는 설명해 주지 못한다. 이 책의 4장과 5장에서 소개된 모든 개념은 점 패턴 분석의 중요한 측면인 군집의 위치에 대한 부분에 대해서는 다루지 않고 있다. 점 패턴에서 어느 지역이 예상 패턴과 어긋난 형태를 보이는지를 분석하는 군집 탐지(Cluster Detection)는 보통 스캔 통계(Scan statistics)를 통해 이루어지는 것이 일반적이다.

결국 점 패턴의 종합적인 분석을 위해서는 비균질성의 보정, 단수 또는 복수의 군집 중심점 검정, 군집 탐색 등 세 가지 이슈를 통합적으로 고려하여야 한다.

점 패턴 분석 실제 사례: 핵 시설 주변의 소아 백혈병 분포 분석

이 장의 나머지 부분에서는 영국 북부의 시스케일(Seascale) 지역에서 발생한 소아 백혈병 집단 발병을 사례로 점 패턴 분석 과정에서 실제로 고려해야 할 여러 문제에 관해서 설명하도록 하겠다. 가드너의 연구(Gardner, 1989)에 따르면, 시스케일에서는 1968~1982년 기간에 4건의 소아 백혈병 사례가 발생하였으며 이는 인구 비례로 보았을 때 일반적으로 예상되는 수준인 0.25건을 크게 웃도는 수준이었다.

이 사건의 원인에 대한 유력한 가설 중 하나는 시스케일 지역의 평균보다 높은 소아 백혈병 발병이 인근에 있는 영국에서 가장 오래된 원자로인 셀라필드(Sellafield) 발전소 및 연료봉 재처리 공장과 관련이 있다는 것이었다. 지역 의사들이 이미 평균보다 높은 수준의 소아 백혈병 발생에 대한 우려를 표명하고 있던 상황에서, 1983년 11월에 원자력 발전소와 백혈병 발병의 인과성을 주장하는 내용을 담은 'Windscale: The Nuclear Laundry'라는 제목의 TV 다큐멘터리 프로그램이 방영되었다. 윈스케일(Windscale)은 셀라필드의 이전 명칭이다. 이 프로그램은 울카트 등(Urquhart et al., 1984)이 수집한 증거들을 바탕으로 제작되었고, 이후 큰 사회적 혹은 과학적 논쟁을 불러일으키며 다양한 학술 및 의학 연구, 상세한 공식 보고서(Black, 1984)로 이어졌다. 공식 보고서는 시스케일 지역의 소아 백혈병 집단 발병이 실제로 발생하였고 단순한 우연의 결과라고 보기 힘들다는 결론을 내렸지만, 집단 발병과 원자력 발전소의 직접적인 관계를 밝혀내지는 못했다.

셀라필드 원자력 발전소 방사선과 백혈병 사망 사이의 직접적인 관련성을 인정하기 힘든 데는 다음과 같은 몇 가지 이유가 있다.

- 시스케일 지역의 방사선 측정치가 유전적 손상을 일으킬 정도로 높아 보이지 않았다.
- 다양한 질병이 특정 지역에서 집단으로 발생하지만, 그 원인이 명확하지 않은 경우가 많다. 뇌수막염(meningitis)이 그런 군집화된 집단 발병의 대표적 사례이다.
- 시스케일 집단 발병의 실제 사례 수(4건)가 너무 작아서 예외적이라고 추론하기 어렵다.
- 원자력 발전소의 방사선이 직접적 원인이라면 발전소 가동 시기와 발병 사이의 시간적 상관관계가 나타나야 하는데, 그러한 시간적 상관관계가 불분명하다.
- 해당 사건과 유사한 형태의 암 집단 발병이 방사선이나 원자력 발전소와 관계없는 지역에서도 발견되고 있었다.
- 마지막으로 많은 산업 분야에서 백혈병 발생과의 관련성이 명확하지 않거나 더 위험할 수 있는

다양한 화학 물질을 사용하고 있다.

시스케일 사건에 대한 보고서는 환경 방사선의 의료 측면에 관한 위원회(Committee on Medical Aspects of Radiation in the Environment: COMARE)의 설립으로 이어졌고, 위원회는 스코틀랜드 북쪽에 있는 던레이(Dounreay)에 위치한 또 다른 원자력 발전소 주변의 사례를 연구하였다. 위원회는 인구 비례를 고려할 때 평균적으로 예상되는 기대 확률이 1건인 던레이 발전소 주변 지역에서 6건의 소아 백혈병 발병 사례가 발생하였다고 보고하였다.

『영국 의학 저널(British Medical Journal)』에 발표된 1987년 보고서는 잉글랜드 남부의 올더마스턴 (Aldermaston)에 있는 영국 원자력 에너지 연구 기구(British Atomic Energy Research) 시설 주변에서 또 다른 집단 발병이 있었다고 발표하였다. 이들 일련의 연구 결과를 토대로 『영국 왕립 통계학 저널(Journal of the Royal Statistical Society, Series A)』은 관련 연구를 특별판(1989, 152권)으로 발간하여, 관련 문제에 대한 논쟁적인 토의를 정리하였다. 이 논쟁은 이후에도 다양한 연구를 통해서 공간 역학 분야에서 지속해서 이어졌다(Bithell and Stone, 1989, Bithell, 1990, Bithell et al., 2008 참조). 대부분의 연구는 결국 시스케일 지역에서 평균을 벗어난 소아 백혈병 집단 발병이 있었음을 인정하고 있지만, 해당 지역의 방사성 오염과 집단 발병 사이의 직접적인 인과 관계를 밝혀내지는 못하였다.

해당 지역의 집단 발병 원인을 다른 곳에서 찾으려는 시도들도 있었다. 킨렌(Kinlen, 1988)은 외부 유입 가설(rural newcomer hypothesis)을 주장하였는데, 셀라필드와 던레이 같은 외진 지역에 새로운 만들어지면서 외부에서 유입된 건설 노동자나 과학자들이 원주민들이 면역력을 갖지 못한 알 수 없는 감염체를 들여왔고 그로 인해서 지역에 집단 발병이 발생했을 수도 있다는 것이다. 가드너 등(Gardner et al., 1990)은 집단 발병과 관련된 사람들의 가족 병력을 조사하여 발표하기도 하였는데, 그를 토대로 일생에 걸쳐 특히 임신 전 6개월 동안 100밀리시버트 이상의 방사선에 노출되면 정자에 돌연변이가 발생하여 백혈병이 발병할 아이를 출산할 확률이 6~8배에 이를 수 있다고 주장하였다. 하지만 그들은 이 가설을 뒷받침할 수 있는 직접적인 의학 증거를 제시하지 못하였으며, 히로시마와 나가사키의 핵 공격 희생자를 대상으로 한 연구에서도 방사선 노출로 인한 유전자 변이가 유전된다는 증거가 발견되지 않았다. 다만 유전학자들은 급성 림프구 백혈병(Acute Lymphatic Leu-kemia)은 유전을 통해 감염될 가능성이 있다고 지적하고 있다.

그 원인이 무엇이든 간에, 셀라필드, 던레이 및 기타 원자력 시설 주변의 암 집단 발병 연구는 언급한 점 패턴 분석의 세 가지 고려사항인 비균질성, 군집 중심점 검정, 군집 탐색의 실제 적용 사례를 잘 보여 주고 있다. 이 고려사항들에 대해서는 다음에서 구체적으로 살펴보도록 하자.

6.5. 비균질성 문제의 처리

점 패턴 공간 분석에서 첫째로 고려하여야 할 문제는 비균질성(inhomogeneity)이다. 사건의 발생 확률이 공간적으로 균일하지 않으면 5장에서 설명한 전통적 통계 검정은 적합하지 않다.

위험 인구가 연구 지역에 고르게 분포되어 있지 않다는 것을 알고 있는 상태에서 소아 백혈병 사망자의 분포 패턴에 군집 경향이 존재하는지를 판단하기 위해서는 비균질성을 반영한 푸아송 작용을 고려한 군집 검정이 필요하다. 이를 위해 표준적인 점 패턴 통계 분석 기법을 수정한 다양한 검정 기법이 고안되어 사용되어 왔다(Cuzick and Edwards, 1990). 가트렐 등의 논문(Gatrell et al., 1996)은 비균질성을 고려한 군집 검정 기법에 대한 훌륭한 기본 소개 자료이고, 컬도르프의 최근 검토 논문 (Kulldorff, 2006)은 비균질성을 고려한 공간 무작위성 검정에 대한 100가지가 넘는 기법들을 열거하고 150개 이상의 문헌을 인용하여 소개하고 있다.

비율을 이용한 접근

셀라필드 지역의 소아 백혈병 문제를 탐구하기 위해 초기 연구자들이 사용한 가장 간단한 접근 방법은 사건 발생 횟수를 위험에 처한 사람들에 대한 비율로 표현하는 것이었고, 이는 직관적으로 매우 당연해 보인다. 위험 인구(at−risk population)에 대비한 사건 발생 비율을 계산하는 것은 단순해 보이지만 그렇게 간단한 문제가 아니다. 위험 인구라는 개념은 특정 사건에 노출된 인구와 사건이 발생한 사례 모두가 특정한 공간 단위로 집계되어 있다는 사실을 전제로 한다. 기본 인구 자료는 대부분 공식적인 인구 조사를 통해 얻어지고, 인구 조사는 조사 기관의 편의에 따라 구획된 공간 단위를 기준으로 이루어진다. 대부분의 인구 조사는 연구 대상이 되는 현상의 공간적 특성과 무관하며, 시간적인 측면에서도 특정 지리적 현상의 발생 시점과 일치하지 않는 경우가 대부분이다. 따라서 우리가 추정한 위험 인구 대비 사건 발생 비율은 계산을 위해 사용된 공간 단위가 무엇이냐에 따라 달라지고, 2.2절에서 설명한 가변적 공간 단위 문제(MAUP)가 필연적으로 발생할 수밖에 없다.

비균질성과 가변적 공간 단위의 문제는 시스케일 집단 발병에 관해 란셋(The Lancet)의 편집장에게 보낸 초기 검토 의견들에 잘 설명되어 있다. 텔레비전 프로그램에서 제기된 주장에 대해 비판하면서, 크래프트와 버치(Craft and Birch, 1983)는 영국 북서부 지역을 다섯 개의 임의적 공간 단위로 분할하여 1968년에서 1982년 사이 15세 미만 어린이 인구 대비 모든 암 및 백혈병 발생 건수 비율을 계산하였다. 그 결과를 토대로 그들은 넓은 공간 단위에서는 해당 텔레비전 프로그램에서 주장한 바와 같은 비정상적인 집단 발병을 확인할 수 없었으며, 그 프로그램에서 주장한 집단 발병 군집은 푸아송 분포 특징을 보이는 현상에서 우연히 발생할 수도 있다고 지적하였다. 반면 1961년과 1971년 영국 인구 조사 자료와 해당 시기 25세 이하 인구 백혈병 사망률에 대한 데이터를 분석한 연구를 통해, 가드너와 윈터(Gardner and Winter, 1984)는 컴브리아(Cumbria) 지역을 14개 지방 자치 구역으로 구분하고 1959~1967년 및 1968~1978년 기간 사망률을 비교하였다. 그 결과, 셀라필드 발전소 인근의 한 지역에서 1968~1978년 기간 사망률이 평균 기댓값의 약 9.5배에 달한다고 보고하여, 해당 지역에 비정상적인 백혈병 집단 발병이 발생하였음이 사실이라고 주장하였다.

란셋의 편집장에게 보낸 또 다른 편지에서 텔레비전 프로그램에 소개된 연구 결과를 옹호하는 학자들은 크래프트와 버치가 사용했던 것보다 세밀한 공간 단위에서는 비정상적인 집단 발병이 확인된다고 주장하였다. 그들은 또 특정한 집단 발병이 우연히 발생할 수도 있다는 크래프트와 버치의 주장이 그 집단 발병이 어떤 특정한 원인에 의해서 발생하였다는 사실을 부정하는 증거가 될 수 없다고 반박하였다(Urquhart et al., 1984). 이러한 주장은 로이드 등(Lloyd et al., 1984)이 역학자들(epidemiologists)이 "원인 불명"을 너무 쉽게 "우연히 발생"한 것으로 해석하는 경향이 있다고 비판한 것과 일맥상통한다. 이러한 비판을 근거로 크래프트 등(Craft et al., 1984)은 가능한 가장 작은 공간 단위인 조사 구역(Census Ward, 1981년 기준 675개 구역)을 사용하여 백혈병 사망률을 다시 계산하였는데, 그 결과 셀라필드 발전소에서 가장 가까운 마을인 시스케일에서 가장 높은 푸아송 확률(p= 0.0001)이 도출되었다. 그러나 저자들이 지적했듯이, 공간 단위가 너무 작은 경우에는 이 외에도 많은 공간 단위에서 평균보다 높은 비정상적인 소아 백혈병 집단 발병이 나타날 수 있다. 그들은 "총인구 대비 평균 발생률이 백만 명당 106명인 소아 백혈병과 같은 희소 질환을 대상으로 너무 작은 공간 단위를 분석 단위로 하면 그러한 문제의 발생이 불가피하다"고 주장하였다.

분석을 위해서 선택된 공간 단위의 공간적 해상도가 높을수록, 즉 더 작은 공간 단위를 분석 대상으로 사용할수록 사건의 군집화 경향은 더 명백하게 나타난다. 그런데 문제는 분석 대상 공간 단위가 작은 경우, 비율 계산에서 사용되는 평균 사례 수가 적기 때문에 어떤 사례를 포함할지 말지가 분석 결과에 큰 영향을 미치게 된다는 점이다. 크래프트 등의 1984년 연구를 검토하면서, 울카트와 커틀러(Urquhart and Cutler, 1985)는 연구 대상 기간을 조정하면서 6~7개의 추가 사례를 발견하고, 그에 따라 일부 지역의 발병률이 이전 연구와 다를 수 있다고 주장하였다. 하지만 그 주장에 대해서는 반박이 이어졌다(Craft et al., 1985; Gardner, 1985). 그 세부적인 내용은 중요하지 않지만, 우리가 기억해야 할 것은 발병률의 계산에서 어떤 세부 질병 항목을 포함할지와 언제부터 언제까지의 발병 사건을 포함할지를 결정하는 것이 분석 데이터의 차이로 나타나게 되고, 그 차이는 분석 대상 공간 단위가 작을수록 즉 공간 해상도가 클수록 매우 극명하게 드러난다는 점이다.

결국 임의의 공간 영역을 단위로 비율(예를 들어, 발병률)을 추정함으로써 비균질성 문제를 해결하려는 것은 생각처럼 그리 단순하지도 유용하지도 않다. 가변적 공간 단위의 문제가 필연적으로 발생하고, 공간 해상도를 어떻게 정하는가 혹은 연구 대상 기간을 어떻게 정하는가에 따라서 그 결과가 크게 달라질 수 있기 때문이다. 게다가 앞의 집단 발병 사례에서처럼 사건의 수가 크지 않으면 그 불안정성은 더 극명하게 나타난다. 지리학적 관점에서 볼 때 더 큰 문제는 이 접근법을 사용하면 사건의 공간적 분포에서 얻을 수 있는 위치 정보가 전혀 사용되지 않고 무시된다는 점이다.

커널 밀도 추정(KDE) 접근법

커널 밀도 추정(Kernel Density Estimation: KDE)에 대해서는 3.6절에서 개략적으로 설명하였다. 커널 밀도 추정은 모든 지점 주위로 일정 대역폭(bandwidth)의 커널을 설정하여 공간 작용의 국지적 강도를 추정하는 기법인데, 문제는 위험 인구의 공간적 변이를 바로잡기 위해서 이 기법을 사용할 수 있는지다. 점 객체로 표현되는 질병 발생 사례의 경우, 표준 커널 밀도 추정을 사용하여 질병 발생 강도의 공간적 분포를 쉽게 추정할 수 있다. 하지만 위험 인구의 경우는 일반적으로 특정 공간 단위(예를 들어, 행정 구역)로 집계되기 때문에 커널 밀도 추정을 적용하기 어렵다. 베일리와 가트렐(Bailey and Gatrell, 1995, pp.126−128)은 각 공간 단위의 대표 지점, 예를 들어 중심점(Centroid)에 위험 인구를 할당하고, 그 점들에 커널 밀도 추정 기법을 적용하여 위험 인구 강도의 공간적 분포를 추정하는 방법을 제안하기도 하였다. 이 접근법은 단위 지역 내에 다양하게 분포한 위험 인구를 단일 지점에 할당한다는 한계가 있지만, 그런데도 사건 및 위험 인구를 커널 밀도로 추정할 수 있어서 위험 인구를 이용해 보정한 질병 발생 강도를 비교적 쉽게 추정할 수 있다.

비텔(Bithell, 1990)은 셀라필드 주변의 백혈병 집단 발병 사례를 대상으로 커널 밀도 추정 기법을 적용하여 위험 인구 대비 백혈병 발생률을 추정하였다. 커널 밀도 추정으로 얻은 발병 비율 분포를 동일한 방식으로 얻어진 위험 인구 분포로 나누는 방식으로 가변적 공간 단위의 문제를 해결한 것이다. 물론 이때도 커널 밀도 추정에 적용할 커널의 형태와 대역폭의 크기를 어떻게 지정할 것이냐의 문제가 남는다. 상식적으로는 같은 형태와 크기의 커널을 사용하는 것이 보통이라고 생각할 수 있지만, 베일리와 가트렐은 위험 인구의 밀도 추정에 더 큰 대역폭을 적용하는 것이 더 효과적이라고 제안하였고, 비델은 다양한 크기의 커널을 적용하여 상대적 위험률 분포를 작성하여 비교하기도 하였다. 이외에도 커널 밀도 추정을 이용하여 비균질성 문제를 해결하는 다양한 시도들이 있었고, 대부분 GIS 환경에서 쉽게 구현된다(Baddeley et al., 2000; Schabenberger and Gotway, 2005 Perry et al., 2006; Bivand et al., 2008 등 참조).

사례/대조군 접근법

잠재적 위험 인구 집단이 면 단위로 집계된 데이터가 아니라 점 데이터로 확보되었을 때 밀도 추정 기법을 사용하는 것은 지나친 단순화의 우려가 있다. 전형적인 사례는 점 패턴 형태의 "사례(Case)" n_1의 집합과 무작위로 선택된 "대조군(Control)" n_2의 집합이 같은 점 데이터로 확보된 경우이다. 대조군과 비교하였을 때 사례에서 명확한 군집 패턴이 나타나지 않는다면, 그것이 사례와 대조군에서 추출된 무작위 표본과 다르지 않다고 결론 내릴 수 있다. 여기서 귀무가설은 모든 개별 사례, n_1+n_2가 사례 또는 대조군으로 무작위 분포한다는 것이다. 이것이 사실이라면 모든 개별 사례의 K 함수(5.2절 그림 5.11과 5.12 참조)가 같아야 한다(수식 6.1).

$$K_{11}(d) = K_{22}(d) = K_{12}(d) \qquad (6.1)$$

측정된 데이터에서 K 함수를 추정하였을 때 사례들의 분포가 대조군과 비교해 군집 분포한다면, 추정된 K 함수의 차이 $D(d)=K_{11}(d)-K_{22}(d)$를 표현한 지도에서는 울퉁불퉁한 굴곡이 나타나게 된다. 사례 대조군 분석의 통계적 검정 과정은 비교적 단순하다. 사례와 대조군을 무작위로 선택하여 분석을 수행하고, 그 과정을 필요한 만큼 반복하여 $D(d)$의 최대-최솟값 범위를 구하는 방식으로 수행된다. 셀라필드 집단 발병에 대한 사례 대조군 연구는 가드너 등의 연구(Gardner et al., 1990)가 대표적이다. 랭커셔 서부와 중부 지역의 소아 백혈병 발병 사례를 대상으로 가트렐 등(Gatrell et al., 1996)은 사례 대조군 접근법을 사용하여 단순 점 지도에서는 질병의 분포 패턴이 군집 분포하는 것으로 보이지만, 대조군과 비교하였을 때는 통계적으로 유의한 군집 패턴이 드러나지 않는다는 것을 증명한 바 있다.

6.6. 중심 지역 접근법

실제 점 패턴 분석에서 고려해야 할 두 번째 문제점은 특정 지점이나 노선, 영역 주변에서 군집 발생 사례를 찾을 때 발생한다. 앞에서 살펴본 소아 백혈병 집단 발병 문제에서 가설은 원자력 시설 인근에 발병이 집중되어 있는지다.

히스먼 등은 던리 집단 발병에 대한 공청회에 제출한 자료(Heasman et al., 1986)에서 중심 지역 접근법(Focused approach)을 사용하였다(그림 6.3 참조). 원자력 발전소를 중심으로 주변 지역을 반경 12.5km 이내, 12.5~25km 및 25km 초과 스코틀랜드 나머지 지역으로 나누고, 시기를 1968~1973년, 1974~1978년 및 1979~1984년으로 구분하여 발병 건수를 조사하였다. 비균질성을 고려하기 위한 위험 인구 통계는 1971년과 1981년 인구 조사 결과를 조사구역의 중심점에 할당하였다.

실제로 보고된 발병 건수와 위험 인구를 기준으로 계산된 기대 건수는 표 6.1에 제시되어 있다. 그 결과에 따르면 원자력 시설 반경 12.5km 이내 인근 지역의 집단 발병은 1979~1984년 기간의 경우만 확인할 수 있으며 발병 건수가 기대 건수의 거의 10배에 달한다는 것을 보여 준다.

이 사실만으로는 원자력 시설 인근에 집단 발병이 집중된 것으로 보이지만, 지리학적 또는 통계학적 관점에서는 그 가설에 대한 신뢰성이 충분히 확보되었다고 보기 힘들다. 우선 지리학적으로 발병 건수를 측정한 반경 거리가 임의적이어서 가변적 공간 단위 문제가 여전히 존재한다는 점을 지적할 수 있다. 둘째로는 중심점인 원자력 시설에서부터 멀어지면서 일종의 거리 조락 효과가 존재할 것이고, 그것이 분석에 반영되어야 한다는 점이다(Diggle, 1990). 셋째로 가장 심각한 문제는 중심 지역 접근법이 사후 검정일 수밖에 없다는 사실이다. 발병 데이터가 이미 확보된 상황에서 연구자는 임의로

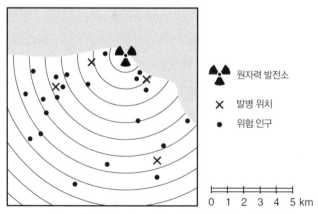

그림 6.3 중심 지역 기준 군집 분석 개요(던레이 공청회 자료)

표 6.1 던리 원자력 시설 주변의 시기, 거리별 발병 건수와 기대 건수 (출처: Heasman et al., 1986)

시기	거리	발병 건수	기대 건수
1968~1973	<12.5km	0	0.17
	12.5~25km	0	0.17
	이외 지역	2	0.41
1974~1978	<12.5km	0	0.5
	12.5~25km	0	0.44
	이외 지역	0	1.12
1979~1984	<12.5km	5	0.51
	12.5~25km	1	0.45
	이외 지역	1	1.15

원자력 시설이 그 원인으로 의심되는 중심 지점으로 설정하였다. 하지만 원자력 시설이 아닌 다른 지점을 중심 지점으로 설정하면 어떻게 될까? 이상적으로 중심 지역 접근법을 사용하기 위해서는 데이터를 수집하기 전에 다양한 중심 지점을 설정하고 그 타당성을 평가한 뒤 각각에 대해 데이터를 수집하는 작업이 필요하지만, 현실적으로 그 과정을 수행하기는 매우 어렵기 때문이다.

6.7. 군집 탐지: 스캔 통계

실제 점 패턴 분석에서 고려해야 할 세 번째 문제는 연구자의 관심이 일반적인 전역적 군집 검정이나 특정 지점 주변의 군집 발생 여부가 아니라, 연구 대상 지역의 어느 부분에서 특이한 군집이 나타나는지를 찾아내는 것일 경우이다. 이러한 목적의 점 패턴 분석을 군집 탐지(Cluster Detection)라고 한다.

지리 분석기

점 패턴에서 유의미한 군집을 찾으려면 몇 가지 전제 조건이 필요하다. 우선 군집 발생 여부를 판단하기 위해 점 패턴의 속성을 평가하는 방법이 있어야 하고, 그 적용을 위한 공간 축척이 결정되어야 한다. 둘째로는 1차 효과의 비균질성을 보정할 수 있는 메커니즘이 필요하다. 마지막으로 군집 탐지 결과를 귀무가설에 대비하여 통계적 유의성을 평가하기 위한 검정 방법이 수반되어야 한다.

오픈쇼 등(Openshaw et al., 1987; 1988)은 당시 급속히 발전하고 있던 지리 정보 처리 기술을 활용하여 위 세 가지 조건을 충족하는 분석 도구인 지리 분석기(Geographical Analysis Machine, 이하 GAM)를 고안하여 북부 잉글랜드 지역의 소아 백혈병 분포 분석에 적용하였다. 제안 당시에는 이 접근법의 유효성에 대한 상당한 논란이 있었으나, 그에 대해서는 여기에서 구체적으로 언급하지 않겠다. GAM 접근 방식은 순수한 통계적 가설 검정 방식과는 달리 당시 급속히 발전하고 있던 GIS 기술을 적용한 컴퓨터 분석 기법에 해당한다. 최근에는 공간 분석에서 전산화 접근법이 일반적으로 많이 사용되고 초기에 제기되었던 비판들이 대부분 해소된 상황이다. 공간 분석에서 활용되는 전산화 접근법에 대해서는 12장에서 다시 구체적으로 다루도록 한다.

GAM은 원래 점 패턴에서 자동으로 군집을 탐지하는 기능을 구현한 것으로 지리적 시각화(Geovisualization, 3.2절), 다양한 대역폭의 커널 밀도 지도화(3.6절) 및 몬테카를로 유의성 검정(5.4절) 기능을 포함한다. 중요한 것은 GAM을 이용하면 이전 절에서 설명한 중심 지역 접근법의 한계, 즉 특정 중심 지점을 가정한 군집 검정이라는 문제를 극복할 수 있다는 점이다. GAM은 전체 연구 영역을 대상으로 가능한 모든 중심점에 대해서 반복적으로 군집 탐지를 수행한다는 특성을 가지며, 그 기본 절차는 다음과 같다.

1. 연구 지역 전체(사례의 경우, 잉글랜드 북부 전 지역)를 2차원 격자로 변환하고, 각 격자는 모든 가능한 군집의 중심점이 된다.

2. 각 격자는 일련의 반경 거리를 설정하여 사건(예를 들어, 발병 사례)을 검색하는 기준이 된다.

3. 각 격자를 기준으로 일정 반경 거리(예, 1.0, 2.0, …, 20km)의 원 영역을 생성한다. 반경 거리는 군집의 크기가 다양할 수 있다는 점을 고려하여 다양하게 설정한다(사례의 경우, 총 704,703개의 원 영역이 사용되었다.)

4. 각 원 영역마다 1968~1985년 기간 백혈병으로 사망한 0~15세 인구수를 집계한다. 각 사망자의 위치는 우편 번호에 따라 100m 공간 해상도로 할당한다. 그 결과는 3.6절에서 설명한 표준 커널 밀도 추정의 결과와 같다.

5. 각 원 영역마다 집계된 결과를 모집단 기댓값과 비교하여 특정 밀도 임계치를 초과하는지 확인한다. 오픈쇼 등의 연구는 1981년 영국 인구통계국의 집계구 단위 인구 자료를 사용하였다. 집계구 인구는 각 집계구의 센트로이드 중심점에 할당하는 방식으로 각 원 영역의 어린이 위험 인구를 집계하는 데 사용되었다. 연구 대상 지역에서는 총 16,237개의 집계구에 걸쳐 2,855,248세대에 1,544,963명의 어린이 인구가 분포하고 있었다. 집계구의 센트로이드 중심점은 영국 육지

측량부 100m 표준 격자에 따라 할당하였다. 어린이 위험 인구 통계를 사용해 발병 위험 분포의 공간적 비균질성을 보정하였다.

6. 원의 발병률이 설정된 임계치를 초과하는 경우 해당 원을 지도에 표시한다. 오픈쇼 등은 연구 지역의 1981년 어린이 위험 인구 154만 명 중에서 853명을 무작위로 선택하여 백혈병 사망자로 지정하는 시뮬레이션을 199회 반복하여 그 결과를 평균하여 계산하였다. 그 결과, 99% 신뢰 수준에서 총 704,703개 중 약 0.5%인 3,602개의 원 영역이 시뮬레이션을 통계 예측한 임계치보다 높은 어린이 백혈병 사망률을 보인 것으로 나타났다.

해당 연구에서는 격자 크기를 원 반경의 0.2배가 되도록 하여, 인접한 원들이 중첩되도록 설계하였다. 그를 통해 연구 지역 전체에 걸쳐서 다양한 크기의 원 영역이 서로 중첩되어 가능한 군집을 다양한 크기에서 탐색할 수 있도록 하였다. 그림 6.4는 원자력 시설과 어린이 백혈병 사례의 분포 지도 위에 특정 반경의 원들이 반복적으로 중첩된 형태를 예로 보여 준다. 실제로 GAM을 실행할 때는 그림에서보다 더 많은 원이 사용되었지만, 독자의 이해를 위해 그 수를 절반으로 줄여 지도로 표현한 것이다.

GAM을 이용한 군집 탐지의 최종 결과는 질병 발생률이 임계치를 초과하는 "유의미한 원 영역(significant circles)"을 지도로 표현한 것이다. 그림 6.4에서 굵은 선으로 표시된 6개의 원이 GAM을 이용해 탐지된 군집들이다. 실제 연구에서 탐지된 군집들은 이보다 훨씬 많지만, 지도에 표현하기에는 너무 복잡하여 표 6.2에 정리하였다.

해당 연구는 매우 엄격한 기준인 99.8% 신뢰 수준(99% 신뢰 수준보다 5배 많은 시뮬레이션이 필요

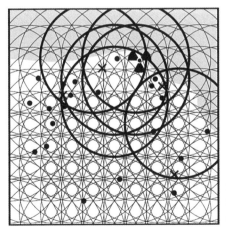

그림 6.4 GAM 분석을 위한 원 영역 버퍼 중첩 예시. 발병률이 임계치를 초과한 집단 발병 의심 군집은 굵은 선으로 강조하여 표시하였다.

표 6.2 GAM 분석 결과 요약: 잉글랜드 북부 소아 백혈병 사례

버퍼 반경	버퍼 원 개수	신뢰수준별 집단 발병 의심 군집 개수	
		99%	99.8%
1	510,367	549	164
5	20,428	298	116
10	5,112	142	30
15	2,269	88	27
20	1,280	74	31

함)에서도 셀라필드 지역에 집단 발병으로 의심되는 군집이 있음을 확인하였다. 또한 게이츠헤드(Gateshead) 마을을 중심으로 한 타인사이드(Tyneside) 지역에서는 셀라필드 지역에서보다 더 큰 규모의 발병 군집이 탐지되었는데, 해당 지역은 원자력 시설이나 방사선 노출과는 관련이 없는 곳이었다. 이 두 지역을 제외하고는 유의미한 군집이 거의 발견되지 않았다.

GAM을 이용한 군집 탐지에서 유의하여야 할 통계학적 문제점이 몇 가지 있다. 그중 가장 중요한 것은 반복 유의성 검정의 수행과 관련된 문제이다. 기본적으로 통계적 유의성 검정에서 99% 신뢰 수준이라는 것은 1%의 오류 가능성을 암시한다. 따라서 앞의 사례에서 510,000개의 원 영역을 대상으로 99% 신뢰 수준에서 유의성 검정을 시행하면, 그 1%에 해당하는 약 5,000개의 원 영역은 실제 질병 발생 패턴과 관계없이 유의미한 군집으로 판정될 수도 있다는 것이다. 따라서 GAM 분석은 축척이 클 때, 즉 반경이 작은 원을 사용할 때 축척이 작을 때보다 기댓값보다 더 작은 수의 군집을 감지하는 경향이 있다. 그 이유는 사례에 따라서 다양할 수 있지만, 군집 탐지를 위해서 사용하는 원의 중첩 역시 중요한 요인 중의 하나로 보인다. 중첩된 원 영역들을 이용해 유의성 검정을 수행하기 때문에 개별 유의성 검정이 상호 독립적이지 않고, 결과적으로 군집이 과잉 탐지되는 경향으로 나타나는 것이다. 따라서 GAM을 이용한 군집 탐지 결과를 해석할 때는 그 신뢰 수준을 있는 그대로 통계적으로 해석하는 것보다는 시뮬레이션 결과와 비교하여 다양한 버퍼 반경에서 나타나는 탐지 결과를 비교하여 효과적인 군집 탐색 반경을 찾아내는 도구로 활용하는 방안도 고려할 만하다. 즉 GAM 분석 결과를 탐색적 데이터 분석 도구의 하나로 사용할 수 있다는 것이다.

GAM 분석을 위해서는 매우 복잡한 컴퓨터 반복 계산이 필요하다는 점도 주목해야 한다. 오픈쇼 등의 1987, 1988년 연구에서는 GAM 분석을 수행하기 위해 슈퍼컴퓨터(Amdahl 5860 모델)를 사용하여 6.5시간 이상이 소요되었다. 더 다양한 반경 거리를 사용하여 원 영역의 중첩을 확대하였을 때는 같은 슈퍼컴퓨터로 수행하는 데 26시간이 걸렸다. 물론 당시에 비교해서 최근에는 컴퓨터의 속도와

유연성이 급속도로 향상되었기 때문에 GAM 분석을 위해서 반드시 고성능 슈퍼컴퓨터를 사용해야 하는 것은 아니지만 여전히 복잡한 컴퓨터 반복 계산이 필요하므로 일반적인 개인용 컴퓨터에서 수행하기에는 부담이 따르는 현실이다. 하지만 최근의 컴퓨터 성능 발달에 따라 GAM 접근법을 이용한 다양한 군집 탐지 분석 기법들이 고안되었고, 그 기법들을 통칭하여 스캔 통계(Scan statistics)라고 한다(Kulldorff and Nagarwalla, 1995; Kulldorff, 1997). 대표적인 예로, 러쉬턴이 고안한 DMAP는 GAM과 유사한 접근법을 사용하지만, 사용자가 군집 탐색을 위한 축척 수준을 지정할 수 있도록 하는 기법이다(Rushton and Lolonis, 1996).

영국 리즈 대학 전산지리센터(Centre for Computational Geography)의 최근 연구는 MAPEX(MAP Explorer)와 STAC(Space Time Attribute Creature)라는 도구를 고안하여 유전 알고리즘(Genetic Algorithm, 12.3절 참조)을 사용하여 GAM 아이디어를 다양한 분야에 활용하고자 시도하였다. 모든 버퍼 반경을 사용하여 검정을 진행하는 GAM과 달리, MAPEX와 STAC는 군집이 탐지되면 해당 반경이나 지역에 탐색을 집중한다는 면에서 '인공지능' 요소가 일부 반영되어 있다고 할 수 있지만, 기본적으로는 GAM과 거의 같은 방식으로 작동하며 낮은 컴퓨터 성능으로도 수행할 수 있다는 장점이 있다.

결론적으로 점 패턴 분석을 위한 일반적 도구들로만 이루어진 보통의 GIS 소프트웨어는 단순한 점 패턴 분석을 빼고는 심층적인 공간 통계 분석에는 그다지 유용하지 않다고 할 수 있다. 시스케일/셀라필드 소아 백혈병 집단 발병 분석 사례에서 알 수 있듯이 공간적 비균질성이 예상되는 경우 군집의 존재 여부를 감지하고 데이터를 통해 군집의 위치를 탐지하는 것은 매우 복잡하고 어려운 문제이다. 따라서 그러한 복잡한 점 패턴의 분석을 위해서는 베이들리의 SpatStat 시스템(Baddeley and Turner, 2005)과 같이 R 프로그래밍 환경(Bivand etc., 2008)에서 구현 가능한 공간 통계 전문 소프트웨어가 필요한 경우가 많다. 르빈이 고안한 CrimeStat III는 R보다 유연성이 떨어지기는 하지만 조금 더 사용하기 쉬운 대안을 제공하기도 한다(Levine, 2004).

6.8. 밀도와 거리 활용: 근접 폴리곤

앞에서 논의한 쟁점은 기본적으로 지리적 공간이 균질적이지 않기 때문에 군집 발생의 존재 여부를 판단하기 위해서는 연구 영역의 각 위치에서 서로 다른 기준을 적용해야 한다는 점을 지적한 것이다. 이 점은 예를 들어, GAM 접근법에서 다양한 "신뢰 수준" 임계치를 적용하는 이유이기도 하다.

이러한 맥락에서 점 패턴 분석에서 지리 공간의 비균질성 문제를 해결하는 방안으로 제안된 최근 연구를 검토해 볼 필요가 있다.

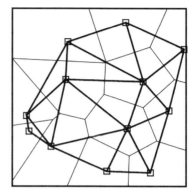

공간의 비균질성 문제를 해결하는 방안으로 근래에 제안된 분석 기법 중에는 근접 폴리곤(Proximity Polygons)과 델로네 삼각망(Delaunay Triangulation)을 이용한 점 패턴 분석이 있다. 2.3절에서 설명한 대로 어떤 점 객체의 근접 폴리곤은 그 지점부터의 거리가 다른 지점들로부터의 거리보다 가까운 영역을 구획한 것이다. 점 패턴의 개별 사건(위치)에 이아이디어를 적용하면 그림 6.5와 같은 근접 폴리곤을 구성할

그림 6.5 점 패턴 분석을 위한 근접 폴리곤과 델로네 삼각망

수 있다. 그림 6.5는 그림 5.7의 점 패턴에 대해서 근접 폴리곤을 작성하고, 근접 폴리곤이 면(edge)을 접하고 있는 사건들을 쌍으로 연결하여 구성한 델로네 삼각망을 보여 준다.

점 패턴 분석에서 근접 폴리곤과 델로네 삼각망을 활용하는 이유는 그것을 이용해 점 패턴의 어떤 특성을 측정할 수 있기 때문이다. 예를 들어, 근접 폴리곤의 면적 분포는 사건의 균등 분포 정도를 반영한다. 즉 근접 폴리곤의 면적이 모두 비슷하면 사건이 균등하게 분포되어 있음을 의미하는 것이다. 반대로 폴리곤 면적이 다양한 경우 작은 폴리곤이 모여 있는 지역은 사건이 밀집된 군집에 있을 가능성이 크고, 근접 폴리곤이 크다는 것은 사건과 인접한 사건 사이의 거리가 멀다는 것을 의미한다. 델로네 삼각망에서 특정 사건의 인접 사건 수 역시 점 패턴 분석에 유용하게 활용할 수 있다. 근접 폴리곤과 마찬가지로 삼각망의 모서리 길이는 점 사건이 얼마나 균등하게 분포하는지(또는 그렇지 않은지)를 판단하는 데 활용할 수 있다. 점 패턴 분석에서 근접 폴리곤과 델로네 삼각망의 활용에 대해서는 빈센트 등과 오카베 등의 연구에서 자세히 설명하고 있다(Vincent et al., 1976; Okabe et al., 2000).

델로네 삼각망을 응용한 또 다른 분석 도구가 두 가지 있는데 그 특성은 점 패턴 분석에서도 유용하게 활용할 수 있다. 그림 6.6의 왼쪽 그림은 가브리엘 그래프(Gabriel Graph)라고 불리는데, 델로네 삼각망에서 근접 폴리곤의 변과 직교하지 않는 링크를 제거한 단순화된 삼각망이다. 그림 6.5와 비교하면 그 작성 원리를 쉽게 이해할 수 있다.

오른쪽 그림은 같은 점 집합의 최소 스패닝 트리(Minimum Spanning Tree)이다. 최소 스패닝 트리는 델로네 삼각망에서 링크를 통해 모든 점을 연결하였을 때 그 길이의 합이 가장 작은 경우를 선택한 것으로, 최근린 쌍을 연결하는 링크들로 구성된다.

실제 연구에서는 가브리엘 그래프보다 최소 스패닝 트리가 더 많이 사용되는데, 최소 스패닝 트리의 총길이가 점 패턴에 속성에 대해 유용한 정보를 제공하여 평균 최근린 거리의 대안으로 활용될 수 있기 때문이다. 그림 6.7은 그림 5.7의 점 패턴에서 서로 연결된 점 군집을 임의로 이동하였을 때를 가정하여 평균 최근린 거리와 최소 스패닝 트리 통계의 차이를 비교하여 보여 준다. 그림 6.7의 오른쪽 그림과 같이 기존 점 패턴에서 점 군집을 임의로 이동하더라도 (실선으로 표현된) 각 사건의 최근린은 똑같으므로 평균 최근린 거릿값은 변하지 않는다. 하지만 최소 스패닝 트리는 모든 사건을 최근린으로 연결해야 한다는 조건 때문에 이동한 점 군집 사이의 거리를 반영하여 그림 6.7의 왼쪽 그림에서 점선으로 표시된 형태에서 오른쪽 그림에 표시된 형태로 변경된다. 즉 점 패턴에서 이런 유형

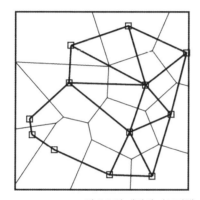 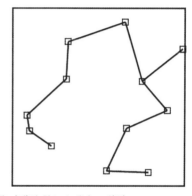

그림 6.6 점 패턴의 가브리엘 그래프(좌)와 최소 스패닝 트리(우)

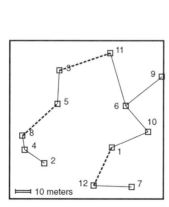 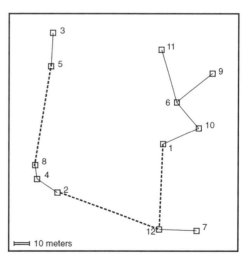

그림 6.7 점 패턴에서 군집을 임의로 이동하였을 때 최소 스패닝 트리의 변화

의 위치 변화가 있을 때 평균 최근린 거리는 그 차이를 반영하지 못하지만, 최소 스패닝 트리의 총거리는 그 차이를 반영한다는 것이다.

지리 현상의 국지적인 비균질성이 문제가 되는 다른 점 패턴 측정 기법과 달리, 근접 폴리곤이나 델로네 삼각망을 이용한 근린 관계는 "가장 가까운 이웃"이나 "50m 이내"와 같은 고정된 기준 대신에 국지적인 패턴을 반영하여 측정된다. 근접 폴리곤을 이용한 기법의 이 특징은 국지적으로 지리적 현상의 발생률이 높은 지역을 찾을 수 있다는 점에서 새로운 군집 탐지 기능을 개발하는 데 유용하게 활용될 수 있을 것이다. 지리학 연구에서 군집 탐지 방법으로 근접 폴리곤을 사용하는 도구는 아직 본격적으로 개발되지는 못했지만, 관련 기술은 기계 학습과 시각화 연구에서는 오랜 연구 전통이 있는 기술이다(Ahuja, 1982 참조). 핵심적인 이슈는 배경 1차 효과 혹은 위험 인구 특성을 어떤 방식으로 근접 폴리곤 테셀레이션의 국지적으로 속성으로 계량화하는가 하는 문제이다.

6.9. 거리 행렬과 점 패턴 분석

마지막으로 2.3절에서 소개한 거리 행렬(Distance matrix)을 점 패턴 분석에 활용하는 방법에 대해서 간단히 살펴보자. 먼저 점 패턴 S에 대해 각 사건 사이의 물리적 거리를 계산하여 거리 행렬 $D(S)$를 만들었다고 가정하자. 다음 행렬(6.2)은 그림 5.7의 점 패턴에 대해 산출한 거리 행렬이다.

사건의 수가 12개인 단순한 점 패턴임에도 매우 복잡한 거리 행렬이 생성된다. 행렬의 주대각선 값은 각 사건과 그 자신과의 거리이기 때문에 0이 되고, 방향과 관계없이 사건 간 거리는 같으므로 행

$$
\mathbf{D}(S) = \begin{bmatrix}
0 & 44.9 & 59.6 & 56.8 & 44.9 & 27.9 & 28.1 & 58.5 & 55.2 & 25.6 & 59.6 & 26.8 \\
44.9 & 0 & 59.6 & 15.6 & 38.6 & 64.1 & 58.6 & 22.6 & 93.9 & 70.2 & 81.7 & 34.8 \\
59.0 & 59.6 & 0 & 55.0 & 21.1 & 48.7 & 87.5 & 47.6 & 67.0 & 69.6 & 35.0 & 76.2 \\
56.8 & 15.6 & 55.0 & 0 & 36.1 & 71.4 & 73.6 & 9.0 & 100.5 & 81.1 & 82.7 & 50.3 \\
44.9 & 38.6 & 21.1 & 36.1 & 0 & 44.4 & 71.4 & 30.3 & 70.1 & 61.6 & 47.0 & 56.8 \\
27.9 & 64.1 & 48.7 & 71.4 & 44.4 & 0 & 51.4 & 69.6 & 29.8 & 21.9 & 34.6 & 54.6 \\
28.1 & 58.6 & 87.5 & 73.6 & 71.4 & 51.4 & 0 & 78.0 & 72.2 & 36.4 & 85.6 & 24.8 \\
58.5 & 22.6 & 47.6 & 9.0 & 30.3 & 69.6 & 78.0 & 0 & 97.9 & 81.6 & 77.2 & 55.9 \\
55.2 & 93.6 & 67.0 & 100.5 & 70.1 & 29.8 & 72.2 & 97.9 & 0 & 35.8 & 36.7 & 81.7 \\
25.6 & 70.2 & 69.6 & 81.1 & 61.6 & 21.9 & 36.4 & 81.6 & 35.8 & 0 & 55.3 & 49.1 \\
59.6 & 81.7 & 35.0 & 82.7 & 47.0 & 34.6 & 85.6 & 77.2 & 36.7 & 55.3 & 0 & 84.3 \\
26.8 & 34.8 & 76.2 & 50.3 & 56.8 & 54.6 & 24.8 & 55.9 & 81.7 & 49.1 & 84.3 & 0
\end{bmatrix}
$$

(6.2)

렬은 대각선을 중심으로 대칭이다. 행렬의 각 행은 한 사건에서 다른 사건까지의 거리를 나열할 것이고, 그중 최단 거리 즉 최근린 거리는 밑줄로 표시되어 있다. 따라서 사건 #1(1행)의 최근린 거리는 25.6이다. 따라서 거리 행렬 6.2에서 밑줄 친 12개 값을 이용하면 점 패턴의 평균 최근린 거리와 G 함수를 계산할 수 있다.

점 패턴의 최근린 분석만을 위해서는 복잡한 거리 행렬이 필요하지 않다. 사건의 수가 많은 대용량 데이터의 경우 거리 행렬의 크기가 기하급수적으로 커지기 때문에 거리 행렬이 적합하지 않다. 예를 들어, 사건의 수가 100개인 점 패턴에서는 4,950개, 사건 수가 1,000개인 점 패턴에서는 499,500개의 사건 간 거리가 필요하기 때문이다. 최근린 분석에 적절한 데이터 구조에 대해서는 다른 GIS 서적에서 자세히 설명하고 있다(Worboys, 1995, pp.261−267 참조).

물론 K 함수 계산 같은 경우에는 거리 행렬의 작성이 필수적이다. $K(d)$를 계산하기 위해서는 거리 행렬 $D(S)$를 인접성 행렬(Adjacency matrix) $A_d(S)$로 변환해야 하는데, 이때 인접성은 특정 거리 d를 기준으로 측정한다. 행렬 6.2에서 기준 거리 d가 50이라면 거리 행렬 $D(S)$는 6.3과 같은 인접성 행렬로 변환된다.

$$\mathbf{A}_{d=50}(S)=\begin{bmatrix} 0 & 1 & 0 & 0 & 1 & 1 & 1 & 0 & 0 & 0 & 0 & 1 \\ 1 & 0 & 0 & 1 & 1 & 0 & 0 & 1 & 0 & 0 & 0 & 1 \\ 0 & 0 & 0 & 0 & 1 & 1 & 0 & 1 & 0 & 0 & 1 & 0 \\ 0 & 1 & 0 & 0 & 1 & 0 & 0 & 1 & 0 & 0 & 0 & 0 \\ 1 & 1 & 1 & 1 & 0 & 1 & 0 & 1 & 0 & 0 & 1 & 0 \\ 1 & 0 & 1 & 0 & 1 & 0 & 0 & 0 & 1 & 1 & 1 & 0 \\ 1 & 0 & 0 & 0 & 0 & 0 & 0 & 0 & 0 & 0 & 0 & 1 \\ 0 & 1 & 1 & 1 & 1 & 0 & 0 & 0 & 0 & 0 & 0 & 0 \\ 0 & 0 & 0 & 0 & 0 & 1 & 0 & 0 & 0 & 0 & 1 & 0 \\ 1 & 0 & 0 & 0 & 0 & 1 & 1 & 0 & 1 & 1 & 0 & 1 \\ 0 & 0 & 1 & 0 & 1 & 1 & 0 & 0 & 1 & 1 & 0 & 0 \\ 1 & 1 & 0 & 0 & 0 & 0 & 1 & 0 & 1 & 0 & 0 & 0 \end{bmatrix} \tag{6.3}$$

인접성 행렬 6.3의 각 행 값을 합하면 해당 사건에서 50m 이내에 분포하는 인접 사건의 수를 얻을 수 있다. 따라서 사건 #1은 반경 거리 50m 내에 6개의 사건이 존재하며, 사건 #2의 반경 50m 내에는 5개의 사건이 분포한다. 이런 방식으로 얻어진 인접성 측정치를 이용하여 $K(d)$를 계산할 수 있다.

거리 행렬이나 인접성 행렬은 이외에도 쌍 상관 함수나 F 함수와 같은 다양한 점 패턴 측정에 유용하게 활용될 수 있다. F 함수의 경우, 행은 무작위 점 집합을, 열은 실제 점 패턴의 사건을 반영하는 방식의 거리 행렬을 이용하여 계산한다. 대용량의 행렬 계산이 직접 계산에는 적절하지 않을 수 있지만, 컴퓨터를 이용한 점 패턴 분석에서 거리 행렬은 매우 유용하고 편리한 도구가 된다.

요약

- 지리학 분야에서는 점 패턴 분석에 고전적인 통계 검정 접근법을 사용할 때 발생하는 문제와 한계점에 대한 다양한 비판과 논의가 있다. 이에 따라 고전적 통계 검정에 대한 대안으로 유사도 통계 등 다양한 접근법이 제안되고 있다.
- 고전적 통계 검정에 대한 다른 대안으로 비균질 푸아송 작용 또는 푸아송 군집 같은 대안적 점 작용도 고려하여야 한다.
- 이전 장(章)에서 설명한 점 패턴 측정 기법들은 패턴의 전역적 특징만을 분석 대상으로 하고, 점 패턴의 어느 부분에서 군집이 발생하였는지를 찾아내는 데는 매우 취약하다. 군집의 식별과 탐지는 질병 공간 역학과 같은 분야에서는 매우 중요한 연구 대상이 된다.
- 영국의 원자력 시설 인근 소아 백혈병 집단 발병 의심 사례는 점 패턴 분석에서 군집의 식별과 탐지 연구를 위한 매우 유용한 사례이다.
- 군집 탐지 기법은 일반 접근법, 중심 지역 접근법 및 스캔 통계 접근법으로 구분할 수 있다. 일반 접근법은 점 패턴에서 군집의 존재 여부를 전역적으로 탐지한다. 중심 지역 접근법은 특정 시설 혹은 위치(예를 들어, 원자력 시설)를 잠재적 원인으로 가정하고 그 주변의 군집 존재 여부를 검정하고, 스캔 통계는 특정 군집(예를 들어, 집단 발병)의 존재 여부를 탐지하고 그 위치를 탐색하려는 시도이다.
- 실제 데이터에서 군집 발생 여부나 위치를 탐지하기 어려운 이유는 위험 인구(at-risk population)의 불균등한 분포를 고려하여야 하기 때문이다. 그를 위해서는 비균질 푸아송 작용을 고려한 귀무가설의 활용이 필요한 경우가 많다.
- 공간 현상의 비균질성을 보정하는 가장 단순한 방법은 사건의 발생을 비율(예를 들어, 발생률)로 변환하여 사용하는 방법이다. 다만 면 단위의 비율 계산에는 가변적 공간 단위의 문제가 필연적으로 발생하는 문제가 있다. 비율 계산에서 발생하는 가변적 공간 단위의 문제를 피하기 위한 대안으로 커널 밀도 함수(KDE)나 리플리 K 함수가 활용되기도 한다.
- GAM(지리 분석기, Geographical Analysis Machine)은 군집 탐지와 관련된 복잡한 문제를 해결하기 위해 개발되었으며, 연구 영역을 다양한 크기의 원 영역으로 구획하고, 시뮬레이션을 통해 산출한 기대 확률과 비교해 사건의 발생 확률이 그보다 큰 "통계적으로 유의한 원 영역"을 군집으로 탐지하는 방식으로 작동한다.
- GAM 기법은 연구 영역을 다양한 크기의 원 영역으로 구획하여 단순반복적으로 군집 여부를 검정하는 방식이라서 상대적으로 높은 컴퓨터 성능이 필요하다. 하지만 최근의 컴퓨터 기술 발달로 이제는 표준 데스크톱 컴퓨터에서 혹은 인터넷을 통해 원격으로도 쉽게 수행할 수 있다. 최신 버전의 GAM 도구는 인공지능 검색을 적용하여 그 효율성이 더욱 향상되었다.
- 근접 폴리곤이나 델로네 삼각망 같은 기하학적 점 패턴 분석 도구와 그를 활용한 가브리엘 그래프 및 최소 스패닝 트리 기법도 점 패턴 분석에 효과적으로 활용될 수 있다. 이들 기법은 현재까지는 많이 사용되지 않지만, 패턴 강도의 국지적 변화에 민감한 군집 감지 기법으로 충분히 활용할 수 있다.
- 최소 스패닝 트리는 군집 분포 점 패턴에서 일부 군집의 위치가 이동하였을 때 최근린 기반 통계가 그 변화를 반영할 수 없다는 문제를 보완할 수 있는 기법이다.

• 2장에서 논의된 거리 및 인접성 행렬은 점 패턴 측정에서 유용하게 활용될 수 있다.

참고 문헌

Ahuja, N. (1982) Dot pattern processing using Voronoi neighbourhoods. *IEEE Transactions on Pattern Analysis and Machine Intelligence*, PAMI 3: 336- 343.

Baddeley, A. J., Moller, J., and Waagespetersen, R. (2000) Non- and semi-parmetric estimation of interaction in inhomogengeous point patterns. *Statistica Neerlandica*, 54: 329-350.

Baddeley, A. and Turner, R. (2005) Spatstat: an R package for analyzing spatial point patterns. *Journal of Statistical Software*, 12: 1-42. (For a comprehensive set of resources related to this package, see http://school.maths.uwa.edu.au/homepages/adrian)

Bailey, T. C. and Gatrell, A. C. (1995) *Interactive Spatial Data Analysis* (Harlow, Essex, England: Longman).

Besag, J. and Newell, J. (1991) The detection of clusters in rare diseases. *Journal of the Royal Statistical Society*, Series A, 154: 143-155.

Bithell, J. F. (1990) An application of density estimation to geographical epi- demiology. *Statistics in Medicine*, 9: 691-701.

Bithell, J. F., Keegan, T. J., Kroll, H. E., Murphy, M. F. G., and Vincent, T. J. (2008) Childhood leukemia near British nuclear installations: methodological issues and recent results. *Radiation Protection Dosimetry*, 132: 191-197.

Bithell, J. C. and Stone, R. A. (1989) On statistical methods for analyzing the distribution of cancer cases near nuclear installations. *Journal of Epidemiology and Community Health*, 43: 79-85.

Bivand, R. S., Pebesma, E. J., and Gomez-Rubio, V. (2008) *Applied Spatial Data Analysis with R* (New York: Springer).

Black, Sir D. (1984) *Investigation of the Possible Increased Incidence of Cancer in West Cumbria* (London: Her Majesty's Stationery Office).

Bolstad, W. M. (2007) *Introduction to Bayesian Statistics*, 2nd ed. (Hoboken, NJ: Wiley).

Craft, A. W. and Birch, G. M. (1983) Childhood cancers in Cumbria. *The Lancet*, 322: 1299.

Craft, A. W. and Openshaw, S., and Gardner, M. J. (1985) Childhood cancers in West Cumbria. *The Lancet*, 325: 403-404.

Craft, A. W., Openshaw, S., and Birch, J. (1984) Apparent clusters of childhood lymphoid malignancy in Northern England. *The Lancet*, 324: 96-97.

Cuzick, J. and Edwards, R. (1990) Spatial clustering for inhomogeneous populations. *Journal of the Royal Statistical Society, Series B*, 52: 73-104.

Diggle, P. J. (1990) A point process modelling approach to raised incidence of a rare phenomenon in the vicinity of a prespecified point. *Journal of the Royal Statistical Society, Series A*, 153: 349-362.

Edwards, A. W. F. (1992) *Likelihood, Expanded Edition* (Baltimore, MD: Johns Hopkins University Press).

Gardner, M. J. (1985) Childhood cancer in West Cumbria. *The Lancet*, 325: 403- 404.

Gardner, M. J. (1989) Review of reported increases of childhood cancer rates in the vicinity of nuclear installations. *Journal of the Royal Statistical Society, Series A*, 152: 307-325.

Gardner, M. J., Snee, M. P., Hall, A. J., Downes, S., Powell, C. A., and Terrell, J. D. T. (1990) Results of case-control study of leukemia and lymphoma in young persons resident in West Cumbria. *British Medical Journal*, 300(6722): 423- 429.

Gardner, M. J., and Winter, P. D. (1984) Mortality in Cumberland during 1959-78 with reference to cancer in young people around Windscale. *The Lancet*, 323: 216-218.

Gatrell, A. C., Bailey, T. C., Diggle, P. J., and Rowlingson, B. S. (1996) Spatial point pattern analysis and its application in geographical epidemiology, *Transactions of the Institute of British Geographers*, NS 21: 256-274.

Gould, P. R. (1970) Is statistix inferens, the geographical name for a wildgoose? *Economic Geography*, 46: 439-448.

Harvey, D. W. (1966) Geographical processes and the analysis of point patterns. *Transactions of the Institute of British Geographers*, 40: 85-95.

Harvey, D. W. (1968) Some methodological problems in the use of Neyman type A and negative binomial distributions for the analysis of point patterns. *Transactions of the Institute of British Geographers*, 44: 85-95.

Heasman, M. A., Kemp, I. W., Urquhart, J. D., and Black, R. (1986) Childhood leukaemia in Northern Scotland. *The Lancet*, 327: 266.

Hills, M. and Alexander, F. (1989) Statistical methods used in assessing the risk of disease near a source of possible environmental pollution: a review. *Journal of the Royal Statistical Society, Series A*, 152: 353-363.

Johnson, S. (2006) *The Ghost Map* (New York: Riverhead; London: Penguin Books). Kinlen, L. (1988) Evidence for an infective cause of childhood leukemia— comparison of a Scottish New Town with nuclear reprocessing sites in Britain, *The Lancet* 332: 1323-1327.

Kulldorff, M. (1997) A spatial scan statistic. *Communications in Statistics: Theory and Methods*, 26: 1481-1496.

Kulldorff, M. (2006) Tests of spatial randomness adjusted for an inhomogeneity: a general framework. *Journal of the American Statistical Association*, 101: 1289-1305.

Kulldorf, M. and Nagarwalla, N. (1995) Spatial disease clusters: detection and inference. *Statistics in Medicine*, 14: 799-810.

Levine, N. (2004) *CrimeStat III: A Spatial Statistics Program for the Analysis of Crime Incident Locations* (version 3.0) (Houston, TX: National Institute of Justice; Washington, DC: and Ned Levine & Associates. (see also http://www.nedlevine.com/nedlevine17.htm).

Lloyd, O. L., MacDonald, J., and Lloyd, M. M. (1984) Mortality from lymphatic and haematopoietic cancer in Scottish coastal towns. *The Lancet*, 324: 95-96.

Okabe, A., Boots, B., Sugihara, K., and Chiu, S. N. (2000) *Spatial Tessellations: Concepts and Applications of Voronoi Diagrams*, 2nd ed. (Chichester, England: Wiley).

Openshaw, S., Charlton, M., Craft, A. W., and Birch, J. M. (1988) Investigation of leukaemia clusters by use of a geographical analysis machine. *The Lancet*, 331 (8580): 272-273.

Openshaw, S., Charlton, M., Wymer, C., and Craft, A. (1987) Developing a mark 1 Geographical Analysis Machine for the automated analysis of point data sets, *International Journal of Geographical Information Systems*, 1: 335-358.

Perry, G. L. W., Enright, N. J., Miller, B. P., and Lamont, B. B. (2008) Spatial patterns in species-rich sclerophyll shrublands of southwestern Australia. *Journal of Vegetation Science*, 19: 705-716.

Perry, G. L. W., Miller, B. P., and Enright, N. J. (2006) A comparison of methods for the statistical analysis of spatial point patterns in plant ecology. *Plant Ecology*, 187: 59-82.

Rushton, G. and Lolonis, P. (1996) Exploratory spatial analysis of birth defect rates in an urban population. *Statistics in Medicine*, 15: 717-726.

Schabenberger, O. and Gotway, C. A. (2005) *Statistical Methods for Spatial Data Analysis* (London: Chapman & Hall).

Urquhart, J. and Cutler, J. A. (1985) Incidence of childhood cancer in west Cumbria. *The Lancet*, 325: 172.

Urquhart, J., Palmer, M., and Cutler, J. (1984) Cancer in Cumbria: the Wind- scale connection. *The Lancet*, 323: 217-218.

Vincent, P. J., Howarth, J. M., Griffiths, J. C., and Collins, R. (1976) The detection of randomness in plant patterns. *Journal of Biogeography*, 3: 373-380.

Worboys, M. F. (1995) *Geographic Information Systems: A Computing Perspective* (London: Taylor & Francis).

07 면 객체와 공간적 자기상관

내용 개요

- 면 객체의 유형
- 면 객체의 기록과 저장 방법
- 수치 데이터에서 면적을 계산하는 방법
- 모양(Shape), 중심점(Centroid) 및 스켈레톤(Skeleton)과 같은 면 객체의 속성 정의
- 다양한 공간 패턴 측정 기법 소개
- 공간 가중치 행렬(Spatial Weights Matrix)의 개념 및 측정 기법
- 대표적 공간적 자기상관(Spatial Autocorrelation) 측정 기법인 모란지수(Moran's I)
- 공간적 자기상관 측정에 대한 대안

학습 목표

- 면 객체의 일반적인 유형을 나열한다.
- 면 객체를 디지털 형식으로 기록하는 방법을 설명한다.
- 평면화(Planar Enforcement)라는 용어의 의미를 개략적으로 설명한다.
- 변곡점(Vertex)들의 좌표를 사용하여 폴리곤 영역을 찾는 방법을 설명한다.
- 면 객체의 기하학적 속성들을 측정하는 방법을 요약 설명한다.
- 연구 지역의 모란지수 I를 계산하고, 그 통계적 유의성을 설명한다.
- 모란지수에 대한 대안들을 간략히 설명한다.

7.1. 서론: 면 객체 다시보기

7.2. 면 객체의 유형

면(혹은 영역, Area) 객체는 점이나 선형 객체에 비해 복잡한 특성을 가지는 객체이다. 우선 면 객체는 크게 자연적 영역(natural areas)과 인간에 의해 임의로 구획된(imposed) 인문적 영역으로 구분된다. 자연적 영역은 호수의 물가, 숲의 경계, 또는 특정 암석의 노두(outcrop)와 같이 자연 현상에 의해 형성된 경계로 구분된 면 객체를 가리키는 것으로, 별도의 정의가 필요하지 않고 경계가 명확한 것이 특징이다. 다만 일부 자연적 영역의 경우 현장 조사자의 주관적인 판단에 따라 경계가 결정되는 경우가 있고, 이 경우에는 1장에서 논의한 바와 같이 그 경계에 대한 논란과 불확실성이 존재할 수도 있다.

자연적 영역과 반대로 인간에 의해 경계가 부여된 면 객체를 인문적 영역이라고 하고, 국가나 국가 내의 다양한 수준의 행정 구역들(주, 카운티, 인구 조사 구역 등)이 이에 해당한다. 인문적 영역의 경계는 어떤 자연 현상과도 상관없이 독립적으로 정의되며 그 속성값은 설문 조사나 센서스에 의해 집계된다. 이렇게 집계된 자료는 인간 활동에 대한 데이터를 사용하는 GIS 분석 작업에서 일반적으로 사용된다. 인문적 영역은 엄밀하게 말하면 사회 현상에 관한 자료를 얻기 위한 일종의 표본 추출 방식이라고 할 수 있으며, 몇 가지 점에서는 현상에 대한 그릇된 이해를 유발할 수 있다는 문제가 있다. 우선, 인문적 영역은 연구 대상인 사회적 현실을 적절히 표현할 수 없을 수가 있다. 지금은 고전이 된 두 연구에서 코폭(Coppock, 1955; 1960)은 영국의 행정 구역이 농장 수준에서 수집된 영국의 농업 센서스 데이터를 기록하는 데 부적합하다는 것을 증명하여 보여 주었다. 한 농장이 두 개 이상의 행정 구역에 걸쳐 있을 수도 있고, 한 행정 구역 안에 종종 특성이 전혀 다른 농장이 포함되거나 행정 구역의 크기가 서로 다를 수 있기 때문이다. 둘째, 인문적 영역의 경계는 임의적이고 가변적

(modifiable)이기 때문에, 그를 이용한 분석 결과가 연구 대상 현상이 아닌 경계 설정에 따른 결과가 아니라는 것을 증명해야 한다. 이러한 문제를 가변적 공간 단위 문제(MAUP)라고 한다(2.2절 참조). 셋째, 면 객체에 대한 데이터는 대부분 개별 정보를 집계한 결과인 경우가 많아서, 집계된 큰 공간 단위에서 존재하는 공간적 관계가 개별 조사 대상 단위에서도 존재할 것이라고 가정하는 생태학적 오류(Ecological Fallacy)의 위험이 매우 크다.

세 번째 유형의 면 객체는 공간을 래스터(Raster)라고 하는 작고 규칙적인 격자로 나누는 경우이다. 일반적으로 모양과 크기가 불규칙한 자연적 및 인문적 영역과 달리, 래스터에서 면 객체는 같은 크기와 모양을 가진 격자로 연구 영역을 구획(tessellate)한다. 래스터의 격자는 사진이나 그림 정보를 기록하는 데 흔히 사용되기 때문에 픽셀(Pixel)이라고도 한다.

GIS에서 래스터라는 용어는 일반적으로 연구 영역을 순서대로 배열된 규칙적인 격자 패턴으로 나누고 각 격자가 나타내는 지표면의 속성을 기록하는 데이터 구조를 나타낸다. 따라서 각 격자는 면 객체이지만 보다 중요한 개념은 연속적인 정보 필드(continuous field of information)로서의 래스터 자료 구조라고 할 수 있다. 대부분의 GIS 데이터베이스에는 개별 필드를 나타내는 많은 래스터 레이어(layer) 정보가 포함되어 있다. 래스터 데이터 구조는 정사각형 또는 거의 정사각형인 픽셀을 사용하는 것이 일반적이지만 반드시 그래야만 하는 것은 아니다. 정사각형 격자는 작은 격자들을 더하여 더 큰 하나의 격자를 만들 수 있다는 점에서 서로 다른 해상도 수준에서 통합적으로 사용할 수 있다는 장점이 있지만, 인접성이 균일하지 않다는 단점을 가진다. 즉 각 격자의 중심에서 이웃 격자까지의 거리를 기준으로 인접성을 계산할 때 대각선으로 인접한 격자와의 거리가 수직 또는 수평으로 인접한 격자와의 거리보다 크게 나타난다는 문제가 있다. 픽셀을 정확하게 중첩할 수 있다는 장점을 포기하면, 인접 격자와의 인접성이 균일한 정육각형 격자나 나름의 장점을 가진 정삼각형 격자를 사용할 수도 있다. 벡터 형식의 폴리곤과 비교한 데이터 구조의 또 다른 장점은 래스터 레이어를 실제 좌표에 한 번만 등록하면 개별 픽셀 수준에서는 추가로 지리참조(georeferencing)를 할 필요가 없다는 것이다. 지리 참조된 래스터 레이어의 모든 격자는 각 픽셀의 (행 row, 열 column) 위치에 따라 실제 좌표를 쉽게 계산할 수 있다.

마지막으로, 점 객체 패턴에서 각 점(사건)을 중심으로 보로노이 다이어그램(Voronoi diagram)이나 티센 폴리곤 형태의 면 객체를 생성하여 활용하기도 한다(2.3절 참조). 이 경우 각 면 객체의 영역은 연구 영역의 모든 지점이 가장 가까운 점(사건)을 중심으로 하는 면 객체에 포함되도록 경계가 정의된다.

이상 살펴본 바와 같이 면 객체는 다양한 유형으로 나눠볼 수 있다. 그림 7.1은 다양한 면 객체 유형

중 자연적 영역과 인문적 영역을 각각 두 가지씩 보여 주고 있다. 면 객체는 분석하기가 어려운 다양한 기하학적, 위상학적 특성을 가지고 있다. 면 객체는 서로 떨어져 있거나 겹쳐져 분포할 수도 있다. 후자의 경우 특정 지점은 하나가 아닌 여러 면 객체에 포함될 수도 있고, 전자의 경우 연구 영역 내의 특정 지점들은 어떤 객체에도 포함되지 않을 수도 있다. 몇 차례의 연속적인 산불로 인한 피해지역의 경우가 여기에 해당한다(그림 7.1. i 참조).

면 객체는 또 내부에 섬처럼 속성이 전혀 다른 별도의 면 객체나 빈 공간이 존재할 수도 있고, 군도(群島)의 경우와 같이 여러 폴리곤이 하나의 면 객체로 취급되기도 한다. 지질도나 토지이용도 등에서는 이와 같은 특수한 형태의 면 객체가 흔히 나타나기 때문에 분석 과정에서 특별한 주의가 필요하다. 이런 경우를 제외하면, 면 객체는 한 지점에서 겹치거나 내부에 빈 공간을 가지지 않고 대상 지역을 나누는 형태로 나타나는데, 이것을 평면화(Planar Enforcement)라고 한다. 평면화 개념은 많은 GIS 소프트웨어에서 사용되는 데이터 모형의 기본적인 가정이다. 그림 7.1의 (ii)~(iv)는 평면화된

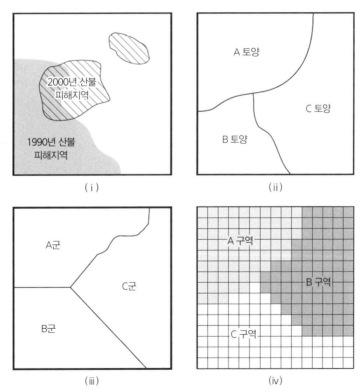

그림 7.1 면 객체 유형: (i) 산불 피해지역 분포 지도, 평면화되지 않아 면 객체가 일부 지역에서 겹친다. (ii) 토양 분포 지도로 현장 조사 자료를 이용한 자연적 영역 구분의 사례이다. (iii) 행정 구역 지도로 인위적인 지역 구분인 인문적 영역 사례이다. (iv) 래스터 격자를 이용한 토양 분포 지도.

면 객체의 사례를 보여 주고 있다.

초기 GIS나 일부 간단한 컴퓨터 지도 제작 소프트웨어에서는 면 객체 각각을 별도의 폴리곤으로 간주하고, 외곽선을 구성하는 변곡점들의 좌표를 기록하는 방식으로 면 객체를 저장하였다. 이는 그림 7.1의 산불 피해지역 지도의 경우와 같이 면 객체가 서로 중첩될 수도 있고, 면 객체에 의해 덮이지 않은 지역이 있을 수도 있는 경우에는 매우 단순하고 효과적인 방식이다. 하지만 인구 조사 집계구나 행정 구역과 같은 면 객체는 개념적으로 모든 지역을 덮고 있어야 하며 면 객체끼리 서로 중첩되지 않는 것을 전제로 하고 있다. 이를 평면화된 면 객체라고 하는데, 각 면 객체를 변곡점 좌표들의 조합으로 저장하는 방식에서는 두 면 객체가 접하고 있는 경우에는 그 경계가 두 빈 중복되어 저장된다. 경계선이 중복으로 저장되어 있으면 인접한 면 객체를 병합하기 어렵고, 중복된 경계선으로 인해서 분석 과정에 오류가 발생하기 쉽다는 문제점이 있다. 그 대안으로는 모든 경계선 세그먼트를 한 번만 저장하고, 경계 세그먼트를 암시적 또는 명시적으로 연결하는 방식으로 면 객체를 구성하는 방식이 있다. 경계선에서의 중복 등의 문제를 예방할 수 있다는 장점이 있어서 현재 벡터 GIS에서 일반적으로 사용되고 있다(일반적인 데이터 구조에 대한 설명은 Worboys and Duckham, 2004, pp.177-185 참조). 이 방식은 데이터 구조가 상대적으로 복잡해서 시스템 간 데이터 호환성 확보를 어렵게 한다는 단점이 있기는 하지만, 면 객체 사이의 인접성 정보를 직접적으로 GIS 분석에 활용할 수 있어서 일반적으로 더 선호되는 면 객체 저장 방식이다.

생각해 보기

1:50,000 또는 그와 유사한 축척의 지형도(일반도)를 구한다. 지형도는 보통 지형도의 제작 및 배포를 주관하는 정부 기관 웹 사이트(대한민국의 경우에는 국토지리정보원, 영국에서는 육지측량부)에서 구할 수 있다. 지도에서 다음 면 객체를 찾아서 표시하고, 각 면 객체 유형이 자연적 영역인지 인문적 영역인지 생각해 보자. 마지막으로 평면화된다는 가정에 따라 각 면 객체를 저장할 자료 모형을 설명해 보자.

1. 지도 외곽선
2. 삼림 지대
3. 공원
4. 시·도 경계, 시·군 경계, 읍·면·동 경계

7.3. 면 객체의 기하학적 속성

면 객체는 공간 분석 과정에서 측정할 수 있는 다양한 속성을 가지고 있다. 이 절에서는 면 객체의 2차원 속성인 면적(Area), 중심점(Centroid) 및 스켈레톤(Skeleton), 모양(Shape), 공간 패턴(Spatial Pattern) 및 분절(Fragmentation) 등의 개념과 계산 방법을 소개한다.

면적

GIS에서는 다양한 분석에서 면 객체의 면적(Area)을 활용한다. 예를 들어, 연구자는 연구 지역에서 특정한 대상(예, 토지이용도상의 산림)의 면적이나 필지의 평균 면적을 계산할 필요가 있을 수 있다. 또한 인구 밀도와 같은 밀도 계산에서는 반드시 해당 지역의 면적을 계산하여 분모로 사용한다. 면적의 계산은 수학적 개념으로는 매우 단순하지만, 다양한 형태의 면 객체를 대상으로 면적을 계산하는 일은 실제로는 매우 까다로운 일이다(Gierhart, 1954; Wood, 1954; Frolov and Maling, 1969 참조). GIS에서 가장 많이 사용되는 면적 계산 알고리즘은 그림 7.2와 같이 폴리곤의 변곡점 각각에서 x축으로 수직선을 연결하여 만들어지는 사다리꼴들의 면적을 이용해서 면 객체의 면적을 계산하는 방식이다.

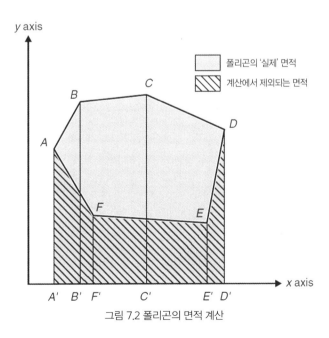

그림 7.2 폴리곤의 면적 계산

예를 들어 사다리꼴 ABB′A′의 면적은 x 좌표의 차이 값에 y 좌표 값의 평균을 곱하여 구할 수 있다:

$$\text{Area of } ABB'A' = (x_B - x_A)(y_B + y_A)/2 \qquad (7.1)$$

x_B는 x_A보다 크기 때문에 계산 결과는 양수가 된다. 다음 변곡점인 B와 C, D로 이동하면서 같은 방법으로 사다리꼴 BCC′B′와 CDD′C′의 면적을 계산할 수 있다. 이제 같은 방향으로 변곡점을 옮겨가면서 DD′E′E의 면적을 계산할 때 이떤 일이 발생하는지 생각해 보자. 이 경우에 E의 x 좌표는 D의 x 좌표보다 작으므로 수식 7.1의 수식으로 계산된 값은 음수가 된다. 따라서 폴리곤과 x 축 사이의 빗금 친 3개의 사다리꼴의 면적은 모두 음수로 계산된다. 폴리곤의 변곡점을 따라가면서 면적의 합계를 계산하면, 먼저 면적이 양수인 사다리꼴 3개(ABB′A′, BCC′B′ 및 CDD′C′)의 면적이 구해지고, 연속해서 면적 값이 음수인 사다리꼴 3개(DD′E′E, EE′F′F 및 FF′A′A)의 면적이 차감되어서 폴리곤의 총면적이 계산되는 것이다. 그림 7.2의 다이어그램을 보면 폴리곤 ABCDEF의 면적은 회색 음영 면적에서 빗금 친 부분의 면적을 차감한 면적임을 알 수 있다. 이상과 같이 폴리곤의 변곡점을 시계방향으로 진행하면서 폴리곤의 면적을 계산할 때, 폴리곤 면적 계산을 위한 일반 공식은 다음과 같다.

$$\text{Polygon area, } A = \sum_{i=1}^{n} (x_{i+1} - x_i)(y_{i+1} + y_i)/2 \qquad (7.2)$$

수식 7.2는 수학적 계산을 위한 사다리꼴 규칙(trapezoidal rule)이라고 하며, 그래프로 둘러싸인 영역의 면적을 계산할 때 일반적으로 사용된다. 다만 이 알고리즘은 폴리곤이 한 변곡점에서 교차할 때는 사용할 수 없고, 좌표가 시계 반대 방향 순서로 저장된 경우에는 면적이 음수 값으로 계산된다는 점에 유의하여야 한다.

사다리꼴 규칙을 이용한 폴리곤 면적 계산은 매우 간단하지만, 저장된 폴리곤 변곡점으로 정의된 영역의 면적만 계산할 수 있다. 엄밀히 말하면, 이렇게 계산된 면적은 실제 면적의 추정치이며, 입력된 지도의 해상도와 변곡점 좌표의 개수나 정밀도에 따라 면적 값의 정확도가 달라진다. 또한 퍼지(fuzzy) 객체처럼 경계선이 불분명한 경우에는 계산된 면적 값의 신뢰도가 매우 크게 영향을 받게 된다. 다시 말하지만, 계산된 면적은 실제 면적에 대한 추정치이고 추정치의 오차 분포가 실제로 매우 클 수도 있으므로, 면적 계산에서의 불확실성을 인지하고 분석 결과에서 그 영향을 예상하는 것이 매우 중요하다. 자원 평가의 기본 데이터로 특정 토양 유형이나 산림 지역의 면적을 사용할 때, 자원 평가 결과는 면적 계산의 불확실성에 큰 영향을 받을 수도 있는 것이다. 유사하게, 아마존 열대 우림의 감소 비율을 둘러싼 논쟁 역시 결국은 면적 추정의 신뢰도에 대한 논의이며, 기후 변화에 대한

오스트레일리아 대륙의 면적은 얼마일까?

특정한 영역의 면적은 디지타이저를 사용하거나 그래픽 소프트웨어를 이용해 스크린 위에서 변곡점들을 연결해서 계산할 수 있다. 물론 또는 고해상도 지도를 사용하여 GIS에서 작업할 수도 있다.

어느 경우이건 대륙 지도에서 오스트레일리아의 해안선을 따라서 변곡점을 추적하면 되는데, 다만 해당 지도는 반드시 정적 도법으로 투영된 지도여야 한다.

해안선을 따라가면서 변곡점의 좌표들을 일련의 (x, y) 좌표로 기록한다. 오스트레일리아의 모양을 바로 알아볼 수 있으려면 몇 개 정도의 변곡점이 필요할까? 변곡점의 수가 적으면 대륙의 모양을 제대로 나타낼 수 없고, 변곡점의 수가 너무 많으면 작업 시간이 너무 오래 걸리기 때문에, 대륙을 표현하기 위한 적절한 변곡점 개수를 결정하는 것도 매우 중요한 작업이다.

변곡점의 개수를 정하고 변곡점의 좌푯값을 얻었으면 수식 7.2를 이용하여 면적을 계산한다. 마이크로소프트 엑셀 같은 스프레드시트 프로그램을 사용하면 계산을 쉽게 수행할 수 있다. 스프레드시트의 각 행에 각 변곡점의 x, y 좌표와 다음 변곡점의 x, y 좌표를 입력하고, 수식 7.2의 계산 공식을 적용하여 각 사다리꼴의 면적을 계산하고 그 값을 모두 합하면 폴리곤의 전체 면적을 계산할 수 있다. 스프레드시트 프로그램에서 제공하는 연산 함수와 합계 함수(엑셀의 경우, SUM( )함수)를 이용하면 계산을 쉽게 할 수 있다. 사용한 지도의 축척과 거리 단위를 고려하여 면적 값을 수정할 필요가 있을 수도 있다는 점에 유의하여야 한다. 이제 계산된 면적 값을 오스트레일리아 정부의 공식 자료에 따른 오스트레일리아 대륙 면적인 7,617,930km^{2}와 비교해 보자. 차이가 얼마나 되는가?

저자들의 판단으로는 오스트레일리아 대륙을 식별하기 위해서는 최소한 9개 이상의 변곡점이 필요하다. 1:30,000,000 축척의 지도를 사용하여 해안선을 45개 변곡점으로 표현하고 그 좌표를 이용하여 폴리곤 면적을 계산한 결과 7,594,352km^{2}의 면적 값을 얻었는데, 이는 오스트레일리아 정부 공식 면적보다 1.3% 작은 값이다. 많지 않은 변곡점만으로도 오차가 크지 않게 면적을 계산하였다고 생각할 수도 있으나, 사실 오차인 100,000km^{2}는 아이슬란드, 한국 또는 미국 켄터키주의 면적과 같은 값으로 매우 큰 면적이다.

이상의 실습에서 어떤 결론을 이끌어낼 수 있을까? 1.3절에서 공간 데이터를 이용한 기하학적 계산은 추정치일 뿐 정확한 실제는 아니라는 점을 지적하였다. 이것은 면적 계산에서도 예외가 아니다.

논쟁에서도 면적 추정은 정확도와 신뢰도는 중요한 의미를 가진다(Nepstad et al., 1999; Houghton et al., 2000 참고).

마지막으로, 여기저기 떨어져서 분포하는 산림의 총면적과 같이 다수 폴리곤의 전체 면적을 계산하는 경우를 가정해 보자. 세부적인 면적 계산 절차는 데이터 구조에 따라 다를 수 있지만, 기본적으로는 사다리꼴 면적 계산 절차를 반복적으로 적용하면 전체 면적을 계

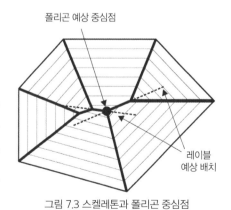

그림 7.3 스켈레톤과 폴리곤 중심점

산할 수 있다. 래스터 데이터 구조에서는 면적 계산이 더 단순하다. 해당하는 픽셀을 세고, 그 개수에 픽셀 면적을 계산하면 간단하게 해당 영역의 면적을 계산할 수 있다. 따라서 지표 피복 지도처럼 다양한 종류의 면 객체가 여기저기 떨어져서 분포할 때는 래스터 방식을 이용하면 면적 계산을 더 효율적으로 할 수 있다.

스켈레톤과 중심점

폴리곤의 스켈레톤(Skeleton)은 폴리곤 경계의 두 빗변에서 등거리에 있는 지점을 연결한 선분으로 구성된 폴리곤 내부의 선형 네트워크이다. 그림 7.3에서 내부의 굵은 선분들이 스켈레톤에 해당한다.

스켈레톤은 안쪽으로 폴리곤 윤곽선을 축소하여 폴리곤을 홀쭉하게 만들 때 마지막까지 남게 되는 폴리곤의 뼈대이다. 스켈레톤의 뼈대를 함께 축소하면 폴리곤은 결국 중심점까지 축소된다. 스켈레톤의 중심점은 원래의 경계선에서 가장 멀리 떨어져 있는 지점인 동시에 폴리곤 내부에 그릴 수 있는 가장 큰 원의 중심이기도 하다. 스켈레톤 중심점은 다른 방법으로 계산한 폴리곤 중심점보다 몇 가지 측면에서 장점이 있다. 예를 들어, 폴리곤 변곡점 좌표들을 평균하여 계산한 평균 중심점(Mean Center)은 때로 폴리곤 영역 외부에 있어서 일부 분석에는 적합하지 않다. 반면 스켈레톤 중심점은 항상 폴리곤 내부에 위치한다.

폴리곤 스켈레톤은 컴퓨터 지도 제작에서 특히 유용한데, 지도의 면 객체에 행정 구역 명칭 같은 레이블을 배치할 위치를 결정할 때 활용할 수 있다. 스켈레톤 중심점은 또 면 객체의 대표 점을 이용한 분석에도 유용하게 활용할 수 있다. 표 1.1에서 언급했듯이, 중심점은 면 객체를 점 객체로 변환하는 등 기본 기하 객체 유형 변형에서 매우 유용하다.

모양

면 객체는 모두 2차원의 모양(Shape)이라는 특성을 가진다. 모양은 폴리곤 외곽선을 구성하는 점들 사이의 상대적 위치 관계 집합이라고 할 수 있고, 그 관계는 축척이 변하더라도 변경되지 않는다. 모양은 드럼린 같은 주빙하지형, 공원 또는 보호 구역, 산호초 섬, 중심 업무 지구(CBD)와 같이 지리학의 다양한 연구 주제에서 분석에 사용되는 기본 특징이다. 일부 모양, 예를 들어, 중심지 이론에서 정육각형 모양의 시장이나 도시는 가설적 공간 작용의 결과로 형성되는 면 객체의 특성이다. 모양은 공간 작용을 이해하는 데 중요한 단서를 주기도 한다. 생태학에서 특정 생물의 서식지 모양은 서식지와 그 주변에서 일어나는 생물 작용에 중대한 영향을 미치는 것으로 간주한다. 도시 연구에서도 전통적 단일 중심 도시 형태는 로스앤젤레스의 다중 중심 도시 스프롤 현상이나 다양한 가장자리 도시(edge city)와 매우 다른 성격을 가지는 것으로 판명되었다(Garreau, 1992).

과거에는 지리적 개체의 모양을 특정 사물에 빗대서 표현하는 경우가 많았다. '유선형(stream-lined)'의 드럼린이라거나, '소뿔(ox-bow)' 모양의 호수인 우각호, '안락의자(armchair)' 모양의 권곡(圈谷) 등이 그 사례들인데, 그 표현의 적합성에 대한 논란이 자주 벌어지기도 하였다(Clark and Gaile, 1975; Frolov, 1975; Wentz, 2000 참조). 그런 논란들 때문에 지리적 개체의 모양을 정량화하려는 시도가 있었지만 그다지 성공적이지는 못했다. 모양을 정량화하기 위한 가장 단순하고 명확한 접근법은 주어진 면 객체의 모양을 원형, 육각형 또는 사각형과 같이 규칙적인 기하학적 형태와 관련시키는 지표를 고안하는 것이다. 현재까지 고안된 정량화 방법 중 상당수는 원형(circle)을 사용한다. 그림 7.4는 굵은 선으로 표시된 불규칙한 모양의 면 객체와 해당 면 객체로부터 계산할 수 있는 모양과 관련된 다양한 측정치들(둘레 길이 P, 면적 a, 가장 긴 축인 L_1, 가장 긴 축과 직교하는 축인 L_2, 객체에 들어갈 수 있는 가장 큰 원의 반경 R_1, 객체를 둘러쌀 수 있는 가장 작은 원의 반경 R_2 등)을 나타내고 있다. 원칙적으로 이 측정치 중 일부를 적절히 조합하면 면 객체의 모양을 정량화하는 지표를 만들 수 있다. 다만 그 지표는 면 객체의 모양이 완벽한 원일 때 어떤 값을 가지는지가 명확하여야 하고, 거리 측정 단위가 달라지더라도 지표 값이 일정하게 산출되도록 하여야 한다.

가장 대표적인 모양 정량화 지표는 다음과 같이 정의되는 압축비(compactness ratio)이다.

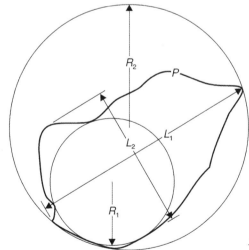

그림 7.4 모양(형태) 분석에서 사용되는 측정값들

$$\text{compactness} = \sqrt{(a/a_2)} \qquad (7.3)$$

여기서 a_2는 면 객체와 같은 둘레 길이(P)를 갖는 원의 면적이다. 면 객체의 모양이 완전한 원형이면 압축비 값은 1.0이 된다. 다른 유용한 모양 정량화 지표로는 L_1/L_2로 계산되는 신장비(elongation ratio) 혹은 이심률(eccentricity)과 a/L_1^2로 계산되는 형태비(form ratio)가 있다.

보이스와 클라크(Boyce and Clark, 1964)는 방사 선형 지수(Radial Line Index)라는 조금 더 복잡한 모양 측정 기법을 제안하였는데, 요약하자면 면 객체의 중심으로부터 면 객체의 외곽선까지 방사형으로 일정 각도 간격으로 선분을 이어서 그 길이의 편차 분포를 비교하는 지수이다. 면 객체가 완전한 원형(circle)일 때 모든 방사형 선분의 길이가 같고, 면 객체의 모양이 불규칙할수록 방사형 선분들의 길이 편차가 커진다는 것을 지수로 나타낸 것이라고 할 수 있다. 방사 선형 지수는 다양한 연구에서 사용됐지만, 몇 가지 문제점 때문에 비판받기도 한다(Cerny, 1975). 우선, 면 객체의 중심을 어디에 둘 것인지가 명확하지 않다. 대부분 경우 면 객체의 무게 중심점(Center of Gravity)을 사용하지만, 면 객체의 중심은 다양한 기준에 따라 달라질 수 있다는 것이다. 둘째로는, 중심으로부터 몇 개의 방사형 선분을 사용할 것이냐에 대한 기준이 불명확하다는 점이다. 너무 적은 선분을 사용하면 면 객체 경계선의 극단적인 점들로부터 지나치게 강한 영향을 받게 되고, 너무 많은 선분을 사용하면 계산 작업이 과도해질 수 있다는 것이다. 셋째로는, 방사 선형 지수 값이 같다고 해서 면 객체가 같은 모양이라고 할 수 없다는 점이다. 이러한 문제점을 극복하기 위한 다양한 대안들이 제시되기도 하였다(Lee and Sallee, 1970; Medda et al., 1998; Wentz, 2000).

형태 분석(Shape analysis) 분야는 최근 급속한 발전이 이루어지고 있는데, 특히 대규모 이미지 데이터베이스에서 특정한 형태의 객체를 자동으로 검색하기 위한 콘텐츠 기반 이미지 검색 응용 프로그램의 개발이 큰 역할을 하고 있다(Zhang and Lu, 2004 참조). 하지만 형태 분석은 일반적으로 여전히 매우 어려운 분야로 남아 있으며, 비교적 단순한 형상의 분석을 위해서도 다양한 측정 기법들이 복합적으로 적용되고 있다.

공간 패턴과 분절

지금까지는 면형 데이터의 전반적인 패턴이 아닌 개별 면 객체를 대상으로 측정 가능한 특성을 주로 설명하였다. 실제로 지형학이나 생물 지리학에서는 면 객체들의 속성값 분포와는 상관없이 면 객체 각각의 형태에 의해 만들어진 공간 패턴(Spatial Pattern)이 주요한 연구 대상이 된다. 이러한 패턴은 현무암 지대의 체스판 또는 벌집 모양의 암석 분포에서처럼 규칙적일 수도 있고, 영국과 미국의 시·군 행정 구역처럼 불규칙한 형태일 수도 있다. 면 객체 분포 패턴을 측정하는 가장 간단한 접근법 중 하나는 인접 객체 개수의 빈도 분포, 즉 각 면 객체와 경계를 접하는 면 객체 수의 빈도 분포를 활용하는 것이다(Boots, 1977). 표 7.1은 영국의 46개 카운티와 미국 본토 48개 주의 인접 객체 개수 빈도 분포를 보여 준다.

벌집 모양과 같이 매우 규칙적인 면 객체 분포 패턴에서 인접 객체 개수 빈도 분포는 단일 값의 빈도가 뚜렷하게 높게 나타나며, 복잡하고 불규칙한 분포 패턴에서는 최빈값을 기준으로 양쪽으로 빈도가 감소하는 정규 분포에 가까운 빈도 분포가 나타난다. 4.2절에서 소개한 독립적 무작위 프로세스(IRP)를 가정하여 면 객체 폴리곤을 생성하면 인접 객체 빈도 분포의 기대 확률을 계산할 수 있는데, 그 결과는 표 7.1의 맨 오른쪽 열에 제시되어 있다. 빈도 분포 기대 확률의 최빈값은 6인데, 이는 인접한 폴리곤이 6개인 경우가 가장 많다는 의미이다. 표 7.1의 결과에 따르면 영국과 미국의 행정 구역 모두 인접 폴리곤 개수의 최빈값이 6보다 작게 나타나는데 이는 두 행정 구역 모두 무작위 분포 패턴보다 규칙적인 패턴을 보인다는 것을 의미한다. 하지만 실제 사례에서 계산된 인접 객체 빈도나 기대 평균을 무작위 분포 패턴의 기대 평균과 직접 비교해서는 안 된다는 점을 주의하여야 한다. 왜냐하면 우선 무작위 면 객체 분포 패턴은 최소 인접 객체가 3개 이상이라는 가정을 기초로 하고 있고, 실제 사례에서와는 달리 무작위 분포 가정에서는 가장자리 효과가 무시되기 때문이다. 반면 영

표 7.1 영국 카운티(46개)와 미국 본토 48개 주의 인접 객체 개수 빈도 분포

인접 객체 개수	비율(미국 본토 48개 주)	비율(영국 46개 카운티)	IRP 가정 기대 확률
1	2.0	4.4	N/A
2	10.2	4.4	N/A
3	18.4	21.7	1.06
4	20.4	15.2	11.53
5	20.4	30.4	26.47
6	20.4	10.9	29.59
7	4.1	13.0	19.22
8	4.1	0	8.48
9	0	0	2.80
10	0	0	0.81
계	100.00	100.00	100.00
평균	4.45	4.48	6.00
인접 객체 개수			

국이나 미국의 행정 구역 데이터에서 외곽의 행정 구역들은 가장자리에 인접 객체가 존재하지 않기 때문에 가장자리 효과의 영향을 받을 수밖에 없다. 게다가 점 패턴 분석과 마찬가지로, 무작위성이라는 귀무가설이 성립하기 힘들다는 사실 때문에 인접 객체 개수 빈도 분포를 직접적인 분석 결과로 활용하는 데는 한계가 있다.

그보다는 면 객체들의 공간적 분포가 분리된 정도, 즉 분절(Fragmentation)을 측정하는 것이 더 유용하다. 분절 지수 또는 면 객체의 공간적 분포 패턴을 측정하는 다른 기법들은 주로 생태학 연구에서 많이 사용된다(Turner et al., 2001 참조). 생태학 연구에서는 특정 지역에서 여러 종류의 서식지가 어떻게 분포하는지가 중요한 연구 대상이다. 때로는 단순하게 특정 서식지의 면적을 사용하기도 하지만, 많은 경우 서식지 면 객체의 수와 크기 또는 서식지 간 경계선의 길이가 중요하게 활용된다. 생물 종 서식지 분석에서는 때로 최소 면적을 초과하는 면 객체만을 서식지로 간주하기도 하지만, 멸종 위기종 분석에서는 멸종이라는 재앙적인 사건을 회피하기 위해서 서식지의 최소 면적보다 서식 가능한 서식지의 최소 개수를 더 중요한 변수로 다루기도 한다. 또한 이 경우에는 멸종 위기종 개체의 이동이 원활한지를 서식지 객체 사이의 이격 거리를 이용해 분석하기도 한다. 또한 서로 다른 서식지 면 객체 사이의 경계선도 중요한 연구 대상이 되는데, 서식지 간 접촉 경계의 여부나 길이 등 변수가 서식지의 환경이나 외래종의 서식지 침입 가능성에 큰 영향을 주기도 하기 때문이다. 서식지 면 객체 사이의 경계선은 또한 생물 종의 이동 경로로 이용되기도 하고, 산불의 확산과 같은 상황에서는 서로 다른 식물 종 분포지의 경계선이 화재의 확산을 저지하는 방어선으로 작용하기도 한다. 이상에서 살펴본 서식지 면 객체 공간 패턴 분석 도구의 대표적인 사례가 FRAGSTATS(Berry et al., 1998; McGarigal et al., 2002)이다. FRAGSTATS 최신 버전은 범주형 래스터 데이터도 분석할 수 있도록 개선되었다. 비슷한 기능을 가진 다른 분석 프로그램으로는 IAN(DeZonia and Mladenoff, 2004)이 있는데, 두 분석 도구 모두 생태학적 연구를 주된 목적으로 개발되었다.

7.4. 공간적 자기상관 측정

이 장의 나머지 부분은 2.2절에서 공간 데이터의 특성을 설명할 때 소개한 공간적 자기상관(Spatial Autocorrelation)의 개념과 그 측정 방법을 설명한다. 공간적 자기상관은 "가까운 위치의 공간 데이터가 서로 먼 위치의 데이터보다 서로 유사할 가능성이 크다."라는 사실을 개념화한 전문 용어다. 더 정확하게 말하자면, 모든 공간 데이터는 공간 객체 사이의 상관관계가 특징적으로 나타나는 거리,

길이, 또는 래그(lags)를 가지는데, 그것을 자체 상관(self-correlation) 또는 자기상관(autocorrela-tion)이라고 한다. 게다가 "모든 것이 다른 모든 것과 관련성을 갖지만, 서로 가까운 것들은 먼 것들보다 더 깊은 관련이 있다."라고 하는 토블러(Tobler, 1970)의 지리학 제1법칙에 따르면 공간적 자기상관은 가까운 거리에서 더욱 두드러지게 나타나는 경향이 있다. 지리 현상의 공간적 자기상관은 지리학이라는 학문 자체의 기반을 형성하는 매우 중요한 개념이기 때문에 공간 분석 연구에서 매우 중요한 의미가 있다. 공간적 자기상관이 존재한다는 사실은 공간 데이터의 고유한 특성이고 동시에 자기상관의 결과로 공간 데이터의 표본은 사실상 무작위적일 수 없다는 측면에서, 통계 분석에서 공간 데이터를 특별하게 취급해야 하는 이유가 된다.

지리학은 데이터에 존재하는 공간 패턴에 관한 학문이고, 자기상관은 데이터의 공간적 패턴이 생기게 되는 주된 이유이기 때문에 연구 대상으로서 가치가 있다. 공간적 자기상관에 대한 분석적 접근법을 개발하는 이유는 데이터에 공간적 패턴이 실제로 존재하는지를 파악하기 위한 객관적인 기반을 제공하고, 공간적 패턴이 존재한다면 그 패턴이 무작위 패턴과 얼마나 다른지를 분석하기 위해서이다. 공간 데이터에서 관찰되는 특수한 패턴이 우연히 발생할 수도 있지 않을까? 이 질문이 공간적 현상에 대한 정교한 이론을 수립하기 전에 이 장의 나머지 부분에서 논의되는 자기상관 검정 방법을 먼저 수행해야 하는 이유이다.

객체 사이의 거리에 따른 유사성이나 차이의 정도는 지리 정보 분석의 기본 연구 관심이며, 따라서 자기상관 개념은 모든 유형의 공간 객체(점, 선, 면 및 필드)에 적용된다. 하지만 설명의 편의를 위해 이 절에서는 면 객체를 기준으로 공간적 자기상관의 개념을 소개한다. 공간적 자기상관은 보통 공간 패턴의 통계적 속성으로 간주하지만, 이전 절에서 논의한 공간 패턴 측정의 맥락에서 보자면 공간적 자기상관을 다른 형태의 공간 패턴 측정 기법으로 생각할 수도 있다. 그런 점에서 4장, 5장, 6장에서 설명한 다양한 점 패턴 측정 기법 중 일부는 점형 사건의 발생에 대한 자기상관 척도로 간주할 수 있다. 마찬가지로 일부 공간 보간(Interpolation) 기법의 기본 자료로 사용되는 세미배리어그램(semi-variogram) 역시 연속 필드 데이터에서 공간적 자기상관을 측정하는 기법으로 볼 수 있다.

공간 구조와 공간 가중치 행렬

공간적 자기상관의 핵심 아이디어는 지리적 위치의 가깝거나 먼 정도에 따라 공간 객체의 속성값이 유사하거나 다른 정도가 얼마인지를 평가하는 것이다. 넓은 의미로는 속성값의 차이를 가지고 간단한 계산을 통해 속성값의 유사성을 쉽게 평가할 수 있다는 것이지만, 실제 연구에서는 공간적 인접성을 어떤 방식으로 자기상관의 측정에 반영할 것인가 하는 것이 중요하다. 이를 위한 개념적 도구인 거리, 인접성, 상호작용 및 이웃의 개념에 대해서는 2.3절에서 이미 살펴보았다. 이들 각각은 위치 간의 공간적 관계를 표현하는 방법이다.

공간적 자기상관을 측정하기 위해서는 모든 위치 사이의 공간 관계를 측정하여 기록할 필요가 있는데, 이를 위해서는 일반적으로 $\mathbf{W}$로 표시되는 공간 가중치(Spatial Weight) 또는 공간 구조 행렬 (Spatial Structure Matrix)이 사용된다. 공간 가중치 행렬의 첫 번째 행에는 지도의 첫 번째 위치와 이외의 다른 모든 위치와의 공간적 관계가 순서대로 기록된다. 즉 행렬의 1행 2열 값은 지도의 첫 번째 위치와 두 번째 위치 사이의 관계를 나타낸다. 이를 도식화하여 표현하면, 공간 가중치 행렬 $\mathbf{W}$의 i행, j열 요소 w_{ij}는 위치 i와 위치 j 사이의 관계를 나타내며, 행렬 $\mathbf{W}$는 수식 7.4와 같이 표현된다.

$$\mathbf{W} = \begin{bmatrix} w_{11} & w_{12} & \cdots & w_{1n} \\ w_{21} & w_{22} & & \vdots \\ \vdots & & \ddots & \vdots \\ w_{n1} & \cdots & \cdots & w_{nn} \end{bmatrix} \quad (7.4)$$

이때, w_{ij} 값은 위치 i와 위치 j 사이의 공간적 관계와 그 관계를 표현하는 방법에 따라 결정된다. 행렬에서 위치의 순서는 연구자의 의도에 따라 임의로 결정할 수 있지만, 그 순서는 행과 열 모두에 대해 동일하게 적용되어야 한다.

공간 가중치 행렬에서 위치 사이의 공간적 관계 w_{ij}는 다양한 방식으로 측정할 수 있는데, 그중 가장 간단한 방법은 인접성(adjacency)을 사용하는 것이다. 이 경우 w_{ij} 값은 두 객체의 위치가 인접하였을 때 1이 되고 그렇지 않으면 0이 된다. 다만 이 경우에도 인접성을 측정하는 방식에 따라 그 결과가 달라질 수 있다. 루크 방식(Rook's case, 체스에서 말의 이동 방법으로 면이 접한 칸으로만 이동할 수 있다. 역자 주)이냐 퀸 방식(Queen's case, 체스에서 말의 이동 방법으로 면이 접한 칸뿐만 아니라 꼭짓점이 교차하는 방향으로도 이동할 수 있다. 역자 주)이냐에 따라 인접성 측정 결과가 크게 달라지는 것이다. 그림 7.5에는 인접성에서 루크 방식과 퀸 방식의 차이를 보여 주고 있다. 퀸 방식을 적용한 그림 7.5의 (ii)에서 (i)보다 인접성을 나타내는 선분이 더 많이 나타나는 것을 확인할 수 있다. 그림 7.5는 뉴질랜드 오클랜드시의 103개 센서스 집계 구역을 대상으로 측정한 공간 가중치를 보여 주는 그림 7.6의 (i)와 (ii) 두 지도 일부를 확대하여 보여 준 것이다.

폴리곤 사이의 연속성(contiguity) 대신 폴리곤 사이의 거리를 이용해 공간적 관계를 측정할 수도 있다. 센트로이드(Centroid)나 스켈레톤의 중심점을 이용해 폴리곤 사이의 거리를 측정하는 것이다. 그런 다음, 특정 임계거리 d를 기준으로, $d_{ij} < d$이면 두 폴리곤이 인접한 것으로 판단한다. 그림 7.6

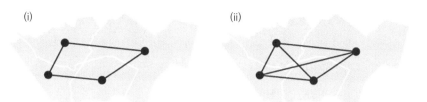

그림 7.5 (i) 루크 방식과 (ii) 퀸 방식을 적용하여 측정한 폴리곤 인접성

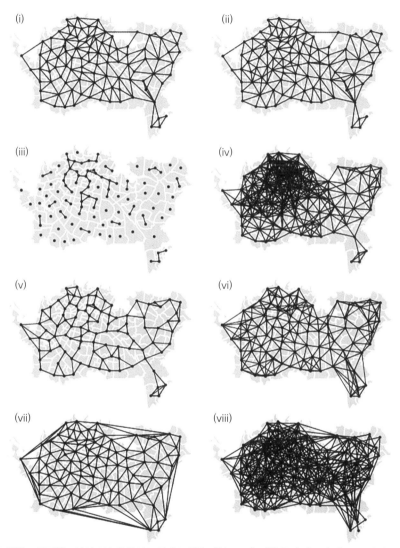

그림 7.6 뉴질랜드 오클랜드시의 103개 센서스 집계 구역을 대상으로 측정한 공간 가중치: (i) 루크 방식 인접성, (ii) 퀸 방식 인접성, (iii) 중심점 간 거리 1km 미만, (iv) 중심점 간 거리 2.5km 미만, (v) 최근접 폴리곤 3개, (vi) 최근접 폴리곤 6 개, (vii) 델로네 삼각망, (viii) 2단계(lag two) 루크 방식 인접성.

의 (iii)과 (iv)는 각각 임계거리를 1km와 2.5km로 하여 거리 기반 인접성을 측정하여 표시한 것이다. 이 경우 임계거리가 작을수록 폴리곤 간 인접성은 적게 나타난다. 또 다른 공간 관계 측정 방법으로는 특정 개수의 최근접 폴리곤, 즉 최근린을 인접한 폴리곤으로 간주하는 방법이 있다. 그림 7.6의 (v)와 (vi)는 각각 3개, 6개의 최근접 폴리곤에 대한 연결성을 보여 준다.

조금 더 복잡한 공간 관계 측정도 가능하다. 2.3절에서 소개한 델로네 삼각망 개념을 이용하여 공간적 인접성을 측정할 수도 있는데(Bivand et al., 2008, pp.244-246 참조), 그림 7.6의 (vii)는 그 간단한 사례를 보여 준다. 비반드 등(Bivand et al., 2008)은 델로네 삼각망 방식을 사용할 때 연구 영역 외곽 경계 주변에 거리가 먼 연결선을 제거하는 보완 방법도 제시하고 있다. 마지막으로 그림 7.6의 (viii)은 2단계(lag two) 인접성을 고려하여 생성된 연결성을 보여 준다. 이 경우에는 '직접 인접한 폴리곤을 제외'하고, 직접 인접한 폴리곤을 건너뛰어 2번째로 만나는 즉, 래그(lag)가 2인 인접 폴리곤을 식별할 수 있다. 2단계 인접 행렬은 일반적으로 $\mathbf{W}^{(2)}$로, 그 요소는 $w_{ij}^{(2)}$로 표기한다. 행렬 곱셈 연산이나 네트워크 최단 경로 알고리즘을 사용하여 원하는 단계 즉, 래그의 인접 행렬을 만드는 것은 그리 어려운 것이 아니지만, 서로 다른 래그에서 공간 관계가 중복으로 계산되지 않도록 주의해야 한다. 더 중요한 문제는 래그가 큰 인접 행렬이 실제 공간 분석에서 어떻게 활용될 수 있을지가 분명하지 않다는 점이다. $\mathbf{W}$ 행렬을 구축하는 방법은 다양하다(Bavaud, 1998; Getis and Aldstat, 2004). 이상에서 살펴본 인접 행렬에서 폴리곤 사이의 인접성은 모두 이진수 방식으로 저장된다. 즉 w_{ij} 값은 폴리곤이 인접하였을 때 1, 그렇지 않으면 0으로 저장된다. 하지만 공간 객체 사이의 상관관계는 인접한 경우에도 그 강도가 다양하게 나타날 수도 있는데, 이때 w_{ij} 값은 0(상호작용 없음)에서 1(매우 강한 상호작용)까지 연속적으로 측정할 필요가 있다. 두 위치 사이의 상호작용 강도를 연속 척도로 측정하기 위해서는 일반적으로 상호작용 강도를 이격 거리의 제곱에 반비례하도록 계산한다. 거기에 공간 객체 사이의 공유 경계 길이까지 고려하여 상호작용 강도를 계산할 때는 다음과 같은 수식을 적용할 수 있다.

$$w_{ij} \propto \frac{l_{ij}}{d_{ij}^z l_i} \qquad (7.5)$$

여기서 z는 승수(power factor), l_{ij}는 폴리곤 i와 j 사이의 공유 경계 길이, l_{ij}는 i의 외곽선(perimeter) 길이다. 이때는 계산된 가중치 w_{ij} 값이 모두 0에서 1 범위에 있도록 조정해야 한다. 가장 일반적인 방법은 2.3절에서 설명한 것처럼 행렬 각 행의 합이 1이 되도록 하는 것이다.

가중치 행렬의 구성에서 두 가지 중요한 고려사항은 각 위치와 그 자체 사이의 관계와 행렬의 대칭

관계를 어떻게 처리할 것인가 하는 점이다. 각 위치와 그 자체 사이의 공간적 관계(예를 들어, w_{ii} 값)은 공간 데이터의 분포 패턴과 관계가 없으므로 가중치 행렬의 주 대각선상의 요소(즉 w_{11}, w_{22} 등)는 일반적으로 0으로 설정된다. 행렬의 대칭 관계는 조금 더 복잡한 고려가 필요하다. 대부분 공간 객체 i와 j의 관계는 방향에 상관없이 같은 것으로 간주하기 때문에 w_{ij}와 w_{ji} 값이 같아 가중치 행렬이 주 대각선을 중심으로 대칭이 되도록 하는 것이 일반적이다. 그러나 인접성 관계를 측정하는 방법 중에는 행렬이 대칭되지 않는 때도 있다. 예를 들어, k 최근린 접근법에서, 영역 A는 영역 B, C 및 D를 3개의 가장 가까운 이웃으로 가질 수 있지만, B의 가장 가까운 이웃 3개는 C, D 및 E이고 A를 포함하지 않을 수도 있다. 이 경우에는 w_{ij}와 w_{ji} 값이 서로 다르게 측정된다. 이런 경우에는 양방향의 인접 관계를 각각 측정하고 그 평균을 계산하여 최종 인접 가중치 행렬을 구성하여 행렬의 대칭성을 확보할 수 있다. 이 경우 $\mathbf{W}$와 $\mathbf{W}^T$는 서로 역행렬이 된다.

$$\mathbf{W}_{\text{final}} = \frac{1}{2}(\mathbf{W} + \mathbf{W}^T) \qquad (7.6)$$

우리는 직관적으로 $\mathbf{W}$ 행렬의 정보가 공간적 현상의 분포 패턴에 대해 상당히 많은 정보를 제공한다는 사실을 유추할 수 있고, 최근의 연구도 주로 직관적인 정보 획득을 중심으로 이루어져 왔다. 이에 관한 선구적인 연구 중 하나인 팅클러의 논문(Tinkler, 1972)은 연결된 네트워크에 존재하는 공간 구조를 분석하였는데, 네트워크 노드 사이의 연결성을 측정하여 이진 연결성 행렬(binary connectivity matrix) $\mathbf{C}$를 구축하여 공간적 관계를 표현하였다. 이러한 행렬의 고유 시스템(eigensystem, 부록 참조)은 네트워크 연결성을 측정한다. $\mathbf{C}$ 행렬의 주요 고윳값(principal eigenvalue)은 노드 집합 전체의 연결성을, 고유벡터(eigenvector)의 각 요소는 각 노드의 네트워크 내 중심성을 나타낸다(Boots, 1983; 1984 참조). $\mathbf{W}$ 행렬에 대해서도 유사한 해석이 가능하다(Griffith, 1996; Boots and Tiefelsdorf, 2000).

중요한 점은 주어진 상황에서 다양한 공간 가중치 행렬의 구성이 가능하며, 자기상관 측정에 어떤 공간 가중치 측정법을 사용할 것인지 자체가 분석 과정의 핵심 단계라는 것이다. 어떤 방식으로 $\mathbf{W}$ 행렬을 구축할 것인가의 선택은 어떤 면에서 연구 가설 자체를 시사한다고 볼 수 있다. 왜냐하면 가중치 행렬로 대표되는 공간 구조가 연구 대상이 되는 공간 현상의 작용 원리를 계량화한 것이기 때문이다. 다만 사회과학 연구에서는 특히 인구 조사 단위나 기타 행정 구역 단위를 사용하여 공간 가중치 행렬을 구축해야 해서 기술적으로 까다로운 과정을 거쳐야 하는 경우가 많다. 또한 연구 대상 공간 현상의 작용 원리가 쉽게 파악되지 않는 경우에도, 특정한 공간 작용을 가정한 공간 가중치 행렬을 구축하기가 어려워진다. 이때는 복잡한 공간 가중치 계산 이전에 단순한 인접성 기반 접근 방식을 활용하여 탐색적 분석을 먼저 시행해 보는 것이 좋다.

모란지수를 이용한 공간적 자기상관 측정

분석을 위한 공간 구조가 결정되면, 위치의 속성값 사이의 차이를 측정하는 방법을 정의함으로써 데이터의 공간적 자기상관을 측정할 수 있다. 가장 널리 사용되는 방법은 모란지수(Moran's I)로, 비공간적 상관계수 측정 기법을 공간 데이터에 적용한 방식이며 일반적으로 면 객체의 속성값이 등간척도나 비율척도로 측정되었을 때 적용할 수 있다(Moran, 1950). 모란지수는 수식 (7.7)에 따라 계산된다.

$$ I = \left[\frac{n}{\sum\limits_{i=1}^{n}(y_i - \bar{y})^2} \right] \times \left[\frac{\sum\limits_{i=1}^{n}\sum\limits_{j=1}^{n} w_{ij}(y_i - \bar{y})(y_j - \bar{y})}{\sum\limits_{i=1}^{n}\sum\limits_{j=1}^{n} w_{ij}} \right] \qquad (7.7) $$

상당히 복잡한 수식이므로 요소별로 나눠서 살펴보자. 수식의 핵심이 되는 부분은 우측의 계산식이다. 우선 우측 계산식의 분자 부분인 수식 (7.8)은 공분산(covariance) 계산식이다.

$$ \sum\limits_{i=1}^{n}\sum\limits_{j=1}^{n} w_{ij}(y_i - \bar{y})(y_j - \bar{y}) \qquad (7.8) $$

여기에서 아래 첨자 i와 j는 연구 대상 면 객체를, y는 각각의 속성값을 나타낸다. 평균 $\bar{y}$와의 차이인 편차 2개의 값을 곱하면 두 속성값의 공분산 정도를 계산할 수 있다. y_i와 y_j가 모두 평균보다 작거나 모두 평균보다 크면 그 공분산은 양수, 하나가 평균보다 크고 다른 하나가 평균보다 작으면 그 공분산 값은 음수가 되고, 어느 경우든 그 절댓값의 크기는 두 값이 평균과 얼마나 차이가 나는지에 따라 결정된다. 공분산 항에는 다시 공간 가중치 행렬 $\mathbf{W}$의 요소인 w_{ij}가 곱해지는데, 그렇게 함으로써 공분산 요소가 공간적으로 얼마나 밀접하게 관련되어 있는지에 따라 가중치를 적용하는 효과가 있다. 가중치 행렬 $\mathbf{W}$가 i와 j가 인접하면 w_{ij}가 1, 그렇지 않으면 0인 단순 인접성 행렬인 경우, 모란지수 계산에는 인접한 공간 객체 쌍의 공분산 항만 포함된다.

수식의 다른 부분은 분석 대상 면 객체의 수, 인접성 합계 및 속성값인 y의 범위에 따라 I 값을 정규화하는 역할을 한다. 수식 오른쪽 부분의 분모 $\sum\sum w_{ij}$는 공간 가중치 행렬의 합계이다.

$$\frac{n}{\sum_{i=1}^{n}(y_i-\bar{y})^2} \quad (7.9)$$

계산식의 왼쪽 부분인 수식 (7.9)는 실제로는 오른쪽 부분에서 계산된 공분산 값의 합을 전체 데이터의 분산 값으로 나누어서, 단순히 면 객체들의 속성값 y가 크거나 그 범위가 넓어서 I 값이 크게 나타나는 것을 방지하는 역할을 한다.

수식 (7.7)을 적용하면, 데이터가 정적인(양의) 자기상관을 가지는 경우 인접한 객체 대다수 쌍이 평균보다 모두 크거나 모두 작아 모란지수 I 값이 양수가 된다. 반면에 데이터가 부적인 자기상관을 가질 때에는 인접한 객체 대다수 쌍이 평균을 중심으로 양쪽에 나누어져 있어서 I 값이 음수가 된다.

기존의 상관계수와는 달리 공간적 자기상관을 측정한 모란지수에서 양수 값은 정적인 자기상관을, 음수 값은 역의 자기상관을 나타낸다. 특수한 상황을 제외하고는 공간 데이터가 완벽하게 자기상관될 수 없으므로 모란지수가 −1이나 1이 되는 예는 없다. 일반적으로 모란지수 값이 0.3 이상이거나 또는 −0.3 이하면 공간 데이터가 상대적으로 강한 자기상관을 가지는 것으로 판단한다. 다만 모란지수를 포함한 공간적 자기상관 측정 지수를 해석할 때는 통계적 유의성에 대한 검토가 필요하다는 점은 유의할 필요가 있다. 이에 대해서는 아래에서 더 자세히 논의하도록 한다.

7.5. 사례 분석:
2001~2006년 뉴질랜드 오클랜드시 폐결핵 발생 분포

그림 7.7은 2001~2006년 뉴질랜드 오클랜드시의 인구 10만 명당 폐결핵 환자 수를 지도로 나타낸 것이다(단, 자료는 연도별 환자 수가 아니라 해당 기간 누적 환자 수를 2006년 인구로 나눈 것임). 이러한 데이터를 분석하는 예비 단계로서 데이터의 공간적 자기상관 정도를 알아보는 것이 필요하다. 지도를 살펴보면 도시 남서쪽인 뉴윈저(New Windsor) 지역을 중심으로 폐결핵 발생 비율이 높게 나타나는 것을 확인할 수 있고, 구체적으로는 뉴윈저 북서쪽의 워터뷰(Waterview)에서 남동쪽의 오네훙가(Onehunga)에 이르는 띠 모양의 지역들에서 발병 비율이 높게 나타난다. 그 외에는 시 동쪽 타마키(Tamaki) 지역을 중심으로 발병 비율이 높은 지역이 모여 있는 것을 확인할 수 있다.

그림 7.5의 (i), (ii)에서 설명한 루크, 퀸 방식 인접성에 따라 작성한 공간 가중치 행렬을 사용하여 이 데이터의 모란지수 I를 계산할 수 있다. 직접 계산하기는 힘들지만, ArcGIS나 GeoDa, R 통계 환경

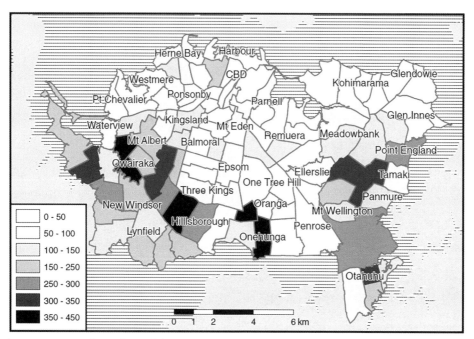

그림 7.7 2001~2006년 오클랜드시 지역 인구 10만 명당 폐결핵 감염자 수 분포. 폴리곤은 뉴질랜드 센서스 집계구임.

에서 사용 가능한 몇몇 패키지를 사용하면 쉽게 모란지수를 계산할 수 있다. R 패키지인 *spdep*를 이용해 계산한 결과는 루크 방식의 경우 0.383, 퀸 방식의 경우 0.394이다. 지도를 살펴본 결과에서처럼, 두 계산 결과 모두 이 데이터에 정적인 공간 자기상관이 존재한다는 것을 보여 준다.

통계적 유의성에 대해서 자세히 설명하기 전에 우선 그림 7.8의 산포도를 살펴보자. 그림 7.8은 모란 산포도로 객체의 속성값(가로축)과 국지적 평균 속성값(즉 인접한 객체들의 평균 속성값) 사이의 관계를 보여 준다. 이 그래프의 영역은 4개의 사분면으로 나눠볼 수 있다. 왼쪽 아래 사분면에는 각 객체의 속성값과 인접한 객체의 평균 속성값이 둘 다 전체 평균보다 작은 경우가 포함된다. 반대로, 오른쪽 위의 사분면에는 객체 속성값과 국지적 평균이 모두 전체 평균보다 큰 객체들이 포함한다. 다른 두 사분면에는 객체 속성값과 국지적 평균 둘 중 하나는 전체 평균보다 크고 나머지 하나는 전체 평균보다 작은 경우가 포함된다. 왼쪽 아래와 오른쪽 위 사분면에 있는 객체들은 속성값이 인접한 객체들과 유사하므로 결과적으로 정적인 자기상관을 반영하고, 나머지 두 사분면에 있는 객체들은 부적인 자기상관을 나타낸다. 그림 7.8에서처럼 대부분의 객체가 왼쪽 아래와 오른쪽 위 사분면에 있는 경우, 데이터는 정적인 자기상관을 가지고, 따라서 모란지수 *I*의 값도 양수로 나타난다.

그림 7.8을 자세히 살펴보면 어떤 지역들 때문에 전체적인 공간적 자기상관 측정값이 양수로 계

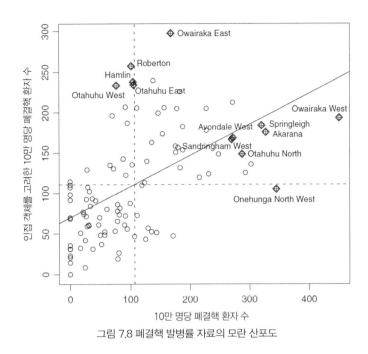

그림 7.8 폐결핵 발병률 자료의 모란 산포도

산되는지를 알 수 있다. 즉 산포도에서 평균과의 차이가 크게 나타나는 지역들인 오와이라카 서부(Owairaka West)와 오와이라카 동부(Owairaka East), 오네훙아 북서부(Onehunga North West)가 지도에서 어느 면 객체에 해당하는지를 짐작할 수 있다는 것이다. 공간적 자기상관 분석에서 가장 널리 사용되는 프로그램 중 하나인 GeoDa를 이용하면 좀 더 쉽게 공간적 탐색 분석을 수행할 수 있다. GeoDa에서 제공하는 브러싱(linked brushing, 3.4절 참조) 도구를 이용하면 모란 산포도에서 특정 객체를 선택할 때 선택된 객체가 지도에서 동시에 선택되어 어느 지역인지 동시에 확인할 수 있다.

모란지수 I가 속성값과 국지적 평균 속성값 사이의 관계에 대한 상관계수라는 사실은 주목할 가치가 있다. 회귀분석 관련 통계 이론에 익숙하다면 모란지수 I 계산식은 다음과 같이 행렬 계산식으로 표현할 수 있다.

$$I = \frac{n}{\sum_i \sum_j w_{ij}} \times \frac{\mathbf{y}^T \mathbf{W} \mathbf{y}}{\mathbf{y}^T \mathbf{y}} \qquad (7.10)$$

여기서 $\mathbf{y}$는 각 요소가 $(y_i - \bar{y})$인 열벡터(column vector)다. 행렬 계산식은 통계학에서 일반적으로 사용되면, 몇몇 참고 문헌을 통해 확인할 수 있다(Anselin, 1995 참조).

모란지수와 회귀분석 사이의 이러한 공통점은 선형 회귀분석의 표준 진단 통계를 사용하여 모란지수 I의 측정값과 통계적 유의성을 나타내는 p-값을 연결할 수 있도록 해 준다. 그러나 공간적 자기상관 분석에서는 자료의 공간 구조 역시 중요한 매개변수기 때문에 p-값을 이용한 유의성 평가보다는 몬테카를로 절차에 따른 유의성 평가가 더 일반적으로 사용된다(5.4절 참조). 객체의 속성값은 필요한 횟수만큼 반복하여 시뮬레이션 할 수 있다(일반적으로 999회). 즉 데이터에서 관찰된 속성값을 지도의 특정 위치에 무작위로 할당하고 그때마다 모란지수 I를 반복적으로 계산하여, 무작위 표본에 대한 모란지수 통계 분포를 작성하는 것이다. 이렇게 작성된 모란지수 통계 분포와 실제로 관측된 모란지수를 비교하면, 관측된 공간적 자기상관이 무작위 데이터에 비교해 얼마나 비정상적인지를 평가할 수 있다. 그림 7.9는 폐결핵 발병률 데이터를 이용해서 몬테카를로 시뮬레이션(999회 반복)을 통해 작성한 모란지수 표본 분포 히스토그램이다. 데이터에서 실제로 계산된 모란지수는 그래프의 오른쪽에 점선으로 표시되어 있고, 무작위 데이터를 이용한 자기상관 표본 분포와 상당히 동떨어져 있다는 것을 확인할 수 있다. 이를 통해, 폐결핵 발병 비율 데이터에 양(+)의 공간적 자기상관이 존재한다는 발견이 통계적으로 유의하다고 간주할 수 있다.

표 7.2는 그림 7.6에 제시된 여러 가지 다른 공간 가중치 측정 방법을 적용한 모란지수 I 계산 결과를 보여 주고 있다. 쉽게 예상할 수 있는 것처럼, 모든 공간 가중치 측정법이 직접 인접한 객체를 우선으

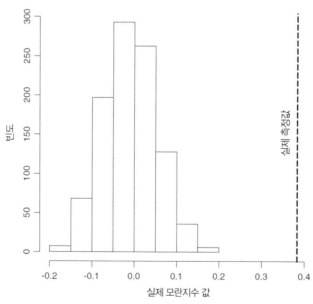

그림 7.9 실제 모란지수 I 값과 몬테카를로 시뮬레이션(999회 반복) 모란지수 표본 분포 히스토그램 비교

표 7.2 여러 가지 다른 공간 가중치 측정 방법을 적용한 모란지수 *I* 계산 결과:
오클랜드시 폐결핵 환자 수, 2000~2006년

공간 가중치 측정 방법	그림	모란지수 *I*
루크 방식 인접성	7.5(i)	0.3830
퀸 방식 인접성	7.5(ii)	0.3941
중심점 간 거리 2.5km 미만	7.5(iv)	0.3510
최근접 폴리곤 3개	7.5(v)	0.3780
최근접 폴리곤 6개	7.5(vi)	0.4014
델로네 삼각망	7.5(vii)	0.3846

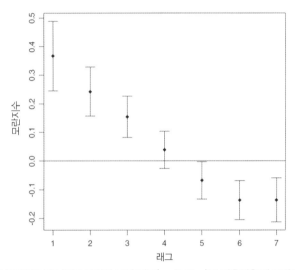

그림 7.10 오클랜드 데이터에 다양한 공간 래그(spatial lag)를 적용했을 때 모란지수 *I* 변화

로 고려하기 때문에 모란지수 값은 대부분 유사하게 나온다. 예외적으로 2.5km 임계거리를 적용한 경우에만 다소 낮은 모란지수 값을 보여 준다.

그림 7.10은 같은 데이터에 루크 방식 인접성을 기반으로 다양한 공간 래그를 적용하여 모란지수 값을 계산하고 각 래그별로 몬테카를로 시뮬레이션을 이용해 오차 범위를 계산하여 표시한 것이다. 그림을 보면 공간 래그가 3일 때까지, 즉 한두 객체를 넘어서 거리까지 정적인 공간적 자기상관이 뚜렷하게 나타나는 것을 확인할 수 있다. 4단계 인접성(즉 객체와 객체 사이에 3개의 다른 객체가 존재하는 경우)에서는 두 지역의 폐결핵 환자 비율이 서로 무관하게 나타나고, 6단계 인접 폴리곤 사이에서는 반대로 부적인 자기상관이 나타나 환자 비율이 서로 다를 가능성이 큰 것으로 나타난다. 이러한 사실을 달리 해석해 보자면 환자 비율이 상대적으로 높건 낮건 간에 그 경향성은 어느 방향으로든 4

단계 공간적 분리를 넘어서지 못한다고 할 수 있고, 그것은 그림 7.7의 지도에서도 확인할 수 있다. 참고로 이러한 유형의 분석은 세미배리어그램 분석과 밀접한 관련이 있으며, 세미배리어그램을 이용한 고급 보간법에 대해서는 10장에서 자세히 설명하도록 한다.

7.6. 다른 접근법들

공간적 자기상관 측정을 위해 가장 많이 사용되는 방법이고 장점도 많지만, 모란지수가 유일한 자기상관 측정 방법은 아니다. 가장 대표적인 대안으로 기어리 지수(Geary's C)가 있는데, 다음과 같은 방식으로 계산된다.

$$C = \left[\frac{n-1}{\sum\limits_{i=1}^{n}(y_i - \bar{y})^2} \right] \times \left[\frac{\sum\limits_{i=1}^{n}\sum\limits_{j=1}^{n} w_{ij}(y_i - y_j)^2}{2\sum\limits_{i=1}^{n}\sum\limits_{j=1}^{n} w_{ij}} \right] \quad (7.11)$$

모란지수와 마찬가지로, 왼쪽 항은 속성값 y의 크기를 고려하기 위한 분산 정규화 계수이다. 오른쪽 항의 분자는 면 객체 쌍의 속성값 차이의 제곱을 모두 더한 것으로, 인접한 객체의 속성값 차이가 클수록 더 커진다. 분모인 $2\sum\sum w_{ij}$는 데이터에서 계산된 공간 가중치를 정규화하기 위한 수식이다. 모란지수와 비교하면 기어리 C 값을 해석할 때 한 가지 측면에서 다소 혼란스러울 수 있다. C 값은 1이면 자기상관이 없음, 1보다 작으면(C 값은 항상 0 이상임) 양의 자기상관을 나타내고, 1보다 큰 값은 음의 자기상관을 나타낸다. 그 이유는 $\sum w_{ij}(y_i - y_j)^2$ 계산 결과가 항상 양수이고, 인접 객체의 속성값이 유사할수록 작다는 것을 고려하면 쉽게 이해할 수 있다. 기어리 C를 모란지수와 같이 직관적으로 이해할 수 있도록 하기 위해서는 1에서 C 값을 빼는 방식으로 +1~−1 범위 값으로 변환할 수 있다. 데이터가 등간 또는 비율척도 수치 자료가 아니거나, 속성값이 특정 임곗값보다 큰지 작은지가 주된 관심이어서 데이터가 1 또는 0으로 저장된 이진 방식의 자료일 때 사용할 수 있는 자기상관 측정 방법으로 결합 수 검정(Joins Count Test) 기법이 있다. 이 접근법은 여러 가지 범주로 분류할 수 있는 인접 폴리곤 쌍의 개수를 세는 방식에 기반한다. 이진 방식 자료의 경우(가능한 속성값이 '검정', '흰색' 둘 중 하나라면), 데이터 전체를 대상으로 속성값이 검정-검정, 흰색-흰색, 검정-흰색인 인접 객체 쌍의 개수를 각각 산정하는 것이다. 데이터에 존재하는 자기상관의 종류와 강도는 산정된 결합 수와 무작위 데이터를 가정한 결합 수 기댓값을 비교하여 판단할 수 있다. 정적 자기상관 데이터는 기댓값보다 검정–검정, 흰색–흰색 객체 쌍의 비율이 높게 나타나고, 반대로 검정–흰색 객체 쌍의 비율이 높게 나타나는 경우는 부적인 자기상관이 존재하는 것으로 해석할 수 있다(Cliff and Ord, 1973; Unwin, 1981 참고).

결합 수 검정 기법은 FRAGSTATS에서 제공하는 공간 패턴 측정 도구 중 하나와 매우 유사한 형태인데, 다만 FRAGSTATS는 래스터 데이터를 대상으로 하는 분석 도구라는 점에서 차이가 있다. 결합 수 검정 기법은 범주형 데이터에만 적용되고, 범주의 개수가 증가하면 적용하기 힘들다는 점에서 한계가 있다. 예를 들어, 위에서 설명한 것처럼 데이터 속성값이 2개 범주면 가능한 결합 유형이 3개지만, 범주의 개수가 증가하면 가능한 결합 유형의 개수가 기하급수적으로 증가한다는 것이다(6개 범주는 15개 결합, 12개 범주는 66개 결합이 가능함).

요약

- 공간 분석 대상 면 개체는 다양한 형태로 나뉜다. 자연 현상에 의해 구분된 면 객체도 있고, 자료 수집이나 행정적인 필요에 따라 임의로 구획된 면 객체도 있다.
- 면 객체는 다양한 분석이 가능한 기하학적 및 위상적 속성을 가진다. 가장 단순한 속성으로 면적을 비롯하여, 면 객체 스켈레톤과 중심점을 이용할 수도 있고 객체의 모양을 특성화할 수도 있다. 데이터가 많은 수의 면 객체를 포함하면, 객체들의 분절 정도를 측정하거나 다른 공간 패턴 측정치를 활용할 수도 있다.
- 공간적 자기상관은 지리학의 핵심 개념이므로, 지리 데이터를 통계적으로 분석하기 전에는 항상 자기상관 검정을 수행하여야 한다.
- 자기상관 측정은 연구 대상 현상의 공간적 구조와 인접한 객체 속성값의 유사성 또는 차이점을 기반으로 한다.
- 연구 영역의 공간 구조는 일반적으로 위치 간의 인접성 또는 상호작용을 기반으로 작성한 공간 가중치 행렬로 나타낸다.
- 공간 가중치는 다양한 방법으로 정의할 수 있다. 임계거리 또는 최근린 규칙뿐만 아니라 루크 방식 또는 퀸 방식 인접성을 측정하여 이진수 값(0 또는 1)의 공간 가중치를 얻을 수 있다. 또 다른 접근법으로는 델로네 삼각망을 사용하는 방법이 있다.
- 인접성 기반 공간 가중치 행렬은 또 직접 인접 객체가 아닌 건너뛰어 인접하는 객체 쌍을 이용하여 작성할 수도 있는데, 이를 공간 래그라고 한다.
- 공간 가중치는 이진수 값 말고도 0과 1 사이의 연속적으로 값으로 측정될 수도 있는데, 이때는 일반적으로 객체의 중심점 간 거리가 이용되고, 때에 따라 면 객체 간 공유 경계의 길이가 사용되기도 한다.
- 공간 자기상관의 측정을 위해 가장 널리 사용되는 척도는 인접 객체 간 공분산을 활용한 모란지수 I이다. 모란지수 값 0은 무작위 배열, 양수 값은 정적 자기상관, 음수 값은 부적 자기상관을 각각 나타낸다.
- 또 다른 자기상관 측정 기법인 기어리 지수(Geary' C)는 각 면 객체와 인접 객체 속성값 차의 제곱의 합을 사용하여 계산한다. 기어리 지수가 1일 때는 자기상관이 없음, 0과 1 사이의 값은 양의 자기상관, 1과 2 사이의 값은 음의 자기상관을 나타낸다.

- 자기상관 측정값의 통계적 유의성을 평가하기 위해서는 일반적으로 몬테카를로 시뮬레이션이 사용된다. 몬테 카를로 시뮬레이션은 데이터에서 관찰된 속성값을 지도의 특정 위치에 무작위로 할당하고 그때마다 자기상관 측정값을 반복적으로 계산하여, 무작위 표본에 대한 자기상관 측정값 통계 분포를 작성하여 실제로 측정된 자 기상관 측정값과 비교하는 방식으로 진행된다.

참고 문헌

Anselin, L. (1995) Local indicators of spatial association—LISA. *Geographical Analysis*, 27: 93-115.

Bavaud, F. (1998) Models for spatial weights: a systematic look. *Geographical Analysis*, 30: 152-171.

Berry, J. K., Buckley, D. J., and McGarigal, K. (1998) Fragstats.arc: Integrating ARC/INFO with the Fragstats landscape analysis program. *Proceedings of the 1998 ESRI User Conference*, San Diego, CA.

Bivand, R. S., Pebesma, E. J., and Gomez-Rubio, V. (2008) *Applied Spatial Data Analysis with R* (New York: Springer).

Boots, B. N. (1977) Contact number properties in the study of cellular networks. *Geographical Analysis*, 9: 379-387.

Boots, B. N. (1983) Comments on using eigenfunctions to measure structural properties of geographic networks. *Environment and Planning, Series A*, 14: 1063-1072.

Boots, B. N. (1984) Evaluating principal eigenvalues as measures of network structures. *Geographical Analysis*, 16: 270-275.

Boots, B. and Tiefelsdorf, M. (2000) Global and local spatial correlation in bounded regular tessellations. *Journal of Geographical Systems*, 2: 319-348.

Boyce, R. and Clark, W. (1964) The concept of shape in geography. *Geographical Review*, 54: 561-572.

Cerny, J. W. (1975) Sensitivity analysis of the Boyce-Clark shape index. *Canadian Geographer*, 12: 21-27.

Clark, W. and Gaile, G. L. (1975) The analysis and recognition of shapes. *Geografiska Annaler*, 55B: 153-163.

Cliff, A.D. and Ord, J. K. (1973) *Spatial Autocorrelation* (London: Pion).

Coppock, J. T. (1955) The relationship of farm and parish boundaries: a study in the use of agricultural statistics. *Geographical Studies*, 2: 12-26.

Coppock, J. T. (1960) The parish as a geographical statistical unit. *Tijdschrift voor Economische en Sociale Geographie*, 51: 317-326.

DeZonia, B. and Mladenoff, D. J. (2004) IAN—raster image analysis software program. Department of Forest Ecology and Management, University of Wisconsin, Madison, WI. Available at http://landscape.forest.wisc. edu/projects/IAN.

Frolov, Y. S. (1975) Measuring the shape of geographical phenomena: a history of the issue. *Soviet Geography*, 16: 676-687.

Frolov, Y. S. and Maling, D. H. (1969) The accuracy of area measurement by point counting techniques. *Cartographic Journal*, 6: 21-35.

Garreau, J. (1992) Edge City (New York: Anchor).

Getis, A. and Aldstat, J. (2004) Constructing the spatial weights matrix using a local statistic. *Geographical Analysis*, 36: 90-104.

Gierhart, J. W. (1954) Evaluation of methods of area measurement. *Survey and Mapping*, 14: 460-469.

Griffith, D. (1996) Spatial autocorrelation and eigenfunctions of the geographic weights matrix accompanying geo-referenced data. *Canadian Geographer*, 40: 351-367.

Houghton, R. A., Skole, D. L., Nobre, C. A., Hackler, J. L., Lawrence, K. T., and Chomentowski, W. H. (2000) Annual fluxes or carbon from deforestation and regrowth in the Brazilian Amazon. *Nature*, 403(6767): 301-304.

Lee, D. R. and Sallee, G. T. (1970) *A method of measuring shape. Geographical Review*, 60: 555-563.

McGarigal, K., Cushman, S. A., Neel, M. C., and Ene, E. (2002) *FRAGSTATS: Spatial Pattern Analysis Program for Categorical Maps*. Computer software program produced at the University of Massachusetts, Amherst. Available at www.umass.edu/landeco/research/fragstats/fragstats.html.

Medda, F., Nijkamp, P., and Rietveld, P. (1998) Recognition and classification of urban shapes. *Geographical Analysis*, 30(4): 304-14.

Moran, P. A. P. (1950) Notes on continuous stochastic phenomena. *Biometrika*, 37: 17-33.

Nepstad, D. C., Verissimo, A., Alencar, A., Nobre, C., Lima, E., Lefebvre, P., Schlesinger, P., Potter, C., Moutinho, P., Mendoza, E., Cochrane, M., and Brooks, V. (1999), Large-scale impoverishment of Amazonian forests by logging and fire. *Nature*, 398(6727): 505-508.

Smith, B. and Varzi, A. C. (2000) Fiat and bona fide boundaries. *Philosophy and Phenomenological Research*, 60(2): 401-420.

Tinkler, K. (1972). The physical interpretation of eigenfunctions of dichotomous matrices. *Transactions of the Institute of British Geographers*, 55: 17-46.

Tobler, W. R. (1970) A computer movie simulating urban growth in the Detroit region. *Economic Geography*, 46: 234-240.

Turner, M. G., Gardner, R. H., and O'Neill, R. V. (2001) *Landscape Ecology in Theory and Practice: Pattern and Process* (New York: Springer-Verlag).

Unwin, D. J. (1981) *Introductory Spatial Analysis* (London: Methuen).

Wentz, E. A. (2000) A shape definition for geographic applications based on edge, elongation and perforation. *Geographical Analysis*, 32: 95-112.

Wood, W. F. (1954) The dot planimeter: a new way to measure area. *Professional Geographer*, 6: 12-14.

Worboys, M. F. and Duckham, M. (2004) *GIS: A Computing Perspective* (London: Taylor & Francis).

Zhang, D. and Lu, G. (2004) Review of shape representation and description techniques. *Pattern Recognition*, 37(1): 1-19.

08 국지 통계

내용 개요

- 새로 대두되고 있는 국지 통계(local statistics) 개념에 대한 설명
- 공간 분석에 국지 통계가 비교적 늦게 사용되기 시작한 이유에 대한 설명
- 국지 통계 개발을 위한 지역성을 구축하는 데 사용할 수 있는 다양한 접근법 검토
- 게티스-오드(Getis-Ord) G 통계 계산 및 해석 방법
- 국지적 모란지수(Moran's I) 통계의 개요
- 국지 통계에 근거한 추론의 어려움과 해결 방법
- 지리가중 회귀분석 개요
- 원래 개발의 의도가 아니었더라도 얼마나 많은 공간 분석 방법들이 국지 통계로 간주될 수 있는지 설명

학습 목표

- 국지 통계가 의미하는 바를 설명하고 현재의 인기에 대한 이유를 설명한다.
- 국지적 통계 접근법이 최근에야 공간 분석에 활용되기 시작한 이유를 이해한다.
- 국지 통계와 관련된 지역성을 구축할 수 있는 여러 기초를 점검한다.
- 게티스-오드 G 통계와 모란지수 통계를 정의하고 어떻게 해석해야 하는지 논의한다.
- 왜 국지 통계에 대한 추론이 어려운지 설명하고, 문제 해결을 위한 접근 방법을 간략히 설명한다.
- 지리가중 회귀분석이 어떻게 작동하는지 설명한다.
- 다른 통계 분석 방법을 국지 통계로 다시 정의한다.

8.1. 서론: 지리적으로 생각하고 국지적으로 측정하라

최근 몇 년간 지리 정보 분석에서 가장 중요한 혁신 중 하나로 다양한 국지적 통계 기법의 개발을 들수 있다. 앞으로 살펴보겠지만, 국지 통계(Local Statistics)는 이전 장에서 논의된 공간적 자기상관 측

정 방법에서 자연스럽게 발전한 것이다. 전역적 통계와 국지적 통계의 관계를 이해하면, 거의 모든 표준화된 요약 통계의 국지적 계산 기법을 개발할 수 있는데, 특히 흥미로운 최근의 혁신적 방법은 지리 가중 회귀분석이다. 이와 같은 방식으로 많은 기존의 공간 분석 방법들이 국지적 통계로 재해석될 수 있다. 공간 보간법을 이용한 대부분의 추정이 국지적 통계를 기반으로 해서, 이 장의 내용을 이해하면 다음 장에서 자세히 논의되는 공간 보간에 대해 더 쉽게 이해할 수 있을 것이다.

국지적 통계란 무엇을 의미하는가? 국지적 통계는 값이 그 위치에 따라 달라지는 공간 데이터와 연관된 설명 통계이다. 넓은 의미에서 모든 공간 데이터는 기록된 속성값이 각 위치에서 서로 다르다는 점에서 국지적 통계의 모음이다. 국지적 통계는 위치에 따라 국지적인 공간 데이터의 서브 세트를 고려하여 계산한다는 점이 전역적 통계와 다르다. 간단한 예제로 국지적 평균을 들 수 있는데, 이는 관심 지역 근처의 데이터만을 골라 속성값의 평균을 계산하는 방식으로 얻을 수 있다. 다음 장에서는 그러한 국지적 평균이 많은 공간 보간 방법의 바탕을 이루는 기초임을 알게 될 것이다. 또한 국지적 평균이 이미지 또는 래스터 데이터에 적용될 수 있는 평활화 필터의 한 종류와 정확히 일치한다는 점도 주목할 가지가 있다. 9.5절에서는 이 개념이 지도 대수(map algebra)로, 특히 래스터 데이터에 대한 지역 연산(focal operation)의 형태로 일반화되었다는 것을 알 수 있을 것이다. 이렇듯 국지적 통계의 개념은 여러 상황에서 다른 이름으로 불리고 있지만 공간 분석에도 널리 적용되고 있는 개념이다. 중요한 점은 국지적 통계 개념이 많은 공간 분석 방법에서 얼마나 중요한 것인지 이해하는 것이다.

국지적 통계라는 핵심적인 아이디어가 1990년대 중반 이후에서야 공간 분석에서 널리 활용되기 시작하였다는 것은 놀라운 일이다. 언윈(Unwin, 1996)과 포더링엄(Fotheringham, 1997)이 『Progress in Human Geography』에 발표한 리뷰 논문은 국지적 통계의 중요성을 명시적으로 강조한 최초의 연구였다. 이를 염두에 두고 왜 국지적 통계 아이디어가 최근에야 도입되었는지 고려해 보는 것이 좋겠다. 또 다른 중요한 고려사항은 GIS 도구가 제공하는 지도 제작 기능이다. 앞으로 살펴보겠지만, 많은 국지적 통계는 전역적 통계(Global Statistics) 계산의 자연스러운 부산물이다. 국지적 통계 결과를 쉽게 지도로 제작할 수 있게 되기 이전에는, 연구 대상 지역 전체에 대한 전역적 통계를 숫자로 요약하여 보여 주고 그 계산에 사용된 국지적 통계는 무시되기에 십상이었다. 그러나 쉽게 사용할 수 있는 지도 제작 도구의 출현으로 국지적 통계의 잠재력을 분석 결과물로 탐구하게 되었다. 이러한 발전은 데이터에서 특잇값(outliers)을 찾아내고 데이터의 전체 구조를 시각적으로 탐색하려고 하는 탐색적 데이터 분석의 중요성이 증가한 것과 그 맥락을 같이한다(Tukey, 1977).

최근 국지적 통계의 인기 증가에 대한 두 번째 기술적 이유는 국지적 통계에 대한 통계적 평가가 (역설적이지만) 전역적 측정에 대한 통계적 평가보다 더 어렵다는 점이다. 점 패턴이 군집하고 있는지를 통계 검정을 통해 평가하는 것보다 점 패턴에서 국지적 군집의 위치를 찾아내는 것이 어렵다는 사실과 비유할 수 있다. 특히 국지적 패턴의 통계적 유의성을 분석적으로 평가하는 것은 더 어려우며, 이러한 맥락에서 몬테카를로 시뮬레이션 접근법이 국지적 패턴의 유의성 평가를 위해 흔히 사용된다. 시뮬레이션을 위해서는 매우 높은 성능의 컴퓨터가 필요하므로, 일반 연구자들이 고성능 컴퓨터를 사용할 수 있게 된 이후에야 국지적 통계가 실용화되기 시작한 것이다.

국지적 통계에 관한 관심이 증가한 세 번째 이유는 현상의 지리적 변화가 중요하다는 인식이 확대된 데 있다. 이것은 GIS 도구를 채택, 사용하는 범위가 확대되고 그에 따른 데이터 가용성이 증가한 부수적인 결과이다. 더 많은 데이터가 이용 가능해짐에 따라 공간적 범위를 확장하고 공간 해상도를 높이는 데 집중할 수 있게 되었고, 두 가지 발전 모두가 단일한 전역적 작용 또는 모형이 현실적인 설명이라는 생각이 항상 그럴 듯한 것은 아니라는 사실을 깨닫게 했다.

마지막으로, 국지적 통계에 관한 관심이 커진 이유는 어떤 현상의 전역적 패턴을 이해하는 데 국지적 맥락이 중요하다는 인식을 확대한 공간 과학의 발전에서 찾을 수 있다. 1980년대부터 인문지리학 연구에서 질적 연구가 점점 더 많이 활용되고 있는데, 사실 이것은 지리적 현상을 이해하는 데 국지적 맥락이 중요하다는 인식에 대한 반응이다. 인터뷰나 포커스 그룹과 같은 질적 연구 방법은 국지적 맥락의 다층성과 그러한 맥락에서 다양한 사람들이 그 국지적 맥락을 어떻게 받아들이는지를 연구에 반영하는 것이다. 정량적 또는 통계적 데이터 분석은 지리적 현상의 복잡성을 단순화, 일반화하여 분석하는 경향이 있다. 전역적 통계 분석으로 지리적 현상을 일반화하는 것은 세부 지역의 국지적 특성을 무시한 지나친 일반화를 초래할 위험이 크다. 반면 국지적 통계는 세부 지역의 특수성과 다양성을 강조하고 지역 사이의 비슷한 점보다는 지역 간 차이점에 집중한다. 이렇게 국지적 통계는 지리학의 정량적인 극단인 전역적 일반화에 대한 비판과 국지적 맥락의 중요성에 대한 인식 증가에 따른 결과로 볼 수 있다.

8.2. 국지적의 정의: 공간 구조

7.4절에서는 전역적인 공간적 자기상관 통계의 계산에 필요한 과정으로 폴리곤 집합에서 다양한 공간 가중치 행렬을 구하는 방법을 설명하였다. 특정 위치의 이웃은 공간 가중치 행렬의 단일 행으로 요약된다. 따라서 가중치 행렬이 다음과 같다고 하면

$$\mathbf{W} = \begin{bmatrix} w_{11} & w_{12} & \cdots & w_{1n} \\ w_{21} & w_{22} & & \vdots \\ \vdots & & \ddots & \vdots \\ w_{n1} & \cdots & \cdots & w_{nn} \end{bmatrix} \quad (8.1)$$

다음 행은

$$\mathbf{W}_i = \begin{bmatrix} w_{i1} & w_{i1} & \cdots & w_{in} \end{bmatrix} \quad (8.2)$$

각 위치 i의 국지적 이웃을 나타낸다. 2장과 7장에서 설명했듯이 가중치 행렬과 지역성을 정의하는 방법은 다양하다.

폴리곤 데이터의 경우, 직접적 혹은 간접적으로 관련이 있는 이웃 폴리곤에 대한 인접성은 지역성 (locality)을 구성하기 위한 기초이다. 폴리곤 중심점을 사용하면 거리 기준에 따라 지역성을 구성할 수 있으며, 같은 방법을 점 데이터에도 적용할 수 있다. 이 경우 모든 위치에서 최소 개수 이상의 이웃 폴리곤을 탐색하도록 추가 제한 조건을 도입할 수도 있다.

국지적 통계를 계산하기 전에 지역성을 구성하기 위한 선택 사항들이 분석의 중요한 부분임을 유의해야 한다. 국지적 통계는 인접성을 기반으로 지역을 구성할 때 특정 종류의 패턴을 가리킬 수 있지만, 지역 기준이 거리 기준에 따라 작성될 때 완전히 다른 패턴을 나타낼 수도 있다. 중요한 점은 첫째, 가능하면 다양한 가중치 행렬 구성을 확인해야 하며, 둘째, 어떤 방법이 가장 적합한지 고려해야한다는 것이다. 예를 들어, 폴리곤 집합 사이의 연결성을 기반으로 하는 단순한 공간 인접성이 지역성을 구성하는 비교적 자연스러운 접근이라고 가정하기 쉽다. 그러나 교통 접근성과 관련이 있는 패턴을 보이는 현상에 관심이 있는 경우에는 교통 네트워크를 통해 위치를 연결하고 도로 또는 기타 네트워크를 통해 계산된 거리로 인접성을 측정하는 것이 훨씬 더 적절할 수 있다. GIS의 기능을 사용하면 다양한 인접성 측정 방법을 쉽게 탐색할 수 있다.

되돌아보기: 인접성과 공간적 자기상관

이 시점에서 2.3절을 다시 읽고 거리, 인접성, 이웃 및 근접성의 정의에 대한 자료와 인접성 행렬 A 또는 가중치 행렬 W를 이용해 국지적 특징을 요약하는 방법을 복습해 보는 것이 유용하겠다.
다음으로는 7.4절을 다시 읽고 전역적 공간적 자기상관 지표의 계산에 이 행렬들을 사용하는 방법을 상기해 보자.

8.3. 국지 통계의 사례: 게티스-오드(Getis-Ord) G 통계

게티스와 오드(Getis and Ord, 1992; Ord and Getis, 1995)가 개발한 게티스-오드 국지 통계의 목적은 속성값의 분포에서 큰 값 또는 작은 값이 집중된 지역을 탐지하는 것이며, 이는 국지적 통계의 개념을 잘 설명해 준다. 통계 자체는 계산 과정이 단순하다. 위치 i에 대해 게티스-오드 국지적 통곗값은 다음과 같이 계산된다.

$$G_i(d) = \frac{\sum_j w_{ij}(d)x_j}{\sum_{j=1}^{n} x_i} \text{ for all } i \neq j \qquad (8.3)$$

여기서 $w_{ij}(d)$는 공간 가중치 행렬로부터의 가중치이고 x_j는 위치 j에서의 속성값을 나타낸다. 공간 종속성에 대한 일련의 가정에 대한 의존성은 d에 대한 G_i와 w_{ij}의 함수적 의존성에 의해 표시된다. 이 분수의 분자는 관심 위치 i의 지역에 있는 x_j 값의 합계이지만 x_i 자체는 포함하지 않으며, 분모는 전체 조사 영역의 모든 x 값 합이라는 점에 유의하자. 따라서 G_i는 단순히 i의 이웃에 의해 설명되는 연구 영역의 모든 x 값 합의 비율이다. 큰 값들이 모여 있는 위치에서 G_i는 상대적으로 높을 것이다. 반대로 낮은 값이 집중되는 위치에서 G_i는 낮을 것이다. 밀접하게 관련된 통계 G_i^*는 G_i와 유사하게 정의되며, 유일한 차이는 위치 i에서의 속성값 자체가 식 (8.3)의 분자 및 분모 합계에 포함된다는 것이다. G_i(및 G_i^*)가 x 값의 두 합의 비율에 의존하기 때문에 고려 중인 속성이 자연적 기준을 갖는 비율척도 변수라는 것이 중요하다. 이것을 생각하는 또 다른 방법은 모든 위치에 상숫값을 추가하거나 로그를 취하여 변수를 변형하는 경우 G_i 값이 달라진다는 것이다.

속성값의 무작위 공간 분포 가정에 따라 G_i 통계의 기댓값과 분산을 유도하는 것은 상대적으로 쉽다. 기댓값은 다음과 같이 주어진다.

$$E(G_i(d)) = \frac{\sum_j w_{ij}(d)}{n-1} \qquad (8.4)$$

이 식에 의해 G_i의 기댓값은 0/1의 인접성 가중치로 부여된 위치 i의 이웃에 의해 설명되는 연구 지역의 일정 비율이라는 것이 정의된다. 그 통계의 분산 계산은 더 복잡하다(Getis and Ord, 1992, p.191 참조).

위의 모든 식에서 d는 다양한 거리에 대한 통곗값을 계산할 수 있다는 사실을 나타내는 것이고, 보다 일반적으로 지역에 대한 다양한 정의에 따라 통곗값을 계산할 수 있다는 사실을 나타낸다. 따라서 이전 절에서 논의된 바와 같이 공간 가중 행렬은 분석 목적을 위해 의미 있는 지역 집합을 구성하는 것에 대한 가정하에서 분석가에 의해 선택된다. $\mathbf{W}$의 선택은 지역의 지리적 효과의 범위와 특성에 대한 가설을 요약한다. 전형적으로 높거나 낮은 데이터 값의 집중이 짧은 거리에서만 발생하는지, 넓은 범위에서 발생하는지 또는 아마도 먼 거리에서만 발생하는지를 아는 것에 관심을 두는 한, 이것은 어떤 방식으로든 거리 의존적이다.

게티스-오드 통계의 기댓값과 분산은 알려져 있으므로, 각 위치의 G_i 값에 대해 z 점수를 결정할 수 있다. 그림 8.1의 지도는 루크 방식의 인접도 가중 행렬을 사용하여 이전 장에서 고려한 결핵 발생률 데이터를 기반으로 z 점수로 계산된 G_i 값을 보여 준다. 이 지도와 그림 7.7에 나타난 발생률 지도의 주목할 만한 차이점은 가장 높은 발생 빈도 위치가 관련 G_i 값 중 가장 큰 값의 위치는 아니라는 것이다. 대신 높은 발생률 지역에 인접한 센서스 지역 단위가 강조되어 있다. 이것은 지역의 남동부에 있는 웰링턴산 지역의 경우가 가장 분명한데, 이 지역은 비교적 낮은 발생률에도 불구하고 높은 z 점수를 갖는다. 지도의 서쪽 부분에 있는 두 개의 특히 높은 게티스-오드 통계 점수는 원래 지도에서 가장 높은 발생률의 위치에 해당하지 않지만 발생 빈도가 높은 위치들을 이웃으로 가지고 있다.

일반적으로 +1.96 ~ -1.96의 범위를 벗어나는 z 점수를 비정상적인 경우로 간주하고 특별한 주의를

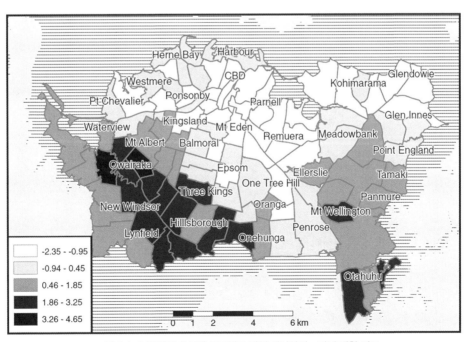

그림 8.1 G_i 값에서 계산된 오클랜드 결핵 데이터의 z 값에 대한 지도

기울이기 위해 지도에서 이 부분을 골라내더라도 국지적 통계를 이용하여 추론할 때 더 많은 주의를 기울여야 한다. 이는 대부분의 국지적 통계 분포에서 정규성 가정이 문제가 되기 때문인데, 특히 고려 중인 지역이 작은 경우에 통계가 작은 사례 수를 기반으로 계산되기 때문에 문제가 된다. d가 증가하여 지역의 사례 수가 많아지면 문제는 줄어들지만 고려 중인 지역은 더는 지역적이지 않게 된다. 매우 작은 수의 위치를 기반으로 할 수 있어서 연구 지역의 가장자리에 대해 높거나 낮은 z 점숫값을 과도하게 해석하는 것은 특별히 주의하여야 한다. 이러한 고려사항은 통계의 평가에 대한 분석적 접근법의 유용성을 제한하여 추론을 위한 시뮬레이션 기반 접근법의 필요를 유도한다. 이 어려움은 국지적 통계의 해석과 분석에서 일반적이며 8.4절에서 더 자세히 다룬다.

기타 국지 통계

원칙적으로 거의 모든 표준 통계가 국지적 통계로 변환될 수 있다. 전체 데이터를 요약하는 대신 각 데이터 위치의 지역에 있는 데이터만 요약한다. 전역적 모란지수 I의 값을 결정하는 데 필요한 계산은 또 다른 사례를 제공하고 있다. 이 경우 각 위치에서 다음 수치가 계산된다.

$$I_i = z_i \sum_j w_{ij} z_j \qquad (8.5)$$

여기서 z 값은 전체 데이터에 대해 관찰하고 있는 속성값으로부터 결정된 z 점수이다. 양의 값은 특성의 낮은 값 또는 큰 값이 서로 가깝게 나타나지만, 음의 값은 낮은 값과 큰 값이 지도의 같은 영역에서 함께 나타나는 결과를 갖는다. 따라서 국지적 모란지수는 데이터 동질성과 다양성을 나타내게 된다. 이 통계치는 룩 안셀린(Luc Anselin, 1995)이 개발하였으며, 공간적 자기상관의 국지적 지표(Local Indicators of Spatial Association: LISA) 통계에 대한 일반적인 개념을 제시한다.

모란지수의 국지적 버전을 사용할 때, 그림 7.8의 모란 산포도가 분석 도구로 제공된다. 속성값의 전역적 평균(또는 $z_i=0$과 $\sum_j w_{ij} z_j=0$)에 의해 정의된 도표의 네 사분면은 각각 i 지점과 이웃 사이에서 서로 다른 가능한 값의 조합에 해당한다. 우리는 정적 자기상관을 나타내는 경우는 'low–low' 또는 'high–high', 부적 자기상관을 나타내는 경우는 'low–high' 또는 'high–low'로 줄여서 구분할 수 있다. 예를 들어, 'high–high'의 경우는 i의 값이 크고 인접 값도 큰 곳을 나타내는 것이다. 모든 사례가 네 사분면 중 하나에 해당하지만, 일반적으로 우리는 어떤 면에서 통계적으로 특이한 사례에 해당하는지에 관심을 둔다. 이러한 사례가 어떻게 식별되는지는 8.4절에서 국지적 통계에 대한 추론을 고려할 때 논의된다.

게티스와 오드(Getis and Ord, 1992, pp.198-199)는 특정한 종류의 공간 데이터는 G_i와 I_i 통계를 함께 이용해 분석해야 한다고 제안했다. 이는 이 두 통계가 서로 다른 것을 측정하며, 관찰된 공간 분포의 기저에 있는 서로 다른 추진 과정을 가리킬 수 있기 때문이다. 전역적 모란지수 통계는 큰 값 또는 작은 값의 집중 때문에 나타나는 모양을 구별하지 않고 공간적 자기상관을 측정하지만, G_i의 전역 통계는 이러한 경우를 구별할 수 있게 한다.

$$G(d) = \frac{\sum_{i=1}^{n} \sum_{j=1}^{n} w_{ij}(d)x_i x_j}{\sum_{i=1}^{n} \sum_{j=1}^{n} x_i x_j} \text{ for all } i \neq j \qquad (8.6)$$

이 통계는 큰 값이 서로 가까이 있는 위치가 낮은 값이 서로 가까이 있는 위치를 초과할 때 큰 값을 갖는 경향이 있다(또는 그 반대의 경우도 그러하다). 따라서 G는 전반적으로 정적인 공간적 자기상관에 큰 값들의 집합('핫스폿') 또는 낮은 값들의 집합('콜드스폿')을 탐색하는 데 도움이 된다.

원칙적으로는 거의 모든 통계의 국지적 형태가 개발될 수 있지만 실제로는 국지적 통계로 공식화된 것은 거의 없으며, 비록 여기서 설명한 것과 같은 탐색적 방법으로 사용되지 않더라도 많은 통계 기법들이 국지적 통계로 유용하게 고려될 수 있음을 보게 될 것이다. 이것이 가능한 이유는 모든 공간 데이터의 가장 적절한 특징은 속성값이 공간 의존성을 나타내는 정도이며 이는 정확하게 게티스-오드와 모란지수 통계가 중점을 둔 데이터의 양상이다. 또 다른 이유는 국지적 통계가 조사 초기 단계의 탐색 도구로서 가장 유용하다는 것이다. 전형적인 통계 분석은 유의성을 결정할 방법이 필요하며, 이는 국지적 계산에 포함된 소수 사례의 맥락에서 어려운 문제를 제시한다.

8.4. 국지 통계를 이용한 추론

지금까지 공간적 임의성이라는 단순한 가정이 G_i 국지 통계의 기댓값에 대한 분석적 결과가 결정되도록 하는 방법을 확인했다. 이러한 가정의 단순화는 국지적 통계를 연구 지역 내 모든 속성값의 모집단에 대한 단순 무작위 표본으로 간주한다. 이것은 대부분 중심 극한 정리로 인해 국지적 통계가 정규 분포일 거라는 기대의 결과이며, 비정상적인 경우는 계산된 z 값이 -1.96 미만이거나+1.96보다 큰 것으로 구분될 수 있다. 이 구간은 표준 95% 신뢰 구간과 관련된 범위이다.

그러나 이러한 접근법은 문제가 있다. 그림 8.1을 재검토해 보면 명백해진다. 여섯 개의 인구 조사 영역은 z 점숫값이 −1.96 미만이고 14개 값은 +1.96 이상이다. 기존의 해석에 따르면 이것은 거의 20%(103개의 인구 조사 지역 단위 중 20개)가 통계적으로 비정상적인 것으로 나타났다. 여기에서의 어려움은 완전한 공간적 임의성을 가정하는 귀무가설 모형에 의해 데이터가 분명하게 설명되지 않는다는 것이다. 이 데이터에서 상당한 양의 공간적 자기상관을 보여 준 7.5절에서 자세히 설명된 계산식을 통해 이것을 이미 확인한 것이다. 만약 데이터가 양의 자기상관을 갖는다는 것을 알면 완전한 공간적 임의성을 가정하는 귀무가설 모형을 기반으로 통계적으로 비정상적인 사례를 식별하는 것은 거의 의미가 없는 것이다.

또 다른 어려움은 관찰의 독립성을 가정하고 같은 데이터에 통계적 테스트를 반복적으로 적용하는 것이 (6.7절에서 GAM과 관련하여 언급했듯이) 문제를 발생시킨다는 것이다. 공간 데이터의 이웃인 A와 B의 두 위치를 고려해 보자. A가 비정상적으로 높은 G_i 통곗값을 갖고 B와 같은 이웃을 많이 공유한다고 가정하면, B도 높은 G_i 통곗값을 가질 가능성이 크다. 따라서 국지적 통계에 대한 통계 검정은 본질적으로 비독립적이고, 어떤 관측치가 비정상적으로 높거나 낮은지를 결정하는 데 사용하는 기준에 대해 약간의 조정이 수행되어야 한다. 이것이 다중 테스트 문제(multiple testing prob-lem)로 알려진 것이며, 어떤 결과가 통계적으로 유의한지 결정하는 데 사용되는 확률 임계치를 조정하여 해결할 수 있다. 원하는 통계적 유의 수준 α(즉 p값)에 따라 n번의 검정을 수행할 때 해당 유의 수준은 다음과 같은 방식으로 계산할 수 있다(Sidak, 1967; Ord and Getis, 1995; Anselin, 1995).

$$a' = 1 - (1-a)^{1/n} \qquad (8.7)$$

본페로니 보정(Bonferroni correction)이라고 알려진 다른 간단한 방법은 a′=a/n으로 설정하는 것이다. 실제로 두 가지 접근법은 매우 유사한 유의 수준을 산출한다. 그림 8.1에서, n=103인 0.05 유의 수준에서 수식 (8.7)의 보정을 적용하면 조정된 p값은 0.000498이고 본페로니 보정값은 0.000485와 비슷한 값을 산출한다. 이전 값은 z 점수 ±3.29와 관련이 있다.

지도화된 데이터에 새 임계치를 적용하면 통계적으로 유의한 사례로 간주되는 두 개의 최곳값 센서스 구역(오와이라카(Owairaka) 동부와 서부 지역)이 생성된다. 우리는 이것을 이 데이터에서 이미 알려진 양의 자기상관이 주어져 있더라도 그 위치들이 이웃들과 비정상적으로 유사하다는 것을 의미하는 것으로 해석하게 될 것이다. 일부 저자는 국지적 통계의 맥락에서 실제로 적용되는 준독립적 테스트에서는 너무 엄격한 여러 테스트에 대해 이러한 보정을 고려하며, 또한 이러한 보정이 통계적으로 비정상적인 경우에 관한 결정이 너무 적게 도출된다고 생각한다. 안셀린(Anselin, 1995, p.96)은 이 문제에 대해 자세히 논의했다. 논쟁의 요지는 위에 제안된 표준 보정은 정확하게 동일한 데이터가 n번 검증되는 상황에 해당한다는 것이다. 국지적 통계의 경우, 데이터가 중복되는 하위집합은 여러 번 테스트하지만 정확히 같은 하위집합은 테스트하지 않는다. 실제로 발생하는 여러 번의 테스트의 "유효" 수에 대한 대략적인 추정치는 $\sum_i\sum_j w_{ij}/n$일 수 있다. 여기서 n은 데이터에 포함된 위치의 수이다. 그러나 상세한 연구 결과가 이 분야에서 보고된 바는 없다.

국지적 통계의 통계적 평가에 대한 보다 최근의 (그리고 진보적인) 접근법은 의사 유의성 값을 생성하기 위해 몬테카를로 시뮬레이션 절차를 적용하는 것이다. 이것은 5.4절에서 논의된 다수의 점 패턴 측정값을 평가할 때 채택된 것과 같은 접근법이다. 국지적 통계에 대해 이 방법은 일반적으로 데이터의 위치 중 공간 데이터에서 속성값의 조건부 순열[또는 '섞기(shuffling)']을 사용하는 것을 반복한다. 데이터가 섞일 때마다 관심 위치의 값이 일정하게 유지된다(이것이 순열을 조건부로 만드는 것이다). 문제의 통계에 대한 계산은 섞인 데이터에 대해 수행되고 그 국지적 통계의 결괏값이 결정된다. 순열 절차가 많은 횟수(예, 999) 반복되고, 그 속성의 실제 분포와 관련된 국지적 통곗값은 순열 절차에 의해 생성된 값의 목록에 상대적으로 순위가 매겨진다. 섞기 절차에 의해 생성된 결과 목록과 비교해 매우 낮거나 매우 높은 국지적 통계의 실제 값이 관심의 대상으로 판단된다. 유사 유의성 값은 치환된 결과에 상대적인 실제 국지적 통계의 순위를 확인하여 결정할 수 있다. 예를 들어, 실제 국지적 통계가 999개의 순열 중에서 가장 높게 기록된 경우, p~0.001의 의사 유의성을 갖는 1,000개의 사건 중에 1로 추정된다.

이 접근법은 분석적 기댓값과 분산에서 도출된 결과보다 더 계산 집약적이지만, 개념적으로 더 만족스럽고 현재의 컴퓨터 자원을 바탕으로 일상적으로 사용될 수 있다. 순열 절차를 적절하게 조정하면 시뮬레이션 접근법은 알려진 전역적 차원의 자기상관의 수준이 존재하면 국지적 통계치가 얼마나 비정상적인지를 탐색하는 데에도 사용될 수 있다. 이것은 안셀린(Anselin, 1995, pp.108−111)에 의해 보고된 결과의 한 측면으로, 국지적 통계의 분포 특성이 전역적 자기상관 수준에 크게 의존할 것으로 예상된다는 것이 결과에 명확하게 나타나기 때문에 더 많은 주의를 기울여야 한다. 실제 데이터에서 관찰된 것과 유사하게 치환된 데이터 집합에서 전역적 자기상관의 수준을 유지하는 적절하게 설계된 순열 절차는 적어도 이론적으로 관측된 전역적 패턴의 맥락에서도 예외적인 국지적 패턴을 식별할 수 있게 한다. 우리는 이러한 종류의 보고된 결과를 알지 못하며, 그러한 분석은 집행과 해석 모두에서 상당한 도전을 제시할 것임이 분명하다. 이러한 어려움을 감안할 때, 이 절에서 논의된 종류의 국지적 통계는 예측 가능한 미래 동안 주로 탐색적이고 기술적인 방식으로 계속 사용될 것이다. 이러한 방법을 사용한 많은 예는 완전히 만족스러운 추론 틀은 없지만 다양한 주제 영역의 연구 문헌에서 찾을 수 있다. 이것의 증거로, 지금까지 안셀린(Anselin, 1995)과 게티스와 오드(Getis and

Ord, 1992; 1995) 등 3개의 논문이 거의 1,000번이나 다른 연구에서 인용되고 있다는 점을 제시할 수 있다.

8.5. 기타 국지 통계 분석 기법

지리가중 회귀분석

지난 10년 동안 개발된 또 다른 인기 있는 국지적 통계는 지리가중 회귀분석(Geographically Weighted Regression: GWR)이다. 간단한 다변량 회귀모형에서는 하나의 종속 변수와 하나 이상의 독립 변수 사이의 관계를 모형화한다. 다중 회귀분석의 기본이 되는 수학적 모형은 다음과 같다.

$$y_i = b_0 + b_1 x_{i1} + b_2 x_{i2} \cdots + b_m x_{im} \cdots + \varepsilon_i$$
$$= b_0 + \sum_{j=1}^{m} b_j x_{ij} + \varepsilon_i \qquad (8.8)$$

각 위치 y_i에서 독립 변수의 값은 상수 b_0, 각각의 독립변숫값 x_{ij}와 계수 b_j의 곱의 합과 오차항 ε_i와 함께 모형화된다. 모형은 최소제곱 회귀 과정을 사용하여 관측된 데이터에 맞추어져서 데이터의 모든 위치에서 제곱한 오류의 합이 최소가 되도록 한다. 회귀분석의 기초 수학은 비교적 간단하지만, 이 책의 범위를 벗어나는 것인데, 여러 통계 기초 책에서 다루어지고 있다. 현재의 목적을 위해 전체 회귀모형을 다음과 같이 행렬로 표현하는 것이 편리하다.

$$\begin{bmatrix} y_1 \\ \vdots \\ y_n \end{bmatrix} = \begin{bmatrix} 1 & x_{11} & \cdots & x_{1m} \\ \vdots & & \ddots & \\ 1 & x_{n1} & & x_{nn} \end{bmatrix} \begin{bmatrix} b_0 \\ \vdots \\ b_m \end{bmatrix} + \begin{bmatrix} \varepsilon_1 \\ \vdots \\ \varepsilon_n \end{bmatrix} \qquad (8.9)$$
$$\mathbf{y} = \mathbf{Xb} + \mathbf{e}$$

그래서 b는 추정된 회귀모형 계수를 포함하는 벡터이고, y와 X는 각각 종속 변수와 독립 변수에 대한 관측 자료를 포함한다. 회귀계수의 최소제곱 추정은 이 모형에 대해 다음과 같이 계산할 수 있다.

$$\mathbf{b} = (\mathbf{X}^T \mathbf{X})^{-1} \mathbf{X}^T \mathbf{y} \qquad (8.10)$$

일반 최소제곱 회귀(Ordinary least squares regression)는 공간적으로 분산된 데이터에 자주 적용된다. 여기에는 변수 간의 관계가 모든 위치에서 동일한 계수로 적용되도록 가정한 전역적 회귀모형을 만드는 것과 관련이 있다. 모든 회귀모형의 구성 및 평가에서 중요한 단계는 모형에 포함된 변수와 관련된 경향의 증거에 대해 모형의 잔차 또는 오류를 면밀히 검사하는 것이다. 데이터가 지리적으로 분산된 모형의 경우 자연스러운 다음 단계는 잔차에 대한 지도를 제작하는 것이다. 어떤 경향이 잔차에서 식별 가능할 때, 회귀모형은 잘못 지정되었다고 한다. 이는 여러 가지 방법으로 해석될 수 있지만, 일반적으로 분석가는 모형에 추가 변수를 포함하거나 모형에서 변수를 제거하거나 모형을 조정하여 문제를 해결하는 것을 고려해야 한다. 미묘한 점은 이러한 잘못된 지정이 모형이 유용하지 않다는 것을 의미하지 않는다는 것이다. 예를 들어, 모형은 여전히 데이터에 가장 적합한 최소제곱이다. 그러나 이것은 통계 모형을 평가하는 데 사용된 회귀 진단 통계가 신뢰할 만하지 않다는 것을 의미한다.

지리적 설정에서 모형 잔차의 공간 구조를 관찰할 때, 이는 (1) 변수의 공간 의존성이 모형에 포함되어야 함을 의미하거나, (2) 그 모형이 공간적으로 다양할 수 있음을 허용하는 것이 합리적일 수 있음을 의미한다. 두 접근법은 지난 20년간 상당한 정도로 발전되어 왔다. 첫 번째 옵션은 다양한 형태의 공간 회귀분석에 적용되었는데, 모형의 추가 변수로 각 모형 변수의 공간적으로 지연된 버전을 포함하고 모형의 품질을 평가하기 위한 일련의 새로운 진단 통계를 제공하는 방식이다. 이 방법 중 대부분은 공간 계량경제학(Anselin, 1988)과 안셀린의 후속 논문들(Anselin et al., 1995; 2004)에서 자세히 논의하고 있다. 이 책에서는 이런 유형의 공간 회귀 방법은 다루지 않는데, 그 해석이 매우 어려운 수준의 주제이기 때문이다.

이러한 공간 회귀 접근법이 모형의 공간 의존성을 명시적으로 포함하지만, 그 접근법들은 일반적으로 공간 종속성 자체가 전체 연구 영역에 걸쳐 균일한 것으로 고려한다. 따라서 모형에 포함된 다양한 변수의 공간 의존성에 대한 같은 추정치는 공간 의존성의 전역적 추정치를 기반으로 한다. 지리가중 회귀모형(GWR)을 제시할 때, 포더링엄 등(Fotheringham et al., 2002)은 이러한 유형의 공간 회귀가 진정한 국지적 통계라기보다 "유사국지적(semilocal)"이라는 것을 의미한다고 제안했다. 대조적으로 GWR은 위의 두 번째 가능한 접근법을 채택하고 모형의 회귀계수가 장소에 따라 달라지게 한다. 따라서 변수 자체가 장소에 따라 변하는 것과 같은 방식으로, 변수 간의 관계가 장소에 따라 다를 수 있다고 가정한다. 이 아이디어는 포더링엄 등(Fotheringham et al., 2002)의 GWR에 대한 최종 소개 논문의 부제에 '공간적 변이 관계의 분석(The Analysis of Spatially Varing Relationships)'이라고 명시되어 있다. 그 책은 GWR의 기본 기능에 대한 포괄적인 개요를 제공하며, 특히 두 번째 장에서는 매우 명확하고 직접적인 방법으로 아이디어를 제시한다. 우리는 아래 접근법의 설명에서 그 장의 내용을 많이 차용하고 있다.

이제 우리는 회귀모형의 잔차에 공간적 자기상관을 주목했으므로 GWR에서의 아이디어는 모형의 공간 구조를 더 잘 이해하는 방법으로 다수의 국지적 모형을 만드는 것이다. 간단히 말해서, 이 개념은 단순히 데이터를 다수의 영역으로 분할하고 각 영역에 대한 국지적 회귀모형을 개별적으로 추정하는 것과 관련된다. 예를 들어, 대도시 전체의 사회경제적 변수에 기초한 학교의 무단결석률을 모형화하는 대신, 지역의 학군마다 한 세트의 모형을 개발할 수 있다. 여기에서 다단계 모형화 (multilevel modeling)와 관련된 접근법에 주목할 필요가 있다. 이 체제에서 일련의 중첩 모형이 개발되는데, 이 모형에서는 하나의 수준에서 독립 변수 세트로 설명되는 종속 변수의 분산을 제거하고 나머지 독립 변수를 다른 독립 변수 세트를 사용하여 모형화한다. 이러한 모형은 다양한 축척을 포함할 수 있다. 많은 지리학자가 이 접근법의 적용을 탐구했는데, 여기서 수준은 전체 연구 영역에서 매우 국지적 수준까지 다양한 지리적 축척으로 정의된다 (Jones, 1991 참조). 다단계 모형화는 원래 학군, 학교 및 교실 수준의 변수들을 기반으로 한 교육성과를 이해하는 맥락에서 개발되었기 때문에 자연스러운 접근 방식으로 많은 응용 분야에서 의미 있게 적용될 수 있을 것이다.

GWR로 돌아가서, 국지적 모형의 집합에 대한 아이디어의 추가 개발은 모형의 "이동 윈도우" 집합을 구성하는 것인데, 선택된 위치에서 데이터의 국지적 하위집합이 회귀모형을 추정하는 데 사용된다. GWR에서 채택된 이 진행의 다음 단계는 연구 지역의 모든 위치에서 국지적 모형을 만들고 이를 통해 관측된 데이터가 각 국지적 모형에 포함되고 위치에 대한 근접성에 따라 공간적으로 가중치가 적용되도록 하는 것이다. 이 접근법에서도 다른 국지적 통계와 마찬가지로 근처의 데이터 지점들이 KDE(3.6장 참조)와 정확히 같은 방식으로 커널 함수를 사용하여 더 멀리 떨어진 위치의 데이터 지점들보다 가중치가 높게 주어진다. 이 개발은 일반 최소제곱 회귀보다는 각 국지적 모형에 대한 가중 선형 회귀를 사용한다. 가중회귀에서 가중치는 데이터의 각 관측치와 관련되므로 회귀계수 추정치는 다음과 같이 나타난다.

$$\mathbf{b} = (\mathbf{X}^T \mathbf{W} \mathbf{X})^{-1} \mathbf{W} \mathbf{X}^T \mathbf{y} \qquad (8.11)$$

여기서 W는 데이터의 각 경우에 대한 가중치의 대각선 행렬이다. W의 대각선이 아닌 요소는 0이고 대각선 요소는 $\sqrt{w_{ii}}$ 값을 가지는데, 여기서 w_{ii}는 각 관측과 연관시키려는 가중치이다. GWR에서 W의 요소는 국지적 회귀가 수행되는 위치와 데이터를 사용할 수 있는 지점 간의 공간적 연관성을 기반으로 하므로 가중회귀의 국지적 버전을 갖는다.

회귀 가중치 W_i가 각 국지적 모형에 대해 어떻게 결정되는지가 중요하다. 포더링엄 등(Fotheringham et al., 2002)이 제안한 접근법은 각 위치에서 가우스 또는 이중 가중(biweight) 커널 함수를 사용하여 데이터의 주변 관측에 가중치를 할당하는 방식이다. 다른 응용 분야에서의 커널 함수와 마찬가지로 중요한 측면은 커널의 수학적 형태가 아니라 대역폭(범위)이다. GWR을 지원하는 응용 분야에서 대역폭은 사용자가 선택할 수 있는 값으로 모든 위치에 대해 고정되거나 모든 위치에서 다른 적응형 가변 대역폭이 될 수 있다. 후자의 접근법은 상당량의 계산을 포함하지만, 데이터 지점들의 강도에 상당한 변화를 포함하는 데이터를 수용한다. 각 국지적 대역폭을 자동으로 선택하기 위한 복잡한 방법은 한 번에 한 점을 생략하고 누락된 위치를 가장 잘 추정할 수 있도록 대역폭을 설정하는 방식으로 각 위치에서 여러 모형을 실행하는 것을 기반으로 구현되었다.

이 모든 계산의 최종 결과는 연구 영역에 따라 달라지는 추정 회귀계수의 집합이다. 이러한 추정치는 공간을 가로지르는 변수 간의 다양한 관계를 조사할 수 있도록 지도로 제작될 수 있다. 이 방법과 관련된 진단 통계는 계수의 추정된 공간적 변동이 단순히 무작위 표본 추출 효과인지 또는 실제로 데이터에서 공간적으로 변하는 관계를 나타내는지 여부에 대한 문제를 해결한다. 이 접근법은 계량경제학자(Casetti and Can, 1999)가 개발한 회귀변수의 드리프트 분석(drift analysis)과 유사하며, 통계학자들(Cleveland, 1979; Cleveland and Devlin, 1988)에 의해 개발된 커널과 최근린 회귀(nearest-neighbor regression)의 아이디어와 유사하다.

포더링엄 등(Fotheringham et al., 2002, pp.27-64)이 제시한 사례에서 GWR 결과의 해석은 직접적이다. 그들의 예는 바닥 공간, 침실 수, 차고 이용 가능성 등과 같은 재산 관련 속성의 범위에 따라 모형화된 런던의 주택 가격이다. 이러한 맥락에서 회귀모형 매개변수의 지리적 변화는 모형에 포함된 다양한 재산 관련 속성에 대한 시장 가치의 변동으로 쉽게 해석된다. 예를 들어, 차고에 대한 시장 평가는 런던의 각기 다른 부분에서 다를 수 있다. 불행히도, 다른 문맥에서의 모형 매개변수의 변화는 해석하기가 훨씬 더 어려울 수 있다. 이것은 회귀계수의 변화가 연구 영역에서 양수 값에서 음수 값으로 바뀌게 되는 극단적인 경우에 특히 그러하다. 이 경우 모형의 다른 변수가 결과를 교란시키고 있거나 중요한 변수가 누락되었다고 가정하는 것이 합리적일 수 있다. 덜 극단적이지만 변수 간의 연관성에 남아 있는 현저한 차이는 일반적으로 해석하기가 더 쉽다(아래에 설명할 사례를 참조하자). 모든 경우에서 다른 국지적 방법과 마찬가지로 결과를 지도로 제작하는 것이 중요하다.

　GWR 모형은 전역적 회귀모형보다 관측된 데이터에 더 잘 맞는다. GWR 모형이 하나의 모형이 아니라 (잠재적으로 매우) 많은 수의 국지적 모형이기 때문에 이는 놀라운 일이 아니다. 포더링엄 등(Fotheringham et al., 2002)이 제안한 추론 접근법을 사용하여, 추가 자유도를 허용하더라도 GWR

모형은 일반적으로 아카이케 정보 기준(Akaike Information Criterion: AIC)으로 볼 때 전역적 모형
보다 우수하다.

지리가중 회귀분석 사례

GWR은 브런스던 등(Brunsdon et al., 2001)의 논문 내용을 요약하여 설명하면 쉽게 이해할 수 있다.
이 논문은 영국 전역의 평균 강우량과 고도의 관계에 있는 공간적 변이를 조사한 것이다. 과거에는
전형적으로 표준 선형회귀분석을 사용하여 고도가 높아짐에 따라 연평균 강우량이 상승하는 것을
보여 주었다. 이 현상을 산악성 향상(orographic enhancement)이라 하는데, 기상 과정의 조합으로
인한 결과이다. 이 관계의 간단한 선형 모형은 대개 일반 최소제곱(OLS) 방법을 사용하여 도출되는
데 다음과 같다.

$$P = b_0 + b_1 H + \varepsilon \qquad (8.12)$$

여기서,
P = 강우량 (mm)
b_0 = 해수면 고도에서의 강우량 (mm)
b_1 = 고도 또는 높이 계수에 따른 강우량의 증가율 (mm/m)
H = 관측소의 고도 (해수면으로부터의 m)
ε = 오차 부문

수년 전 블리스데일과 챈(Bleasdale and Chan, 1972)은 영국 전역의 6,500여 개 기상관측소에서 추
정된 연평균 강우량이 다음 식에 의해 주어질 수 있는 관계라는 것을 확인하였다.

$$\hat{P} = 714 + 2.42(H) \text{mm} \qquad (8.13)$$

이 식은 해수면 높이에서 전국 평균 강우량이 714mm이고 해발고도가 1m 높아질 때마다 연평균 강
우량이 2.42mm씩 증가한다는 관계를 나타낸다. 브런스던 등(Brunsdon et al., 2001)은 다음과 같은
세 가지 이유로 해발고도와 강우량의 관계가 전국에서 똑같이 나타나지 않는다고 주장하였다.

• 영국의 경우, 산악 효과는 따뜻한 전선과 저기압의 따뜻한 부분에서 가장 두드러지지만, 차가운

전선 강우에서는 중요하지 않다. 전국에 걸쳐 내리는 강우 사건의 합에서 그 관계의 비정상성을 양산하게 될 것으로 기대되는 공간적 변동이 존재하는 것은 이미 알려져 있다.

- 이 모형의 결과를 분석하면 동쪽의 강우량을 과대 추정하고 서쪽의 강우량을 과소 추정하여 잔차에 대한 강한 공간적 자기상관 패턴을 제공한다.
- 10,000개가 넘는 기상관측소 데이터를 가지고 데이터의 공간적 부분집합을 분리하고 강우/높이 관계를 조사한 예비 시각화 연습은 b_0 및 b_1의 추정값에 상당한 차이를 보여 주었다. 전형적으로 남쪽과 동쪽의 데이터 부분집합은 서쪽과 북쪽의 부분집합보다 이 두 계수에 대해 더 낮은 값을 보였다.

이 데이터에 대한 GWR 분석 결과는 그림 8.2에 나와 있으며, 이는 공간적으로 변하는 b_0 및 b_1 추정치에 대한 등치선 지도를 제공한다. 이러한 추정치를 산출하기 위해, 브런스던 등(Brunsdon et al., 2001)은 사용되는 커널의 형식과 대역폭의 선택 모두에서 문제가 발생하였다. 좁은 대역폭은 저지대의 많은 강우계를 포착하지만, 고지대와 해안을 따라서는 너무 적은 양을 찾게 될 위험이 있다. 너

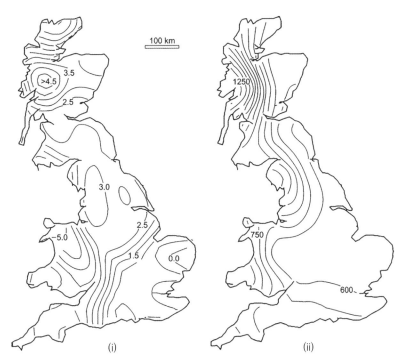

그림 8.2 GWR의 추정 결과, (i) 해발고도 계수인 b_1에 대해 0.5mm/m 간격의 등치선, (ii) 영국 전역에 대한 절편인 b_0에 대해 강우량 600~1,240mm 사이에 50mm 간격으로 표현한 등치선 (출처: Brunsdon et al., 2001)

무 넓은 대역폭은 중요한 변화를 평활화하는 위험이 있다. 복잡한 교차 검증 연습에 기초하여, 2km 대역폭(예, 표준 편차)을 갖는 2차원 가우스 함수가 선택되었다. 이 선택은 각 추정 지점 주변의 면적 113km²에 유효한 이웃으로 포함되는 모든 강우계가 사용되었고 그 유용성이 0이 되는 거리까지, 6km, 거리에 따라 가파르게 떨어지는 가중치를 사용하였다는 것을 의미한다.

결과는 그림 8.2의 두 개의 지도에 요약되어 있는데, 하나는 해발고도가 1m 상승할 때 밀리미터 단위의 연평균 강우량의 증가율 추정치이며, 다른 하나는 해수면 높이에서 밀리미터 단위로 추정되는 강우량에 해당하는 절편이다.

그림 8.2 (i)는 해발고도 계수에 관한 결과를 보여 준다. 모형의 공간 비정상성에 대한 기대는 동쪽에서 0.0의 변동(높이가 증가하지 않음)을 하고, 전국에 대해 남쪽으로부터 북동쪽으로 지나가는 영역에 급속히 증가하여 스코틀랜드 북서쪽의 산들에서 5.0mm/m를 초과하는 값에 이르는 것으로 확인된다. 그림 8.2 (ii)는 절편 상수 b_0 결과를 보여 주며, 이는 동쪽 대부분에서는 600mm 미만으로 변화하고 멀리 북서쪽에서는 1,200mm 이상으로 다양하다. 결론적으로 브런스던 등(Brunsdon et al., 2001)은 영국 전역의 연평균 강우량과 고도 간의 실제 관계는 아마도 다음과 같이 다시 작성해야 할 것이라고 결론내렸다.

$$\hat{P} = (<600부터 >1250) + (0.0부터 >4.5)H \, mm \qquad (8.14)$$

지리가중 회귀분석에 대한 비판

GWR에 대해 비판적인 학자들은 여러 측면에서 유효한 우려를 제기한다. 몇몇은 회귀계수의 관측된 변화가 통계적으로 유의한지에 대한 추론이 어떻게 이루어지는지에 초점을 두고 있으며, 많은 논쟁은 자동 결정된 커널 대역폭에 대한 모형의 의존성을 평가하는 방법을 중심으로 진행되는데, 대역폭을 고려할 때 자유도가 어느 정도인가? 하는 문제이다. 이러한 어려움은 다른 국지적 통계에 대한 추론에서 발생하는 어려움과 유사하다. 같은 맥락에서 GWR에는 얼마나 많은 관측이 각 지역 모형에 포함되는지에 관한 관심과 회귀모형에 대한 입력변수로서의 적합성 측면에서 관측치의 특성에 대한 우려가 있을 수 있다. 간단히 말하면, 안정된 회귀계수는 모형의 서로 상관되지 않은 독립 변수에 의존하고(그렇지 않으면 다중공선성 문제가 발생함), 극단적인 값이 지나치게 많지 않은 분포 특성을 갖는다. 최상의 결과를 위해서는 독립 변수가 정규 분포여야 한다. 국지적 모형이 데이터 전체 집합의 부분집합을 기반으로 한다는 점에서 GWR에서 일부 국지적 모형이 이러한 문제 중 하나 또는 둘 모두를 겪게 될 가능성이 크다. 두 문제의 증상은 회귀계수에 대한 신뢰할 수 없는 추정이므로 이러한 문제의 부작용은 회귀계수가 공간상에서 얼마나 다른지에 대해 GWR이 과대평가하는 경향이 있을 수 있다는 것이다.

이러한 문제들은 GWR을 사용할 때 고려해야 할 중요한 사항임이 분명하다. 그러나 이러한 우려 대부분은 주로 GWR에서 추론할 수 있는 것에 관한 것이다. 이 방법이 본질적으로 탐색적인 것으로 여겨진다면 이러한 문제들이 덜 중요해진다. 이것이 GWR을 적절히 사용하기 위해 유용한 접근 방식이라는 것은 이 방법을 논의한 첫 번째 논문의 제목인 "공간 비정상성 탐색을 위한 방법"(Brunsdon et al., 1996)이라는 표현에서 분명하게 밝혀졌다.

밀도 추정

밀도 추정(Density Estimation)은 3.6장에서 이미 설명하였다. 여기서 우리는 밀도 추정이 본질적으로 국지적 통계라는 간단한 생각을 고려한 기법이라는 점을 다시 상기시키고자 한다. 점 사건 집합 또는 점 위치 카운트 데이터에 대해, 밀도 추정은 모든 위치에서 점 처리의 강도를 추정하기 위해 국지적으로 가중된 카운트를 생성한다. 이 경우에 커널 함수는 사건 강도의 추정이 요구되는 위치로부터의 거리에 기초하여 점 위치 카운트의 각 사건과 연관된 가중치를 결정함으로써 각 지역을 정의하는 역할을 수행한다. 구조적으로 이것은 G_i 통계와 매우 유사하지만 여기서 점 데이터 일부가 아닌 위치에서 밀도를 추정한다.

공간 보간

공간 보간(Spatial Interpolation)도 국지적 통계로 간주할 수 있다. 이것들은 다음 두 장에서 자세히 설명된다. 그러나 모든 공간 보간법이 표본 추출된 값의 국지적으로 가중된 합계에 기초해서, 지역 내의 표본이 추출되지 않은 위치의 값을 추정한다는 것은 미리 주목할 가치가 있다. 가장 간단한 경우, 표본 추출된 모든 위치는 합계에서 같은 가중치가 적용되며 보간은 단순히 국지적 평균이다. 이 절차는 거리 가중치 구성요소를 도입하여 약간의 수정을 통해 더 가까운 관측치가 먼 관측치보다 더 중요하게 반영되도록 한다. 의도와 결과가 상당히 다르더라도 밀도 추정과의 유사성은 두드러진다. 의도는 각 위치에서 추정되는 연속면이 강도 연속면이 아니라 오히려 (측정되지 않은) 속성값의 연속면이라는 점에서 다르다. 결과는 두 가지 방법에서 사소하지만 중요한 차이가 있어서 크게 다르다. 밀도 추정에서 각 사건 또는 점 위치 카운트와 연관된 가중치는 포함된 점의 수에 영향을 받지 않는다. 지역에 많은 사건이 있는 경우 결과 추정치는 각 추가 사건마다 증가한다. 보간법에서는 가중치의 근본적인 기초가 평균 절차이기 때문에 국지적 통계에 포함된 추가 관측은 각 관측과 관련된 가중치를 줄인다. 실제로 공간 보간에서 각 지역 추정에 사용된 가중치의 합은 1이다. 여기에서 지역의 추가 관측은 지역 평균의 계산을 다시 시작하지만, 반드시 증가시킬 필요는 없다. 대신 값이 낮은 관측치인지 높은 관측치인지에 따라 지역 평균 계산 결과를 증가시키거나 줄일 수 있다.

8.6. 결론: 국지적으로 바라보기

이 장에서는 이전 장에서 설명한 여러 가지 방법을 검토하는 방식으로 진행하였다. 지금까지 우리는 2.3절에서 소개한 인접성, 거리, 상호작용 및 이웃의 개념이 실제로 공간 분석에 얼마나 중점을 두고 있는지 확인할 수 있기를 바란다. 여기서 논의된 모든 국지적 통계는 이러한 개념을 분석 개발의 예비 단계로 사용한다. 동시에 이 장에서는 공간 보간법에 대한 다음 두 장의 발전을 예상한다. 왜냐하면 지역성의 개념과 관측 관련 공간 가중치가 매우 중요하기 때문이다.

그 중요성에도 불구하고, 국지적 통계는 여전히 공간분석가에게 상당한 도전 과제를 제시한다. 이들 중 가장 중요한 것은 그것들에 기초한 추론을 그리는 것이 어렵다는 것이다. 우리는 이 난이도의 이유로 작고 비임의적 표본 추출 및 여러 가지 테스트의 근본 원인에 대해 논의하였다. 컴퓨터 시뮬레이션을 기반으로 한 현재 선호되는 솔루션은 잘 정립되어 있으며 국지적 통계의 확산이 상대적으로 느린 이유 중 하나를 제공한다. 그 이유는 상당한 계산 자원에 대한 역설적인 의존 때문이다. 이것과 국지적 통계 지도 제작의 중요성은 국지적 통계를 시각화할 수 있는 GIS의 발전과 불가분의 관계를 가진다는 것을 반영한다.

국지적 통계에 기반하여 추론을 도출하는 것과 관련된 과제는 이를 주로 탐색적인 접근으로 간주하는 경향이 강하다. 이것은 데이터 탐색보다 전형적인 통계적 접근법을 선호하는 일부 사람들에 의해 주요한 실패로 간주된다. 우리는 이 방법을 사용하여 세계를 국지적으로 보는 것이 모든 예상 공간 분석가의 도구로 자리 잡은 강력한 접근 방식이라고 생각한다.

요약
- 국지적 통계는 1990년대 이후 대중적으로 얻은 공간 분석에 대한 중요한 새로운 접근 방식이다.
- 국지적 통계가 서서히 부각되는 이유 중 하나는 지도를 시각화할 수 있는 쉬운 설계와 작성에 대한 의존성과

국지적 통계의 통계적 유의성을 평가하기 위한 상당한 계산 자원의 필요성 때문이다.

- 기술적으로는 GIS 및 기타 공간 기술이 확산되어 현상의 공간적 변이의 중요성이 더욱 널리 인식됨에 따라 국지적 통계도 더 많이 대중화되었다.
- 데이터를 탐색하기 위해 특별히 개발된 초기 국지적 통계는 데이터의 높은 값 또는 낮은 값들이 공간적으로 모여 있는 정도를 탐색할 수 있는 게티스–오드 G_i 및 G_i^* 통계이다.
- 모란지수(Moran's I) 통계의 국지적 버전은 전역적 통계의 개발에서 쉽게 파생된다.
- G와 I 통계는 모두 데이터의 공간 의존 구조에 대한 철저한 이해가 필요하다.
- 국지적 G 및 I 통계 (및 기타 국지적 통계)에 대한 추론은 다중 테스트 및 작은 표본 크기와 같은 두 가지 문제로 인해 어려움을 겪는다. 이러한 어려움을 극복하기 위한 최신의 해결책은 원본 네이터의 다중 배열 시뮬레이션과 유사 유의성 테스트의 파생에 달려 있다.
- 공간 계량 경제학이라는 일반적인 제목 아래 여러 가지 국지적 유형의 회귀식을 사용할 수 있다.
- 지리가중 회귀분석(GWR)은 표준 회귀계수가 지역에 따라 달라질 수 있는 가중 선형 회귀의 국지적 형식이며 결과의 국지적 계수 연속면에서 변화에 관한 추론에 대한 접근법을 제공한다.
- 많은 표준적인 공간 분석 기법은 인접성, 상호작용 및 이웃(또는 지역)의 주요 개념의 중요성을 강조하는 접근법인 국지적 통계로 유용하게 재해석할 수 있다.

참고 문헌

Anselin, L. (1988) *Spatial Econometrics: Methods and Models* (Dordrecht, Netherlands: Kluwer Academic).

Anselin, L. (1995) Local indicators of spatial association—LISA. *Geographical Analysis*, 27(2): 93-115.

Anselin, L. and Florax, R. J. G. M., Eds. (1995) *New Directions in Spatial Econometrics* (Berlin and New York: Springer-Verlag).

Anselin, L., Florax, R. J. G. M., and Rey, S. J., Eds. (2004) *Advances in Spatial Econometrics: Methodology, Tools and Applications* (Berlin and New York: Springer-Verlag).

Bleasdale A. and Chan, Y. K. (1972) Orographic influences on the distribution of precipitation. In: *Distribution of Precipitation in Mountainous Areas* (Geneva: World Meteorological Office), pp. 322-333.

Brunsdon, C., Fotheringham, A. S., and Charlton, M. E. (1996) Geographically weighted regression: a method for exploring spatial nonstationarity. *Geographical Analysis*, 28(4): 281-298.

Brunsdon, C., McClatchey, J., and Unwin, D. J. (2001) Spatial variations in the average rainfall/altitude relationship in Great Britain: an approach using geographically weighted regression. *International Journal of Climatology*, 21: 455-466.

Casetti, E. and Can, A. (1999) The econometric estimation and testing of DARP models. *Journal of Geographical Systems*, 1: 91-106.

Cleveland, W. S. (1979) Robust locally weighted regression and smoothing scatterplots. *Journal of the American Statistical Association*, 74: 829-836.

Cleveland, W. S. and Devlin, S. J. (1988) Locally weighted regression: an approach to regression analysis by local fitting. *Journal of the American Statistical Association*, 83: 596-610.

Fotheringham, A. S. (1997) Trends in quantitative methods I: stressing the local. *Progress in Human Geography*, 21(1): 88-96.

Fotheringham, A. S., Charlton, M. E., and Brunsdon, C. (2002) *Geographically Weighted Regression: The Analysis of Spatially Varying Relationships* (Chichester, England: Wiley).

Getis, A. and Ord, J. K. (1992) The analysis of spatial association by use of distance statistics. *Geographical Analysis*, 24(3): 189-206.

Jones, K. (1991) Multi-level models for geographical research. *Concepts and Techniques in Modern Geography*, 54, (48 pages Norwich, England: Environmental Publications). Available at http://www.gmrg.org.uk/catmog.

Ord, J. K. and Getis, A. (1995) Local spatial autocorrelation statistics: distributional issues and an application. *Geographical Analysis*, 27(4): 286-306.

Sidak, Z. (1967) Rectangular confidence regions for the means of multivariate normal distributions. *Journal of the American Statistical Association*, 62: 626-633.

Tukey, J. W. (1977) *Exploratory Data Analysis* (Reading, MA: Addison-Wesley).

Unwin, D. J. (1996) *GIS, spatial analysis and spatial statistics. Progress in Human Geography*, 20(4): 540-551.

09 연속면 분석

내용 개요

- 지리학 연구에서 연속면 데이터의 중요성
- 연속면 데이터를 GIS에 기록하고 저장하는 방법
- 점 표본을 기반으로 공간 예측 또는 추정하기 위한 보간 개념
- 보간에서 지리학 제1법칙의 중요성
- 근거리와 원거리 또는 이웃에 대한 개념과 다양한 보간 방법
- 연속면 데이터에 적용할 수 있는 연속면 분석(Surface analysis) 기법

학습 목표

- 스칼라 연속면의 의미를 설명하고 벡터 연속면과 스칼라 연속면을 구별한다.
- 벡터 연속면과 스칼라 연속면에 적합한 데이터 모형을 선택하고, 데이터 모형 선택이 후속 분석을 어떻게 제한하게 되는지 이해한다.
- 연속면을 생성하기 위해 점 데이터를 보간한다.
- 근접 폴리곤, 공간 평균 또는 역거리 가중 방법을 사용하여 등치선을 생성하도록 컴퓨터를 프로그래밍하는 방법을 설명한다.
- 왜 이 방법이 어느 정도 임의적이며 GIS를 사용하는 작업에서 주의를 기울여야 하는지 설명한다.
- 벡터 연속면의 사례로 경사도(Slope)와 사면 방향(Aspect)의 개념을 이해한다.
- 고도 데이터를 사용하는 공간 분석 기법을 나열하고 설명한다.

9.1. 서론: 스칼라와 벡터 연속면

1장에서는 세계를 속성값을 가지는 점(Point), 선(Line), 면(Area) 등의 개체로 보는 객체 관점과 세계를 수평 공간에서 연속적으로 변화하는 속성의 분포로 간주하는 연속면 관점을 비교하여 설명하

였다. 지표면의 고도는 가장 분명하고 이해하기 쉬운 연속면의 사례인데, 이는 자명하게 고도가 지표면의 모든 지점에 존재하는 속성값이고 연속적인 변화를 통해 연속면을 형성하기 때문이다. 형식적으로 나누자면, (논쟁의 여지가 있지만) 지표면 고도는 스칼라 연속면(Scalar field)의 사례라고 할 수 있다. 스칼라(scalar)는 측정된 좌표계가 무엇인가와 관계없이 강도(magnitude)나 양(amount)으로만 특징지어지는 정량적인 개념이다. 스칼라의 또 다른 사례로는 대기 온도가 있다. 고도나 온도는 하나는 숫자 값으로 나타내며, 좌표계를 변환하여 위치 좌표가 바뀌더라도 변하지 않고 그대로 유지된다. 스칼라 연속면은 위치에 따라 달라지는 스칼라 값의 분포를 2차원 평면으로 표현한 것이다. 스칼라 연속면은 간단한 방정식을 통해 수학적으로 표현할 수 있다.

$$z_i = f(\mathbf{s}_i) = f(x_i, y_i) \qquad (9.1)$$

여기서 f는 모종의 함수를 나타낸다. 따라서 이 방정식은 단순히 위치에 따라 연속면 고도와 같은 속성값이 달라진다는 것을 나타낸다.

이 방정식에는 스칼라 연속면에 대한 몇 가지 중요한 가정이 이미 포함되어 있는데, 분석하고자 하는 현상의 특징과 적용된 축척에 따라 실제 연속면에서는 이러한 가정이 유효하지 않을 수 있다. 우선, 위 방정식은 공간 현상의 연속성을 가정한다. 모든 위치($\mathbf{s}_i$)에 대해, 동일한 장소에 측정 가능한 z_i

값이 있다. 이것은 직관적으로 명백하게 보일지라도 항상 만족하지는 않는 가정이다. 엄밀히 말해, 수학에서는 연속성이 z의 모든 미분 값, 즉 거리에 따른 연속면 값의 변화율에도 존재한다고 주장한

연속면의 사례와 그 유용성

지리학에서 연속면 데이터의 가장 좋은 사례는 지표면의 높이로 일반적으로 해발고도를 미터(meter) 단위로 표현한다. 연속면 데이터는 다음과 같이 다양한 분야에서 활용된다.

- 내비게이션 및 일반 관심을 위한 지표면의 구조에 대한 지도 및 기타 시각화 제작
- 하천 유역 및 배수 네트워크와 같은 경관에서 관심 대상을 찾아내는 수문학 분야
- 경사 및 사면과 같이 생태학적으로 중요한 지표의 속성 계산에 관한 생태학 분야
- 이동 전화 산업 또는 군대에 의한 라디오 및 레이더 전파 연구 분야
- 아케이드 게임 및 비행 시뮬레이션과 같은 애플리케이션에서의 실사 시뮬레이션
- 항공기를 조종하기 위한 또는 순항 미사일을 위한 지형 유도 내비게이션 시스템 분야
- 가시권을 지도화하기 위한 경관 분석(Landscape architecture) 분야
- 물, 태양광선과 같이 지표에 도달하거나 가로지는 에너지나 물질의 흐름을 예측하기 위한 지구과학 분야

지표면 고도는 매우 구체적인 연속면 사례이다. 우리는 항상 그 위에 서있다. 다른 스칼라 연속면은 자주 볼 수 없고, 만지거나, 심지어는 느끼지도 못한다는 점에서 덜 구체적이지만, 반복 가능한 방식으로 측정할 수 있다.

연습 삼아 지리학에서 얼마나 많은 스칼라 연속면 데이터가 사용될 수 있는지 열거해 보자. 그리고 GIS를 사용하여 이 연속면 데이터를 어떻게 다룰 수 있을지 생각해 보자.

벡터 연속면

스칼라 연속면과 달리, 벡터 연속면은 각 위치에서 크기와 방향을 모두 갖는 연속면이다. 스칼라 연속면은 관련한 벡터 연속면을 가지며 그 반대의 경우도 마찬가지이다. 예를 들어, 지표면 고도의 스칼라 연속면을 사용하여 경사도와 사면 방향을 동시에 가지는 벡터 연속면을 생성할 수 있는데, 이것은 GIS에서 아주 일반적인 작업이다. 모든 벡터 연속면은 그것을 만드는 데 사용된 스칼라 연속면의 경사도 및 사면 방향 연속면으로 생각할 수 있다.

이전 실습에서 설명한 스칼라 연속면으로 벡터 연속면을 생성한다면 어떤 연속면을 만들 수 있을까? 온도의 스칼라 연속면을 이용해 만든 벡터 연속면은 무엇을 나타낼까? 바람이라는 벡터 연속면을 추정하는 데 대기압 연속면을 어떻게 사용할 수 있을까?

스칼라 및 벡터 연속면에 대한 수학적 설명은 매키스탄(McQuistan)의 『Scalar and Vector Fields: A Physical Interpretation』(1965)이 매우 유용하다. 지리정보학 분야에서 벡터 연속면에 대한 훌륭한 설명은 리와 호지슨의 논문(Li and Hodgson, 2004)에 잘 정리되어 있다.

다. 이 주장 또는 가정에 따르면 지표면 고도를 나타내는 연속면의 경우에는 완전한 수직 절벽이 존재할 수 없다는 것을 의미한다. 요세미티(Yosemite)나 더비셔 봉우리(Derbyshire Peak District) 같은 절벽에서 암벽 등반을 해 본 사람들은 절대 동의하지 않겠지만 말이다! 둘째 가정은 연속면의 특정 위치는 단일 값을 가진다는 것이다. 즉 각 위치에 대해 z 값은 하나뿐이다. 이것은 지표면에 동굴이나 절벽 돌출부가 존재하지 않는다고 가정하는 것과 같다.

스칼라 연속면은 사실상 모든 과학 분야에서 발견되고 분석된다. 따라서 연속면 데이터를 처리하기에 잘 발달된 이론과 방법, 알고리즘이 있다는 점에서 장점이 있는 반면에, 같은 개념이 종종 서로 다른 분야에서 서로 다른 방식으로 처리·분석되어 혼동을 야기할 수 있다는 단점도 있다.

9.2. 연속면 데이터 모형

다른 공간 객체 유형의 경우처럼, 연속면이 GIS에 기록되고 저장되는 방법은 가능한 분석에 큰 영향을 줄 수 있다. 연속면의 경우 기록 및 저장 과정에 두 가지 단계가 있다. 1) 실제 연속면에서 표본을 추출(sampling)하는 단계와 2) 표본으로부터 연속면을 생성하기 위해 보간(Interpolation) 방법을 적용하는 단계이다. 여기서는 연속면의 표본 추출 방법을 연속면 표현의 다섯 가지 방법을 중심으로 간략히 설명한다. 연속면 표현의 대표적 방법으로는 등고선(Contour), 수학 함수(Mathematical functions), 점 체계(Point system), 불규칙 삼각망(TIN) 및 수치표고모형(DEM) 등 다섯 가지가 있다. 이들 각각은 흔히 수치표고모형이라고 하는 연속면에 대한 지리적 표현 방법을 지칭한다. 표본 데이터로부터 연속면 표현을 생성하는 데 사용될 수 있는 간단한 보간 기법에 대해서는 9.3절에서 설명한다. 표본 추출과 보간의 최종 결과인 연속면은 GIS를 이용해 시각화하고 분석할 수 있는 입력 데이터로 활용될 수 있다. 연속면 데이터의 처리와 분석에 많이 활용되는 GIS 기능에 대해서는 이 장의 결론에서 간략히 논의한다.

1단계: 표본 추출

연속면 설명 및 처리 방법이 무엇이든, 적절한 표본 데이터를 획득할 필요가 있다. 표본 추출(sampling) 방식은 연속면을 모형화하고 저장하는 방법에 크게 영향을 주는데, 그 방식도 다양하다. 때로는 직접 조사의 형태로 일련의 연속면 측정값을 얻는 방식으로 표본을 추출한다. 예를 들어, 강우계가 있는 곳에서 강우량을 기록할 수 있고 기상관측소에서 대기 온도를 기록할 수 있다. 지표면 고도의 경우 기록된 값을 표고점(Spot height)이라고 한다. 값이 직접 측정된 지점은 일반적으로 제어점(control point)이라고 한다. 일반 방정식인 수식 (9.1) 기준에서, 제어점은 해당 지역에 흩어져 있는 측정 위치의 z값 목록이다. 연속면 데이터는 항공 및 위성 원격탐사 플랫폼에서 많이 수집되고 있는데, 매우 높은 공간 해상도의 라이다(Light Detection and Ranging: LIDAR) 데이터는 일반적으로 일정 간격의 격자 형태로 z 값을 측정한다. 연속면 데이터는 지도에서 등고선을 디지타이징해서 얻을 수도 있다. 직접 측정한 것처럼 보이지만, 많은 지도 제작 기관이 실제로는 기존의 디지털 지형도를 이용해 디지타이징 방식으로 고도 데이터 격자를 작성한다. 연속면 방정식의 관점에서

$$z_i = f(\mathbf{s}_i) = f(x_i, y_i) \qquad (9.2)$$

디지타이징한 등고선은 지형도의 축척에 따라 지정된 고도(등고선) 간격을 가지는데, 대부분 경우 지형도의 등고선은 지표면 고도가 직접 측정된 표고점 표본으로부터 생성되기 때문에, 디지타이징한 등고선으로부터 다시 연속면을 추정하면 등고선이 있는 지점들이 과잉대표되는 결과로 나타날 수 있다는 점을 주의하여야 한다.

출처가 무엇이든 간에 연속면 데이터와 관련하여 다음 세 가지 점을 유의하여야 한다.

- 연속면 데이터는 측정하고자 하는 현상의 표본을 이용해 구축된다. 우리가 원한다고 해도, 모든 지점에서 특정 현상의 속성값을 측정하고 기록하는 것은 비현실적이다.
- 지표면 고도와 같이 비교적 변화가 적은 연속면을 제외한다면, 대부분 연속면 자료는 일시적인 현상만을 나타낸다. 많은 연속면 데이터는 날씨 패턴처럼 특정 시간, 특정 위치에서 기록된 현상만을 나타낸다.
- 실제 현장에 나가서 스스로 측정을 수행하지 않는 한, 표본 데이터를 수집하는 제어점의 위치와 측정 시간은 연구자가 제어하기 힘든 경우가 대부분이다.

마지막 유의점에서 알 수 있듯이, 연구자가 얻고자 하는 연속면의 논리적인 타당성을 높이기 위해서는 표본 추출 디자인과 현지 조사를 직접 수행하는 것이 가장 이상적이다.

2단계: 연속 표면 묘사

지금까지 보았듯이 스칼라 연속면(Continuous Surface)을 충실하게 표현하기 위해서는 사실상 무한한 개수의 점이 필요하다. 실제로 사용되는 점의 수를 결정하는 것은 연속면 자체가 아니라 그것을 기록하고 저장할 수 있는 컴퓨터 용량과 성능이다. 원칙적으로 모든 곳에서 측정할 수 있는 지표면 고도의 경우에 컴퓨터 용량과 성능이 아무리 뛰어나더라도 어떤 정보시스템도 모든 데이터를 저장할 수 없다는 사실을 이해해야 한다. 실제로 최근까지도 고해상도로 측정된 LIDAR 데이터의 서장과 처리는 최고 성능의 컴퓨터에서만 수행할 수 있었다. 일반적으로 연속면은 제한된 수의 제어점에서 측정, 기록되었으며, 표현하고자 하는 현상을 만족스럽게 표현하기 위해 재구성되어야 한다. 재구성된 연속면이 합리적이라고 확신할 수 없는 경우가 종종 있는데, 예를 들어, 기온을 측정한 기상 관측소가 위치한 지점을 제외하고는 다른 지점들에서는 특정한 날 기온을 알 수 없는 것이다.

제어점에서 측정된 제한된 자료로부터 연속면 데이터를 재구성하는 것을 보간(Interpolation)이라고 부르며, 통계학에서는 고전적인 데이터 누락 문제의 한 사례로 설명한다. 어떤 유형의 연속면이고 어떤 제어점이 사용되었는지와 관계없이, 최종 목적은 데이터를 이후의 분석에서 활용할 수 있도록 만족스러운 수준의 정확도로 값의 연속면을 생성하는 것이다. 그러므로 연속면을 어떤 방식으로 표현하는가가 보간 기법(9.3절 참조)과 후속 분석(9.4절 참조) 모두에 영향을 미칠 수 있으므로, 보간을 수행하기 전에 연속면을 저장하고 표현할 수 있는 다양한 방식의 특성과 장단점을 고려하는 것이 중요하다.

그림 9.1에서 설명한 몇 가지 방법을 사용하여 연속면 데이터를 기록할 수 있다. 이들 각각은 다음 절에서 논의한다.

연속 표면 묘사 방법 (1): 등고선

지표면 고도를 기록하고 저장하는 가장 명시적인 방법은 그림 9.1 (i)에서와 같이 적절한 지형도를 골라서 지도의 등고선(Contour)을 디지타이징하여 저장하는 것이다. 등고선 데이터는 인쇄된 지도의 등고선 패턴을 디지타이징하거나 디지털 지도에서 등고선 레이어를 추출하는 방식으로 쉽게 얻을 수 있다. 등고선 데이터는 다시 지도로 쉽게 시각화할 수 있다. 또한 지정된 고도보다 높거나 낮은 지역의 시각화나 면적 계산과 같은 작업도 등고선 데이터로 쉽게 수행할 수 있다. 점이나 선형 정보의 저장과 지도화에 중점을 둔 지형도 작성에서는 지형 표현에 등고선이 가장 일반적으로 사용되

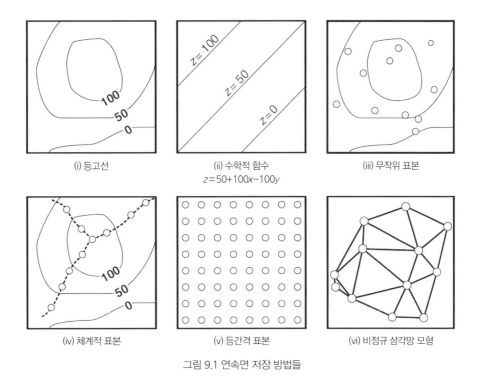

| (i) 등고선 | (ii) 수학적 함수
$z=50+100x-100y$ | (iii) 무작위 표본 |
| (iv) 체계적 표본 | (v) 등간격 표본 | (vi) 비정규 삼각망 모형 |

그림 9.1 연속면 저장 방법들

지만, GIS 분석에서는 몇 가지 심각한 제한이 있다. 첫째, 등고선 데이터와 그를 이용해 작성한 연속면의 최대 정확도는 원본 지도 등고선의 공간적 및 수직적 정확도 및 원본 지도의 축척에 따라 달라진다. 둘째, 등고선 간격 사이의 지표면 고도 변화에 대한 상세한 정보가 손실된다. 셋째, 등고선으로 지형을 표현하는 경우 경사가 가파른 지역에서는 등고선이 많이 그려지고 완만한 지역에서는 등고선이 드물게 그려지는데, 이는 연속면을 작성할 때 급경사 지역에서 지표면 고도 표본이 과대 추출되는 결과로 나타난다. 마지막으로, 등고선 데이터에서는 특정 지점의 고도 값을 검색하거나 경사도를 계산하는 등의 단순한 데이터 처리가 오히려 자동화하기 어렵다.

연속 표면 묘사 방법 (2): 수학 함수

일부 GIS 응용 프로그램에서는 다음과 같은 수식을 사용하여 연속면을 표현할 수 있다.

$$z_i=f(\boldsymbol{s}_i)=f(x_i, y_i)=-12x_i^3+10x_i^2y_i-14x_iy_i^2+-25y_i^3+50 \qquad (9.3)$$

이것은 공간 좌표와 관련된 명시적인 수학적 표현을 사용하여 연속면의 높이를 제공한다. 원칙적으로 단일 수학 표현식은 어떤 위치에서도 높이를 결정할 수 있어서 연속면 정보를 기록하고 저장하는 아주 좋은 방법이다. 그림 9.1 (ii)는 간단한 사례를 보여 준다. 더 복잡한 경우가 −(9.3) 방정식으로 설명된 연속면− 그림 9.2에 나와 있다. 위치 좌표인 x와 y는 킬로미터로, 연속면 속성인 z는 미터로 표시하였다.

이 접근법에서 문제는 연속면을 보간하거나 표현하는 수학 함수를 찾는 것에 있다. 보간법의 정의에 따르면, 표현식은 알려진 모든 제어점에 대해 정확한 측정값을 제공하므로 정의된 연속면이 알려진 모든 데이터를 고려한다. 하지만 연속면을 추정하는 함수는 제어점에 정확하게 맞지 않을 수 있으며 연속면의 변화 경향만 대표하고 특정 지점에서는 측정된 데이터와 일치하지 않을 수도 있다. 예를 들어, 등고선 지도는 관측된 높이 정보가 명확히 알려져서 보간이 필요하다. 하지만 제어점 데이터가 심각한 오류나 불확실성을 포함하거나 연구 관심이 속성값의 변화 경향에 중점을 두는 경우에는 근사값 계산(approximation)이 더 적절하다.

연속면의 수학적 표현은 많은 장점이 있다. 첫째, 많은 정보를 저장하는 가장 간결한 방법이다. 두 번째, 임의의 위치 (x_i, y_i)에서 높이는 공식으로 치환함으로써 발견될 수 있다. 셋째, 등고선 찾기는 z 값을 갖는 모든 좌푯값에 대한 방정식의 해를 찾는 방식으로 간단하게 수행할 수 있다. 넷째, 표면 경사 및 곡률 계산과 같은 일부 처리 작업은 미적분 함수를 사용하여 쉽게 수행된다. 이 접근법의 단점은 사용되는 함수의 선택이 임의적이라는 것과 수학적 함수를 이용해 추정한 값이 실제로는 불가능한 값인 경우가 자주 발생한다는 점이다. 예를 들어, 수학 함수를 이용해서 강우량을 추정했는데 관측 지점에서 먼 위치에서 강우량 값이 음수로 추정되는 일이 발생한다는 것이다. 또한 모든 제어점 데이터를 사용하여 연속면을 대표하는 수학 함수를 추정하면 복잡한 차수의 다항 함수를 사용해야 한다는 점도 수학 함수를 사용한 연속면 표현의 한계라고 할 수 있다.

대부분 GIS 교과서에서는 이 접근 방법에 대해 구체적으로 다루고 있지 않지만, 수학적 함수를 사용한 연속면 표현은 실제로는 매우 많이 사용되고 있다. 일부 분야에서는 복잡한 함수가 비교적 간단한 스칼라 연속면을 묘사하는 데 사용되기도 한다. 가장 좋은 사례를 기상학 분야에서 확인할 수 있는데, 기압의 분포 패턴이 종종 이 방식으로 기록된다. 이 방법은 공간적으로 연속적인 데이터를 분석하기 위한 통계적 접근법인 경향면 분석(10.2절 참조)에서도 많이 활용된다. 수학 함수는 또한 '국지적으로 유효한 분석 표면(locally valid analytical surface)' 방법에도 사용된다. 그림 9.2를 보면, 이 작은 영역을 많이 넘어서지 않고도 방정식이 극한의 값을 제공한다는 것을 쉽게 알 수 있다. 예를 들어, x=0, y=2일 때, (9.3) 수식을 적용하면 z=450을 얻을 수 있는데 이는 매우 급격한 연속면 변화를 만들게 된다. 이것은 넓은 영역에 걸쳐 실제 연속면에 맞는 함수를 찾는 것이 얼마나 어려운지를 전

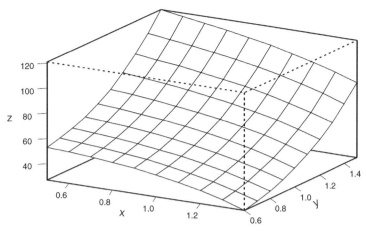

그림 9.2 작은 범위의 (x, y) 값들에 대한 (9.3) 방정식의 연속면.
이 다이어그램에서 z 축은 5배 과장되어 있음에 주의하자.

형적으로 보여 준다. 국지적으로 유효한 연속면의 경우 이 문제는 발생하지 않는다. 연속면 영역은 작은 영역으로 나뉘며 각 영역은 규칙적으로 작동한다. 그런 다음 각 하위 영역은 자체 수학 함수로 설명된다. 결과 함수 모음은 정확하고 경제적으로 전체 연속면을 나타낸다. 실제로 이것은 연속면의 TIN 또는 DEM 묘사가 등고선으로 그려질 때 수행되는 작업이기도 하다.

연속 표면 묘사 방법 (3): 점 체계

등고선이나 수학 함수로 연속면을 표현하면 데이터 용량을 효과적으로 압축하여 간결하게 표현할 수 있지만, 두 방식은 어떤 의미에서는 지나친 단순화라고 할 수 있다. 두 방식으로 저장된 내용은 이미 연속면에 대한 일종의 해석이라고 할 수 있으며 원래의 제어점 데이터에서 제공된 정보가 일부 누락된다는 문제가 있다. 세 번째 연속면 묘사 방법인 점 체계 방식은 알려진 제어점 값 집합으로 연속면을 코딩하고 저장하여 이 문제를 방지한다. 점 체계(Point system) 연속면 묘사 방식은 크게 연속면 무작위(surface random), 연속면 특정(surface specific), 및 격자 표본 추출(grid sampling) 등 세 가지 설계 방식으로 분류할 수 있다.

1. 연속면 무작위 설계(surface random design)에서, 제어점 위치는 연속면의 형태와 상관없이 선택된다. 그림 9.1 (iii)에 보는 것처럼, 연속 무작위 표본은 무작위로 배열되어 있어, 연속면 변화의 중요한 특징을 포착하기 힘들게 분포한다.

2. 연속면 특정 표본 추출(surface specific sampling)에서 표본 추출된 제어점들은 봉우리(peak), 구덩이(pit), 통로(pass) 및 고갯마루(saddle point)와 같이 연속면을 정의하는 데 중요하다고 판단되는 장소와 하천, 계곡 및 기타 경사면을 따라 위치한다. 이는 그림 9.1 (iv)에 개략적으로 나타나 있는데, 능선을 따라 그리고 표면 봉우리에서 추출된 표본들의 분포가 나타난다. 이 방법의 장점은 연속면 특정 표본이 연속면의 구조적 속성에 대한 정보를 제공한다는 것이다. 대부분 지형도에서 표고점은 일반적으로 산봉우리와 계곡 바닥과 같은 지표면의 중요 지점에 있으므로 연속면 특정 표본 추출 체계라고 할 수 있다.

3. 격자 표본 추출(grid sampling)에서는, (x, y) 좌표의 등간격 격자에서 연속면 표본을 추출한다. 이것은 종종 GIS에서 래스터 레이어로 지칭하며, 관심 분야가 지표면 고도인 경우는 수치표고모형(DEM)이라고 한다[그림 9.1 (v) 참조]. 격자의 장점은 분명하다. 첫째, 격자는 점 데이터의 균일한 밀도로 처리가 쉽고, 데이터 구조가 단순하여 원격탐사 영상과 같은 다른 래스터 데이터들과 통합이 유리하다. 둘째, 공간 좌표가 각 z 값의 격자 위치에 이미 내포되어 있기 때문에 제어점의 좌표를 명시적으로 저장할 필요가 없다. 특정 격자의 공간 좌표를 찾기 위해서 래스터 자료에서는 한쪽 끝 지점(보통 왼쪽 위)의 위치 좌표와 격자 간격이 정의된다. 세 번째 장점은 조금 모호하지만 매우 중요한 장점이다. 격자에서는 각 z 값의 공간적 위치뿐만 아니라 데이터의 다른 모든 점과의 공간적 관계도 내재되어 있다. 따라서 경사도 및 사면 방향과 같은 다른 연속면 속성을 쉽게 계산하고 지도화할 수 있다. 넷째, 대부분의 컴퓨터 프로그래밍 언어에서 사용할 수 있는 배열(array) 데이터 구조를 사용하여 격자 데이터를 쉽게 처리할 수 있다.

격자 데이터의 단점은 격자를 연결하는 것과 관련된 작업, 대규모 배열 데이터 및 넓은 지역 전체에 적합한 단일 격자 해상도를 선택하기 어렵다는 점 등이 있다. 공간 해상도를 높이면 데이터의 양이 기하급수적으로 증가하기 때문에, 데이터에 포함된 영역 또는 관련된 해상도의 변경은 추가 데이터 구축이 필요하며 이에는 막대한 비용이 소요된다. 예를 들어, 영국 육지측량부의 표준 5×5km 지도 타일을 10m 해상도를 이용하여 기록하려면 25만 개의 값이 필요한데, 공간 해상도를 5m로 2배 높이면 저장해야 하는 값이 4배인 1백만 개로 증가한다. 단순한 굴곡(예, 평평하고 건조한 호숫가 평지)의 지형에서 표본을 과대 추출하는 경향이 있는 것도 문제가 된다. 그렇다고 격자 간격을 넓게 하여 공간 해상도를 낮추면 지형 변화가 많은 영역에서 반대로 표본이 과소 추출될 수도 있다. 표본 추출을 위한 격자 간격은 연구의 목적에 따라 적절하게 선택해야 한다. 이 문제는 지도 제작자는 대축척지도를 작성할 때 등고선 간격을 얼마로 할지 선택할 때 발생하는 문제와 유사하다고 할 수 있다.

연속 표면 묘사 방법 (4): 불규칙 삼각망(TIN)

수치표고모형 대신 가장 일반적인으로 사용되는 연속 표면 묘사 방법은 그림 9.1 (vi)에 묘사된 불규칙 삼각망(TIN)이다. TIN은 1970년대에 연속면 데이터를 이용해 등고선을 그리는 방법으로 개발되었지만, 이후에 점 표본을 기반으로 연속적인 표면을 나타내는 데 주로 사용되었다. TIN에서 표본점들은 삼각형을 형성하도록 연결되고 각 삼각형 내부의 굴곡은 평면 또는 면으로 표시된다. 벡터 GIS에서 TIN은 폴리곤으로 저장된다. 각 폴리곤은 삼각형이며 경사, 사면 및 세 꼭짓점의 고도 속성값을 갖는다. 100개 정도의 점으로 구성된 TIN으로도 수백, 심지어 수천 개의 격자로 구성된 DEM 또는 연속면을 묘사할 수 있으므로, TIN 방식은 매우 효율적이고 직관적인 연속면 표현 방식이다.

TIN을 만들 때 최상의 결과를 얻으려면 봉우리, 구덩이 및 통로와 같은 중요한 지점뿐만 아니라 능선이나 계곡의 진행 방향을 따라 표본을 얻는 것이 중요하다. 대부분 GIS 소프트웨어는 이 기능을 갖추고 있으며, 매우 조밀한 DEM을 입력으로 사용하여 연속면 표현에 중요하다고 할 수 있는 지점들이 자동으로 선택되고 TIN 표현을 만드는 데 사용된다. 선택한 점 집합은 다양한 방법으로 삼각형을 만들 수 있는데, 일반적으로 델로네 삼각망 기법이 가장 많이 사용된다. 이는 2.3절에서 설명한 대로 근접 폴리곤을 기본으로 사용한다.

9.3. 공간 보간

공간 보간(Spatial Interpolation)은 표본 추출된 제어점에서 측정된 속성값으로부터 표본 추출되지 않은 위치의 속성값을 예측하는 과정을 말한다. GIS에서는 보간법을 사용하여 제어점에서 측정된 표본으로부터 등고선 지도 또는 수치표고모형 같은 다른 연속면을 작성할 수 있다. 제어점에서 멀리 떨어져 있는 연속면의 실제 속성값을 확인할 방법은 없으므로, 보간은 공간적 추정의 한 유형이다. 그림 9.3은 공간 보간의 기본적인 개념을 보여 준다.

보간법의 개념을 이해하는 가장 좋은 방법은 펜으로

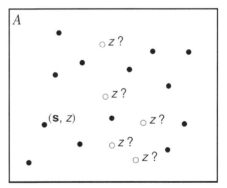

그림 9.3 보간 문제. 검은색 점은 제어점으로 위치 s와 속성값 z는 알고 있지만, 연구 지역 A의 다른 지점(흰색 점) 속성값은 근처 제어점의 속성값을 이용해 추정한다.

다시 지리학 제1법칙

공간 보간과 관련하여 지리학 제1법칙에 대해 잠시 생각해 보자. 토블러(Tobler)의 지리학 제1법칙은 "모든 것은 모든 것과 관련되어 있지만, 가까운 것들은 먼 것들보다 더 관련이 있다"고 말하고 있다(Tobler, 1970). 7장에서 보았듯이 이것은 공간 데이터에서 공간적 자기상관으로 나타난다. 이제 토블러의 법칙이 적용되지 않는, 즉 공간적 자기상관이 없는 데이터 연속면을 상상해 보자. 그런 연속면에서 공간 보간이 가능한가? 여러분은 크게 "아니요!"라고 대답했어야 한다. 공간 보간은 공간적 자기상관이 있어서 가능한 것이다. 그렇지 않으면 보간은 불가능하다. 보간은 측정된 값의 전체적인 분포를 기반으로 특정한 위치의 값을 주변 위치에서 측정된 값들을 가지고 추정하는 것이기 때문이다. 여기에서 이해해야 할 중요한 개념은 지리학의 제1법칙에서 "가까운"이라고 하는 개념을 어떻게 측정하느냐에 따라서 보간법의 종류가 달라진다는 것이다. 이것은 지리학에서 매우 중요한 질문이다. 우리는 공간이 차이를 만든다고 가정하는데, 여기서 중요한 질문은 "어떻게?"이다. 이 장의 나머지 부분에서 설명하는 보간 방법은 각각 다른 방식으로 이 질문에 답한다. 어떤 방법을 사용할 것인지를 결정할 때는 각각의 방법이 "가깝다"라고 하는 지리적 개념을 어떻게 반영하고 있는지를 고려해야 한다.

수작업을 통한 간단한 공간 보간 연습

그림 9.4는 캐나다 앨버타 지역의 1월 평균 기온(화씨) 측정 지점과 측정값을 보여 준다. 연필(필요하다면 지우개도)을 이용해서 기온 측정 지점 데이터로부터 온도의 등치선(등온선, isotherms)을 그려 보자. 그렇게 작성한 등온선이 기온 데이터의 연속면이 된다. 이렇게 하면서 세 가지 사항을 명심하자.

1. 기온 값이 같은 점들을 연결하려고 하지 마라. 어차피 측정된 기온 값이 0.1℉ 단위로 기록되어 있어서 지도에서 같은 값이라고 하더라도 온도가 정확하게 같은 것은 아니다. 측정된 데이터가 정확할 것이라는 생각은 대부분 경우 지나치게 낙관적인 기대이다.

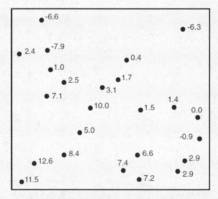

그림 9.4 캐나다 앨버타의 1월 평균 기온(℉)

2. 경험상 데이터 값 범위(−7.9~12.6)의 중간에 기온(예를 들어, 3℉)을 골라서 등치선을 그리고 나서, 위아

래 기온의 등온선을 작성하기가 쉽다.

3. 등온선을 그릴 때는 가능한 한 부드럽게 변하는 곡선으로 작성하도록 노력해야 한다. 동시에 등온선의 좌우에 있는 측정값의 등온선의 기온 값 분포와 상충하지 않도록 유의해야 한다.

생각처럼 쉽지만은 않을 것이다. 이 연습을 통해서 공간 보간에서 유의해야 할 몇 가지 중요 고려사항을 이해할 수 있을 것이다. 첫째, 제어점 사이의 알려지지 않은 지점 값에 대해 예측한 결과가 사람에 따라 서로 다른 경우가 대부분이다. 당신이 작성한 등온선 연속면도 훌륭하지만 여러 가지 가능한 결과 중 하나일 뿐이다. 더 많은 정보가 없으면 어느 해법이 가장 적합한지 확신할 수 없다.

둘째, 우리가 사용한 데이터는 평균 기온이기 때문에 데이터 연속성과 한 지점에서 단일 값이 존재한다는 가정은 합리적이라고 확신할 수 있다. 복잡한 지질 단층에서 지층별 깊이처럼 이러한 가정이 성립하지 않는 경우는 어떻게 해야 할까?

셋째, 기상관측소의 해발고도 같은 추가 정보가 있다면 공간 보간에 도움이 될까? 이는 보간법에서 사전 지식의 중요성을 보여 준다. 예를 들어, 연속면이 기온이 아닌 고도라면, 등치선을 그릴 때 계곡의 진행 방향을 따라서는 고도의 변화가 심하지 않도록 하고, 계곡의 단면을 따라서는 고도의 변화가 급격하다는 사실을 반영하여 등고선을 그리는 것이 합리적일 것이다.

마지막으로 당신이 작성한 등온선의 정확성에 대한 자신감은 모든 등온선에 대해서 똑같지 않을 것이다. 주변에 제어점이 많아서 기온을 추정하는 데 어려움이 없었던 지점이 있을 것이고, 반면에 가까운 제어점이 너무 적거나 멀어서 기온을 막연하게 추측할 수밖에 없었던 지점도 있을 것이기 때문이다. 추정치의 정확도는 제어점의 수와 분포, 선택한 등치선 간격, 또는 연속면 자체의 알려지지 않은 특성에 따라 크게 달라질 수 있다.

간단하게 보간을 시도해 보는 것이다. 글상자에 있는 연습을 통해 보간의 개념을 알아보자.

수동 보간의 어려움을 생각할 때 일관되고 반복 가능한 방식으로 공간 보간을 수행하는 컴퓨터 알고리즘을 고안하는 것이 가능한지에 대한 의문이 생기는 것은 당연하다. 이 절의 나머지 부분에서는 이 문제에 대한 간단한 수학적 접근법을 소개한다. 다음 장에서는 더 복잡한 통계적 보간 방법을 설명한다.

다음과 같은 방법으로 알려지지 않은 위치에서 연속면 값을 예측하는 문제를 생각해 보자: 제어점의 위치에 대한 정보가 전혀 없다면 특정 지점의 값을 어떻게 추정할까? 기초 통계에 따르면 가장 이상적인 추정치는 표본 데이터의 단순 평균일 것이다. 그것을 공간적 측면에서 나타내면 그림 9.5와 같다. 모든 미지의 연속면 높이가 평균과 같은 값을 가진다고 가정하여 연구 영역에서 단일 수평면을 형성한다.

그림 9.5에서 데이터 집합의 큰 값은 진한 색 십자 표시로 수평면 위에, 작은 값은 수평면 아래에 흐린 색으로 표시된다. 이런 식으로 간단한 평균을 사용하여 알려지지 않은 위치의 값을 추정하면, 데

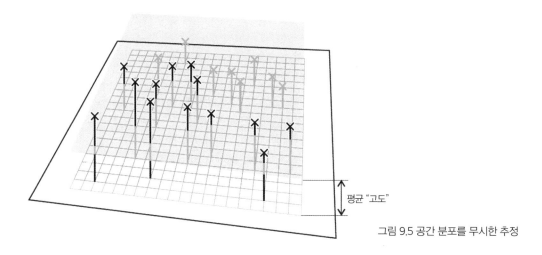

평균 "고도"

그림 9.5 공간 분포를 무시한 추정

이터의 공간적 경향을 무시하게 된다. 이로 인해 수평면 위에 표시된 지점들은 과소 추정되고 수평면 아래의 지점들은 과대 추정되어, 예측 오차 또는 잔차(residual)의 공간 패턴이 나타난다. 우리는 알려지지 않은 값들이 그림 9.5에서 보이는 것처럼 평평한 연속면 형태가 아닐 것이라는 사실을 잘 알고 있다. 대신 우리는 알려지지 않은 값들이 제어점에서 측정된 표본 값의 공간적 분포와 지리학 제1법칙에 따라 모종의 지리적 분포 패턴을 보여 줄 것을 기대하며, 공간 보간을 이용해서 그것을 추정하고자 하는 것이다.

자동 보간 기법 (1): 근접 폴리곤

단순 평균을 대신하는 가장 간단한 보간 방법은 근접 폴리곤(Proximity Polygon)을 사용하여 모든 점에 가장 가까운 제어점의 값을 할당하는 것이다. 지리학 제1법칙의 관점에서 보자면, 이것은 "가까운(near)"이라는 개념은 "가장 가까운(nearest)"으로 해석하는 것이다. 이 작업은 제어점 위치 데이터를 이용해 공간을 구획하는 근접 폴리곤을 작성한 다음, 각 근접 폴리곤 내부의 모든 지점이 제어점의 값과 같은 값을 가진다고 가정하여 수행된다. 이 기법은 이미 티센(Thiessen, 1911)이 백 년 전에 소개하였는데, 원래는 기상 관측 지점의 강우계 기록을 사용하여 지역의 총 강우량을 산정하려고 고안하였다.

근린 폴리곤 접근법은 원리가 단순해서 그림 9.6과 같이 추정값의 연속면을 생성하지는 않는다. 각 폴리곤의 가장자리에서 추정값이 급격하게 변하는 것이다. 어떤 상황에서는 이것이 최선일 수도 있을 것이다. 적합성 여부는 추정하고자 하는 현상의 본질에 달려 있다. 어떤 현상에 대해서 급격한 계

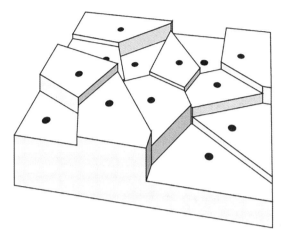

그림 9.6 근접 폴리곤 보간 기법의 결과 예시

단식 변화가 합리적인 가정이라면, 근접 폴리곤 접근법이 적절한 보간 방법이 될 것이다. 또한 보간 연속면의 정확성을 측정할 방법이 없을 수도 있으므로 이 방법은 결과 연속면을 사용히는 사람에게 보간 기법의 가정과 방법을 직관적으로 보여 줄 수 있다는 장점이 있다. 부드러운 연속면은 관측된 데이터에 의해서가 아니라 인위적으로 조작한 허위의 정확성을 빙자한 것으로 보일 수 있다. 마지막으로 데이터가 숫자 값이 아니라 토양, 암석 또는 식생 유형과 같이 명목척도 데이터라면 근접 폴리곤 접근법이 유용한 경우가 많다. 그러나 이런 방식으로 명목척도 데이터를 추정하는 것은 일반적으로는 보간으로 간주하지 않는다.

자동 보간 기법 (2): 국지적 공간 평균

공간 보간을 위한 또 다른 접근 방식은 표본 데이터의 국지적 공간 평균(Local Spatial Average)을 계산하는 것이다. 사실 보간법은 8장에서 설명한 것과 같은 국지적 통계이다. 기본적인 아이디어는 지리학 제1법칙이 작용한다고 가정하고, 인근 지역 값의 평균을 사용하여 제어점이 아닌 위치의 값을 예측하는 것이 합리적이라는 것이다. 여기에서 중요한 것은 어떤 위치를 인근으로 볼 것인가이다. 근접 폴리곤 접근법은 가장 가까운 제어점만을 인근으로 정의하는 상황에 해당한다. 가장 가까운 제어점만 사용하는 대신 특정 위치를 중심으로 일정 거리 내의 제어점들을 사용할 수 있다. 그림 9.7에서 국지적 공간 평균 접근법의 효과와 문제점을 볼 수 있다.

그림 9.7의 세 지도는 같은 제어점 집합에 대해 국지적 공간 평균을 계산하기 위해 250m, 500m 및 750m의 반경 거리를 사용한 결과를 보여 준다. 두드러지게 나타나는 문제점은 일부 위치에서는 선

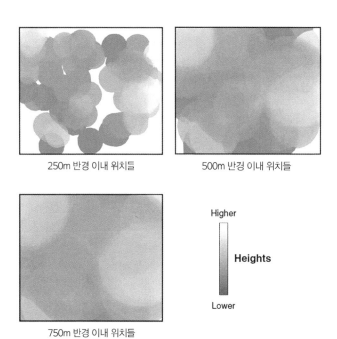

250m 반경 이내 위치들

500m 반경 이내 위치들

750m 반경 이내 위치들

그림 9.7 250m, 500m, 750m 반경 거리 안 제어점 평균을 사용하여 추정한 보간 결과.
추정치가 없는 부분은 흰색으로 표시되었다.

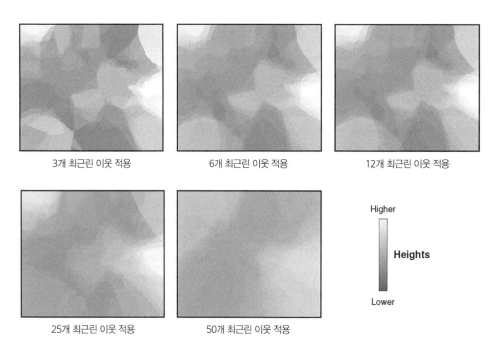

3개 최근린 이웃 적용

6개 최근린 이웃 적용

12개 최근린 이웃 적용

25개 최근린 이웃 적용

50개 최근린 이웃 적용

그림 9.8 그림 9.7의 데이터를 이용한 최근린 보간 결과

택된 반경 거리 내에 제어점이 없어서 연구 영역의 전체 연속면을 추정할 수 없다는 것이다. 두 번째 문제는 반경 거리 범위에 포함되는 제어점이 급격하게 변해서 결과 연속면이 연속적이 아니라 급격하게 변화하는 부분이 많다는 것이다. 이 문제는 국지적 평균 계산에서 추정에 사용되는 반경 거리가 작을 때 더 명백하게 나타난다.

고정 반경의 대안은 임의의 수의 최근린 제어점을 사용하는 것이다. 예를 들어, 표본이 아닌 위치에서 국지적 평균을 계산하기 위해 가장 가까운 6개의 제어점을 사용할 수 있다. 인접한 이웃의 수를 다르게 한 일련의 결과는 그림 9.8과 같다. 이 접근법은 각 국지적 평균의 계산에 포함할 제어점을 선택하기 위한 유효 반경이 제어점의 국지적 분포 패턴에 따라 유동적으로 변할 수 있다는 이점이 있다. 제어점이 밀집된 영역에서는 반경이 축소되고, 제어점이 희소한 경우 반경이 증가한다. 이 방법의 장점은 명백하다. 모든 위치를 중심으로 특정 개수(3개, 6개 또는 그 이상)의 가장 가까운 이웃을 선택할 수 있어서 모든 위치의 추정치를 계산할 수 있다. 그러나 여기에서도 주의가 필요하다. 예를 들어, 그림 9.7의 왼쪽 위 지도에서 보간 값이 없는 모든 위치에는 250m 반경 내에 제어점이 없다. 이것은 그림 9.8의 보간 연속면이 해당 지역의 값을 추정하기 위해 250m보다 멀리 있는 제어점을 사용하였다는 것을 의미한다. 이것은 어떤 경우에는 타당하지 않을 수도 있다. 일정 반경 내의 제어점을 이용하거나 특정 개수의 최근린을 이용한 보간의 공통적인 문제점은 연구 영역 내의 특정 지점, 예를 들어 지도의 왼쪽이나 오른쪽 끝부분의 추정을 위해서는 해당 위치를 기준으로 한쪽에 있는 제어점만 사용된다는 것이다. 하지만 대부분 GIS 소프트웨어에서는 보간하여 추정할 위치로부터 사방으로 최소수 이상의 제어점을 사용하도록 설정하는 방식으로 이 문제를 피할 수 있다.

지정 반경 및 최근린 보간 기법은 두 가지 특성을 공유한다. 첫째, 지정 반경이건 최근린이건 추정에 사용된 제어점의 분포 범위는 임의적이다. 둘째, 추정치를 계산하기 위해 사용된 제어점의 개수가 많아짐에 따라 보간된 연속면에서 급격한 변화가 줄고 부드러운 연속면이 생성된다. 한 가지 부작용은 보간된 연속면에서 등치선(고도 값의 경우 등고선)을 그리는 것이 어렵다는 것이다. 또한 추정을 위해 사용하는 제어점 집합이 클수록 보간된 연속면은 그림 9.4의 수평면과 유사해진다. 조금 생각해 보면 이것이 고전 통계의 중심 극한 정리(central limit theorem)의 공간적 버전이라는 것을 이해할 수 있을 것이다.

자동 보간 기법 (3): 역거리 가중 공간 평균

이제까지 우리는 '가까운' 것으로 판단된 제어점만을 사용하여 공간적 근접성을 평가하고, 국지적 평균을 계산하는 데 반영하였다. 이 방법을 조금 더 개선한 접근 방식은 평균을 계산할 때 역거리 가중치(IDW)를 사용하는 것이다. 이 방법은 1960년대 초반에 공간 데이터를 처리하기 위해 개발된 선도적인 컴퓨터 프로그램인 SYMAP의 기본 기능이었다. SYMAP은 몇백 줄의 FORTRAN 코드로 씌여졌지만, 지질학자인 존 데이비스(John Davis, 1976)에 의해 개선된 버전으로 다시 발표되었고, 여러 학자(Unwin, 1981, pp.172–174 참조)에 의해 추가 개선되었다. 그 원리를 간단하게 설명하면, 추정치의 계산된 포함된 모든 제어점을 동등하게 반영하는 것이 아니라, 국지저 평균을 계산할 때 가까운 제어점을 먼 제어점보다 더 많이 반영한다는 것이다. 단순한 국지적 평균 계산 공식은 다음과 같다.

$$\hat{z}_j = \frac{1}{m} \sum_{i=1}^{m} z_i \qquad (9.4)$$

여기서, $\hat{z}_j$는 j 번째 위치에서의 추정된 값이고, $\sum z_i$는 m개의 이웃하는 제어점의 합이다. 임계 반경 내부의 각 제어점에는 1의 가중치가 부여되고 외부에는 모두 0의 가중치가 부여된다. 다른 공간 분석 설정과 마찬가지로 이 아이디어는 공간 가중 행렬 W를 사용하여 표현할 수 있으므로 다음과 같이 표현할 수 있다.

$$\hat{z}_j = \sum_{i=1}^{m} w_{ij} z_i \qquad (9.5)$$

여기서 각 w_{ij}는 0과 1 사이의 가중치이며 s_j에서 제어점 s_i까지 거리의 함수로 계산된다. 거리가 d_{ij}이면 사용하는 거리 가중치 함수는 다음과 같다.

$$w_{ij} \propto \frac{1}{d_{ij}} \qquad (9.6)$$

이것은 보간할 점과 제어점 사이의 거리의 역수에 비례하여 가중치를 설정한다. w_{ij} 값의 합이 1이 되도록 하려면, 각 가중치를 다음과 같이 정의하여야 한다.

$$w_{ij} = \frac{1/d_{ij}}{\sum_{i=1}^{m} 1/d_{ij}} \qquad (9.7)$$

제어점이 멀리 떨어져 있어 d_{ij}값이 크면 작은 가중치를 부여받지만 짧은 거리에 있는 제어점은 큰 가중치를 부여받는다.

이것이 어떻게 작동하는지 보려면 그림 9.9의 상황을 고

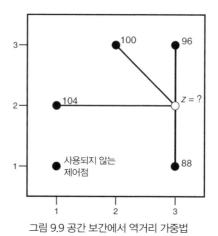

그림 9.9 공간 보간에서 역거리 가중법

려해 보면 된다. 여기서 우리는 104, 100, 96, 88의 z 값을 갖는 가장 가까운 네 개의 제어점을 사용하여 흰색 점으로 표시된 지점에서의 연속면 값을 추정하려고 한다. 표 9.1은 간단한 역거리 가중치 계산 방법을 보여 주고 있는데, 그 결과 계산된 역거리 가중 추정값은 95.63이다. 네 제어점 값의 단순 평균 (104+100+96+88)/4=97과 비교하면, 역거리 가중 추정값 95.63은 다소 축소 추정된 것을 알 수 있다.

수학적으로 접근하면 소프트웨어에 의해 처리되어야 하는 문제가 발견될 것이다. 추정 위치가 제어점과 정확히 일치하면 어떻게 되는가? 이때 거리 d_{ij}는 0이며 분모가 0이면 계산할 수 없다. 이 문제를 피하기 인해서 역거리 가중 방법은 위치의 중첩 조건을 검토한 뒤, d_{ij}가 0일 때는 제어점 값을 보간 값으로 직접 할당한다. 이 절차는 위치에서 추정값을 얻을 수 있도록 한다는 점에 중요한데, 이 경우를 전문 용어로는 엄밀한 보간법(exact interpolator)이라고 한다. 똑같이 중요하지만, 즉각적으로는 드러나 보이지 않는 또 다른 수학적 문제는 이 방법이 데이터의 최대치보다 크거나 최소치보다 낮은 수치를 추정할 수 없다는 것이다. 이것은 합계가 1인 양수 가중치를 사용하는 평균 계산의 기본적인 속성이다.

역거리 가중 공간 평균은 GIS를 이용한 보간에 흔히 사용된다. 제어점 집합이 주어지면 첫 번째 단계는 연구 영역에 점의 격자를 배치하는 것이다. 보간 값은 격자의 각 점에 대해 계산된다. 그런 다음 격자의 보간 값을 등고선으로 표현하여 연속면을 생성할 수 있다. 보간 격자의 등고선 그리기는 비교적 간단하다. 역거리 가중 공간 평균 기법에서도 다음과 같은 세 가지 설정에 따라 그 결과가 크게 달라질 수 있다.

1. 보간을 위한 격자의 간격 설정. 해상도가 높은 격자를 사용하면 국지적 변화를 상세하게 추정할 수 있다. 간격이 넓은 격자는 일반화 정도가 큰 연속면을 생성한다.

2. 국지적 통계를 사용한 보간에서는 추정에 사용된 제어점의 개수에 따라 보간 결과가 달라진다. 지정된 반경을 사용하는 경우와 지정된 개수의 제어점을 사용하는 경우 모두, 추정에 사용된 제어점의 수가 증가할수록 더 부드러운 연속면이 생성된다.

3. 거리 가중치를 변경할 수도 있다. 표 9.1 사례에서는 다음과 같이 실제 거리를 사용했다.

$$w_{ij} \propto \frac{1}{d_{ij}} \qquad (9.8)$$

하지만 다음 공식과 같이 지수 k를 사용하면 가중치를 조정할 수 있다.

표 9.1 역거리 가중법을 이용한 추정

제어점	고도			거리 d_{ij}	거리 역수 $1/d_{ij}$	가중치 w_{ij}	가중치가 적용된 고도 값 $w_{ij}z_i$
	z_i	x_i	y_i				
1	104	1	2	2.000	0.50	0.1559	16.21
2	100	2	3	1.414	0.71	0.2205	22.05
3	96	3	3	1.000	1.00	0.3118	29.93
4	88	3	1	1.000	1.00	0.3118	27.44
합계					3.21	1.0000	95.63

$$w_{ij} \propto \frac{1}{d_{ij}^k} \qquad (9.9)$$

k 값이 클수록 추정 결과에서 먼 지점의 효과가 감소하고 제어점 주변이 뚜렷이 구분("bulls-eyes")되는 울퉁불퉁한 지도가 만들어진다. 값이 1보다 작으면 먼 지점의 효과가 증가하고 결과 지도가 부드럽게 된다. 또한 거리 가중 함수를 변경할 수도 있다. 역거리 지수 가중 대신 수식 (9.10)처럼 역거리 배수 가중을 사용할 수도 있다.

$$w_{ij} \propto e^{-kd_{ij}} \qquad (9.10)$$

어떤 함수가 사용되더라도, 보간하는 점에서의 가중치 합은 1이 되도록 보장해야 한다.

그림 9.10은 12개의 근린 제어점을 사용하여 같은 데이터로부터 생성된 두 개의 지도를 보여 주는데, 단순 역거리 및 역거리 제곱 방식으로 주어진 가중치를 사용한다. 일반적인 모양은 비슷하지만

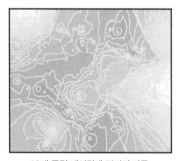 

12개 근린 제어점에 역거리 가중 12개 근린 제어점에 역거리 제곱 가중

그림 9.10 역거리 가중 보간 결과 비교

두 지도 간에 차이가 있다. 많은 GIS 소프트웨어는 SYMAP의 사례를 따라 기본 옵션으로 k=2를 사용한다.

가중치가 적용되지 않은 방법에 비해 다른 중요한 점이 있다. 언급한 바와 같이, 그림 9.8에 표현된 연속면의 부드러운 변화는 환상에 불과한 것이다. 왜냐하면 각 공간 평균의 계산에 사용된 제어점들이 계산의 영역 안팎에서 급격히 바뀌기 때문이다. 반대로 거리 가중치를 사용하면 생성된 연속면이 실제로 부드럽고 연속적으로 변하게 된다. 이렇게 하면 그림 9.10과 같이 역거리 가중치를 사용하여 보간된 연속면의 등고선을 생성할 수 있다.

위에서 설명한 가중 공간 평균 기법의 설정을 하나라도 바꾸면 같은 표본 데이터로부터도 서로 다른 연속면을 생성할 수 있다. 같은 데이터에서 무한한 수의 보간 연속면을 만들 수 있다면, 그중에서 어느 연속면이 가장 타당한 추정 결과라고 할 수 있을까? 그에 대한 대답은 모든 데이터에 적용할 수 있는 절대적인 보간법이 없다는 것이다. 특정 문제와 데이터에 어떤 보간법을 적용할지에 관한 결정은 분석가의 권한과 책임 영역이다(Rhind, 1971; Morrison, 1974; Braile, 1978 참조). 하지만 그 결정에서 적어도 다음 네 가지 사항은 반드시 고려하여야 한다.

1. 간단한 방법은 만들어진 지도를 보고 판단하는 것이다. 결과 지도가 타당해 보이는가? GIS를 이용하면 타당해 보이는 결과가 얻어질 때까지 다양한 설정과 기법을 적용하여 반복적으로 추정을 시도해 보는 것이 상대적으로 쉽다.

2. 많은 표본 제어점이 확보되어 있다면, 제어점 일부를 따로 빼 두고 보간을 수행하고, 보간 결과를 따로 빼 둔 제어점의 값과 비교하여 보간 결과의 정확도를 평가해 볼 수 있다. 이때 가장 효과적인 보간 방법은 오류가 가장 작은 보간법이 될 것이다. 이 방법을 교차 검증(cross-validation)이라고 한다.

3. 각 제어점 위치에서 보간을 실행하지만, 해당 제어점을 데이터에서 제거함으로써 선택한 가중치 함수에 대한 k 매개변수 선택의 효과를 평가할 수도 있다. 그러면 그런 다음 각 제어점 위치에서 보간된 값은 k의 해당 값을 사용한 보간에 대한 전체 오류를 추정하는 데 사용된다. k를 변화시키면서 제어점 데이터를 반복적으로 보간함으로써 최고의 결과를 얻을 수 있다(Davis, 1976 참조). 이 절차는 LOOCV(Leave One Out Cross Validation)로 알려져 있다.

4. 마지막으로 크리깅(kriging)에서 제어점 데이터를 사용하여 연속면의 기본 공간 구조를 추정하고, 이 정보를 사용하여 적절한 공간 가중치를 결정할 수도 있다. 크리깅 기법에 대해서는 10장에서 자세히 설명한다.

기타 자동 보간 기법

연속면을 보간하는 다른 많은 방법이 있다. 여기에서 수많은 보간 기법을 모두 설명할 수는 없지만, 다음 세 가지에 대해서는 개략적으로라도 설명이 필요할 것이다.

1. 바이큐빅 스플라인 맞춤(Bicubic spline fitting)은 모든 제어점 데이터를 활용하여 (2차원 평면에서) 가장 매끄러운 곡선 형태의 등치선을 찾는 수학적 기법이다. 수학적인 논리로 봤을 때, 이 기법은 매우 합리적이고 보수적인 접근으로 보인다. 그러나 이 기법을 사용하면 근처에 제어점이 없는 지역에서는 매우 불합리한 추정이 발생할 수도 있다.

2. 다분위 분석(Multiquadric analysis)은 하디(Hardy, 1971)가 지형 분석에 적용하기 위해 개발한 방법이다. 이것은 데이터의 n개 제어점 각각을 중심으로 다양한 크기의 원뿔 모양 함수를 적용하는 점에서 점 데이터에 적용한 밀도 추정 방법과 유사하다. 원뿔의 크기는 모든 데이터 제어점의 값이 변하지 않도록 하는 선형 방정식을 탐색하는 방식으로 결정된다. 그러면 특정 지점에서의 z 값은 결정된 2차 연속면의 모든 기여의 합으로 계산된다. 이 접근법을 구현하는 GIS 소프트웨어는 아직 없지만, 강우량 데이터의 보간에 널리 사용되고 있으며 프로그래밍하기가 상대적으로 쉽다.

3. 또 다른 보간 기법은 지형 모형화에 널리 사용되고, 특히 컴퓨터를 이용한 시각화에서 매우 유용하므로 언급할 필요가 있다. TIN 모형은 표본 제어점을 서로 연결하여 삼각형으로 연구 영역을 나눈다. 델로네 삼각망(그림 2.5 참조)이 주로 사용되는데, 이 구조는 삼각형 내부의 모든 위치에서 z 값을 추정하는 데 사용할 수 있다. 우리는 각 삼각형이 일정한 기울기를 가지는 평평한 면이라고 가정하고 각 지점의 z 값을 계산한다. 이것은 추정하고자 하는 지점을 둘러싼 삼각형의 세 꼭짓점으로부터 해당 지점으로의 거리에 근거한 역거리 가중 접근법이다. 삼각형 구조는 불규칙 삼각망을 비교적 쉽게 표현할 수 있게 하고 또한 지형 기복의 사실적 이미지를 비교적 쉽게 생성하게 한다.

이 모든 방법은 결정론적이라는 점에서 역거리 가중법과 유사하다. 모든 경우에 제어점의 데이터가 정확하고 결정적이며 수학적 절차를 사용하여 보간을 수행한다고 가정한다. 데이터, 계산 방법 및 모든 필수 매개변수가 주어지면 그 결과는 똑같다. 선택한 매개변수의 타당성에 대해 논쟁할 수도 있지만, 그 결과는 검증과 반복 수행이 가능하다. 또 다른 대안은 무작위 과정에 대한 아이디어를 다시 사용하고 10장에서 논의된 것처럼 통계 방법을 사용하여 보간하는 것이다.

공간 보간법은 컴퓨터를 사용하여 작업이 수행되기 때문에, 사용하는 보간 기법이 연구 대상이 되는 공간 현상의 특성에 적합한지 확인해야 한다. 위에서 설명한 기법으로 적절히 해결할 수 없는 한 가지 문제점은 표본 추출된 제어점이 공간적으로 무작위로 분포하지 않는다는 것이다. 보간 결과를 해석할 때는 이점을 반드시 고려해야 한다. 예를 들어, 데이터를 수집하는 사람들은 지리적 현상의 측정에서 중요하다고 느낀 지역에서 더 많은 표본을 추출하는 경향이 있다. 특정 광물이 매장되어 있을 가능성이 큰 지역에서 더 상세한 지질 조사가 이루어지는 광업 조사에서 이러한 일이 더 흔히 발생한다. 기후 데이터에서 표본 지점, 즉 기상관측소는 인구가 많이 분포하는 지역에 더 밀집되어 있다. 표본이 적게 추출된 영역에서는 더 조밀하게 표본 추출된 영역보다 미지의 지점에 대한 추정이 더 어렵고 그 정확도도 떨어질 수밖에 없다. 이것은 보간 과정의 결과를 검토할 때 꼭 기억해야 할 중요한 점이다.

9.4. 연속면 데이터에서 추출할 수 있는 속성

대부분 연구에서 보간을 이용해 연속면을 만드는 것은 분석의 최종 단계에 해당한다. 예를 들어, 식물 또는 동물 종의 발생이 1월 평균 기온 또는 평균 연간 강우량과 같은 환경 요인과 어떤 관련이 있는지를 연구하는 생태적 간격 분석(Gap Analysis)을 위해 해당 환경 요인의 연속면 값을 추정하는 것이다. 하지만 때로는 이 보간 값을 직접 사용하는 것 외에도 연속면의 특성에 대한 추가 정보를 활용해야 하는 때도 있다.

스칼라 연속면은 대부분의 지리학 분야에서 중요하지만, 실제 지리학자는 스칼라 연속면을 요약하고 설명하는 데 사용할 수 있는 다양한 방법을 개발하고 있다. 지형에 관심 있는 지형학자들은 표고를 분석하여 평균 고도, 고도 값의 빈도 분포, 경사도 및 사면 방향 등과 같은 다양한 부수적 지형 속성 정보를 도출했다. 마찬가지로 기상학자들은 대기압 장 연속면을 분석하여 지형풍(geostrophic wind)을 예측하고, 수문학자들은 강우량 연속면에서 전체 유역 강우량을 계산해 낸다. 적용되는 기법이 유사한 경우에도, 연구 분야에 따라 다양한 이름으로 불리는 많은 연속면 속성 분석법이 존재한다. 다음에서는 연속면 데이터에 적용되는 대표적인 분석적 측정 기법들에 관해서 설명한다. 그중이 대부분은 지형(예, 고도 값 연속면) 분석에 적용되는 기법들이지만, 그 외의 다른 분야에도 적용할 수 있다.

상대 기복

가장 간단한 예로 상대 기복(Relative Relief)이 있는데, 상대 기복은 특정 지역 내에서 고도가 가장 낮은 지점과 가장 높은 지점 사이의 고도 차이다. 격자 형태 상대 기복 지도는 지표면의 굴곡 정도를 나타내는 가장 단순하면서도 유용한 지표이며, 국지적 통계의 대표적 사례이다. GIS와 정확한 DEM 의 보급이 널리 이루어지기 전에도 노동 집약적인 방법으로 다양한 방식의 상대 기복이 계산되었다 (Clarke, 1966 참조). DEM에서는 상대 기복을 계산하기가 매우 쉽고 단순하다. 격자를 가로질러 이 동하면서, 각 격자 셀 주위의 인접 구역에서 최대 및 최소 고도 값을 찾아 비교하는 것이다.

면적/고도 관계

평평한 평탄면의 존재를 탐지하려는 시도로, 지형학에서는 특정 고도 값이 분포하는 면적이 전체 면 적에서 차지하는 비율(Area/Height Relationship)을 그래프로 표현하는 방식이 자주 사용되었다(다 양한 기법에 대해서는 Clark and Orrell, 1958 과 Dury, 1972 참조). DEM을 이용하면 고도 값의 도 수분포도를 작성하는 방식으로 이에 해당하는 막대그래프를 쉽게 얻을 수 있다. 이러한 빈도 분포를 생성하는 기능은 래스터 데이터를 처리하는 GIS에서 대부분 제공한다.

경사도

고도를 나타내는 연속면에서 중요한 지표는 지표면의 경사도(Slope)이다. 경사도는 지표면의 굴곡 을 나타내는 대표적인 지표이며, 실제 지형의 시각화에서 가장 중요한 변수 중 하나이다. 또한 GIS 를 이용한 생태 분석이나 지구과학적 연구의 핵심적인 요소이다. 수학적으로, 경사도는 한 지점에서 고도의 최대 변화 정도이며 연속면의 변화율이라고 한다.

그림 9.11의 왼쪽 지도는 오른쪽 윗부분에 500m 높이 봉우리가 있는 언덕의 등고선 지도다. 우리 가 100m 높이에 있는 A 지점에서부터 봉우리인 B 지점까지 걸어간다고 가정해 보면, 400m 높이를 3km의 평면 거리를 따라 걸어가야 한다. 따라서 A에서 B까지 기울기 각도의 탄젠트 값은 다음과 같 이 계산된다.

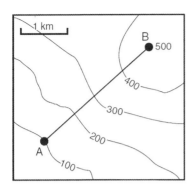

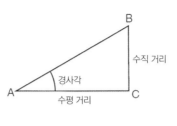

그림 9.11 지면 경사도의 계산

$$\tan\theta = \frac{수직\ 간격}{수평거리} = \frac{400}{3000} = 0.133 \qquad (9.11)$$

이는 약 7.5°의 평균 경사 각도와 같다. 연속면을 가로질러 어떤 방향으로든 같은 방식으로 경사도를 계산할 수 있다. 이 경사도는 A–B 방향을 따라 적용되므로 크기(7.5°)와 방향(북쪽으로부터 약 50°도 동쪽)이 모두 포함된 벡터양이다. 경사도는 어떤 방향으로도 측정할 수 있어야 한다. 하지만 일반적으로 경사도는 그 지점을 통과하는 가장 가파른 경사 방향의 각도이다. 이것은 어떤 지점에 떨어뜨린 공이 굴러가는 방향의 경사이며, 스키를 타는 사람은 하강선(Fall line)이라고 부른다. 이것이 연속면의 변화율을 나타내는 용어인 경사도이다.

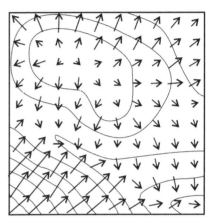

그림 9.12 경사의 방향과 경사도를 화살표로 나타낸 벡터 연속면. 스칼라 연속면의 등고선이 중첩 표현됨.

변화율 벡터 연속면을 올바르게 표시하려면 크기와 방향을 표시한 두 개의 지도를 사용하거나, 그림 9.12에서처럼 방향은 화살표의 방향으로 표현하고 크기는 화살표의 길이로 표현하는 특별한 형식의 지도가 필요하다.

데이터에서 고도의 변화율 지도를 작성하는 것은 그리 쉬운 일이 아니다. GIS 분야에서 일하고 있는 대부분 분석가는 그 출발점으로 TIN 또는 DEM을 사용한다. DEM의 경우와 비교할 때 TIN을 사용하면 특정 위치에서 경사도와 사면 방향을 쉽게 찾을 수 있다. TIN에 포함된 모든 삼각형에서는 경사도와 사면 방향(aspect) 속성을 명시적으로 정의되기 때문이다. DEM의 경우, 표준적인 접근법은 각 격자의 위치에서 고도 값의 변화율을 차례대로 계산하여 지점별로 경사도와 사면 방향을 계산해야 한다.

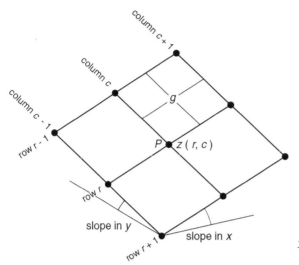

그림 9.13 DEM의 점 자료를 이용한 경사도 계산

그림 9.13에서 격자점 P는 8개의 다른 격자점으로 둘러싸여 있으며 각각은 P를 중심으로 각 방향으로 고도 값의 변화율을 계산하는 데 사용된다. 변화율의 계산 방식은 다양한데, 가장 간단한 방법은 그림에서와 같이 P 지점에서 만나는 네 개의 격자 정사각형이 경사면이라고 가정하는 것이다. 이 경사의 방향은 두 개의 경사도로 지정할 수 있다. 하나는 x축(θ_x) 방향, 다른 하나는 y(θ_y) 방향이다. x 방향의 경사도는 P의 양측에 있는 고도 값의 차이로부터 다음과 같이 추정한다.

$$\tan\theta_x = \frac{z(r,c+1)-z(r,c-1)}{2g} \qquad (9.12)$$

여기서 g는 z 값과 같은 거리 단위의 격자 사이 간격이다. 마찬가지로, y 방향 경사도는 다음과 같이 추정된다.

$$\tan\theta_y = \frac{z(r+1,c)-z(r-1,c)}{2g} \qquad (9.13)$$

두 경사도를 이용해 피타고라스의 정리에 따라 P 지점에서의 변화율을 다음과 같이 계산할 수 있다.

$$\text{gradient at } P = \sqrt{\tan^2\theta_x + \tan^2\theta_y} \qquad (9.14)$$

이 변화율의 방향 또는 사면 방향은 다음과 같이 찾을 수 있다.

$$\tan\alpha = \frac{\tan\theta_x}{\tan\theta_y} \qquad (9.15)$$

이 방법을 사용할 때는 고도 값이 저장된 격자 간격이 경사면을 반영할 수 있도록 충분히 촘촘한 간격으로 배열되어 있어야 한다. 또 경사도의 계산에서 단지 4개의 이웃 점 정보만 사용하고, 중심점 $z(r, c)$는 완전히 무시된다는 점에 유의해야 한다.

에반스(Evans, 1972)는 9.2절에서 소개한 국지적으로 유효한 분석 표면(analytical surface)의 개념을 사용하는 또 다른 경사도 계산 방법을 제안했다. 간단히 말해, 이것은 경사도를 계산할 지점과 주변 격자점 9개 모두를 지나는 2차 다항식을 추정하는 국지적 연산을 최소제곱법에 따라 수행한다. 2차 다항식의 계산에는 9개 격자점 중 6개만 필요한데, 결과적으로 적합한 2차 다항식 연속면이 9개 점에 정확히 일치하지 않아 적합성 부족이 심각할 때는 문제가 될 수도 있다. 에반스(Evans, 1972)에 따르면 이러한 불일치 문제가 적어도 지표면 고도 데이터에 대해서는 심각하지 않다고 한다. 연속면을 추정하는 2차 다항식이 결정되면, 이제 국지적으로 적합된 2차 방정식의 변화율(gradient)을 계산하여 경사도를 얻는다. 2차 방정식의 국지적 변화율은 해당 지점에서 방정식을 미분하면 쉽게 얻을 수 있다.

결론적으로 두 가지 문제에 유의해야 한다. 첫 번째는 사용된 DEM의 축척과 격자 간격(해상도)이다. 특정 지점에서의 변화율은 분모가 되는 수평 거리가 0에 가까워질수록 극한값에 가까워진다. 하지만 실제에서 변화율 계산에 사용되는 수평 거리 분모는 격자 간격(g)의 2배이다. 따라서 계산된 변화율은 해당 지점에서 실제 변화율의 추정치이며, 가파른 경사면을 평활화하여 연속면 기복의 상세한 변화를 무시하는 경향이 있다. 둘째, 많은 DEM 데이터는 등고선 자료를 이용해 보간을 통해 생성되고, 컴퓨터 저장용량을 절약하기 위해 고도 값은 정수 미터(m) 단위로 반올림해서 저장되는 경우가 많다. 따라서 그런 DEM 데이터를 사용하면, 지형의 상대 기복이 적은 평탄한 지역에서는 사면 방향과 경사도를 계산할 때 오류가 자주 발생할 수 있다.

연속면 특수 지점 및 연속면 그래프

연속면의 변화율을 찾는 데 사용되는 모든 방법은 연속면이 국지적으로 평평하다는 것을 나타내는 0 값을 산출하는 경우가 있다. 이전 절에서 주어진 변화율 계산 공식에 따르면 x축과 y축 방향의 경사도가 모두 0인 경우에만 해당 지점의 경사도가 0이 된다. 이것은 언덕의 꼭대기 또는 구덩이 바닥에서만 가능하다고 할 수 있다. 산의 능선이나 계곡선 위에 있는 지점의 경우에는 한 방향의 경사도는 0이 되더라도 다른 방향의 경사도가 0이 아니므로 지점의 경사도가 0이 될 수 없는 것이다. 물론 고도 값이 높은 정밀도로 측정되는 경우 두 개의 격자점 값이 정확히 같을 확률은 매우 낮다. 일반적으로 데이터의 정밀도는 가장 가까운 편리한 정수로 z 값을 반올림하면 외관상 같은 값을 생성한다.

대부분의 연속면에서 변화율이 0인 점이 발생한다. 경사도가 0이면 지면이 수직 상공을 바라보고 있으므로 사면 방향을 쉽게 지도화할 수 없다는 것을 의미한다. 이렇게 특수한 경사도, 사면 특성을 가진 지점은 연속면 특수 지점(surface specific points)이라고 하며, 다음과 같이 6가지 유형이 있다.

1. 인접한 이웃 지점들보다 고도가 높은 봉우리(Peak)
2. 인접한 이웃 지점들보다 고도가 낮은 구덩이(Pit)
3. 등고선이 8자 모양으로 교차하는 지점의 고갯마루(Saddle)
4. 능선(Ridge line)
5. 골짜기 바닥(Flat valley bottom) 또는 계곡(Channel)
6. 사방이 평탄한 평야(Plain)

연속면 특수 점을 자동으로 탐지하기 위한 알고리즘도 많다. 연속면 분석의 흥미로운 점은 연속면 형태를 특징적으로 묘사하는 방법으로 구덩이, 고갯마루(Saddle) 및 봉우리를 (봉우리와 고갯마루를 연결하는) 능선과 (구덩이와 고갯마루를 연결하는) 계곡과 함께 사용한다. 이 연속면 특수 지점들을 연결하는 선들은 그래프 이론을 사용하여 지형 특성을 분석할 수 있는 연속면 네트워크를 형성한다(Pfalz, 1976; Rana, 2004).

유역과 분수계

배수 구역(Drainage Basin)의 두 가지 주요 측면은 지형과 배수망의 위상 구조이다. 이러한 구성요소를 수동으로 정량화하는 것은 지루하고 시간이 오래 걸린다. 유역(Watershed)은 공간을 완전히 구획하는 방법을 포함하고, 많은 환경 현상이 그들과 관련될 수 있으므로 자동화된 결정은 GIS 기술의 이상적인 응용 분야이다. 또한 배수 분할 및 배수 네트워크에 대한 지식은 경사와 사면에 대한 더 나은 추정치를 제공하는 데 사용될 수 있다. 왜냐하면 경사는 배수 분할 경계와 하천에서 분기되어야 하기 때문이다. 배수 네트워크 및 관련된 배수 분할의 결정은 효과적인 수문학적 정보시스템을 만드는 중요한 단계이다.

DEM은 배수 네트워크와 유역의 일반적인 패턴을 결정하기에 충분한 정보를 포함한다. 각 격자 높이 값을 사각형 셀의 중심으로 생각하고 주변 셀의 고도를 검사하여 이 셀에서 물의 흐름 방향을 결정하는 것이 주된 방법이다. 이 아이디어를 기반으로 흐름 방향을 결정하는 알고리즘은 일반적으로 흐름의 4가지 방향(위, 아래, 왼쪽, 오른쪽 – 루크 방식의 경우) 또는 때로는 8가지 가능한 방향 (퀸 방식의 경우)만 가정한다. 가능한 각 흐름 방향은 번호가 매겨져 있다. 일반적인 알고리즘은 전체 DEM에 대하여 가정된 물 이동 방향에 따라 각 셀에 이름을 붙인다. DEM에서 구덩이는 출구 방향이 발견될 때까지 가상의 '물'을 '범람'시킴으로써 별도로 처리된다. 그런 다음 배수 네트워크를 결정하기 위해 흐름 방향 집합이 화살표로 연결된다. 자연 상태에서 소량의 물은 물길을 통해서가 아니라 일반적으로 지표로 흐르기 때문에 격자 셀을 통해 하류로 흘러가는 물을 축적하기를 원할 때는 임계 용량에 도달할 때만 물길이 시작되도록 할 수도 있다.

시뮬레이션 배수 네트워크가 실제 하천 네트워크의 모든 세부 사항을 포착할 수는 없다. 예를 들어, 실제 하천은 때로는 하류 흐름으로 분기되기 때문에 이 방법을 사용하여 시뮬레이션할 수 없다. 또한 분기점의 결합가(Valency)로 알려진, 분기점에서 합류하는 하천의 수는 실제로는 거의 항상 세 개이지만 8방향 알고리즘이 사용될 때는 여덟 개가 될 수 있다. 분기점 연결 각도는 시뮬레이션에서 셀의 좌푯값에 의해 결정되지만, 사실은 지형 및 침식 과정의 함수이다. 마지막으로, 균일한 경사 지역에서, 이 기법은 많은 수의 평행한 하천을 생성하지만, 실제로 하천은 연속면의 불균일함으로 인해 곡류하는 경향이 있으며 그 결과로 생긴 분기점은 그러한 영역에서 하천의 밀도를 감소시킨다. 결과적으로, 단위면적당 수로의 길이, 즉 배수 밀도는 종종 시뮬레이션에서 너무 높게 나타난다. 이러한 한계 중 일부는 TIN을 이용한 상당히 복잡한 동적 모형을 통해 해결할 수 있다(사례는 Tucker et al., 2001 참조).

비슷한 논리를 적용하여 한 지점의 유역을 결정할 수도 있다. 이것은 네트워크상 각 지점의 속성이며, 그 지점에 배수되는 점의 상류 지역에 의해 주어진다. 이처럼 흐름 방향 격자를 사용하면 모든 셀의 유역을 쉽게 찾을 수 있다. 지정된 셀에서 시작하여 배수되는 모든 셀에 이름을 지정한 다음 해당 셀을 배수하는 모든 셀에 이름을 붙이는 등, 배수 구역의 상류 한계가 정의될 때까지 이름을 지정하면 된다. 이때 이름 붙여진 셀에 의해 형성된 폴리곤이 유역이 된다.

가시권

또 다른 연속면 작업은 가시 영역 또는 가시권(Viewshed)의 계산이다. 가시권 분석 프로그램은 원래 한 지점에서 특정 방향으로의 시각적 도달거리를 계산하려는 의도로 작성되었다. 컴퓨터 성능이 발전함에 따라 이 방법을 확장하여 특정 지점에서 시각적으로 관측이 가능한 모든 지점을 추정하고 지도화할 수 있게 되었다. 가시권 분석은 군사 분야, 파이프라인, 풍력 발전소, 전력선과 같은 보기

흉한 구조물의 위치 파악이나 그런 시설물이 경관의 매력도에 미치는 영향을 탐구하는 조경이나 도시계획 분야에서 널리 응용되고 있다. 또한 통신 회사는 무선 송수신기나 중계 타워의 설치 위치를 결정하기 위해 가시권 분석을 사용한다.

변화율을 계산하거나 연속면 특수 지점을 결정할 때와 마찬가지로, 가시권을 계산하는 작업은 DEM의 각 격자점에서 국지적으로 수행되는 작업이다. 일부 알고리즘은 관측점에서 방사형으로 일련의 단면선(Profile)을 그려 숨겨진 각 세그먼트에 표시한 다음 이를 다시 기본 지도에 옮겨 그리는 방법을 사용한다. 더 간단한 방법은 DEM의 다른 모든 지점에 대해서 가시성(특정 지점에서 보이는지)을 찾는 것이다. 가상의 단면선이 관측점에서 다른 모든 격자점으로 (DEM의 축척, 지표 곡률 등으로 결정되는 한계까지) 차례대로 그려지고, 격자 선을 가로지르는 각 단면선을 따라 연속되는 높이가 나열되고 그에 따라 각 점이 보이는지 여부를 결정한다(Burrough and McDonnell, 1998 참조). TIN 데이터 모형을 사용하여 가시권을 찾는 알고리즘도 개발되어 있다(DeFloriani and Magillo, 1994).

연속면 평활화

연속면 데이터에서 수행되는 또 다른 작업은 평활화(Smoothing)와 일반화(Generalizaiton)이다. 일반적으로 데이터가 수집되어 저장되는 공간 해상도보다 낮은 해상도로 기복 지도를 작성할 때는 평활화와 같은 일반화가 필요하다. 평활화에 대한 표준적인 접근법은 연속면 전체에 대해 이동 평균을 계산하는 것이다. 이때 모든 데이터 점의 높이는 가까운 이웃의 평균으로 대체된다. 이 과정은 결과적으로 전체 값 격자의 분산을 줄여 평활화된 지도를 만든다. 이 기법은 중요한 언덕 꼭대기와 계곡 바닥을 가끔 삭제하는 바람직하지 않은 부작용을 가지고 있다. 이런 문제는 조금 더 정교한 알고리즘을 사용하면 피할 수 있다.

9.5. 지도 대수

위에 설명된 모든 연속면 분석을 위해 자주 사용되는 구조로 지도 대수(Map Algebra)가 있다. 지도 대수는 지도를 이용한 연산으로 격자 형태의 연속면 데이터에 많이 적용되지만, 원칙적으로 모든 유형의 연속면 데이터에 적용할 수 있다. 지도 대수는 데이나 톰린(Dana Tomlin)이 1990년 저서 『Geographical Information Systems and Cartographic Modeling』에서 처음으로 제안하였다. 지도 대수에 대한 자세한 설명은 톰린(Tomlin, 1990)이나 디머스(DeMers, 2001)의 설명을 참고하기 바란다.

지도 대수의 기본 개념은 수학의 대수학 개념과 완전히 같다.

- 값(Values)은 대수학이 작동하는 대상이다. 입력 데이터와 출력(결과) 데이터는 값의 격자로 표현된다. 값은 숫자뿐만 아니라 범주형(명목형 또는 서열형)일 수도 있다.
- 연산자(Operators)는 값을 변환하거나 두 개 이상의 값을 적용하여 새 값을 계산할 수 있다. 대수학에서처럼 빼기 기호 '–'나 더하기 기호 '+'를 사용하여 연속면 값을 계산한다. 1+2=3과 같은 원리이다.
- 함수(Functions)는 조금 더 복잡하기는 하지만 여전히 입력값 집합을 이용해 새로운 값을 계산하는 연산이다. 입력 집합은 $\log_{10}(100)=2$에서처럼 단일 값이거나 mean({1, 2, 3, 4})=2.5에서처럼 값 집합일 수도 있다.

그림 9.14 (i)와 같은 두 개의 작은 연속면 격자 데이터가 있다고 하자. 두 격자를 입력 데이터로 하는

(i)

7.6	8.1	8.0	8.6	8.2
7.8	8.1	8.8	8.8	8.6
8.2	8.6	8.9	8.0	8.9
7.8	8.0	8.3	8.1	8.2
8.6	8.2	8.3	9.0	8.6

8.4	8.6	7.9	7.7	7.1
8.8	8.2	8.1	7.7	7.1
9.1	8.3	8.4	7.6	7.9
8.8	9.1	8.9	8.2	7.6
9.0	8.8	8.9	8.8	8.3

(ii)

-8.4	-8.6	-7.9	-7.7	-7.1
-8.8	-8.2	-8.1	-7.7	-7.1
-9.1	-8.3	-8.4	-7.6	-7.9
-8.8	-9.1	-8.9	-8.2	-7.6
-9.0	-8.8	-8.9	-8.8	-8.3

(iii)

16.0	16.7	15.9	16.3	15.3
16.6	16.3	16.9	16.5	15.7
17.3	16.9	17.3	15.6	16.8
16.6	17.1	17.2	16.3	15.8
17.6	17.0	17.2	17.8	16.9

(iv)

8.4	8.6	8.0	8.6	8.2
8.8	8.2	8.8	8.8	8.6
9.1	8.6	8.9	8.0	8.9
8.8	9.1	8.9	8.2	8.2
9.0	8.8	8.9	9.0	8.6

(v)

8.1	8.8	8.8	8.8	8.8
8.6	8.9	8.9	8.9	8.9
8.6	8.9	8.9	8.9	8.9
8.6	8.9	9.0	9.0	9.0
8.6	8.6	9.0	9.0	9.0

그림 9.14 격자 데이터의 지도 대수 예시

(i) 입력 격자, 이하에서는 [왼쪽_격자]와 [오른쪽_격자]로 지칭함, (ii) –[오른쪽_격자], (iii) [왼쪽_격자]+[오른쪽_격자], (iv) [왼쪽_격자]와 [오른쪽_격자]에 국지적(local) 최댓값 연산을 적용 결과, (v) 음영 처리된 것과 같은 범위를 이용해 [왼쪽_격자]에 근린(focal) 최댓값 연산을 적용한 결과

다양한 지도 대수 결과가 그림 9.14에 제시되어 있다.

국지적 연산 및 함수

지도 대수의 국지적 연산과 함수(Local Operation and Function)는 개별 셀 값에 개별적으로 적용된다. 예를 들어, 그림 9.14 (i) 오른쪽 격자의 격자 값들을 모두 음수 값으로 바꾸려면 해당 격자에 음의 기호 '−'를 적용하여 그림 9.14 (ii)의 결과 격자에서처럼 −[오른쪽_격자]를 얻을 수 있나

두 격자 간에 국지적 연산을 적용하는 것은 각 격자의 해당 위치에 있는 값에 연산을 적용하고 결과를 출력 격자의 해당 위치에 기록하는 것이다. 그림 9.14 (i)의 두 격자를 합하는 연산의 결과는 9.14 (iii)과 같다. 또 다른 예로는 두 개의 입력 격자를 비교하여 각 위치에서 최댓값을 선택하여 각 위치에 할당하는 것도 가능하다. 이런 방식의 지도 대수 연산을 국지적 최댓값이라고 하며, 그 결과는 9.14 (iv)에 제시되어 있다.

근린 연산 및 함수

지도 대수의 연산자 또는 함수는 격자에서 일정 범위(근린, Focal)를 지정하여 적용할 수 있다. 이는 입력 격자의 각 위치를 중심으로 일정 범위를 정하여 해당 근린에서 계산된 값을 가운데 격자에 할당하는 것을 의미한다. 간단한 예제는 근린 최댓값(focal_max)이다. 이것은 각 격자 위치를 중심으로 해당 격자와 인접한 근린 격자의 값들 중 최댓값을 찾아 해당 격자에 할당한다. [왼쪽_격자]에 근린 최댓값 함수를 적용한 결과는 그림 9.14 (v)에 나와 있다.

최대, 최소, 평균, 중앙값, 표준 편차, 범위 등과 같이 많은 함수가 근린 방식으로 적용될 수 있다. 근린 연산의 결과는 근린을 어떻게 정의하느냐에 따라 달라진다. 그림 9.14의 사례에서는 근린이 해당 격자를 둘러싼 8개의 이웃 격자로 정의되었다. 그림 9.15는 그 외에 근린을 정의하는 다른 방법들을 보여 준다.

근린을 어떻게 정의하느냐에 따라 근린 연산의 결과가 달라진다. 그림 9.15의 마지막 사례에서와 같이 근린은 가운데 격자를 중심으로 대칭이어야 할 필요는 없다. 이와 같은 비대칭 근린 정의는 바람의 방향에 따라 바뀌는 대기 오염 확산 예측에서 효과적으로 활용될 수 있다.

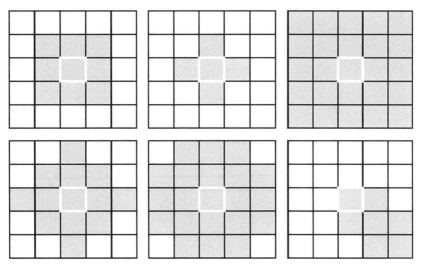

그림 9.15 근린 연산에서 사용할 수 있는 근린의 정의 방법들

지역적 연산 및 함수

지역적 연산과 함수(Zonal Operation and Function)는 근린 연산을 확장한 개념이다. 근린 연산에서는 각 격자 셀을 중심으로 인접한 격자들을 근린으로 정의하여 사용하지만, 이미 정의된 공간 단위(예, 시군, 인구 조사 지역 또는 특정 토지이용 지역)가 존재할 때는 해당 공간 단위를 근린 연산에서 정의한 근린 대신 사용할 수 있는데, 이 경우를 지역적 연산이라고 한다. 지역적 연산은 일반적으로 해당 지역의 통계적 특성을 요약하는 데 사용된다. 연속면 특성의 지역 단위 요약에는 최댓값, 최솟값, 범위 평균, 분산 또는 합계와 같은 통계가 사용될 수 있다.

전역적 연산 및 함수

마지막으로 지도 대수의 일부 연산과 함수는 전역적(Global) 연산이 필요하며, 이는 결과 격자의 각 격자 셀 값이 입력 격자의 모든 격자 셀 위치의 값을 이용하여 계산된다는 것을 의미한다. 특정 학교에서 연구 영역의 다른 모든 위치로 가는 최단 경로 비용(시간 또는 돈)을 찾는 연산을 예로 들 수 있다. 이때 올바른 답을 찾기 위해서는 지표 피복 유형이나 경사도와 같이 격자의 모든 위치에서의 값을 이용하여야 하며, 이런 경우를 지도 대수 중 전역적 연산이라고 한다.

9.6. 결론

고도, 온도 및 토양 산성도(pH)와 같은 많은 중요한 환경 현상은 등간 또는 비율척도로 측정되고, 연속적인 단일 값의 스칼라 연속면을 형성한다. 그러나 대부분 경우 이러한 연속면의 전체적 형태에 대한 지식은 제한된 수의 제어점에서 측정한 값에서 추정할 수밖에 없다. 연구를 위해 필요한 모든 위치에서 현상을 측정하는 것은 엄청나게 비용이 많이 든다. 따라서 전체 연속면을 재구성하기 위해 표본 데이터에 보간을 수행해야 한다.

대부분의 GIS에는 마우스 클릭만으로 보간된 연속면을 만들 수 있는 기능이 있다. 이 장의 목적은 이 작업에 주의를 기울여 접근해야 한다는 것을 설명하는 것이다. 보간을 위해 사용된 접근 방식에 따라 매우 다른 결과를 얻을 수 있다. 최소한 소프트웨어에서 제공하는 기능 설명서를 찾아서 해당 기능을 개발한 개발자가 어떤 알고리즘을 적용했는지를 직접 확인하여야 한다. 어떤 이유에서건 설명서의 세부 내용이 모호하거나 설명이 부족한 경우에는 최대한 주의하여야 한다. 특정 GIS 소프트웨어의 숨겨진 내부 알고리즘에 의존하는 보간 결과는 전문가가 수작업으로 작성한 등고선보다 못하며, 연구자가 연구 결론을 유도하는 데 도움이 되지 않는다. 연속면 데이터 제어점에서 보간을 수행할 때 가장 좋은 방법은 어떤 보간 기법을 적용하였는지 분석 결과 보고서에 명확히 제시하는 것이다.

요약

- 스칼라 연속면(Scalar fields)은 속성값이 위치의 함수로 표현되는 연속적인 단일 값 차등 함수이다.
- 스칼라 연속면은 DEM, TIN과 같은 수학적 방식 또는 등치선 형태로 기록하고 저장할 수 있다.
- 공간 보간(Spatial interpolation)은 조사 위치 또는 제어점 집합의 위치와 값으로부터 조사되지 않은 지점의 스칼라 연속면 값을 추정하기 위해 사용되는 기술이다. 간단한 보간 방법은 국지적 통계를 기반으로 한다.
- 근접 폴리곤 또는 최근린 접근법은 추정값의 변화가 급격한 계단식으로 나타나며, 명목 데이터의 보간에는 적합하지만 등간 또는 비율척도 데이터의 보간에는 적용하기 어렵다.
- 최근린 접근법은 인접한 근린 제어점을 이용해 공간 평균을 계산하는 국지적 통계의 한 유형이다. 이때 근린은 일정 거리 내에 있는 제어점이나, 특정 개수 m개의 가장 가까운 이웃으로 정의할 수 있다. 결과 연속면은 근린에 더 많은 제어점이 포함될수록 부드럽게 된다. 연구 영역의 모든 제어점이 포함되면, 그 결과는 단순 평균과 같게 된다. 이때 보간된 연속면에서 제어점 위치의 추정값은 제어점에서의 측정값과 항상 일치하지는 않는다.
- 보간에서 가장 많이 사용되는 방법은 공간 평균 계산에서 가까운 표본 값에 더 많은 가중치를 부여하는 방식인 역거리 가중 평균이다.
- 이외에도 바이큐빅 스플라인, 다중 사분위 분석, 불규칙 삼각망(TIN)을 이용한 보간법 등이 있다.
- 이상의 모든 기법은 필요한 제어 매개변수가 설정되면 결과 연속면이 하나만 가능하다는 점에서 결정론적 방

법이다.

- 연속면 데이터를 분석하는 다양한 방법이 있다. 여기에는 변화율을 이용한 벡터 연속면의 계산, 유역 및 배수 네트워크의 식별, 가시권 분석, 그리고 연속면 평활화 등이 포함된다.
- 연속면 분석을 위한 유용한 분석 툴로는 지도 대수(Map Algebra)가 대표적이다.

참고 문헌

Braile, L. W. (1978) Comparison of four random-to-grid methods. *Computers and Geosciences*, 14: 341-349.

Burrough, P. A. and McDonnell, R. (1998) *Principles of Geographical Information Systems*, 2nd ed. (Oxford: Clarendon Press).

Clarke, J. I. (1966) Morphometry from maps. In: G. H. Dury (ed.), *Essays in Geomorphology* (London: Heinemann), pp. 235-274.

Clarke, J. I. and Orrell, K. (1958) An assessment of some morphometric methods. Durham, England: University of Durham Occasional Paper No. 2.

Davis, J. C. (2003) *Statistics and Data Analysis in Geology*, 3rd ed. (Hoboken, NJ: Wiley).

Davis, J. C. (1976) *Contouring algorithms. In: AUTOCARTO II, Proceedings of the International Symposium on Computer-Assisted Cartography* (Washington, DC: U.S. Bureau of the Census), pp. 352-359.

De Floriani, L. and Magillo, P. (1994) Visibility algorithms on triangulated terrain models. *International Journal of Geographical Information Systems*, 8(1): 13-41.

DeMers, M. (2001) *GIS Modeling in Raster* (New York: Wiley).

Dury, G. H. (1972) *Map Interpretation*, 4th ed. (London: Pitman), pp. 167-177. Evans, I. S. (1972) General geomorphometry, derivatives of altitude and descriptive statistics. In: R. J. Chorley, ed., *Spatial Analysis in Geomorphology* (London, England: Methuen), pp. 19-90.

Hardy, R. L. (1971) Multiquadric equations of topography and other irregular surfaces. *Journal of Geophysical Research*, 76 (8): 1905-1915.

Li, X. and Hodgson, M. E. (2004) Vector field data model and operations. *GIScience and Remote Sensing*, 41(1): 1-24.

McQuistan, I. B.(1965) *Scalar and Vector Fields: A Physical Interpretation* (New York: Wiley).

Morrison, J. L. (1974) Observed statistical trends in various interpolation algorithms useful for first stage interpolation. *Canadian Cartographer*, 11(2): 142-159.

Pfalz, J. L. (1976) Surface networks. *Geographical Analysis*, 8(1): 77-93.

Rana, S., (ed.), (2004) *Topological Data Structures for Surfaces* (Chichester, England: Wiley).

Rhind, D. W. (1971) Automated contouring: an empirical evaluation of some differing techniques. *Cartographic Journal*, 8: 145-158.

Thiessen, A. H. (1911) Precipitation averages for large areas. *Monthly Weather Review*, 39(7): 1082-1084.

Tobler, W. (1970), A. computer movie simulating urban growth in the Detroit region. Proceedings of the I.G.U. Commission on Quantitative Methods. In *Economic Geography*, 46, Supplement, June 1970

Tomlin, D. (1990) *Geographical Information Systems and Cartographic Modeling* (Englewood Cliffs, NJ: Prentice Hall).

Tucker, G. E., Lancaster, S. T., Gasparini, N. M., Bras, R. L., and Rybarczyk, S. M. (2001) An object-oriented framework for distributed hydrologic and geomorphic modeling using triangulated irregular networks. *Computers & Geosciences*, 27(8): 959-973.

Unwin, D. J. (1981) *Introductory Spatial Analysis* (London: Methuen).

10 연속면 통계: 추정과 크리킹

내용 개요

• 공간 좌표를 독립 변수로 하는 다변량 회귀분석의 일종인 경향면 분석(Trend Surface Analysis)의 원리
• 관측된 데이터 연속면의 공간적 구조를 기술하기 위해 사용하는 통계 기법인 배리어그램(Variogram)과 세미
  배리어그램(semivariogram)의 개념
• 최소제곱 회귀와 세미배리어그램을 적용한 보간법인 크리킹(Kriging) 기법에 관한 설명
• 다양한 유형의 공간 데이터를 분석하는 데 적용할 수 있는 크리킹 기법의 다양한 응용법

학습 목표

• 경향면 분석을 위해 측정값의 공간 좌표를 사용하여 표준 다중 선형 회귀식을 유도하는 방법을 설명한다.
• 경향면 분석과 9장에서 설명한 결정론적 공간 보간 기법들의 차이를 이해한다.
• GIS, 스프레드시트 프로그램 또는 표준 통계 분석 패키지의 기능을 이용해 경향면 분석을 구현한다.
• 세미배리어그램을 이용하여 지리 데이터의 공간 의존성을 측정하고, 그를 통해 모형을 개발하고 매개변수를
  추정하는 방법을 개략적으로 설명한다.
• 세미배리어그램 모형이 크리킹을 이용한 최적 보간에 사용되는 방법을 설명한다.
• 크리킹 기법의 다양한 응용 방법에 관해 설명한다.
• 역거리 가중 기법, 경향면 분석, 크리킹을 이용한 지리통계 보간법 중에서 연속면을 보간하기 위해 가장 적절
  한 기법을 선택할 수 있다.

10.1. 서론

9장에서 우리는 공간 보간을 위한 몇 가지 간단한 방법을 살펴보았다. 공간 보간은 일부 제어점에서
제공하는 증거(연속면의 값을 알고 있는 위치)를 사용하여 연속면을 재구성한다. 그 방법들은 모두
공간적으로 연속적인 관심 대상 현상에 대한 가정을 단순화하며, 특정한 결정론적 수학 함수를 보간

에 사용한다는 점에서 모두 결정론적이다. 하지만 많은 지리통계학자는 결정론적 보간법이 다음과 같은 두 가지 이유로 비현실적이라고 주장한다.

- 환경 변수의 측정에는 불가피한 오류가 발생하며, 따라서 거의 모든 제어점 데이터에 오류가 존재한다. 또한 측정된 값은 종종 변화하는 패턴의 일시적인 이미지이며, 이 사실은 분석에서 환경 변수의 시간적 가변성을 고려해야 함을 의미한다. 이러한 관점에서 본래의 가변성을 고려하지 않고 측정된 데이터가 반드시 정확하다고 취급하는 것은 바람직하지 않다.
- 결정론적 보간법을 제어하는 매개변수를 선택할 때 우리는 강우량 또는 기온이 공간적으로 어떻게 변화할 것인지에 대한 매우 일반적인 지식을 이용한다. 결국 결정론적 보간법은 보간되는 변수가 공간적으로 어떻게 작용하는지에 대해 전혀 모른다고 가정한다. 관측된 제어점 데이터에서 공간적 작용 패턴을 암시하고 있고 합리적인 보간 기법은 이 정보를 사용해야 한다는 점에서 결정론적 보간법의 단순한 가정은 불합리하다.

이 장에서는 수학적이라기보다는 통계적인 관점에서 연속면 분석에 대한 두 가지 접근법을 검토한다. 첫 번째인 경향면 분석은 일반 최소제곱(Ordinary Least Squares, OLS) 회귀의 변형으로, 제어점 데이터의 위치 좌표 (x, y)에 맞추어 특정 함수를 적합하여 관심 영역 내 각 지점의 높이 z의 경향을 근사화한다. 경향면 분석은 직접적인 연속면 보간 기법으로 사용되기보다는, 관측점 집합에서 어떤 공간 패턴이 나타나는지를 조사하기 위한 탐색 방법으로 사용되는 경우가 많다. 두 번째로 설명하는 지리통계적 보간 기법인 크리깅은 가능한 한 많은 제어점 데이터를 확보하여 해당 현상의 공간적 작용 패턴을 모형화하여 보간에 활용한다는 점에서 흔히 최적 보간법이라고 일컬어진다. 크리깅 역시 측정값의 변동성에 대한 단순화된 가정을 사용하기도 하지만, 일정한 방식으로 데이터의 공간적 자기상관을 보간을 위한 추정에 반영한다는 장점이 있다.

두 경우 모두, 9장에서 논의된 방법들과는 달리, 보간 결과의 추정 오류를 측정할 수 있다. 크리깅은 광업이나 관련 산업 분야의 지구과학자들이 널리 사용하는 정교한 보간 기법으로, 기본 개념을 중심으로 다양한 응용 기법들이 고안되어 발표되었지만, 이 책에서 모두 다루지는 않는다. 크리깅의 기본 개념을 이해한다면 전문가들이 사용하는 다양한 응용 기법들도 쉽게 이해하고 활용할 수 있을 것이다.

10.2. 경향면 분석: 공간 좌표를 이용한 회귀분석

9장에서 설명한 보간 기법들은 결과의 제어점 위치 추정값이 제어점의 원래 측정값과 일치한다는 점에도 모두 엄밀한 보간법(exact interpolator)으로 볼 수 있다. 이 절에서는 경향면 분석(Trend Surface Analysis)이라는 기술을 개략적으로 설명하는데, 경향면 분석은 엄밀한 보간법이 아니라 제어점 데이터에서 나타나는 주요 연속면 객체(봉우리, 구덩이 등)나 전체적인 변화 경향을 탐색하기 위해 연속면을 일반화한다. 연속면의 경향은 전역적 속성으로, 대축척지도에서 한쪽 가장자리부터 반대쪽 가장자리까지 속성값이 변화하는 체계적인 경향을 의미한다. 이전 장에서 설명한 것처럼, 이 경향을 연속면 데이터의 1차 공간 패턴이라고 할 수 있다. 그러한 체계적인 경향의 사례로는 도시의 대기 오염이나 인구 밀도, 또는 연평균 기온의 남북 방향 분포 등을 들 수 있다.

경향면 분석의 개념은 매우 간단하며, 다중 선형 회귀의 단순한 확장이다. 회귀분석에 관해서는 8.5절에서 지리가중 회귀를 설명할 때 간략하게 논의했지만, 필요한 경우에는 회귀분석에 내한 *기초 통계 교과서*를 참고하기 바란다.

먼저 모든 스칼라 연속면이 다음과 같은 방정식으로 표현될 수 있다는 것을 기억하자.

$$z_i = f(\boldsymbol{s}_i) = f(x_i, y_i) \qquad (10.1)$$

이 식은 각 위치 s의 연속면 높이(z)와 지리 참조된 (x, y) 좌표 쌍의 관계를 나타낸다. 여기서 f가 특정되지 않은 함수를 나타내기 때문에 이 식은 아직 확정되지 않은 것으로 볼 수 있다. 경향면 분석은 이 함수에 수학적 형태를 지정하고, 최소제곱 다중 선형 회귀를 사용하여 관측된 데이터에 적합 시키는 과정이다. 어떤 함수도 다음 두 가지 이유로 관측 데이터를 정확히 고려하지는 못한다. 첫째, 연속면이 단순한 위치에서도 관측된 데이터에 측정 오류가 발생한다. 둘째, 하나의 연속면의 변화 경향을 발생시키는 작용 요인이 하나만 있는 것이 아니다. 이에 따라 경향면으로부터의 오차, 즉 잔차 (residual)가 생기는 것이다. 수학적으로는 이것을 다음과 같이 표현한다.

$$z_i = f(\boldsymbol{s}_i) + \varepsilon_i = f(x_i, y_i) + \varepsilon_i \qquad (10.2)$$

즉, i 번째 점에서의 연속면 높이 z_i는 그 지점에서의 경향면 요소와 해당 지점에서의 잔차 또는 오차로 구성된다.

경향면 분석에서 경향면을 나타내는 함수의 형태를 결정하는 것이 중요하다. 다양한 차수의 많은 후보가 있지만, 가장 단순한 형태의 경향면 함수는 1차 방정식으로 표현되는 경사진 평면이다.

$$z_i = \beta_0 + \beta_1 x_i + \beta_2 y_i + \varepsilon_i \qquad (10.3)$$

수학적으로 경향은 선형 다항식이며 결과 연속면은 선형 경향면이다. 이 다항 방정식의 상수 매개변수 β_0, β_1, 및 β_2와 추정하고자 하는 지점의 좌표를 대입하면, 해당 지점의 경향면 요소를 계산할 수 있다. 상수 매개변수들은 다음과 같이 해석할 수 있다. 첫 번째 상수인 β_0는 $x_i = y_i = 0$인 지도 원점에서 경향면의 높이다. 두 번째인 상수인 β_1은 x축 방향의 경향면 경사도이고, 세 번째인 β_2는 y축 방향의 경향면 경사도다.

이상에서 설명한 경향면은 그림 10.1에 제시되어 있다. 단순 선형 경향면은 일련의 데이터 요소를 통과하는 음영 처리된 평면으로, 각 데이터 요소는 점으로 표시된다. 관측된 제어점 중 일부는 흰색으로 경향면 위에 있고, 경향면 아래에는 회색으로 표시된 점들이 있다. 경향면은 제어점에서의 잔차의 제곱의 합을 최소로 하는 최소제곱 기준을 적용하여 적합 된다. 따라서 x, y 좌표를 두 개의 독립 변수로 사용하는 단순 회귀모형이다.

수식 표기가 다소 복잡해질 수도 있지만, 8.5절(수식 8.10 참조)에서 설명했듯이 이 문제에 대한 최소제곱 해는 다음과 같이 계산한다.

$$\boldsymbol{\beta} = (\mathbf{X}^\mathrm{T}\mathbf{X})^{-1}\mathbf{X}^\mathrm{T}\mathbf{z} \qquad (10.4)$$

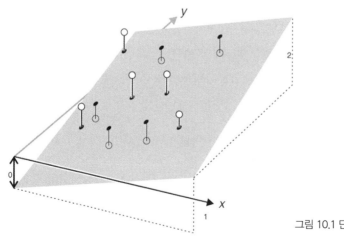

그림 10.1 단순 선형 경향면

여기에서 데이터 행렬 X는 다음과 같다.

$$\mathbf{X} = \begin{bmatrix} 1 & x_1 & y_1 \\ \vdots & \vdots & \vdots \\ 1 & x_n & y_n \end{bmatrix} \quad (10.5)$$

β 및 z는 각각 추정된 회귀계수와 관측된 높이 값을 포함하는 벡터이다.

예제를 살펴보면 그 작동 방식을 쉽게 이해할 수 있다. 표 10.1은 9.3절에서 제시했던 캐나다 앨버타 지역의 기온 데이터로 그림 9.4에 지도로 표현되어 있다. 기상 관측 지점의 기온 데이터를 제어점으로 사용하여 선형 경향면을 적합한 것이다. 경향면 적합의 첫 번째 단계는 위치 좌표 (x, y)를 측정하는 것이다. 표 10.1의 두 번째 열과 세 번째 열은 각 제어점의 위치 좌표를 네 번째 열은 기온 값 z를 보여 준다.

표 10.1 캐나다 앨버타 1월 기온(°F)

제어점	x	y	z	제어점	x	y	z
1	1.8	0.8	11.5	13	33.5	36.5	1.7
2	5.7	7.1	12.6	14	36.4	42.9	0.4
3	1.2	45.3	2.4	15	35.0	4.7	7.4
4	8.4	57.1	−6.6	16	40.6	1.6	7.2
5	10.2	46.7	−7.9	17	39.9	10.0	6.6
6	11.4	40.0	1.0	18	41.2	25.7	1.5
7	15.9	35.4	2.5	19	53.2	4.4	2.9
8	10.0	30.9	7.1	20	55.3	8.3	2.9
9	15.7	10.0	8.4	21	60.0	15.6	−0.9
10	21.1	17.5	5.0	22	59.1	23.2	0.0
11	24.5	26.4	10.0	23	51.8	26.8	1.4
12	28.5	33.6	3.1	24	54.7	54.0	−6.3

다음 글상자에서는 경향면 적합을 위해 필요한 계산 과정을 설명한다. 하지만 대부분 경우, 실제 계산은 거의 표준 컴퓨터 소프트웨어나 GIS 기능을 이용하여 수행된다.

선형 경향면 계산 과정

제어점의 x, y 좌표를 독립 변수로 사용하여 다중 선형 회귀분석과 같은 방식으로 계산한다. 따라서 위치 좌표를 포함한 데이터 행렬 **X**는 다음과 같다.

$$\mathbf{X} = \begin{bmatrix} 1 & 1.8 & 0.8 \\ \vdots & \vdots & \vdots \\ 1 & 54.7 & 54 \end{bmatrix}$$

실제로는 24×3 행렬이지만 공간 절약을 위해 축약하였다. 그 전치행렬, $\mathbf{X}^T$는 3×24 행렬로 다음과 같다:

$$\mathbf{X}^T = \begin{bmatrix} 1 & \cdots & 1 \\ 1.8 & \cdots & 54.7 \\ 0.8 & \cdots & 54 \end{bmatrix}$$

다음에는 위치 좌표 행렬과 그 전치행렬을 곱한다.

$$\mathbf{X}^T\mathbf{X} = \begin{bmatrix} 1 & \cdots & 1 \\ 1.8 & \cdots & 54.7 \\ 0.8 & \cdots & 54 \end{bmatrix} \cdot \begin{bmatrix} 1 & 1.8 & 0.8 \\ \vdots & \vdots & \vdots \\ 1 & 54.7 & 54 \end{bmatrix} = \begin{bmatrix} 24 & 715.1 & 604.5 \\ 715.1 & 30065.23 & 16324.6 \\ 604.5 & 16324.6 & 22046.47 \end{bmatrix}$$

3×24 행렬에 24×3 행렬을 곱한 결과, 3×3 대칭행렬을 얻을 수 있다(부록 참조). 다음 단계는 이 행렬의 역행렬을 구하는 것이다.

$$(\mathbf{X}^T\mathbf{X})^{-1} = \begin{bmatrix} 0.290278546 & -0.004319108 & -0.00476111 \\ -0.004319108 & 0.00011989 & 2.9653 \times 10^{-5} \\ -0.00476111 & 2.9653 \times 10^{-5} & 0.000153948 \end{bmatrix}$$

역행렬 계산 결과에서 가능한 한 많은 자릿수를 사용하였다는 것을 유념하자. 이 역행렬에서 가장 작은 숫자인 0.000029653인 소수점 대신 지수 형식인 2.9653×10^{-5}로 표시했다. 역행렬을 계산하면, 여러 개의 소수점을 사용해야 그 결과를 정밀하게 표현할 수 있다. 계산 편의를 위해서 그 값을 임으로 반올림하여 값의 정밀도를 조정하는 것은 회귀식의 계산 결과의 의도하지 않은 심각한 차이를 불러올 수도 있으므로, 계산의 각 단계에서 숫자 값의 정밀도는 최대한 유지하는 것이 좋다.

β를 결정하기 위해는 $\mathbf{X}^T\mathbf{z}$도 계산해야 한다.

$$\mathbf{X}^T\mathbf{z} = \begin{bmatrix} 1 & \cdots & 1 \\ 1.8 & \cdots & 54.7 \\ 0.8 & \cdots & 54 \end{bmatrix} \cdot \begin{bmatrix} 11.5 \\ \vdots \\ -6.3 \end{bmatrix} = \begin{bmatrix} 73.9 \\ 1588.79 \\ 299.31 \end{bmatrix}$$

3×24 행렬에 24×1 열벡터를 곱하면 3×1 열벡터가 생성된다. 마지막 최소제곱 해는 두 행렬을 곱해서 얻을 수 있다.

$$\beta = (\mathbf{X}^T\mathbf{X})^{-1}\mathbf{X}^T\mathbf{z}$$

$$= \begin{bmatrix} 0.290278546 & -0.004319108 & -0.00476111 \\ -0.004319108 & 0.00011989 & 2.9653 \times 10^{-5} \\ -0.00476111 & 2.9653 \times 10^{-5} & 0.000153948 \end{bmatrix} \begin{bmatrix} 73.9 \\ 1588.79 \\ 299.31 \end{bmatrix}$$

$$= \begin{bmatrix} 13.16438146 \\ -0.119826593 \\ -0.258655349 \end{bmatrix}$$

다시 말하지만, 계산 오류를 방지하기 위해 최대한 많은 소수점자릿수를 유지했다. 따라서 표 10.1에 제시된 데이터에서 구한 최적 선형 경향면은 다음 방정식으로 표현할 수 있다.

$$\hat{z}_i = 13.16 - 0.119x_i - 0.2587y_i$$

여기서, $\hat{z}_i$는 좌표가 (x_i, y_i)인 지점 s_i에서의 추정 기온이다. 이 경향면을 가지고 작성한 등온선 지도가 그림 10.2이다. 북반구에서 흔히 예상할 수 있는 것처럼 남서쪽에서 북동쪽으로 갈수록 기온이 내려가는 전반적인 경향은 타당하다고 할 수 있지만, 추정된 경향면이 기상 관측 지점에서의 기온 값과 일치하지 않는다는 것도 명확히 확인할 수 있다.

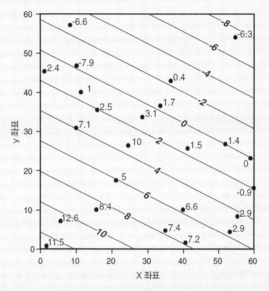

그림 10.2 표 10.1과 그림 9.4 데이터를 이용해 적합한 최소제곱 선형 경향면 등온선

어떤 연구에서는 이러한 경향면의 형태가 주요 관심사이지만, 다른 연구에서는 경향면과 비교한 잔차의 국지적 분포 패턴에 더 관심이 있을 수도 있다. 수식 (10.3)을 변형하면, 잔차는 다음과 같이 계산할 수 있다.

$$\varepsilon_i = z_i - (\beta_0 + \beta_1 x_i + \beta_2 y_i) \qquad (10.6)$$

즉 각 지점에서의 잔차는 측정된 연속면 높이와 적합된 연속면 값 사이의 차이다. 잔차 지도는 경향면으로 설명되지 않는 국지적 요인의 정도를 보여 줄 수 있는 유용한 방법이다.

마지막으로 적합된 경향면이 실제로 측정된 데이터와 얼마나 잘 들어맞는지를 측정하는 지표를 도출해 보자. 이는 제어점에서의 잔차의 제곱을 합하여, 제어점 편차를 제곱한 값의 합과 비교하여 계산한다. 표준 회귀분석에서는 그것을 결정계수(Coefficient of Determination)라고 하며, 다중 상관
계수의 제곱인 R^2으로 표현한다.

$$R^2 = 1 - \frac{\sum_{i=1}^{n} \varepsilon_i^2}{\sum_{i=1}^{n}(z_i - \bar{z})^2} = 1 - \frac{\text{SSE}}{\text{SS}_z} \qquad (10.7)$$

여기에서 SSE는 '오차 세곱의 합'을, $\text{SS}z$는 '편차 제곱의 합'을 나타낸다. 이 지수는 회귀분석에 일
반적으로 사용되며, 적합된 경향면이 단순히 데이터 평균을 사용하여 알려지지 않은 값을 예측하는
것과 비교해서 얼마나 개선되었는지 나타낸다. 잔차가 크면 SSE는 SSz에 가까울 것이고, R^2은 0에
가까울 것이다. 잔차가 0에 가까우면 R^2은 1에 가까울 것이다. 글상자에서 계산한 사례에서는 R^2이
0.732로, 이는 경향면과 관측된 데이터가 상당히 유사하다는 것을 나타낸다.
이 적합이 통계적으로 유의한지 여부는 F−비율 통계를 사용하여 검정할 수 있다.

$$F = \frac{R^2/\text{df}_{\text{surface}}}{(1-R^2)\text{df}_{\text{residual}}} \qquad (10.8)$$

여기서 $\text{df}_{\text{surface}}$는 적합된 경향면의 자유도(degree of freedom)인데, 사용된 상수의 개수보다 (상수
항 β_0를 제외하여) 1만큼 작다. $\text{df}_{\text{residuals}}$는 잔차와 관련된 자유도인데, 전체 자유도 $(n-1)$에서 $\text{df}_{\text{surface}}$
값을 빼서 구할 수 있다. 이 예제에서, $\text{df}_{\text{surface}}=3-1=2$이고, $\text{df}_{\text{residuals}}=24-1-2=21$이므로, F−비율은
다음과 같이 계산할 수 있다.

$$F = \frac{0.732/2}{0.268/21} = \frac{0.3658}{0.01279} = 28.608 \qquad (10.9)$$

28.608의 F−비율은 적합된 경향면이 99% 신뢰 수준에서 통계적으로 유의하다는 것을 나타내며, 따
라서 우리는 그 경향면이 실제 공간적 작용의 효과이고 선형 형태의 경향이 없는 모집단 연속면에서
무작위 추출한 표본에서는 관찰할 수 없는 패턴이라고 결론지을 수 있다.
반대로 F−비율을 이용한 검정 결과가 통계적으로 유의하지 않다고 한다면, 그것은 몇 가지 이유로
설명할 수 있다. 하나의 가능성은 연속면에 실제로 어떤 형태의 경향성도 없다는 것이고, 다른 하나
는 연속면에 모종의 경향성이 있지만 표본 크기 n이 너무 작아서 그 경향을 탐지할 수 없다는 것이
다. 세 번째 가능성은 우리가 잘못된 종류의 함수를 사용하여 경향면을 적합하려고 시도했을 수도

있다는 것이다. 선형 다항식을 이용하면 매개변수 β의 값을 어떻게 변경하더라도 결과는 항상 단순 경사면이다. 선형 다항식이 유의한 적합을 제공하지 못하거나 지리학 이론에 근거하여 다른 형태의 함수를 적용하는 것이 타당하다고 판단되면, 단순 선형이 아닌 복잡한 차수의 다항식을 대신 사용할 수도 있다. 선형 다항식 대신에 2차 혹은 3차 다항식을 사용하여 경향면을 적합하면, 원리는 같지만 계산의 복잡성과 양이 매우 증가한다. 예를 들어, 능선이나 골짜기 같은 모양의 입체적인 변화를 반영하는 경향면을 적합하고자 한다고 가정해 보자. 이에 적합한 함수는 2차 다항식이며, 그 경향면은 다음 수식과 같이 표현된다.

$$z_i = f(x_i, y_i) = \beta_0 + \beta_1 x_i + \beta_2 y_i + \beta_3 x_i y_i + \beta_4 x_i^2 + \beta_5 y_i^2 + \varepsilon_i \qquad (10.10)$$

같은 경향면 모형이지만, 2차 다항식 경향면에서는 추정할 매개변수가 6개($\beta_0 \sim \beta_5$)로 증가하고, 계산을 위해 사용할 데이터 행렬 $\mathbf{X}$도 이제는 6열 행렬이 된다.

$$\begin{bmatrix} 1 & x_1 & y_1 & x_1 y_1 & x_1^2 & y_1^2 \\ \vdots & \vdots & \vdots & \vdots & \vdots & \vdots \\ 1 & x_i & y_i & x_i y_i & x_i^2 & y_i^2 \\ \vdots & \vdots & \vdots & \vdots & \vdots & \vdots \\ 1 & x_n & y_n & x_n y_n & x_n^2 & y_n^2 \end{bmatrix} \qquad (10.11)$$

$(\mathbf{X}^T\mathbf{X})$는 6×6 행렬이 될 것이고, 역행렬 계산은 더 복잡하여 직접 계산이 불가능하지만, 컴퓨터를 이용하면 매개변수 β 계산에 특별한 어려움은 없다. 항을 추가하면 복잡한 3차, 4차, 5차 등의 고차 경향면을 추정할 수도 있지만, 실제로는 많은 수의 상관된 독립 변수를 이용하는 데 어려움이 있어서 거의 사용되지 않는다. 분석의 목적이 공간 현상의 연속적 변화 경향을 일반화하여 파악하는 것이기 때문에 고차함수를 사용한 경향면 분석은 과다 적합의 위험이 있다. 파동형(oscillatory) 경향면을 포함한 다른 유형의 경향면 적합도 가능하다(Davis, 2002 또는 Unwin, 1975b 참조).

예전에는 성능이 낮은 컴퓨터를 이용해서 다항식 경향면을 계산하고 지도화하기 위해 지리통계학자들이 많은 시간과 노력을 투자하여야 했다. 하지만 이제는 ArcGIS나 IDRISI와 같은 GIS 소프트웨어에 이러한 기능이 내장되어 있다. 경향면 분석 결과를 지도 작성 프로그램으로 옮길 수만 있다면, R, SPSS 또는 MINITAB 및 심지어 엑셀과 같은 통계 소프트웨어를 이용해서 경향면을 쉽게 적합할 수 있다.

장점이 무엇이든, 경향면 분석은 다음과 같은 몇 가지 측면에서 상대적으로 단순하고 약점이 많은 기법이다.

- 지리적 현상이 공간 좌표만으로 추정할 수 있는 단순한 패턴을 가진다고 가정할 이유나 근거가 부족하다. 이는 2차 또는 3차와 같은 고차다항식을 사용하는 경우도 마찬가지다.
- 대부분 경우, 잔차에는 공간적 자기상관이 존재한다. 이는 모형이 잘못 정의되었음을 나타내므로 추정 결과를 통계적으로 유의미하게 해석하기 어렵다는 것을 의미한다.
- 제어점 데이터가 최소제곱 회귀분석을 통해 경향면을 적합하는 데 사용되기는 하지만, 제어점은 패턴의 단순한 시각화에 활용될 뿐 경향면 모형을 선택하는 데 도움을 주기 위해 사용되지는 않는다.

경향면 분석은 데이터 탐색 기법으로서 확실한 장점이 있고, 수학적 분석을 선호하는 지질학자들이 많이 사용하지만(Davis, 2002, pp.397-416 참조), 상대적으로 이론적 토대가 약하다. 9.2절의 설명과 그림 9.2의 예시를 통해 논의한 것처럼, 경향면 분석은 국지적으로 유효한 분석적 연속면 기법과 연속면 변화율 추정에 사용되는 연속면 묘사 기법의 하나로 더 많이 사용된다.

경향면 분석에서처럼 사용할 수학적 함수 형식을 미리 정의하고 경향면을 추정하는 것보다 측정값들의 분포를 분석하여 공간 현상의 작동 원리를 먼저 추정하는 것이 타당할 것이다. 우리의 오랜 친구인 공간적 자기상관은 이러한 개선된 접근 방법의 핵심이 될 것이다.

10.3. 편차 제곱근 산포도와 (세미)배리어그램

표본 추출한 n개의 제어점 집합을 이용해 연속면의 공간적 자기상관을 분석하는 자연스러운 방법은 거리의 차이에 대한 제어점 쌍의 높이 값의 차이를 그래프로 그려보는 것이다. 이러한 그래프를 배리어그램 산포도(Variogram Cloud)라고 한다. 먼저 그림 10.3의 데이터를 살펴보자. 이 데이터는 가로세로 310×310피트 크기의 조사 지역(Davis, 2002, 그림 5.66 및 5.67 참조)을 대상으로 해발고도를 측정하여 수집된 표고점 데이터이다. 지형 기복을 표현하기 위해 등고선이 추가되어 있다. 북쪽에서 남쪽으로 완만한 상향 경사가 있으며, 남쪽 부분에서 지형 기복이 조금 더 복잡하다.

이 데이터에는 총 52개의 제어점이 포함되어 있으므로 총 1,326개의 제어점 쌍이 가능하다. 각 제어점 쌍에 대해서 두 점 사이의 거리와 고도 차이의 제곱근을 계산한 뒤, 거리는 x축, 고도 편차의 제곱근을 y축에 표시하면 그림 10.4와 같이 편차 제곱근 산포도(Cressie, 1993, p.41)를 그릴 수 있다.

그래프를 통해서 우리는 무엇을 알 수 있는가? 산포도(Cloud)라는 용어에서 유추할 수 있듯이 점들

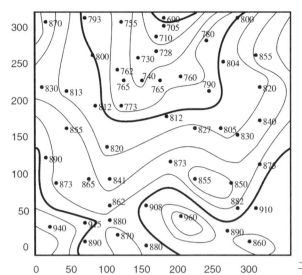

그림 10.3 표고점과 등고선 패턴

이 여기저기 흩어져 있지만, 제어점 쌍의 거리가 클수록 고도 차이도 크게 나타나는 경향을 쉽게 파악할 수 있다. 물론 산포도의 점이 넓게 분산되어 있어서 300피트 떨어져 있는데도 고도 차이가 없는 제어점 쌍 사례도 확인할 수 있다.

그림 10.3의 지도를 보면 고도의 상승 경향이 북쪽에서 남쪽으로 진행되는 것을 알 수 있다. 필요하다면 우리는 남북 방향으로 떨어져 있는 표고점(제어점) 쌍을 골라서 그 특징을 살펴볼 수도 있다. x좌표가 정확히 같은 표고점 쌍은 없을 가능성이 크므로, 남북 방향에서 좌우로 5° 이내로 배열된 표고점 쌍이 남북으로 떨어져 있다고 하자. 마찬가지로 동서 방향으로 떨어져 있는 표고점 쌍도 선택할 수 있다. 이렇게 선택된 표고점 쌍들만 이용해서 산포도를 그리면 그림 10.5와 같은 결과를 얻을 수 있다. 그림 10.5에서 남북 방향 표고점 쌍은 흰색 점으로, 동–서 방향 표고점 쌍은 검은색 원으로 표시하였다.

이 산포도 다이어그램에 대해 알아야 할 몇 가지 사항이 있다.

- 데이터의 전체 표고점 쌍이 아니라 그중 일부만 그려진다. 이것은 NS±5° 또는 EW±5° 방향의 표고점 쌍이 전체 표고점 쌍 중 일부에 지나지 않기 때문이다. 사실 그림 10.5에는 그림 10.4 산포도에 표시된 표고점 쌍의 1/18 정도만 표시되어 있다.
- 연구 영역이 가로세로 310피트기 때문에 10.5의 산포도에서는 x축 거리 310피트 이내에만 점이 퍼져 있다. 남북과 동서 방향의 표고점 쌍만 사용되었기 때문이다. 방향 제한이 없는 그림 10.4

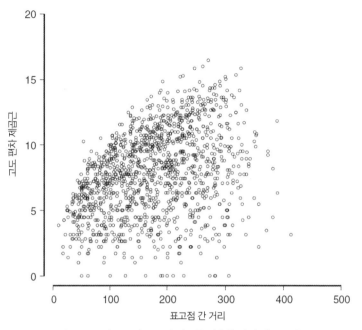

그림 10.4 그림 10.3의 표고점 자료를 이용한 편차 제곱근 산포도

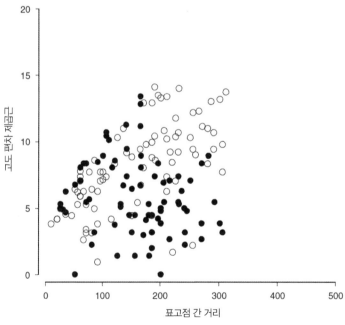

그림 10.5 그림 10.4 자료에서 남북 방향 표고점 쌍(흰색 점)과 동서 방향 표고점 쌍(검은색 원)을 골라 작성한 편차 제곱근 산포도

의 산포도에서는 표고점 쌍의 거리가 400피트를 넘는 경우도 많다. 그림 10.3에서 왼쪽 아래 표고점과 오른쪽 위 표고점 사이의 거리는 310피트를 훨씬 초과한다. 이것은 공간 분석 가장자리 효과의 또 다른 예이다.

- 흰색 점과 검은색 점의 분포가 상당히 많이 겹치긴 하지만, 평균적으로 남북 방향 표고점 쌍의 고도 편차 제곱근이 동서 방향 표고점 쌍보다 크다. 이것은 그림 10.3의 등고선에 표시된 데이터의 전반적인 경향과 일치한다.
- 이러한 방향에 따른 차이는 데이터의 이방성(Anisotropy)을 나타낸다. 즉 데이터의 공간적인 변화가 방향에 따라 다르다는 것이다.

산포도 그래프는 유용한 탐색 도구지만 해석하기가 어려울 수 있는데, 주로 너무 많은 점이 겹쳐져 있기 때문이다. 산포도에서 거리 축을 래그(lag)라고 부르는 간격으로 세분화하고 각 거리 간격에서 편차 제곱근 분포를 요약하여 표현하면 조금 더 이해하기 쉬운 그래프를 작성할 수 있다. 기 래그에 대해 우리는 중심 경향(평균 또는 중앙값)의 척도를 계산하고 각 래그에 대해 하나씩 박스 플롯을 그려서 평균 주위의 변동을 요약한다. 그림 10.6은 더 먼 거리에서의 (제곱근) 제어점 고도 차이의 상승 경향을 명확하게 보여 주며, 가장자리 효과는 6 및 7 래그를 넘는 거리에서 나타나는 고도 차이의 감소에서 명확해진다. 이 래그들은 약 300피트 떨어져 있는 표고점 쌍을 나타낸다. 래그 8, 9, 10은 연구 영역의 대각선으로 대각선 모서리에서 표고점 사이의 차이로 구성되며 그림 10.3의 지도를 보면 이들 구역의 고도가 일반적으로 서로 유사함을 알 수 있다. 연구 지역이 더 넓다면 이 거리에서 이러한 효과가 나타나지 않을 것이다. 이 모든 것이 보여 주는 것은 분리된 거리가 증가함에 따라 높이 차이가 증가하는 경향이 있고 두 제어점을 멀리 떨어뜨릴수록 연속면 높이에 차이가 더 클 것이라는 것이다. 이것은 지표면 기복과 실제로 대부분 연속면에 대해 기대하는 것과 일치하며, 이는 단거리에서 강한 양의 공간적 자기상관을 나타내며, 멀리 떨어져 있을수록 일반적으로 의존성이 급격히 감소한다는 것을 보여 준다.

편차 제곱근 산포도는 연속면을 특성화하는 데 사용할 수 있는 그래프 중 하나이다. 비슷한 그래프로 세미배리어그램(semivariogram) 산포도가 있는데, 실용적이고 이론적으로 엄청난 그림이다. 그림 10.3~10.6은 y축으로 고도 차이의 제곱근이 사용되었지만 그림 10.7은 세미배리어그램 산포도로 같은 데이터에 대한 고도 차이의 제곱 또는 반분산(semivariance)을 y축에 표시하였다.

세미배리어그램 산포도 또한 그림 10.8에서처럼 박스 플롯을 사용하여 요약할 수 있는데, 실험적 세미배리어그램이라는 연속 함수의 추정치를 제공한다. 줄여서 배리어그램이라는 용어로 흔히 지칭

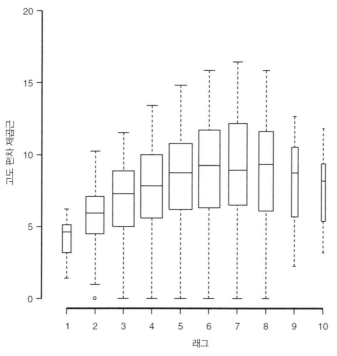

그림 10.6 그림 10.4 데이터를 요약한 박스 플롯

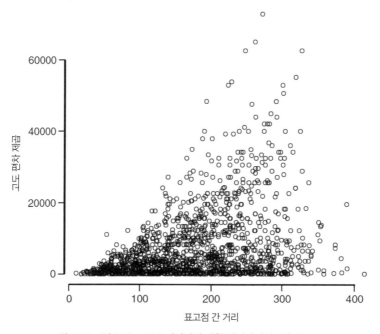

그림 10.7 그림 10.3~10.6 데이터에 대한 세미배리어그램 산포도

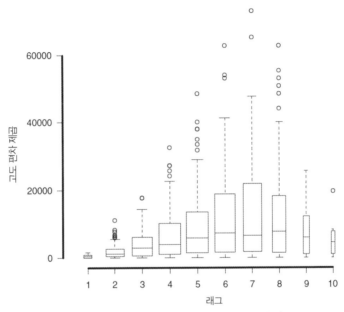

그림 10.8 그림 10.7의 세미배리어그램 산포도를 요약한 박스 플롯

한다. 접두사 '세미(semi)'가 빠진 것은 별다른 의미가 없지만, 실험적(experimental)이라는 단어를 기억하고 또한 제어점이 아니라 표본으로 대표되는 전체 연속면의 속성을 나타낸다는 것을 명심해야 한다.

추정에 사용된 방정식은 다음과 같다.

$$2\hat{\gamma}(d) = \frac{1}{n(d)} \sum_{d_{ii}=d} (z_i - z_j)^2 \qquad (10.12)$$

이 방정식의 오른쪽은 주어진 거리 d에서 모든 제어점 쌍의 제곱 합을 숫자 n(d)로 나눈 값이다. 다른 말로 표현하자면, 그것은 단순히 평균이다. 방정식의 왼쪽은 표준 표기법을 사용하는데, 여기서 γ는 세미배리어그램의 일반 기호이다. ^(hat) 기호는 이 값이 추정치라는 것을 나타내고, 상수인 숫자 '2'는 프랑스 지질통계학자 조르주 마테론(Georges Matheron, 1963)이 이 아이디어를 처음 고안하였을 때부터 사용된 상수이다. 이 방정식은 또한 이 측정과 공간적 자기상관의 기어리 지수(Geary's C) 측정 사이에 유사점이 있음을 분명하게 한다(7.6절 참조). (세미)배리어그램은 일련의 거리에서 값을 추정하고자 하는 추가 조항으로 점 데이터를 제어하기 위해 정확히 똑같은 아이디어를 적용한 것이다.

상기 방정식에 의해 암시된 추정 절차는 간단하지 않다는 것을 주목해야 한다. 특히, 주어진 거리 d에 대해, 정확히 그만큼 분리된 지점에 관측되는 쌍이 없을 것이다. 그러므로 배리어그램 산포도 박스 플롯에 관해서는, 모든 거리에서 연속적이 아니라 거리 빈(또는 래그)에 대한 추정을 한다. 따라서 위의 방정식은 실제로 다음과 같이 다시 작성되어야 한다.

$$2\hat{\gamma}(d) = \frac{1}{n(d \pm \Delta/2)} \sum_{d \pm \Delta/2} (z_i - z_j)^2 \qquad (10.13)$$

이는 추정값이 d−Δ/2 ~ d+Δ/2 범위에 있는 관측값의 쌍에 대한 추정값임을 나타낸다. 여기에 제시된 방정식의 형태는 제어점 사이의 거리에만 의존하며, 근본적인 현상이 등방성인 것으로 가정하고, 그림 10.3 및 그림 10.5의 연속면에서 감지된 것 같은 방향 효과가 없다는 점을 유의해야 한다.

10.4. 크리깅: 통계학적 접근 방식을 이용한 공간 보간

9장에서는 몇 가지 간단한 수학적 보간법, 특히 가장 많이 사용되는 역거리 가중(IDW) 방법을 중심으로 살펴보았다. 이때 위치 s에서의 연속면 높이 z_s는 주변 일부 이웃 표본 값의 거리 가중 합계로 추정된다. 이 접근법의 약점은 사용된 거리 가중치 함수의 선택과 이웃의 정의가 임의적이라는 것이다. 그 선택이 학문적 전문지식에 기반을 둔 경우가 있지만, 보간할 데이터의 특성에 대한 고려 없이 결정된다는 점이 문제다. 반대로 10.2절의 경향면 분석에서는 함수의 일반 형식(대개 다항식)을 지정하고 특정 조건(최소제곱 잔차)에 따라 가장 적합한 식을 찾기 위해 모든 제어점 데이터를 사용하여 정확한 식의 형태를 결정한다. 어떤 면에서 경향면 분석은 데이터가 '스스로 말하게' 하지만, 역거리 가중 보간은 설정된 구조를 강제로 적용한다고 할 수 있다.

Kriging의 발음 문제

"Kriging"은 어떻게 발음해야 할까? 대부분 사람들이 i를 "이(ee)" 소리로 발음하고, g는 '골프'에서처럼 "ㄱ"으로 발음하여 "크리깅"이라고 읽는 것이 일반적이지만, 어원이 남아프리카공화국계 성(姓)인 'krige'인 것을 고려하면 원래 발음은 "크리-킹(kric-king)"에 더 가까울 것이다.

적어도 개념적으로는 두 가지 방법을 결합하는 것이 가장 합리적인 방법일 수 있는데, 역거리 가중 접근법을 사용하는 동시에 표본 데이터의 분석을 통해서 함수의 형식, 가중치, 이웃의 선택을 결정하도록 하는 것이다. 크리깅(Kriging)은 제어점 데이터를 분석하여 보간될 연속면의 공간 구조를 추론하고 그 결과를 보간에 반영한다는 의미에서 최적의 통계적 보간 방법이다. 크리깅은 1960년대에 프랑스의 마테론(Georges Matheron)이 지역화 변수 이론(Theory of Regionalized Variables)의 일부로 제안한 것을, 크리그(Dani Krige)가 남아프리카공화국 광산 개발 과정에서 활용하기 위해 보간 기법으로 개발한 것이다. 크리깅과 관련한 이론은 오늘날 일반적으로 지리통계학(Geostatistics)이라고 불리며, 수많은 공간통계학자에 의해 다양한 방식으로 응용, 활용되고 있다. 이 절에서는 크리깅이 작동하는 기본적인 방식에 대해 간략히 설명한다.

크리깅 보간법은 기본적으로 9장에서 개략적으로 설명한 거리 가중 기법의 개념을 사용한다. 모든 위치, s_i에 대해 우리는 n개의 이웃하는 데이터 제어점으로부터 기여도의 가중 합계로 보간 값을 추정했다. 여기에서 이웃은 포함된 점의 수를 변경하여 임의로 설정되는 반면, 거리에 따른 영향의 감소율은 역거리 함수를 임의로 바꾸면서 변경되었다. 본질적으로 크리깅의 역할은 제어점 데이터를 표본으로 사용하여 미지의 위치에 대한 보간에 포함되는 데이터 값의 가중치에 대한 최적값을 찾기 위한 표본으로 제어점 데이터를 사용하는 것이다. 종종 크리깅이라는 하나의 이름으로 언급되지만 사실 지역화된 변수 이론에 의존하는 몇 가지 유형의 크리깅이 있으며 보간되는 연속면의 속성에 대해 서로 다른 가정을 한다. 가장 자주 사용되는 기법이기 때문에, 여기에서는 일반 크리깅(Ordinary Kriging)을 기준으로 기법의 작동 원리를 설명한다.

크리깅 보간은 크게 세 단계로 이루어진다.

1. 표본 제어점 데이터의 공간적 변이에 대한 설명 생성
2. 이 공간적 변이를 규칙적인 수학 함수로 요약
3. 이 수학 함수를 모형으로 사용하여 보간 가중치를 결정

1단계: 공간적 변이 설명

10.3절에서 설명한 내용이다. (세미)배리어그램 추정치는 연속면에서 관측된 공간적 변이에 대한 요약 설명에 해당한다. 이어지는 2단계가 핵심이다.

2단계: 수학 함수를 이용한 공간적 변이 요약

일련의 래그에 대해 평균값으로 (반)분산을 근사하면 다음 단계는 수학 함수를 사용하여 변수의 공간적 변이를 요약하는 것이다. 실험적인 배리어그램은 추정치인데, 연속면 높이의 분산이 거리에 따라 변하는 방식을 나타내는 연속 함수의 알려진 표본 제어점을 기반으로 한다. 종종 수학적 편의를 위해 세미배리어그램은 적절한 수학적 성질을 가진 특정 함수 형식과 일치하도록 적합한다. 기저 함수를 찾는 작업은 그림 10.9에 표현되어 있다.

특정 함수가 (세미)배리어그램 데이터와 상당 부분 일치한다고 하더라도, 크리깅 보간을 위한 후보 함수로 사용하기 위해서는 몇 가지 조건을 만족하여야 한다. 이 중 가장 중요한 것은 기본적으로 거

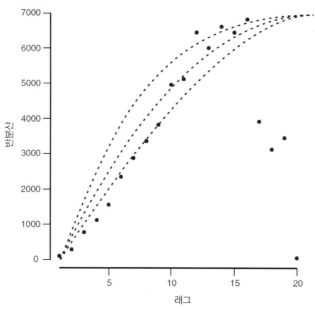

그림 10.9 세미배리어그램을 모형화하는 연속 함수의 추정. 그래프의 데이터 점은 각각 20개의 거리 밴드에서 경험적 또는 "실험적"으로 산출한 추정치이다. 파선은 적합할 수 있는 평활화된 후보 함수들을 나타낸다. 래그 17에서 20 사이에서 나타나는 반분산이 아주 낮은 점들은 함수 적합에서 무시되었음을 유의하자.

리에 따른 분산을 모형화하였을 때, 거리에 따른 분산 값이 음수 값이 될 수 없다는 제한 사항이다. 또한 (반)분산의 정의에 따라, d=0인 원점에서의 (반)분산은 0이어야 한다. 그러나 실제로 거리에 따른 (반)분산을 계산하면, 함수 곡선이 y축과 교차하는 지점의 (반)분산이 0보다 큰 양수인 경우가 종종 있다. 이것은 해당 현상에 일정 정도의 불연속성이 존재한다는 것을 암시하며, 크리깅이 처음 개발되어 사용된 금광 산업에서는 암석층 전체에 금 조각이 조금씩 퍼져 있다는 사실과 부합하기도 하였으므로 큰 문제가 되지 않았다. 그래서 해당 현상을 작은 금괴가 분산되어 분포한다는 의미에서 너겟 효과(nugget effect)라고 불렀다. 일반적으로 너겟 분산은 측정 데이터 자체에 존재하는 오류이거나, 세미배리어그램에서 가장 짧은 표본 래그 거리보다 더 작은 거리에서 존재하는 공간적 변이에서 기인하는 것으로 간주된다.

그림 10.10은 세미배리어그램에서 적합 가능한 함수 후보들을 보여 준다. 그림 10.10 (i)은 반분산 $\gamma(d)$이 선형으로 제한 없이 증가하는 무제한 선형 모형(unbounded model)의 예시이다. 얼핏 보기에는 비현실적인 듯 보일 수 있지만, 일부 현상에서는 적절한 모형으로 사용될 수도 있다. 이 사례에서 반분산의 증가율은 선형이며 거리의 증가에 따라 단순 비례, 혹은 지수 비례 형태로 반분산이 증가할 수도 있다. 또한 그림 10.10 (i) 함수 그래프에서는 너겟 효과의 존재를 표현하여 함수 그래프 선이 y축과 만나는 지점(즉 y 절편)이 $\gamma(d)=c_0$인 양수 값으로 표시되어 있다. 그림 10.10 (ii)는 (i)과 비슷한 모형이지만, 반분산이 $\gamma(d)=c_0+c_1$에서 최댓값에 도달하여 더는 증가하지 않는데, 여기서 c_0+c_1 값을 씰(sill)이라 부른다. 반분산의 증가가 멈추는 거리 d를 범위(range)라고 하고 a로 표기한다. 범위는 실제 보간에서 연속면의 각 위치 주변에서 보간에 사용할 이웃의 범위이다. 또한 세미배리어그램 함수 그래프가 수평이 되는 거리이며, 그 이상의 거리에서는 세미배리어그램이 일정하다. 이 범위를 벗어나는 거리로 떨어져 있는 제어점 쌍은 그 공간적 관계를 더는 측정할 수 없다. 즉 제어점 데이터 집합의 세미배리어그램에서 범위가 250m라면, 한 쌍의 관측값이 250m 떨어진 위치에 있는 것인지 또는 25km 떨어진 위치에 있는 것인지 구별할 수 없다는 것을 의미한다. 범위를 벗어나는 데이터에는 특별한 공간적 상관관계 구조가 없다는 것이다. 따라서 이 모형을 제한 선형 모형(bounded linear model)이라고 한다. 세미배리어그램을 모형화하기 위해서 사용되는 수학 함수 모형은 이외에도 많고, 여러 함수 모형을 조합한 혼합형 하이브리드 모형도 있다. 따라서 실제 데이터가 어떤 수학적 모형으로 가장 잘 설명되는지에 따라서 다양한 수학 모형이 개발되고 적용될 수 있다. 그림 10.10 (iii)은 많은 GIS 소프트웨어에서 기본 옵션으로 구현되는 수학 함수 모형인, 구형 모형(spherical model)이다. 마지막으로, 그림 10.10 (iv)는 거리에 따른 반분산이 정규 분포 형태를 보인다고 가정하는 가우스 모형(Gaussian model)을 보여 준다. 구형 모형과는 대조적으로 이 모형에

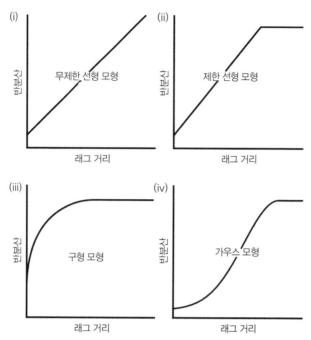

그림 10.10 4가지 세미배리어그램 모형에서 상호의존도의 거리 조락 패턴

서는 d=0에 가까워짐에 따라 평평해지는 특성이 있다.

이 모형들은 모두 수학적으로 설명될 수 있다. 예를 들어, 구형 모형은 너깃의 존재를 반영하여 0이 아닌 반분산($\gamma_0 = c_0$)에서 시작하고, 반분산이 특정 거리의 범위(a)에서 최댓값, 즉 씰까지 원호의 형태로 증가한다. 씰 값은 함수의 분산(δ^2)과 같아야 한다. 이 모형은 거리 범위, a까지는 다음과 같은 수식으로 표현할 수 있다.

$$\gamma(d) = c_0 + c_1 \left(\frac{3d}{2a} - \frac{1}{2} \left(\frac{d}{a} \right)^3 \right) \qquad (10.14)$$

범위, a를 넘어서는 거리에서는 다음과 같다.

$$\gamma(d) = c_0 + c_1$$

적합된 배리어그램 모형은 실제 데이터 집합의 공간 변화에 대한 근사치에 불과하다. 이 한계에도 불구하고, 배리어그램 모형은 공간 데이터 집합의 전체 특성을 유추할 수 있는 유용한 통계이다. 배리어그램 모형의 유용성은 그림 10.12를 통해 살펴볼 수 있다. 그림의 왼쪽은 일련의 연속면 단면이

수학 모형 적합의 예

그림 10.9 세미배리어그램으로 요약된 실제 관측점 데이터는 구형 모형과 얼마나 부합하는가?? 그림 10.11 의 실선 그래프는 가능한 구형 모형 후보 중 하나이다.

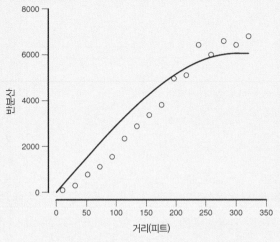

그림 10.11 그림 10.9 데이터에 적합 시킨 구형 모형

그림 10.11의 모형 적합이 완벽하다고 할 수는 없으며, 견해에 따라서는 가우스 모형이 더 적합하다고 볼 수도 있을 것이다.

며, 속성값의 국지적 변화가 꾸준히 증가하는 패턴을 보인다. 오른쪽에는 왼쪽 단면 각각에 대해 추정할 수 있는 세미배리어그램 모형이 있다. 연속면의 국지적인 변화가 증가함에 따라 범위는 감소하고 너겟 값은 증가한다. 데이터 값의 전체적인 변화 정도는 세 경우 모두 비슷하므로 세미배리어그램의 씰 값은 모두 유사하다. 오른쪽 배리어그램 모형에서 가장 두드러지게 나타나는 차이는 범위인데, 데이터의 공간적 변이가 어느 정도 거리에서 가장 크게 나타나는지 하는 국지적 변이가 분명하게 드러난다.

"세미배리어그램 모형을 선택하고, 그 모형을 데이터에 적합 시키는 것은 지리통계학에서 가장 논쟁적인 주제 중 하나이다."(Webster and Oliver, 2007, p.127). 논쟁이 발생하는 이유를 요약하면 다음과 같다.

- 계산된 반분산의 신뢰도는 추정에 사용된 제어점 쌍의 수에 따라 다르다. 불행하게도, 이것은 반분산 추정값이 단거리나 장거리보다는 중거리 범위에서 더 안정적이라는 것을 의미하며, 따

라서 결과적으로 신뢰도가 가장 낮은 추정값이 너겟, 범위 및 씰의 추정에 가장 중요한 역할을 하게 된다는 모순이 발생한다.

- 공간적 변이는 이방성일 수 있으며, 따라서 방향에 따라서 다르게 나타날 수 있다. 실제로 10.3절과 10.5절의 결과를 토대로 이 데이터에 이방성 모형을 사용하는 것을 고려해야 한다. 단순 거리 대신 분리 벡터 함수인 세미배리어그램을 적합시키는 것도 가능하지만, 그렇게 되면 계산 과정이나 설명이 더 복잡해진다.

- 지금까지 설명한 내용은 평균 연속면 높이에 체계적인 공간적 변화를 의미하는 드리프트(drift)가 없다는 가정에 기반한 것이다. 연속면 데이터에 드리프트 현상이 존재하면, 반분산 추정 결과가 단순히 무작위적인 변이로 인한 것인지 드리프

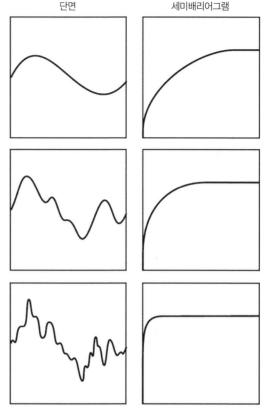

그림 10.12 연속면 단면과 각 단면에 대한 세미배리어그램. 단, 각 모든 단면은 축척이 같다.

트에 의한 것인지를 명확히 구분할 수 없다. 이에 대해서는 아래 글상자에서 더 자세히 살펴볼 것이다.

- 데이터에서 추정한 세미배리어그램은 각 제어점에서 크게 달라질 수 있다. 예를 들어, 대부분 모형에서 제어점 간 거리가 증가함에 따라 변동이 꾸준히 증가하지만, 그렇지 않은 경우도 많다.

- 배리어그램에 사용되는 함수 형태의 대부분은 비선형이며, 따라서 표준 회귀분석 소프트웨어에서 추정하기 힘든 경우가 많다.

세미배리어그램을 추정하는 것과 이를 모형화할 적절한 수학 함수를 선택하는 것은 분석 대상인 지리 현상에 관한 지식에 기초한 면밀한 분석을 요구하는 매우 어려운 과정이다. 따라서 컴퓨터 프로그램이 자동으로 결정하도록 내버려 두어서는 절대 안 된다. 숙련된 연구자들은 다양한 통계적 탐색적 데이터 분석을 이용해 절절한 모형에 선택하고, 복잡한 표준적 수치 접근법을 사용하며 세미배리

세미배리어그램 모형화: 주의 사항

그림 10.13은 표 10.1에 제시된 캐나다 앨버타 1월 기온 데이터를 분석해 작성한 배리어그램 산포도이다.

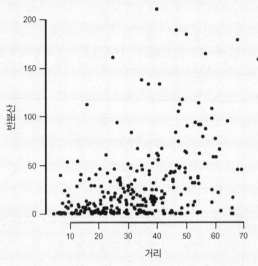

그림 10.13 표 10.1에 제시된 캐나다 앨버타 1월 기온으로 작성한 배리어그램 산포도

24개의 기상 관측 지점 데이터를 사용했으므로, 그림은 총 276개 제어점 쌍을 점으로 표현하였으며, x축은 제어점 쌍의 분리 거리, y축은 반분산을 나타낸다. 이 그래프를 거리를 분리 거리 밴드로 요약하고, 해당 밴드의 반분산 평균을 계산하여 표현하면, 그림 10.14의 세미배리어그램과 같이 요약할 수 있다.

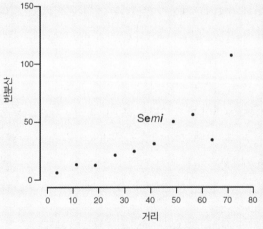

그림 10.14 앨버타 기온 자료의 세미배리어그램

이 그림은 실제 연속면 데이터를 이용해 작성한 세미배리어그램의 전형적인 모습을 보여 준다. 그렇다면 이 세미배리어그램을 구형 모형을 사용하여 모형화하는 것이 적절할까? 그렇지 않다면 이유는 무엇인가?

우리는 이 세미배리어그램을 사용할 수 없는 이유를 이미 알고 있다. 10.2절에서 설명하였듯이, 이 데이터에는 데이터 평균값의 일정한 변화 경향, 즉 선형 경향면 현상이 강하게 나타난다.

다른 말로 하면, 연속면의 평균 높이에 드리프트 현상이 존재한다는 증거가 있다는 것이고, 이는 측정되지 않은 지점들의 높이 값 평균이 일정하다는 일반 크리깅의 가정이 틀렸다는 것을 의미한다. 세미배리어그램이 오목한 상향 선형일 때는 흔히 드리프트 현상이 존재한다는 것을 나타낸다. 이러한 데이터를 보간하는 올바른 방법은 평균에서 이 드리프트를 뺀 경향면 잔차를 가지고 세미배리어그램을 모형화하는 것이다. 이러한 절차를 포함한 기법으로 보편 크리깅(Universal Kriging)이 있다.

어그램 모형을 적합 시키지만, 많은 사람은 여전히 다양한 시행착오를 경험하고 있다.

3단계: 적합 모형에 따른 일반 크리깅 보간 가중치 결정

세미배리어그램 함수를 사용하여 데이터 집합의 공간 구조를 설명하는 방법을 살펴보았다. 제어점 데이터로부터 연속면을 추정하는 데 이 정보를 어떻게 활용할 수 있을까? 우선은 크리깅이 표본 추출되지 않은 위치의 값을 추정하기 위해 최상의 가중치 조합을 찾는 것을 목표로 하는 국지적 거리 가중 보간의 한 종류이고, 그를 위해 제어점 사이의 공간적 관계를 세미배리어그램으로 모형화하여 활용한다는 점을 기억하는 것이 중요하다. 크리깅은 보간 대상이 되는 지리적 현상에 방향에 따른 차이나 특정한 공간적 변화 경향이 존재하지 않는다는 가정에 기초하고 있다는 점에 더해서, 세미배리어그램을 이용한 공간 변이의 모형화는 다음과 같은 가정을 포함한다.

- 세미배리어그램은 속성이 명확하게 정의된 단순 수학 함수이다.
- 하나의 세미배리어그램 모형이 전체 지역에 공통으로 적용되고, 다른 모든 공간적 변이는 거리의 함수로 가정한다. 이것은 사실 연속면의 정상성(Stationarity)에 대한 가정이지만, 분산이 모든 지점에서 같다고 가정하는 대신 전적으로 거리에 의존한다고 가정한다. 4, 5, 6장의 점 패턴 설명에 따르면, 2차 정상성이라고 할 수 있고, 이러한 공간적 변이 패턴을 가정한 가설을 내재적 가설이라고 한다.

크리깅의 목표는 주변 제어점들의 z값 가중치 합을 사용하여 표본 추출되지 않은 모든 위치 s의 값을 추정하는 것이다. 즉

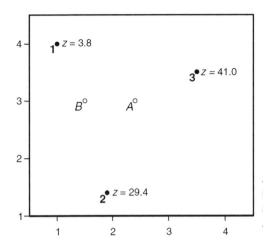

그림 10.15 일반 크리깅의 작동 방식을 설명하기 위한 예제 데이터. 1에서 3까지 번호가 매겨진 검은색 점은 표본 제어점이고, 이들 제어점의 가중 합계를 통해 흰색점 A, B의 값을 추정한다.

수작업을 통한 보간

그림 9.4에서처럼 그림 10.15의 제어점을 이용해 z=30 및 z=40인 등치선을 그려볼 수도 있을 것이다. 그랬을 때, A, B 지점의 추정치는 얼마가 될까?

$$\hat{z}_s = w_1 z_1 + w_2 z_2 + \cdots + w_n z_n = \sum_{i=1}^{n} w_i z_i = \mathbf{w}^{\mathsf{T}} \mathbf{z} \qquad (10.15)$$

여기서 $w_1 \cdots w_n$은 추정을 위해 표본 제어점 값에 적용된 가중치 집합이다. 그림 10.15의 간단한 사례를 통해 크리깅을 위한 가중치를 계산하는 방법을 살펴보자. 실제 계산 과정 대부분은 컴퓨터 프로그램이 내부적으로 수행하는 것이 보통이지만, 개념 이해를 위해서는 계산의 세부 사항을 살펴보는 것이 큰 도움이 된다.

수식 (10.16)의 선형 연립 방정식을 이용하여 가중치 w와 라그랑주 승수(Lagrangian multiplier)라 불리는 값 λ를 계산하면 추정 오차를 최소화할 수 있다(Webster and Oliver, 2007, p.152 참조).

$$
\begin{array}{ccccccccc}
w_1 \gamma(d_{11}) & + & w_2 \gamma(d_{12}) & + \cdots + & w_n \gamma(d_{1n}) & + & \lambda & = & \gamma(d_{1p}) \\
\vdots & & \vdots & & \vdots & & \vdots & = & \vdots \\
w_1 \gamma(d_{n1}) & + & w_2 \gamma(d_{n2}) & + \cdots + & w_n \gamma(d_{nn}) & + & \lambda & = & \gamma(d_{np}) \\
w_1 & + & w_2 & + \cdots + & w_n & + & 0 & = & 1
\end{array}
\qquad (10.16)
$$

여기에서 n은 사용된 데이터 제어점의 수이고, 각 $\gamma(d)$는 제어점 쌍 사이 거리의 반분산이며, 마지막 방정식은 가중치의 합이 1이 되도록 하는 제약 조건이다. 마지막 방정식은 크리깅 추정 결과에 체계적인 편향이 없는지 확인하기 위한 조건이다. 이 방정식은 다음과 같이 행렬 형태로 표현하는 것이 훨씬 이해하기 쉽다.

$$\begin{bmatrix} \gamma(d_{11}) & \gamma(d_{12}) & \cdots & \gamma(d_{1n}) & 1 \\ \vdots & \vdots & \ddots & \vdots & \vdots \\ \gamma(d_{n1}) & \gamma(d_{n2}) & \cdots & \gamma(d_{nn}) & 1 \\ 1 & 1 & \cdots & 1 & 0 \end{bmatrix} \times \begin{bmatrix} w_1 \\ \vdots \\ w_n \\ \lambda \end{bmatrix} = \begin{bmatrix} \gamma(d_{1p}) \\ \vdots \\ \gamma(d_{np}) \\ 1 \end{bmatrix} \qquad (10.17)$$

이 행렬 계산식을 표준 선형 방정식으로 표기하면 다음과 같다.

$$\mathbf{A} \cdot \mathbf{w} = \mathbf{b} \qquad (10.18)$$

따라서 가중치 행렬은 다음과 같이 계산할 수 있다.

$$\mathbf{w} = \mathbf{A}^{-1} \cdot \mathbf{b} \qquad (10.19)$$

이 계산 방식은 최소제곱 회귀식과 거의 똑같은데, 다른 점은 행렬의 입력값이 관측된 데이터 값이 아니라 데이터 제어점 간의 거리에 따라 계산된 반분산 함수의 값이라는 것이다. 따라서 보간하고자 하는 연속면의 반분산 함수를 주면 가중치 집합을 계산할 수 있다.

그림에 표시된 세 개의 제어점을 사용하여 그림 10.15의 A 지점 값을 추정해 보자. 이것은 매우 간단한 계산 사례이지만, 크리깅의 작동 방식을 잘 알려준다.

사례에서는 제어점이 3개이므로 4차 연립 방정식이 사용된다. 세 개의 방정식은 각 제어점에 대한 것이고, 가중치의 합이 1이 되도록 하는 제약 조건 방정식이 추가되어 4차 연립 방정식이 사용된다. 행렬 $\mathbf{A}$와 $\mathbf{b}$를 작성하고 $\mathbf{A}$의 역행렬인 $\mathbf{A}^{-1}$을 구해서 곱하면, 가중치와 라그랑주 승수가 포함된 $\mathbf{w}$ 벡터를 계산할 수 있다. 가장 중요한 입력값인 $\mathbf{A}$와 $\mathbf{b}$는 제어점 사이의 거리별로 계산된 세미배리어그램 모형에 따라 얻어진 반분산 값이다. 일반적으로는 10.3절에서처럼 데이터로부터 추정한 세미배리어그램 모형을 사용하지만, 여기에서는 설명의 편의를 위해서 단순한 무제한 선형 모형을 사용한다. 무제한 선형 모형에서 반분산이 거리가 한 단위 증가할 때마다 분산이 60씩 증가하고 너겟 효과는 없다고 가정하면, 다음과 같은 수식으로 표현할 수 있다.

$$\gamma(d) = 0 + 60(d) \qquad (10.20)$$

세 개의 제어점과 추정할 두 지점에 대한 데이터 행렬은 다음과 같다.

$$
\begin{array}{cccc}
s & x & y & z \\
1 & 1.0 & 4.0 & 3.8 \\
2 & 1.9 & 1.4 & 29.4 \\
3 & 3.5 & 3.5 & 41.0 \\
A & 2.4 & 3.0 & ? \\
B & 1.5 & 3.0 & ?
\end{array}
\qquad (10.21)
$$

행렬 **A**를 작성하기 위해서는 우선 다음과 같이 제어점 사이의 거리 행렬이 필요하다.

$$
\mathbf{D} = \begin{bmatrix}
0 & & \\
2.75 & 0 & \\
2.55 & 2.64 & 0
\end{bmatrix}
\qquad (10.22)
$$

제어점 간 거리 행렬은 대칭이므로 아래 삼각형의 값만 표기하였고, 읽기 쉽도록 소수점 이하 둘째 자리로 반올림하였다.

행렬 **A**의 각 요소는 세미배리어그램 모형에서 계산된 거리의 반분산이며, 각 행과 열에 제약 조건을 위해 값이 1인 행과 열을 추가하였다. 예를 들어, 제어점 1과 2 사이의 거리는 2.75이므로 행렬 **A**의 2열 1행 요소는 다음과 같이 계산된다.

$$
\gamma(d_{1,2} = 2.75) = 0 + 60(2.75) = 165 \qquad (10.23)
$$

같은 방식으로 행렬 **A**의 모든 요소를 계산하면 다음과 같다.

$$
\mathbf{A} = \begin{bmatrix}
0 & & & 1 \\
165.08 & 0 & & 1 \\
152.97 & 158.40 & 0 & 1 \\
1 & 1 & 1 & 0
\end{bmatrix}
\qquad (10.24)
$$

추정하고자 하는 지점 A로부터 세 개의 제어점까지의 거리를 사용하여 열벡터 d를 작성한다.

$$
\mathbf{d} = \begin{bmatrix}
1.72 \\
1.68 \\
1.21
\end{bmatrix}
\qquad (10.25)
$$

같은 세미배리어그램 모형에서 A 지점으로부터 세 개의 제어점까지의 거리에 해당하는 함숫값을 계산하고, 제약 조건을 위해 1행을 추가하면 행렬 **b**를 얻을 수 있다.

$$\mathbf{b} = \begin{bmatrix} 103.23 \\ 100.58 \\ 72.50 \\ 1 \end{bmatrix} \qquad (10.26)$$

행렬 **A**의 역행렬은 다음과 같이 계산된다.

$$\mathbf{A}^{-1} = \begin{bmatrix} -0.004 \\ 0.002 & -0.004 \\ 0.002 & 0.002 & -0.004 \\ 0.335 & 0.345 & 0.320 & -105.931 \end{bmatrix} \qquad (10.27)$$

여기에 행렬 **b**를 곱하면 가중치 벡터 w가 다음과 같이 계산된다.

$$\mathbf{w} = \begin{bmatrix} 0.2603 \\ 0.2912 \\ 0.4485 \\ -13.445 \end{bmatrix} \qquad (10.28)$$

여기에서 세 가중치의 합이 1.0임을 주목하자(가중치 벡터 **w**의 마지막 값은 라그랑주 승수이며 여기서는 무시해도 됨). 역거리 가중 보간법과 마찬가지로 추정할 지점에 가장 가까운 제어점(3번)이 가장 큰 가중치를 가지고, 가장 먼 제어점(1번)이 가중치가 가장 작다. 이제 제어점 값의 가중 합계를 계산한다.

$$\hat{z}_s = \sum_{i=1}^{m} w_i z_i = 0.2603(3.8) = 0.2912(29.4) = 0.4485(41.0) = 27.94 \qquad (10.29)$$

이상은 연속면의 한 지점의 값을 추정하는 계산 과정이다. 따라서 보간을 위해서는 각 추정 지점마다 제어점들과의 거리를 계산하여 **b** 행렬을 작성하고 해당 반분산 값을 계산하여, 가중 합계를 계산하는 과정을 반복하여야 한다.

전체 지역의 모든 지점에 대한 추정값을 계산하기 위해 모든 가능한 거리 쌍에 대한 반분산을 거대한 **A** 행렬로 작성하고, 역행렬 **A**$^{-1}$을 계산한 뒤 모든 지점의 추정에 이용할 수도 있을 것이다. 하지만 이런 방식은 두 가지 이유로 적용하기 어렵다. 첫째, 그런 매우 큰 행렬에서 역행렬을 계산하는 것은 컴퓨터 프로그램을 이용하더라도 쉽지 않은 일이다. 둘째, 제어점 간 거리가 아주 크면 가중치가 0에 가까워서 추정에 거의 사용되지 않는다. 이 사실을 고려하여 대부분 공간 분석 시스템은 추정하

다른 지점 보간하기

위 설명에서처럼 세 개의 제어점을 사용하여 B 지점의 값을 추정하려면, 제어점까지의 거리 계산에서부터 가중 합계 계산까지의 과정을 다음과 같이 반복하여야 한다.

$$\mathbf{b} = \begin{bmatrix} 60 \times 1.118 \\ 60 \times 1.649 \\ 60 \times 2.062 \\ 1 \end{bmatrix} = \begin{bmatrix} 67.08 \\ 98.96 \\ 123.69 \\ 1 \end{bmatrix}$$

$$\mathbf{w} = \mathbf{A}^{-1} \cdot \begin{bmatrix} 67.08 \\ 98.96 \\ 123.69 \\ 1 \end{bmatrix} = \begin{bmatrix} 0.5244 \\ 0.3359 \\ 0.1397 \\ -9.739 \end{bmatrix}$$

추정에 사용되는 제어점 집합이 같으므로, A의 역행렬은 A 지점의 추정에 사용된 것과 일치한다. 이렇게 추정한 B 지점의 값은 다음과 같다.

$$\hat{z}_s = \sum_{i=1}^{n} w_i z_i = 0.5244(3.8) + 0.3359(29.4) + 0.1397(41.0) = 17.60$$

이 결과에서는 B 지점이 A 지점과 달리 3번 제어점보다 1번 제어점에 더 가깝다는 점이 반영되어 가중치가 달라졌다는 것을 확인할 수 있다.

고자 하는 지점의 위치에서 가까운 제어점만 이용하여 **A** 행렬을 반복적으로 계산하여 사용하는 방식을 채택하고 있다.

위의 계산 사례는 극단적으로 단순한 상황에 해당하지만, 크리깅 보간의 특징을 잘 보여 주고 있다.

- 크리깅을 위해서는 매우 많은 계산이 필요하다. 대부분의 분석에서는 훨씬 더 많은 수의 표본 제어점이 사용되므로 위 사례에서 설명한 4×4 행렬보다 훨씬 더 큰 행렬의 계산이 필요하다.
- 크리깅을 위해서는 최적화된 컴퓨터 프로그램이 필요하다. 일부 GIS 시스템이 세미배리어그램 추정, 모형화 및 크리깅 보간 기능을 제공하고 있지만, 심층 연구나 정밀한 작업이 필요한 경우에는 GSLIB(Deutsch and Journel, 1992), Variowin(Pannatier, 1995), GS+(www.geo-statisti cs.com 참조) 등과 같은 크리깅 전문 소프트웨어가 더 많이 사용된다. 웹스터와 올리버(Webster and Oliver, 2007)는 이들 전문 소프트웨어의 특징과 장단점을 잘 소개하고 있다.
- 여타 통계 분석과 마찬가지로, 표본 데이터가 많을수록 크리깅 보간의 정확도가 향상된다. 더 많은 제어점을 사용할수록, 세미배리어그램 추정 및 모형의 신뢰도가 높아지는 것이다.

크리깅 결과의 신뢰도는 표본 데이터로부터 추정된 세미배리어그램 모형과 연속면의 공간적 변이에 대한 가정의 타당성에 따라 달라진다. 지금까지 보았듯이 세미배리어그램 함수의 추정은 단순하지 않으며 다양한 임의적 선택 옵션(거리 밴드의 수, 거리 간격, 사용할 함수 모형, 씰 및 너겟 값)을 포함한다. 선택된 옵션이 다르면 당연히 보간 결과 연속면도 다르게 나타날 텐데, 어떤 옵션을 선택했을 때 보간 결과가 가장 신뢰도가 높을지는 알 수 없다. 다행스럽게도 "상당히 조잡하게 결정된 가중치조차도 데이터에 적용하면 가중치를 전혀 적용하지 않은 것보다 우수한 보간 결과를 줄 수 있다"(Chiles and Delfiner, 1999, p.175, Cressie, 1991, pp.289-299 참조). 이 점은 크리깅에 대한 중요한 질문으로 이어진다. 간단히 말하면, 미지의 지점 값을 추정하는 데 공간적인 거리에 따라 영향이 감소하는 거리 조락 가중함수를 사용하면 그렇지 않을 때보다 추정 결과가 우수하다는 것이다. 그렇다면 굳이 복잡한 계산과 모형화가 필요한 크리깅을 사용할 필요가 있을까?

크리깅 보간의 장점은 그림 10.16을 살펴보면 알 수 있는데, 그림 10.3에서 제시한 데이비스(Davis, 2002)의 표고점 데이터에 두 보간법을 적용하여 생성된 두 개의 연속면을 비교한 것이다. 왼쪽 연속면은 k=2인 제곱 거리 조락을 적용한 역거리 가중 보간법의 결과인데, 역거리 가중 보간법의 대표적 약점인 황소눈 효과(bull's eye effect)를 분명하게 보여 준다. 표본 제어점이 위치한 지점을 중심으로 원형의 등치선이 두드러지게 나타나는 것이다. 그림의 오른쪽 연속면은 표본 데이터를 이용해 추정한 원형 배리어그램을 적용한 일반 크리깅 결과이다. 두 결과에서 특정 지점의 추정값이 크게 다르지는 않지만, 크리깅으로 생성된 연속면이 훨씬 더 현실적이며 연속면 구조의 국지적 변동을 반영하여 추정치의 공간 구조를 조정할 수 있는 장점이 있다. 이러한 크리깅 보간법의 상대적인 장점은 보편 크리깅에서처럼 지리 현상 자체의 공간적 변화 경향성을 포함하거나, 세미배리어그램 모형화를 통해 공간적 변이의 이방성을 고려하지 않아도 얻을 수 있다.

이론적 관점에서 볼 때, 단순한 보간 기법보다 크리깅을 선호하는 데는 두 가지 이유가 있다. 첫째, 정확한 모형이 사용된다는 조건에서, 크리깅 보간의 추정값은 다른 보간법들보다 추정 오차가 작다. 이것이 크리깅을 최적 보간법(optimum interpolation)이라고 하는 이유이다. 둘째, 크리깅 보간에

그림 10.16 그림 10.3의 데이터(Davis, 2002)를 이용한 보간 결과 연속면.
왼쪽은 역거리 가중 보간, 오른쪽은 일반 크리깅의 결과이다.

서는 이 오차를 정량적으로 계산할 수 있다. 크리깅 보간에서는 모든 추정 시점에서 세미배리어그램 모형, 제어점의 공간 분포 패턴 및 계산된 가중치를 이용해 추정값의 분산을 계산할 수 있다. 추정 분산은 제어점과 추정 지점 사이 거리 반분산의 가중 합계로 계산된다. 그림 10.15의 사례에서 A 지점에 대한 추정 분산은 단순히 거리 반분산에 크리깅 가중치를 적용하여 계산한 합계이다.

$$\sigma_p^2 = \sum_{i=1}^{i=m+1} w_i b_i \qquad (10.30)$$

따라서 A 지점에 대해 추정 분산은 다음과 같다.

$$\sigma_A^2 = 0.2603(103.23) + 0.2912(100.58) + 0.4485(72.50) - 13.445(1) = 75.23 \qquad (10.31)$$

추정치를 중심으로 95% 신뢰 구간을 추정하려면, 추정 분산의 제곱근으로 표준오차를 계산한 뒤, 1.96을 곱하여 수식 (10.29)에서 계산한 추정치에 더한 값은 최댓값, 추정치에서 표준오차의 1.96배를 뺀 값을 최솟값으로 하는 범위를 구해야 한다. $\sqrt{75.23} = 8.67$이고 $1.96 \times 8.67 = 17$이므로, 95% 신뢰 수준에서 추정치는 11(28−17)에서 45(28+17) 사이에 위치할 수 있음을 알 수 있다. 그림 10.15의 제어점 데이터 분포를 고려하면 충분히 이해할 수 있는 결과이다. 모든 위치에 대한 추정 분산을 계산할 수 있다는 크리깅의 특징은 최적의 추정 결과를 제공한다는 점뿐만 아니라, 추정치 오차의 공간적 분포를 지도로 표현할 수 있다는 점에서도 매우 유용한 장점이다. 예를 들어, 보간 연속면과 추정 오차 분포를 지도로 시각화하여 비교한 뒤, 보간 결과의 신뢰도 향상을 추가로 측정이 필요한 위치를 알아내서 추가 측정에 활용할 수도 있는 것이다.

크리킹의 종류

연구 대상 연속면의 특성을 어떻게 인식하는가 혹은 표본 제어점의 공간적 분포와 공간적 변이에 대해 어떤 가정을 사용하는가에 따라 크리킹을 다양한 유형으로 분류할 수 있다. 앞에서 개략적으로 설명한 방식의 크리킹을 일반 크리킹(Ordinary Kriging)이라고 한다. 지역화된 변수 이론이 공간 보간, 특히 실용적인 지질탐사 및 광물자원 분포 예측에서 효과적으로 활용할 수 있다는 발견은 크리킹의 예측 정확성을 높이기 위한 다양한 시도로 이어졌으며, 그에 따라 크리킹 기법의 다양한 발전으로 나타났다. 다양한 크리킹 관련 전문 서적이 출간되었으며(Cressie,1993; Chiles and Delfiner, 1999; Goovearts, 1997; Isaaks and Srivastava, 1989; Webster and Oliver, 2007), 크리킹 기법만을 다루는 지리통계 전문 웹 사이트(www.ai-geostats.org)가 있을 정도이다. 여기에서는 다양한 크리킹 유형 중에서 대표적인 기법들의 특징과 활용법을 간략히 소개하여, 공간 보간에서 적절할 크리킹 기법을 선택하는 데 도움을 주고자 한다.

- 단순 크리킹(Simple Kriging)은 연속면의 평균값이 알려져 있고 드리프트로 인한 체계적인 공간 변이가 존재하지 않는다고 가정한다. 속성값은 분리 거리에 따라서만 변화하고, 방향에 따른 차이는 없으므로 등방성인 것으로 가정한다. 평균값이 알려져 있다는 가정이 매우 제한적으로 보일 수 있지만, z 점수나 회귀분석의 잔차처럼 평균값이 0인 것으로 가정하는 상황이 있다. 대부분 경우 이 방법은 일반 크리킹과 다르지 않다.
- 보편 크리킹(Universal Kriging)은 등방성 가정은 유지하지만, 평균값에 드리프트 효과가 존재한다고 가정한다. 고급 모형에서는 이방성을 고려한 보편 크리킹이 사용되기도 한다. 보편 크리킹은 경향면 형태로 드리프트 효과를 모형화하고, 해당 경향면으로부터의 잔차 값을 사용하여 세미배리어그램을 계산한다.
- 블록 크리킹(Block Kriging)은 광산업 공학에서 유용하게 활용되는 접근법이다. 블록 크리킹은 특정 지점의 값을 추정하는 대신, 특정 영역 또는 블록을 단위로 공간 변수의 평균값을 추정하므로, 광맥 단위로 암석을 채굴하는 광산업에서 유용하다. 일반 크리킹과의 차이는 생각보다 크지 않다. 해당 블록과 제어점 위치 사이의 평균 반분산을 사용하여 벡터 **b**를 작성하고 일반 크리킹과 같은 방식으로 계산을 진행한다.
- 지표 크리킹(Indicator Kriging)은 연속면 변수가 현상의 유무(0 또는 1)로 표현되는 이진 지표일 때 사용되는 비선형, 비모수적 접근 방식이다. 지표 크리킹은 공간 현상이 등간 또는 비율척도

가 아니라 명목척도와 같이 질적 속성으로 측정된 경우에도 사용할 수 있는 크리깅 기법이다.

- 불연속 크리깅(Disjunctive Kriging)은 지표 크리깅과 유사한데, 이진 지표 연속면을 예측하는 대신 지정된 임곗값을 초과하는 연속면의 확률을 추정한다. 이것은 GIS의 공간 의사결정 지원에서 유용하게 활용할 수 있는 정보이며, 따라서 그 활용 잠재력이 매우 큰 크리깅 기법이라고 할 수 있다.

- 마지막으로 여타의 크리깅 유형과는 아주 다르지만, 동시에 두 개 이상의 연속면 변수로 분석을 확장하는 공동크리깅(Co-kriging)이 있다. 공동크리깅은 두 변수가 공간적으로 서로 연관되어 있는 것으로 알려진 경우에 유용하다. 예를 들어, 광물자원 분포에서 한 광물이 분포하는 주변에 특정 광물이 분포할 가능성이 크다고 알려진 경우가 있다. 연관된 변수의 분포에 포함된 정보를 다른 변수의 추정 결과를 보완하는 데 사용할 수 있는 것이다.

10.5. 결론

이 장에서는 다른 장에 비해 비교적 어려운 내용을 상세하게 설명하였다. 연속면 데이터에 대한 통계적 접근 방식을 공부할 때는 지루하더라도 해당 기법의 자세한 작동 방식과 순서를 이해하는 것이 중요하다. 이 장을 읽고 나서 서두에서 제시했던 학습 목표 중 적어도 일부를 달성하게 되었기를 바란다.

실제 분석에서 가장 중요한 결정은 이 장에서 제시한 기법과 이전 장들에서 설명한 기법 중 어떤 것을 사용할 것인지이다. 데이터에 오류가 많이 포함되어 있고, 연속면의 공간적 변이 대한 개략적인 일반화에 주된 관심이 있다면 경향면 분석이 적절할 것이다. 또 모든 측정 지점의 데이터에 부합하면서 보간 오류를 추정할 필요가 없는 등치선 지도를 만들고 싶다면 역거리 가중 보간법이 적합할 것이다. 하지만 속성값의 분포 추정과 더불어서 보간에서 발생할 수 있는 오차 정보가 필요한 경우에는 크리깅이 가장 합리적인 선택일 것이다. 중요한 것은 어떤 선택을 하더라도 그전에 분석하고자 하는 연속면의 특성을 명확하게 이해해야 한다는 점이다.

아마도 가장 중요한 것은 점이나 면 데이터에 통계적 모형과 논리를 적용할 수 있는 것처럼, 연속면 데이터의 추정, 즉 보간을 위해서도 제어점 데이터의 분석을 통해 얻은 통계적 모형을 이용할 수 있다는 것이다. 이는 지리적 현상이 공간에서 무작위로 분포하는 것이 아니라, 모종의 공간 구조 또는 공간적 자기상관 효과에 따라 분포하는 경향이 있다는 사실 때문이다. 역거리 가중 기법처럼 단순한 원리를 적용하건 복잡한 통계적 분석을 통해 배리어그램을 추정하고 모형화하건 간에, 중요한 것은 표본 측정한 데이터에서 나타나는 공간 구조를 반영하여 미지의 지점에서의 지리적 현상을 추정하는 데 활용할 수 있다는 점이다.

요약

- 9장에서 논의된 연속면 분석법은 모두 결정론적이며 통계 이론을 포함하지 않지만, 이 장에서 설명한 두 가지 접근법은 통계 이론에 기반한 추정 기법이다.
- 표준 다중 선형 회귀분석을 공간 데이터에 적용한 것이 경향면 분석인데, 여기서 독립 변수는 관측 지점의 공간 좌표가 된다. 경향면 분석은 유용한 탐색 기법이다.
- 모든 제어점 쌍에 대해 분리 거리에 따른 속성값 차이의 제곱근을 계산하여 그래프로 작성한 제곱근 배리어그램 산포도는 지리적 현상의 공간적 변이 특성을 분석하는 데 매우 유용한 도구이다. 거리를 어떤 간격으로 구분하여 급간(bin)으로 나눌 것인지가 임의적이라는 문제가 있지만, 이 문제는 래그(lag) 거리를 점진적으로 증가시키면서 최적의 거리 간격을 탐색하는 방식으로 해결할 수 있다.
- 측정값의 공간 구조를 요약하여 표현하는 두 번째 방식은 세미배리어그램이다. 세미배리어그램 함수 γ(d)는 거리 d만큼 떨어져 있는 제어점 쌍의 속성값 차를 제곱하여 (제곱근 대신) 구할 수 있다.
- 세미배리어그램은 제어점 쌍의 분리 거리와 측정값의 차를 제곱한 값을 각각 x, y축에 나타낸 그래프인 배리어그램 산포도를 이용하여 추정한다.
- 세미배리어그램은 분산을 제어점 쌍의 분리 거리 함수로 모형화하는 연속 수학 함수를 사용하여 요약된다. 해당 함수가 원점에서 0이 아니면, 함수의 y 절편을 너겟(nugget) 분산이라고 한다. 해당 함수가 특정 분리 거리까지만 증가하여 최댓값을 가지면, 그 최댓값을 씰(sill), 최댓값을 가지는 분리 거리를 범위(range)라고 한다. 범위는 해당 분리 거리를 초과한 거리에서는 공간적 의존성이 존재하지 않는다는 것을 의미한다.
- 구형 모형(Spherical model)은 가장 대표적인 세미배리어그램 모형이다.
- 일반 크리깅(Ordinary Kriging)은 모형화된 세미배리어그램을 사용하여 연속면의 알려지지 않은 값을 추정하기 위해 관측된 표본 값을 기반으로 적절한 가중치를 결정한다. 크리깅은 통계적으로 최적의 추정치를 제공하지만, 매우 복잡한 계산이 필요하다.
- 크리깅은 사용된 가정이나 데이터의 종류에 따라 다양한 유형(단순, 보편, 블록, 지표, 불연속, 공동크리깅 등)으로 나눌 수 있다.
- 연속면 데이터를 사용하는 공간 분석을 이해하기 위해서는 지리통계학 분야에 대한 지식이 필요하다. 이것은 어렵고 기술적인 주제이지만, GIS 소프트웨어가 제공하는 기능을 무비판적으로 사용하기 전에 반드시 고려하여야 할 문제이다.

참고 문헌

Chilés, J-P. and Delfiner, P. (1999) *Geostatistics: Modeling Spatial Uncertainty* (New York: Wiley).
Cressie, N. (1993) *Statistics for Spatial Data* (New York: Wiley).

Davis, J. C. (2002) *Statistics and Data Analysis in Geology* (Hoboken, NJ: Wiley).

Deutsch, C. V. and Journel, A. G. (1992) *GSLIB Geostatistical Software Library and User's Guide* (New York: Oxford University Press).

Goovaerts, P. (1997) *Geostatistics for Natural Resource Evaluation* (Oxford and New York: Oxford University Press).

Isaaks, E. H. and Srivastava, R. M. (1989) *An Introduction to Applied Geostatistics* (New York: Oxford University Press).

Matheron, G. (1963) Principles of geostatistics. *Economic Geology*, 58: 1246- 1266.

Pannatier, Y. (1995) *Variowin: Software for Spatial Analysis in 2D* (New York: Springer-Verlag).

Unwin, D. J. (1975a) Numerical error in a familiar technique: a case study of polynomial trend surface analysis. *Geographical Analysis*, 7: 197-203.

Unwin, D. J. (1975b). An introduction to trend surface analysis. *Concepts and Techniques in Modern Geography*, 5, 40 pages (Norwich, England: Geo Books). Available at http://www.qmrg.org.uk/catmog.

Walvoort, D. J. J. (2004) *E(Z)-Kriging: Exploring the World of Ordinary Kriging* (Wageningen: Wageningen University & Research Centre). Available at http:// www.ai-geostats.org/index.php?id=114.

Webster, R. and Oliver, M. (2007). *Geostatistics for Environmental Scientists*, 2nd ed. (Chichester, England: Wiley).

11 지도 중첩

내용 개요

- 가장 많이 사용되는 지도 중첩 분석 방법인 폴리곤 중첩을 포함한 다양한 지리적 객체 중첩 분석 방법에 대한 소개
- '예/아니요' 구분에 기초한 부울(Boolean) 논리를 사용한 체 지도화(Sieve Mapping)의 원리
- 입력 데이터의 좌표계 통일 문제를 포함한, 데이터 호환성 문제
- 부울 중첩 분석에서 발생하는 문제점들
- 선호도 함수(Favorability function)에 기초한 지도 중첩의 일반 이론과 보정 기법

학습 목표

- 부울 논리를 사용하여 지도 중첩이라는 GIS 처리 과정을 이해하고 정형화한다.
- 입력 데이터를 동일한 좌표체계로 통일하는 것이 지도 중첩 작업의 성공에서 중요한 이유를 이해한다.
- 벡터 및 래스터 GIS에서 중첩이 구현되는 방법을 설명한다.
- 입력 데이터 모형화 전략과 사용된 알고리즘에서 중첩이 오류에 얼마나 민감한지 평가한다.
- 부울 중첩과 같은 단순한 접근법이 불만족스러운 이유를 나열한다.
- 부울 중첩 이외의 다양한 접근법을 제시하고 설명한다.
- 다양한 중첩 분석 비법을 다기준 의사 결정 기법에서 활용할 수 있는지 설명하고, 지리 정보 분석에서의 활용 사례를 살펴본다.

11.1. 서론

이 장에서는 지도 중첩(Map Overlay)으로 알려진 매우 유용한 지리학적 분석 방법을 살펴본다. 이 방법은 서로 다른 지도 레이어의 정보를 결합하는 방법에 해당한다. 지금까지 소개된 기법들은 거의 모두 점, 면 또는 연속면으로 구성된 단일 지도에 적용되는 분석 기법들이었다. 그러나 GIS의 가

장 중요한 특징 중 하나는 공간 데이터(또는 그로부터 생성된 지도)를 결합하여 다양한 출처의 정보를 통합한 새로운 지도를 생성하는 능력이다. 일반적으로 이 과정 지도 중첩이라 부르며, 특정 용도에 적합하거나 부적합한 지역을 식별하기 위해 토지이용 계획자가 사용하던 체 지도화(Sieve Mapping)라고 알려진 기법을 GIS에 적용한 것이다. 체 지도화 접근법에서 전체 연구 영역은 잠재적으로 적합하다고 간주한다. 그런 다음, 지역들이 일련의 기준에 따라 실격 처리되고 최종적으로 적합한 지역만 남게 된다. GIS 시스템과 디지털 공간 정보가 사용되기 전에는 밝은 책상 위에 투명한 종이에 출력된 지도를 겹쳐 보면서, 각 기준에 부합하지 않는 영역을 찾아 연필로 표시하는 방식으로 특정 용도에 부적절한 것으로 간주되는 영역을 제거하였다. 이렇게 만들어진 이진 지도들을 겹쳐서 전등에 비춰 보면 해당 용도에 적합한 영역을 찾을 수 있었다. 이 기법은 조경 계획자들이 처음으로 공식적으로 사용한 것으로 알려졌지만(McHarg, 1969), 기본적인 아이디어는 매우 단순하고 과거부터 많은 분석에 사용되었다.

GIS 환경에서는 다양한 유형의 지도 중첩이 가능하며, 어떤 형태의 중첩이건 공간 자료의 중첩은 지리 정보 분석의 한 형태라고 할 수 있다. 표 11.1에서 볼 수 있듯이 서로 다른 유형의 지리적 객체를 중첩하여 결합하는 방식은 적어도 10가지로 분류할 수 있다.

각 유형의 중첩 연산은 서로 다른 알고리즘이 적용되고, 적용할 수 있는 분야도 다르다. 일부 유형의 중첩 분석은 별도의 이름으로 불리기도 하지만, 가장 일반적인 유형의 중첩 분석은 평면화된 면 객체 지도를 다른 면 객체와 중첩하여 교차 영역을 찾아내는 지도 중첩이다. 이 '면–대–면' 중첩을 폴리곤 중첩이라고 하며, 지리 정보 분석에서뿐만 아니라 수많은 GIS 기능에서 활용되고 있다. 폴리곤

표 11.1 지도 중첩 유형: 기하학적 관점

	점	선	면	연속면
점	점/점			
선	선/점	선/선		
면	면/점	면/선	면/면	
연속면	연속면/점	연속면/선	연속면/면	연속면/연속면

생각해 보기

표 11.1에서 제시된 10가지 중첩 유형의 사례를 하나씩 생각해 보자. 예를 들어, 점/점 중첩의 사례로는 초등학교와 중학교 데이터의 중첩을 통해 초등학교별로 가장 가까운 중학교를 찾는 경우를, 점/연속면 중첩의 사례로는 특정 초등학교가 위치한 지점에서 기온이나 강수량 값을 찾은 경우를 생각해 볼 수 있다.

중첩 분석의 실제 사례

폴리곤 중첩이 사용된 두 가지 간단한 사례 연구를 살펴보면, 이 장에서 설명하는 내용을 이해하는 데 도움이 될 것이다.

간쑤(중국)의 산사태 위험 분석

산사태는 중국의 황토 고원 지역에서 흔히 발생하는 주요 환경 재난으로, 인명 손실과 농지 및 도시기반시설의 심각한 손상을 초래한다. 산사태의 직접적인 발생 원인은 토양 내 수분 함량의 변화라든지 지진의 발생 여부와 같이 다양하지만, 황토 지형의 안정성은 주로 지형 경사면의 형태나 지질구조와 같은 요인에 의해 결정된다. 왕과 언윈(Wang and Unwin, 1992)은 GIS 접근법을 이용하여 이 지역의 산사태 발생 위험도를 분석하였다. 산사태 발생과 밀접한 관련이 있다고 생각되는 지형 요소를 골라 요소별로 하나씩의 이진 지도를 만들었는데, 해당 요소가 산사태에 취약한 지역은 '1'로, 산사태에 상대적으로 안전한 지역은 '0'으로 표시하였다. 그런 다음 모든 이진 지도를 중첩하여 산사태 발생 위험 지역 지도를 작성하였다. 실제로는 단 3개의 입력 지도가 사용되었다.

- 경사도는 수치 표고 모형 데이터를 이용하여 계산하였고, 경사도가 30°보다 크면 산사태 취약 지역으로 표시하였다.
- 사면 방향 역시 수치 표고 모형 데이터를 이용해 계산하였고, 북쪽을 향한 지점을 산사태 취약 지역으로 표시하였다.
- 암석 유형은 지질도에서 추출하였으며, 불안정한 황토 지역을 산사태 취약 지역으로 표시하였다.

이 세 가지 이진 지도 레이어를 중첩하여 산사태 발생 위험이 가장 큰 지역을 표시한 지도를 작성하였다. 분석은 래스터 GIS 환경에서 수행되었으며, 많은 후속 연구에서 같은 문제를 다루고 있는데, 이에 대해서는 이사로 · 최재원(Lee and Choi, 2004)에 잘 정리되어 있다.

핵폐기물 처리장 건설 후보 지역 평가

오픈쇼 등의 연구(Openshaw et al., 1989)는 중첩 분석을 사회과학 연구에 적용한 사례로, 중첩 분석을 이용해 영국을 대상으로 유해 핵폐기물 처리장에 적합한 지역을 찾고자 하였다. 분석에 사용된 기준은 원자력 산업에서 정한 기준을 이용하였다.

- 인구 밀도가 낮은 지역(490명/km² 미만)
- 철도 접근성이 좋은 지역(철로에서 3km 이내)
- 보호 지역으로 지정되지 않은 지역

벡터 GIS 환경에서 수행되었지만, 분석 결과는 앞의 사례와 마찬가지로 세 가지 기준에 따라 결정된 핵폐기물 처리장 설치 후보 지역을 나타낸 지도이다. 놀랍게도 영국처럼 인구 밀도가 높은 국가에서도 이 기준을 충족하는 지점의 수가 예상보다 훨씬 많은 것을 발견할 수 있었다. 물론 이와 같은 단순한 분석으로 찾은 후보 지역이 핵폐기물 처리장 건설에 적합한 지역이라는 것을 의미하지는 않지만, 분석을 통해 후보 지역의 범위를 좁혀 갈 수 있다는 점에서 유용하다고 할 수 있다. 중첩 분석 결과가 수많은 후보 지역을 보여 준다는 점은 중첩 분석에 사용된 기준이 너무 느슨하다는 점을 방증하는 것일 수도 있다.

중첩은 면 보간(Areal Interpolation)에서 기본적으로 사용된다. 면 보간은 예를 들어, 행정 구역 단위로 집계된 인구 데이터를 이용해 행정 구역이 아닌 공간 단위의 인구를 추정하는 것을 의미한다. 행정 구역이 아닌 공간 단위로는 학군이나 버스정류장, 지하철역으로부터의 특정 거리 버퍼 등을 예로 들 수 있다. 학군의 인구를 추정하기 위해서는 인구 데이터가 포함된 행정 구역 폴리곤 데이터와 학군 폴리곤 데이터를 중첩하여 중첩되는 영역의 인구를 합산하여 각 학군에 포함된 인구를 계산한다. 이것은 특정 공간 단위로 집계된 통계로부터 다른 공간 단위의 통곗값을 추정하는 간단하지만, 효과적인 방법이다. 생태 격차 분석(Ecological Gap Analysis)에서는 특정 식물, 동물, 또는 조류 종을 발견할 가능성이 있는 지역을 추정하기 위해 종종 유사한 기법을 사용한다. 이때 각 입력 지도는 해당 생물 종이 선호하는 환경 조건을 기술하며, 지도들은 모든 기준에 유리한 것으로 여겨지는 영역을 식별하기 위해 중첩된다(Franklin, 1995 참조). 기본적인 GIS 기능인 윈도(Windowing)와 버퍼링(Buffering)도 폴리곤 중첩과 관련되어 있다.

11.2. 부울 지도 중첩과 체 지도화

적용 분야가 크게 다르기는 하지만, 위의 두 연구는 공통으로 다음과 같은 분석 전략을 사용한다.

- 서로 겹치는 영역의 지도 중첩
- 남은 영역이 모든 기준에 부합하는 것으로 밝혀질 때까지, 각 기준에 따라 적합하지 않은 영역을 연속적으로 실격 처리. 이진(true/false) 논리를 개발한 수학자의 이름을 따서 부울(Boolean) 중첩이라고 불린다.

그림 11.1은 부울 중첩의 원리를 보여 준다. 입력 지도는 두 개의 범주형 지도이다. 지도 A는 지질도로 석회암과 화강암으로 구성되어 있고, 지도 B는 토지이용도로 경작지와 산림으로 구성되어 있다. 두 지도를 중첩하면 네 가지 고유 조건인 화강암/경작지, 화강암/산림, 석회암/산림 및 석회암/경작지로 구성된 중첩 지도가 만들어진다. 고유 조건이 '석회암/산림'인 지역을 찾는 것이 목적이라면, 이 중첩은 부울 논리에 따른 체 지도화가 되며 그 결과는 굵은 선으로 표시된 영역이 된다.
부울 중첩은 기본적으로 논리 연산이지만, 래스터 환경에서는 간단한 곱셈을 사용하여 수행할 수도 있다. 표 11.2는 그림 11.1의 지도 중첩에서 지도 A는 석회암=1, 화강암=0, 지도 B는 산림=1, 경작

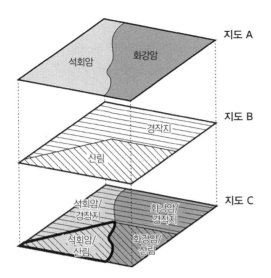

그림 11.1 지도 중첩 개념

표 11.2 곱셈 연산을 이용한 부울 중첩

고유 조건	지도 A	지도 B	중첩 결과
화강암/경작지	0	0	0
화강암/산림	0	1	0
석회암/경작지	1	0	0
석회암/산림	1	1	1

* 이 결과는 그림 11.1의 입력 지도 레이어에 AND(교집합) 논리 연산을 적용한 결과로, 석회암/산림 고유 조건만 중첩 결과에서 적합한 것으로 나타난다.

지=0을 입력하여 중첩하였을 때의 결과를 요약한 것이다. 두 입력 지도에서 모두 '1'로 입력된 영역만 결과 지도에서 '1'로 나타난다는 것을 알 수 있다. 즉 '예/아니요' 결정은 입력 지도의 모든 0/1 값을 곱한 결과이다. 단순 곱셈을 이용한 지도 중첩에 대해서는 11.3절에서 더 자세히 설명한다.

입력 데이터와 관련한 주의 사항

중첩 분석에 어떤 항목을 포함할 것인지는 어떤 데이터를 확보할 수 있는지에 따라 결정된다. 이상적인 환경에서라면, 분석에 타당한 기준을 측정할 수 있는 다양한 자료를 같은 정확도(Accuracy)와 정밀도(Precision)에서 통일된 좌표계로 측정한 데이터로 확보하는 것이 가장 좋다. 하지만 실제 분석에서 입력 데이터는 좌표계와 위치 정밀도가 다르고 정확도도 다른 경우가 대부분이다. 충분한 주의를 기울이지 않고 정확도가 떨어지고 좌표계 위치가 정확하게 일치하지 않은 데이터를 중첩하여 분석하면 그 결과는 재앙을 초래할 수 있다는 것은 유념하여야 한다. 중첩 분석의 결과를 신뢰할 수 있으려면 입력 정보의 정확도와 정밀도가 일정해야 한다. 중첩 분석 과정에서는 사용자의 부주의로 발생할 수 있는 다양한 오류 가능성이 있다.

1. 디지털 지도 데이터의 정확도와 정밀도가 축척에 따라 달라질 수 있다는 점. 가능하면 같은 축척의 지도를 이용하고, 유사한 정확도와 정밀도를 가진 측정 장치로부터 획득한 정보를 사용하여야 한다. 또한 입력 데이터의 축척은 중첩 분석 결과에 필요한 축척과 일치해야 한다. 예를 들어, 1:10,000 축척의 산림 지도 데이터를 1:250,000 축척의 지질도와 중첩하여 분석할 때 얻을 수 있는 결과 지도의 정확도는 1:250,000 축척 수준을 넘지 못한다는 한계가 있다.

2. 지도 중첩에 사용된 면 단위 영역 경계가 일치하지 않는 경우. 행정 구역과 같은 면 단위 영역 경계 데이터의 출처가 서로 다른 경우에는 경계선이 정확히 일치하지 않는 경우가 많다. 벡터 기반 GIS 시스템에서 폴리곤 경계가 정확히 일치하지 않으면, 일치하지 않는 경계선 사이에 작고 가는 모양의 슬리버(Sliver) 폴리곤이 만들어지는데, 이는 중첩 분석 결과 해석에서 반드시 제거해야 하는 오류에 해당한다. 비슷한 상황은 서로 다른 방식으로 리샘플(Resample)한 래스터 데이터의 중첩에서도 발생할 수 있다.

3. 지도에 모든 객체의 위치가 정확한 것은 아니라는 점. 지도는 지표면상의 지형지물이나 현상의 위치를 상대적으로 표현한 것이다. 지도에 표현된 모든 지형지물의 크기와 위치는 지도학적 일반화(Cartographic Generalization)의 결과이고, 지도의 가독성을 높이기 위해 너무 가깝거나 겹쳐져 있는 지형지물의 위치는 인위적으로 이동시키기도 한다. 또한 대부분 지형지물은 실제 모양과 크기가 아닌 일반화된 기호로 표현된다. 예를 들어, 도로와 같은 지형지물은 소축척 지도에서 지상의 실제 폭보다 훨씬 큰 폭의 선으로 표시된다.

4. 마지막으로, 입력 지도가 수치 표고 모형과 같은 보간된 연속면 변수 또는 그것을 이용하여 작성한 경사도 지도와 같은 파생 변수일 때는 중첩 분석에서 더 많은 주의가 필요하다.

이러한 문제점이 있다고 해서 중첩과 같은 데이터 통합 분석이 완전히 무의미하다는 뜻은 아니다. 사실, 다양한 데이터의 공간적 통합 분석은 GIS를 사용하는 주요 동기이자 GIS 분석의 장점에 해당한다. 다만 중첩 분석의 결과를 해석할 때 이러한 문제를 염두에 두고 적절히 비판적인 검토가 필요하다는 것을 유의할 필요가 있다.

좌표계 통일

그림 11.1을 보면 모든 입력 데이터가 동일한 위치 좌표계(Coordinate System)를 사용하고 같은 지형지물의 위치가 정확히 일치해야만 지도 중첩이 가능하다는 것을 알 수 있다. 예를 들어, WGS84 좌표 시스템을 사용하여 취득한 GPS 데이터를 경위도나 횡축 메르카토르(Transverse Mercator; TM) 좌표계와 같은 다른 투영 좌표계와 중첩하여 분석해야 하는 경우가 있을 수 있다. 이때는 입력 데이터의 좌표계를 일치시켜서 데이터의 지형지물이 같은 좌표를 가지도록 하는 좌표계 통일 작업이 꼭 필요하다.

그림 11.2에서 두 개의 지도, A와 B에는 동일한 강이 있는데, 중첩을 위해서는 지도 B의 좌표계를 지도 A에 사용된 좌표계로 변환하여 강의 위치를 일치시켜야 한다. 이를 격자 간 변환(Grid-on-Grid Transformation)이라고 하는데, 다음과 같은 세 가지 단계로 이루어진다.

- 지도 B에 사용된 좌표계 원점(Origin)을 지도 A의 같은 지점으로 이동한다. 이것을 원점의 변환이라고 한다.
- x축, y축의 거리 단위를 일치시킨다. B의 위치 좌표는 원점으로부터 0.1m 단위로 기록되었는데, A가 미터가 아닌 거리 단위를 쓰고 있는 경우에는 축의 거리 단위를 기준 좌표계인 A에서 사용된 거리 단위로 변환하여야 한다. 이것을 축 스케일링(Axix Scaling)이라 한다.

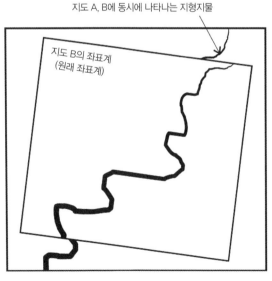

지도 A, B에 동시에 나타나는 지형지물

지도 A의 좌표계
(기준 좌표계)

지도 B의 좌표계
(원래 좌표계)

그림 11.2 지도 중첩을 위한 좌표계 통일 문제. 중첩 분석을 정확하게 하려면 중첩된 모든 지도를 같은 좌표계로 통일해야 한다.

• 그림에서처럼 지도 B의 좌표계가 변환 기준이 되는 지도 A의 좌표계와 평행하지 않고 어긋나 있을 수도 있다. 이를 수정하기 위해서는 좌표를 회전해야 하는데, 이를 축 회전(Axis Rotation)이라고 한다.

디지타이저나 스캐너를 이용해 입력한 지도 데이터를 사용할 때 좌표계 불일치 문제가 흔히 발생하며, 특히 출처가 다른 여러 지도를 중첩하여 분석할 때는 좌표계 통일 작업이 꼭 필요하다. 이러한 이유로, 대부분 GIS 소프트웨어에서는 좌표계 변환을 위한 도구를 기본적으로 제공하는데, 지도 원점과 축척을 변환하고 축을 회전시켜 두 지도의 좌표계가 일치하도록 하는 아핀 변환(Affine Transformation)을 사용할 때 두 지도가 정확히 일치하는지를 화면에 표시하기 위해 각 지도의 네 꼭짓점에 틱(tick)을 표시하여 안내하기도 한다. 좌표계 변환의 수학적 세부 내용은 수학적 좌표 변환을 상세히 설명한 책(Maling, 1973; Harvey, 2008)을 참고하기 바란다. 좌표 변환에 필요한 정보는 다음 세 가지 방법으로 획득할 수 있다.

1. 원래 좌표계와 변환 기준 좌표계를 모두 알고 있는 경우에는 이미 개발되어 제공되는 변환 알고리즘을 사용한다. 예를 들어, 표준 경위도 좌표계를 TM 좌표계로 변환하는 아핀 변환 알고리즘은 대부분 GIS 소프트웨어의 좌표 변환 도구에서 제공된다.

2. 지도에서 위치 좌표를 식별할 수 있는 최소 세 개의 지점(예, 남서부, 남동부 및 북동부 모서리)를 골라서 다른 지도에서 해당 지점들 위치를 알려주면, 좌표 변환 알고리즘을 생성할 수 있다.

3. GIS에서 일반적으로 사용되는 접근법은 원래 좌표계의 좌표를 기준 좌표계의 (x', y') 좌표로 변환하기 위해 일반 다중 최소제곱법을 사용한다. GPS 수신기능이 포함된 휴대기기 많이 보급되면서 현장에서 지상 제어점(Ground Control Point: GCP) 좌표(x, y)를 직접 획득하거나, 지도에서 높은 정밀도와 정확도로 얻을 수 있게 되었다. 같은 제어점의 기준 좌표계 좌표를 원래 좌표계 좌표와 다중 회귀분석을 사용하여 적합시키면 좌표계 변환 상수를 추정할 수 있다. 아핀 변환을 이용한 좌표계 변환은 다음과 같이 두 개의 좌표 집합을 사용한 방정식으로 표현할 수 있다.

$$x' = t_x + r_{11}x + r_{12}y$$
$$y' = t_y + r_{21}x + r_{22}y \qquad (11.1)$$

여기서 절편 t_x 및 t_y는 두 좌표계의 좌푯값 차이를 보정하기 위한 변환 상수이고, 좌표계 변환을 위한 회전 및 스케일링 성분은 r_{11}, r_{12}, r_{21}, r_{22} 등이다. 연립 방정식 형식은 다중 선형 회귀 방정식과 같으며,

변환된 좌표 x′과 y′을 원래 좌표 x와 y의 선형 함수로 표현한다. 따라서 표준 표기법을 사용하여 수식 (11.1)을 다음과 같이 다시 쓸 수 있다.

$$x' = \alpha_0 + \alpha_1 x + \alpha_2 y$$
$$y' = \beta_0 + \beta_1 x + \beta_2 y \qquad (11.2)$$

회귀 상수 α와 β의 벡터가 변환에 필요한 모수의 추정치다. 이 접근법은 거의 모든 GIS에서 사용되며 틱 점을 사용한 방식보다 더 많은 제어점 데이터를 적용할 수 있다. 매더(Mather, 1995)를 비롯한 여러 학자는 좌표계 변환 상수의 추정에 사용된 제어점의 수가 많을수록, 그리고 제어점이 전체 지역에 골고루 흩어져 있을수록 좌표 변환의 정확도가 높아진다는 것을 증명하였다(Unwin and Mather, 1998; Morad et al., 1996). 제어점(GCP)의 위치 정확도와 정밀도 또한 중요하므로, 도로의 교차지점이나 건물 모서리 등 좌표를 정확하게 얻을 수 있는 위치를 제어점으로 사용하는 것이 좋다.

좌표 변환에서 회귀 방식의 장점은 지도의 원래 좌표계가 무엇인지 모를 때도 비선형 변환을 이용해 정확한 좌표 변환을 수행할 수 있다는 것이다. 좌표 변환을 위한 비선형 변환은 경향면 분석(10.2절)에서와 마찬가지로 회귀분석에 x^2, y^2, xy 등 고차 항을 추가하여 적합시킬 수 있다.

$$x' = \alpha_0 + \alpha_1 x + \alpha_2 y + \alpha_3 x^2 + \alpha_4 y^2 + \alpha_5 xy$$
$$y' = \beta_0 + \beta_1 x + \beta_2 y + \beta_3 x^2 + \beta_4 y^2 + \beta_5 xy \qquad (11.3)$$

2차 다항식으로 부족할 때는 3, 4차 다항식처럼 고차 항을 추가하여 변환 상수를 정밀하게 추정할 수 있는데, 이 절차는 대부분 GIS 소프트웨어에 구현되어 있다.

지도 중첩

입력 지도의 좌표계를 통일하였으면 입력 지도를 중첩하여 분석한다. 래스터 GIS 환경에서 지도의 중첩은 비교적 단순한데, 픽셀 단위로 전체 지도를 검토하여 다양한 기준이 충족되었는지 확인하기만 하면 된다. 래스터 환경에서 체 지도화를 할 때는 0/1(부적합/적합한) 값의 단순한 산술 곱셈만으로 결과 지도의 픽셀값을 얻을 수 있다는 점에 유의하자.

벡터 환경에서도 같은 작업을 수행할 수 있지만, 래스터보다는 다소 까다로운 작업이다. 벡터 환경에서 중첩 분석을 수행하기 위해서는 다음과 같은 세부 과정을 거쳐야 한다.

"그건 날 화나게 해." 코드

벡터 폴리곤의 중첩을 위해서는 각 폴리곤을 구성하는 선 조각을 모두 비교하여 서로 교차하는지를 판별해야 하므로 매우 까다로운 기하학적 알고리즘이 필요하다. GIS 분야에서 지금까지 발표된 논문 중 가장 유명한 논문 중 하나(Douglas, 1974)에서 데이비드 더글라스(David Douglas)는 뛰어난 프로그래밍 능력을 가진 학생들을 대상으로 100달러의 현상금을 걸고 폴리곤 중첩 알고리즘 루틴을 개발하도록 하였던 경험을 이야기하였다. 폴리곤 중첩 알고리즘의 기본적인 수학 원리는 어렵지 않지만, 예외적인 경우가 너무 다양하게 발생하여 그 학생 중 누구도 중첩 알고리즘 개발에 성공하지 못하였다. 이처럼 프로그램 코드의 핵심적인 부분 외에 예외적인 경우의 처리를 위해 전체 코드의 99%를 할애해야 하는 까다로운 프로그래밍을 컴퓨터 프로그래머들 사이에서는 "그건 날 화나게 해(It Makes Me Cross) 코드"라는 격언으로 표현한다. 컴퓨터 기하학에서는 그러한 예외적인 사례가 매우 다양하게 발생한다(deBerg et al., 1997 참조).

- 두 폴리곤 시도를 교차하여 폴리곤과 폴리곤이 교차하여 생기는 모든 교차 폴리곤을 포함한 폴리곤 지도를 만든다.
- 입력 데이터의 폴리곤 속성을 조합하여 교차 폴리곤의 속성 테이블을 생성한다.
- 교차 폴리곤 간의 위상(topology) 관계를 재설정한다.
- 원하는 속성 집합을 가진 교차 폴리곤을 식별한다.

입력 데이터에 따라 수천 번의 폴리곤 교차 연산이 필요한 때도 있으므로, 벡터 지도의 중첩 분석은 기하학적 처리 과정이 복잡하다. 하지만 대부분 GIS 소프트웨어에서 빠르고 정확한 벡터 중첩 기능을 제공하고 있다.

부울 중첩의 논리적 취약점

GIS 분석에 흔히 사용되고 있음에도 불구하고, 부울 중첩을 사용한 체 지도화는 논리적으로 많은 약점을 가지고 있다. 이 약점들은 주로 데이터에 대한 단순화된 가정과 속성 사이의 내재적 관계에서 비롯된 문제점에서 발생한다. 부울 중첩 분석의 결과를 해석하여 실제 분야에 적용할 때는 부울 중첩의 이런 논리적 약점을 충분히 고려하여야 한다.

1. 지리 데이터의 내용은 '적합 또는 부적합'으로 단순하게 분류하기 어려울 정도로 복잡한 경우가 많다. '적합 또는 부적합'의 이진법 가정은 과학적 관점에서 너무 단순한 일반화일 뿐 아니라, 실

제로 측정된 지리 데이터의 세부적인 내용과 변이의 손실이라는 결과로 나타난다. 이 장의 시작 부분에서 제시한 두 가지 간단한 사례 연구에서 30°라는 경사도 값은 산사태 위험을 측정하는 절대적 기준이 아니며, 490명/km² 미만의 인구 밀도 역시 핵폐기물 처리장 설치 여부를 결정할 수 있는 절대적 기준으로 보기 어렵다. 산사태 위험의 평가에서 29° 경사는 괜찮고 31° 경사는 위험하다고 평가할 수 없다는 것이다. '예/아니요'의 이진법 논리를 적용한 체 지도는 위치에 따른 지리 현상의 점진적인 변화라는 특징을 적절히 반영하지 못한다는 단점이 있다.

2. 등간 또는 비율척도 속성값은 큰 측정 오류가 없는 것으로 가정한다. 그림 11.1의 석회암/화강암, 산림/경작지 사례 같은 경우에는 큰 문제가 없지만, 측정값이 등간 또는 비율척도 변수라면 어느 정도의 오차가 분명히 존재할 것이다. 사용된 데이터가 직접 측정된 자료가 아니라 다른 자료로부터 파생된 경우에는 더 문제가 된다. 표고점이나 등고선 데이터를 이용하여 추정을 통해 작성한 수치 고도 모형으로 계산된 경사도 데이터를 예로 들 수 있다. 수치 고도 모형의 작성을 위해 사용한 보간과 경사도의 추정 모두 오차를 발생시키며, 중첩 연산에서 그 오차가 어떤 작용을 만들어 낼 수 있는지 알 수 없다.

3. 범주형 속성 데이터는 정확히 알려져 있다고 가정한다. 이 가정은 인공위성 영상을 분류하거나 지질도나 토양조사 보고서를 이용해 작성한 암석 또는 토양 범주 데이터를 중첩하여 분석하는 경우 문제가 될 수 있다. 대부분 경우, 특정 토지 구획에 할당된 토양 또는 암석 범주는 일반화의 결과이며, 하나의 토지 구획에는 할당된 범주 외의 다른 범주 값이 섞여 있는 경우가 많다.

4. 데이터에 포함된 개별 객체의 경계가 명확하고 정확하다고 가정한다. 앞에서 살펴본 사례들에서는 모두 지도에 표현된 속성값의 경계가 정확하다고 가정한다. 그러나 실제 지표면에서는 점진적으로 변화하는 현상에 대해 경계를 정할 때 생기는 불확실성이나, 종이 지도에서 이 경계선을 디지타이징하면서 발생하는 오류 등으로 인해서 폴리곤 객체 경계선을 100% 신뢰할 수 없는 경우도 많다. 즉 지도에 포함된 지역 경계인 폴리곤의 영역에 불확실성이 포함되어 있다는 것이다. 그 대표적인 사례가 토양 지도에서 토양 유형 사이에서 나타나는 불분명한 경계를 의미하는 '퍼지(fuzzy)' 객체이다(Burrough, 1993; Burrough and Frank, 1996). 이러한 불명확한 경계의 문제는 래스터 데이터 구조를 사용하는 경우에도 유사하게 나타난다.

GIS에서 이러한 오차 및 일반화의 문제, 이 문제를 최소화하기 위한 전략이나 그 문제들이 중첩 분석의 결과에 미칠 수 있는 영향 등에 대한 설명은 참고 문헌에 제시된 다양한 연구 논문들을 참고하기 바란다(Veregin, 1989; Heublink and Burrough, 1993; Unwin, 1995; 1996).

11.3. 부울 중첩의 대안으로 사용되는 일반 모형

다행히 단순 부울 중첩 외에도 지도 중첩에 사용할 수 있는 여러 가지 방법이 있다. 많은 학자는 '지식 기반(knowledge-driven)' 또는 '데이터 기반(data-driven)'이라는 특징을 가진 두 가지 기본 접근 방식을 사용해 왔다. 지식 기반 접근 방식에서는 현장 전문가의 아이디어와 경험을 활용하여 중첩 분석에 어떤 기준을 사용할지 결정한다. 데이터 기반 접근법에서는 중첩 분석에 어떤 기준을 사용해야 하는지를 평가하기 위해 사용 가능한 모든 데이터를 사용한다. 실제로 대부분의 지도 중첩 연구는 이 두 가지 접근 방식을 섞어서 사용한다. 먼저 지식 기반 접근 방식에 대해 살펴보자.

이 절에서는 선호도 함수(Favorability function) 개념을 바탕으로 한 지도 중첩 분석 일반 모형을 설명한다. 세부적인 내용은 저자가 작성하였으나, 기본 아이디어는 지질학자 그레임 보넘-카터(Graeme Bonham-Cartter; 1995)의 연구에 기초하고 있다.

선호도 함수를 이용한 일반 모형에서는 각 지점(지역)의 산사태 위험이나 핵폐기물 처리장 건설 적합도의 선호도/적합성을 평가한다. 또한 표 11.2에서 볼 수 있듯이, 부울 중첩 연산은 입력 지도의 모든 지점에서 다음과 같은 간단한 수학 함수로 표현할 수 있다.

$$F(\mathbf{s}) = \prod_{M=1}^{m} X_M(\mathbf{s}) \qquad (11.4)$$

여기서 $F(\mathbf{s})$는 연구 영역의 각 위치 $\mathbf{s}$에서 0/1 이진수로 평가된 선호도이고, $X_M(\mathbf{s})$은 입력 지도 M의 위치 $\mathbf{s}$의 값으로, 적합하면 '1', 그렇지 않으면 '0'으로 입력된다. 그리스 대문자 파이($\prod$)는 같은 위치의 입력 데이터 값을 곱해야 한다는 것을 의미한다. 시그마($\sum$) 표기가 입력값의 합을 나타내는 것과 같은 원리이다. 래스터 중첩에서 위치 $\mathbf{s}$의 집합은 격자의 집합이지만, 벡터 중첩에서는 폴리곤들의 집합이 된다. 단일 기호 F와 X를 사용하여 전체 지도를 나타낸다는 점에서, 이 방식은 톰린의 지도 대수의 한 형태라고 볼 수 있다(Tomlin, 1990; 9.5절 참조). 또 입력 지도와 선호도 평가를 위한 임계치의 선택이라는 측면에서, 이 방식은 완전한 지식 기반 지도 중첩에 해당한다.

앞에서 설명한 단순한 방식은 매우 제한적인 접근 방식이며, 다음과 같은 여러 가지 방법으로 개선할 수 있다.

- 서열(낮은/중간/높은 위험) 또는 비율척도와 같은 점진적인 척도를 이용하여 선호도 F를 평가함으로써 개선할 수 있다. 즉 선호도를 0 아니면 1인 이진수가 아니라, 0(완전 비선호)에서 1(완전 선호) 사이의 연속적인 확률값으로 평가하는 방식이다.

- 입력 데이터로 사용된 평가 기준(입력 지도의 X_M 값)을 이진수가 아니라 서열 또는 비율척도로 측정, 입력함으로써 개선할 수 있다.
- 사전 지식을 이용하여 입력 데이터의 상대적 중요도에 따라 서로 다른 가중치를 부여함으로써 개선할 수 있다. 단순 부울 중첩에서는 모든 입력값이 동일한 가중치를 갖지만, 중첩 분석 목적에 따라 많은 경우에 우리는 어떤 변수가 더 중요하고 어떤 변수가 덜 중요한지에 대한 사전 지식이나 이론을 가지고 있다. 이러한 사전 지식은 선호도 함수에서 각 변수에 대한 가중치 w_m으로 활용될 수 있다.
- 선호도를 변숫값의 곱셈 말고 다른 연산(예, 더하기)을 사용함으로써 개선할 수도 있다.

단순 중첩에 위와 같은 다양한 응용 방법을 적용한 사례는 매우 많으며, 때로는 다양한 평가 기준과 가중치에 따른 선호도에 기초한 최적 위치 결정을 위한 매우 정교한 도구로 개발되기도 했다. 그중 일부 응용 중첩 분석은 그 활용도가 높아서 별도의 이름으로 불리기도 하는데, 결론적으로 언급해야 할 점은 단순 부울 중첩이 선호도 함수 중첩 분석 일반 모형의 특별한 경우라는 것이다. 선호도 함수 중첩 분석의 일반 모형은 다음 수식으로 표기할 수 있다.

$$F = f(w_1 X_1, w_1 X_1, \cdots, w_m X_m) \qquad (11.5)$$

이 식에서 F는 결과 선호도이고, f는 특정 형태의 함수를 나타내며, X_1에서 X_m까지 각 입력 지도는 가중치 $w_1 \sim w_m$을 적용하여 합산 평가된다. 위치를 나타내는 s 표기가 생략되긴 했지만, 입력 지도의 동일한 위치에 있는 값을 사용하여 결과 지도의 각 위치에서 함수를 평가하는 기본 원리는 같다. 다음 절에서는 이 일반 함수의 가장 단순한 사례인 부울 중첩 외에 사용되는 다양한 대안적인 중첩 분석 방법에 관해 설명한다.

11.4. 색인 중첩 및 가중 선형 조합

가장 간단한 대안은 중요한 것으로 생각되는 각 지도 레이어를 단일 메트릭으로 축소한 다음 점수를 합산하여 전체 지수를 생성하는 것이다. 이러한 접근 방식을 색인 중첩(Indexed Overlay)이라고 한다. 이 접근 방식에서는 우선 폴리곤 값을 합산하여 각각에 대한 선호도 점수를 계산한다.

$$F = \sum_m X_m \qquad (11.6)$$

함수 형태를 곱셈에서 덧셈으로 변경했지만 각 입력 X_m은 여전히 이진 지도이다. 곱셈 대신에 덧셈으로 선호도 값을 계산하면, 종합 선호도 F는 서열척도로 측정되며 0(무위험/비선호)에서 m(고위험/선호)까지 m+1개의 값 중 하나를 갖게 된다.

기본적으로 이것은 지식 기반 접근법의 또 다른 예이다. 예를 들어 경사면의 산사태 위험도 평가에 대한 또 다른 연구에서 굽타와 조시(Gupta and Joshi, 1990)는 히말라야산맥 기슭의 람강가(Ramganga) 유역을 대상으로 각 입력 지도 X에 서열척도 값을 할당하는 방식을 사용했다. 과거에 발생했던 산사태에 대한 데이터 분석을 통해 얻은 지식을 바탕으로, 개별 입력 데이터의 위험도를 3단계 서열척도 값(낮음=0, 중간=1, 높음=2)으로 할당하고, 종합 위험도 계산은 모든 입력 데이터 값을 합산하여 계산하였다. 3개의 입력 지도(암석, 토지이용, 주요 구조 지형과의 거리)가 사용되었으므로 최종 선호도 F는 0부터 6까지의 서열척도 값이다.

이 접근법의 장점은 각 입력 데이터에 가중치 w_m을 추가하여 쉽게 수정할 수 있다는 것이다.

$$F = \sum w_m X_m \qquad (11.7)$$

이때는 최종 선호도를 평가하기 위해 개별 가중치의 합으로 나누어 합산 값을 정규화하는 것이 일반적이다.

$$F = \frac{\sum_m w_m X_m}{\sum_m w_m} \qquad (11.8)$$

가중치를 적용한 합산 선호도 평가는 가중 선형 조합(Weighted Linear Combination)으로 알려진 고전적 접근법이다(Malczewski, 2000). 가중치를 결정하기 위해서는 다양한 방법이 사용된다. 생태 갭 분석에서는 특정 서식지 기준에서 관찰된 생물 종 분포를 해당 종에 특별한 서식지 선호도가 없을 때 예상되는 분포와 비교하여 가중치를 결정하는 데이터 기반 접근법을 많이 이용한다. 다기준 평가(Multi-Criteria Evaluation: MCE)에서는 전문가를 대상으로 한 설문 조사 등을 통한 지식 기반 접근법의 가중치 설정 방법이 흔히 이용된다.

11.1절에서 설명한 두 가지 지도 중첩 연구 사례로 돌아가 보자. 이 연구의 저자들은 기본적으로 각 입력 레이어를 적합도에 따라 '예/아니요'의 이진 제약 조건으로 사용하는 체 지도화를 이용하여 중첩 분석을 수행하였다. 이러한 결정론적 중첩은 활용 분야가 제한적이며, 두 연구의 저자들 역시 이

한계를 강조하여 설명하고 있다. 특히 핵폐기물 처리 시설 입지와 같이 논란이 많은 분야의 경우에는 여러 가지 상충되는 기준과 목표를 적절히 처리할 수 있어야 한다.

이 경우에 모든 관련 이해 당사자가 분석의 목표, 필요한 입력 레이어, 또는 제약 조건을 결정하기 위해 적용해야 하는 임계치에 동의하는 경우가 거의 없을 것이다. 마찬가지로 가중치가 사용되는 경우 입력 레이어의 상대적 가중치 크기, 가중치 적용 방식, 합산 방식 등에 대해서도 이견이 있을 수 있다. 공간적 의사결정을 위해 GIS를 사용하는 연구에서 상충된 의견을 조정하고 이해 당사자의 합의를 유도하는 것은 공간적 의사결정 지원 시스템(SDSS)의 핵심적 과정이다(Jankowski and Nyerges, 2001). 또한 공간적 의사결정 과정에 공공의 참여를 허용하고자 한다면, 다양한 레이어 및 가중치 적용 시나리오를 적용한 결과를 지도로 작성하여 비교 평가하는 것이 효과적이다(Elwood, 2006; Sieber, 2006). 다기준 평가에 관한 자세한 내용은 참고 문헌에 정리된 논문을 참고하기 바란다(Carver, 1991; Eastman, 1999; Malczewski, 1999). 다음 글상자는 다기준 평가를 위한 중첩 분석의 간단한 사례를 정리한 것이다.

입력 지도 레이어에 적용할 가중치를 객관적으로 계산할 수 있다면 중첩 분석에 매우 유용할 것이라는 점은 분명하다. GIS에서 구현할 수 있는 한 가지 방법은 사티(Saaty, 1977)의 분석적 계층화 절차(Analytical Hierarchy Process: AHP) 결과를 이용하는 것인데, 분석적 계층화 절차는 n개 요인 간의 상대적 중요도를 n×n 행렬로 모형화하여, 그 행렬의 첫 번째 (주성분) 고유 벡터를 찾아 요인 가중치의 최적 벡터로 활용하는 방식을 사용한다(Eastman et al., 1995). 이외에도 입력 지도 레이어들의 상대적 가중치를 계산하는 방식은 다양하다.

풍력 발전 단지 후보지 선정을 위한 GIS 활용

신재생 에너지 자원 개발이 활발하게 추진됨에 따라, 최근 많은 연구에서 GIS 중첩을 사용해 풍력 발전 설비의 설치에 적합한 지역을 찾는 방법을 제안했다. 이러한 최적지 분석에서는 지도 중첩을 기본 접근 방식으로 사용하며, 도시 계획법이나 개발 계획 지침과 같은 외부 자료를 이용하여 제약 조건 및 가중치를 결정한다. 스파크스와 키드너(Sparkes and Kidner; 1996)는 영국 웨일스(Wales) 지역을 대상으로 신규 풍력 발전 단지 후보지 적합도를 평가하였는데, 다음과 같이 19개의 이진 제약을 적용하여 풍력 발전 단지 후보지로 적합하지 않은 지역을 걸러내는 방식을 사용하였다.

- 공항에서 3km 이내
- 국립 공원에서 1km 이내
- 국립 신탁 토지에서 1km 이내

- 군사 보호 지역에서 3km 이내
- 경치 조망지로 설정된 지역에서 1km 이내
- 산림 공원에서 1km 이내
- 도시 지역에서 2km 이내
- 도시(city) 중심점에서 5km 이내
- 도시화 지역(urban) 중심점에서 2.5km 이내
- 소도시(town) 중심점에서 1.5km 이내
- 작은 소도시(small town)나 마을(village) 중심에서 1km 이내
- 소규모 촌락(small village, hamlet, settlement)에서 750m 이내
- 호수, 습지보호구역 또는 저수지에서 250m 이내
- 고속도로, 국도 또는 지방도에서 300m 이내
- 철로에서 250m 이내
- 강 또는 운하에서 200m 이내
- 라디오 또는 TV 송신탑에서 250m 이내
- 주요 관광지로 설정된 지점에서 1km 이내
- 고도 100m 미만

풍력 발전 설비의 설치를 반대하는 환경 단체나 일부 그룹은 이 조건들이 너무 단순하고 불합리하다고 주장할 수도 있다. 제약 조건의 타당성에 관한 판단은 이해 당사자들에 따라 다르기 마련인 것이다.

덴마크의 발트해 지역을 대상으로 한 비슷한 연구에서 한센(Hansen, 2005)은 해안, 호수, 송전선 등으로부터의 거리와 같은 23개의 가중치 요인과 자연 보호 지역이나 동물 서식지와 관련된 4개의 이진 제약 조건을 함께 사용하였다. 데이터 레이어는 지역 개발 기관 담당자들을 대상으로 한 인터뷰 면접 결과에 따라 선택되었고, 퍼지 이론(1.3절 참조)에 기초한 접근 방식을 사용하여 중첩 평가하였다. 그 결과에 따르면, 적어도 북부 유틀랜드(Jutland) 지역의 경우, 풍력 발전기 추가 설치로 발생할 수 있는 편익이 낮게 평가되어 풍력 터빈의 추가 설치에 적합한 지역이 거의 없음을 보여 주고 있다.

풍력 발전 단지 후보지 선정을 위한 기준과 가중치를 어떻게 적용하는가에 분석 결과가 어떻게 달라지는지 시험해 보고 싶으면, 하이드로 태즈메이니아(Hydro Tasmania)에서 제공하는 간단한 대화형 도구를 제공하는 인터넷 서비스인 "풍력 발전소를 어디에 지을 것인가?"(http//www.hydro.com.au/education/discovery/GIS/windfarm.htm)를 이용해 볼 수 있다.

중요한 점은 이런 유형의 질문에는 하나의 '정답'이 있는 것이 아니라, 사용하고자 하는 제약 조건, 요인 및 가중치 등에 따라 결과가 달라진다는 점을 유의하여야 한다는 것이다. 지리 정보 처리 시스템이 할 수 있는 것은 특정 입력 자료의 결과를 더 쉽게 확인할 수 있도록 함으로써 가능한 해결책의 선택 폭을 줄여 주는 것이다.

11.5. 근거 가중치

가중치를 결정하기 위해 사전 지식을 사용할 필요가 없는 때도 있다. 근거 가중치(Weights of Evidence) 방법은 중첩 분석에 이용할 입력 지도 레이어를 결정하기 위해 지식 기반 접근법을 사용하지만, 레이어별 가중치를 결정하기 위해서는 데이터 기반 접근법을 사용한다. 이용 가능한 데이디로부터 근거 가중치를 계산한 다음, 이것을 사용하여 0~1 사이의 확률로 선호도 F를 추정하는 것이다. 그 핵심 개념은 '베이즈(Bayes)의 정리'라고 알려진 이론에 기초하고 있다. 동전을 던져서 앞면이 나오는지 뒷면이 나오는지를 측정하는 경우와 같이 상호독립적인 사건이 있다고 가정해 보자. 이때 두 사건이 동시에 발생할 확률을 결합 확률(Joint Probability)이라고 하고 다음과 같이 표기한다.

$$P(A\&B) \qquad (11.9)$$

사건들이 독립적이라면 두 사건이 동시에 발생할 확률은 각 사건이 발생할 확률을 곱해서 얻을 수 있다.

$$P(A\&B) = P(A) \cdot P(B) \qquad (11.10)$$

따라서 동전을 두 번 던졌을 때 두 번 모두 앞면이 나올 확률은 다음과 같다.

$$P(H\&H) = P(H) \cdot P(H) = 0.5 \times 0.5 = 0.25 \qquad (11.11)$$

근거 가중치 접근법을 이해하기 위해서는, 두 사건의 동시 발생이 아니라 두 사건을 연속해서 발생하는 또 다른 확률 개념을 도입해야 한다. 이것은 다른 사건 B가 발생했을 때 사건 A가 발생할 확률을 의미하는 조건부 확률(Conditional Probability)로 다음과 같이 표기한다.

$$P(A:B) \qquad (11.12)$$

이는 B 조건에서의 A 확률이라고도 한다. B가 이미 발생했다는 사실이 A 사건의 발생 가능성을 증가시키거나 감소시킬 수도 있으므로, 조건부 확률은 결합 확률과 다르다. 베이즈 정리는 통계 계산에서 추가 증거가 어떻게 특정 사건의 기대 확률을 변화시키는지를 추정하는 데 사용된다. 예를 들어, 오늘 비가 온(B 사건 발생) 조건에서 내일 비가 올 가능성(A 사건 발생 확률)을 계산한다고 하자. 분명히 오늘 비가 왔다는 사실은 내일 비가 올 것이라는 가설을 평가하는 데 사용할 수 있는 증거이고, 대부분 기후 상황에서 기상학적 지속성이라는 특성은 오늘 비가 왔다면 내일 비가 올 가능성이 크다는 것을 의미한다.

베이즈 정리는 조건부 확률 P(A:B)를 계산할 수 있게 해 준다. 베이즈 정리를 증명하는 데 필요한 기본 구성요소는 다음과 같은 명확한 명제이다.

$$P(A\&B)=P(A:B)P(B) \qquad (11.13)$$

이 방정식은 두 사건의 결합 확률은 두 번째 사건 B가 이미 발생한 경우 첫 번째 사건이 발생할 조건부 확률인 P(A:B)에 두 번째 사건의 발생 확률 P(B)를 곱한 것이라는 것을 의미한다. 이 방정식의 우변은 A:B와 B가 서로 독립적이라는 가정에서만 성립한다. 다음 방정식에서처럼 사건의 순서를 바꾸어도 같은 명제가 성립한다.

$$P(B\&A)=P(B:A)P(A) \qquad (11.14)$$

마찬가지로 다음 명제도 성립한다.

$$P(A\&B)=P(B\&A) \qquad (11.15)$$

따라서 다음 방정식도 성립한다.

$$P(A:B)P(B)=P(B:A)P(A) \qquad (11.16)$$

이 명제에서 도출된 다음 방정식이 베이즈 정리의 기본 형식이다.

$$P(A:B)=P(A)\frac{P(B:A)}{P(B)} \qquad (11.17)$$

P(A)는 사건 A의 발생 확률이며, P(B:A)/P(B)로 계산된 비율을 근거 가중치라고 한다. 이 비율이 1보다 크면 B의 발생이 A의 발생 확률을 증가시킨다는 것을, 1보다 작으면 B의 발생이 A의 발생 확률을 감소시킨다는 것을 의미한다.

공간적 관점에서 사건의 발생 확률은 사건이 발생할 것으로 예상되는 지역이 전체 면적에서 차지하는 비율로 추정한다. 따라서 P(B)는 전체 면적에서 B가 발생하는 지역의 면적이 차지하는 비율이고, P(B:A)는 A이면서 동시에 B인 지역의 면적 비율로 산정한다. 두 비율을 곱하면 조건부 확률 P(A:B)를 계산할 수 있다. 예를 들어, 지난 10년간 100건의 산사태가 발생했던 $10,000km^2$ 면적의 지역을 가정해 보자. 이때 제곱킬로미터당 산사태 발생 확률은 100분의 1 또는 0.01이고, 이것을 기준 확률

P(landslide)라고 한다. 이 100건의 산사태 중 75건이 경사도가 30° 이상인 지역에서 발생했고, 경사도가 30° 이상인 지역의 면적이 1,000km²에 불과하다고 가정해 보자. 이때, 경사도가 30°보다 크다는 조건에서 산사태의 발생 확률은 0.075이며, 그 계산 과정은 다음과 같다.

$$P(\text{landslide}:\text{slope}>30°)=P(\text{landslide})\frac{P(\text{slope}>30°:\text{landslide})}{P(\text{slope}>30°)}$$

$$0.075=0.01\times\frac{0.75}{0.1} \tag{11.18}$$

경사도가 30° 이상인 경우의 근거 가중치는 1보다 훨씬 큰 7.5라는 것을 쉽게 알 수 있다. 경사도와 다른 기준 요소 사이의 독립성을 가정한다면, 이전의 관측 자료를 이용하여 각 지점에서 해당 요소의 존재 또는 부재에 따른 사건의 조건부 발생 확률을 계산하고, 그를 이용해 근거 가중치를 산출하여 미래 산사태 발생 확률 추정에 활용할 수 있다. 지도 중첩 분석에서 베이즈 정리를 적용한 근거 가중치 접근법은 탐사 지질학에서 흔히 사용된다(Bonham-Carter, 1991; Aspinall, 1992). 이 접근법을 개선하여 한국의 산사태 취약성 지도 작성에 활용한 사례(Lee and Choi, 2004)도 있다.

11.6. 회귀분석을 이용한 모형 기반 중첩

단순 부울 중첩에 대한 세 번째 대안은 중첩 분석을 위한 변수의 선호도 가중치를 결정하기 위해 회귀모형을 사용하는 것이다. 이는 데이터 기반 접근법과 지식 기반 접근법을 혼용한 방식으로, 기본적으로 다음과 같이 선호도 함수의 가중 선형 조합 방식을 활용한다.

$$F=\sum_m w_m X_m \qquad (11.19)$$

여기에 절편 상수 w_0와 오차항 ε을 추가하여 표준 다중 회귀분석으로 구현한다.

$$F=w_0+\sum_m w_m X_m+\varepsilon \qquad (11.20)$$

이 모형을 이용해 실제 관측 데이터를 적합도의 최소제곱 기준에 따라 적합 시키면 $w_0 \sim w_m$의 값을 추정할 수 있다. 지도 중첩의 관점에서 입력 데이터인 기준 변수 X_1부터 X_m이 실제 관측된 사건의 발생 확률과 어떤 상관관계를 가지는지 평가하는 것이다. 앞에서 살펴본 산사태 사례에서 집슨과 키퍼

(Jibson and Keefer, 1989)는 산사태의 발생 가능성이 큰 위치 혹은 지역을 예측하기 위해 이 모형을 사용하였다. 회귀분석을 위해서는 실제 산사태 발생 사례와 함께 산사태 발생과 관련된 것으로 평가되는 일련의 요인들을 독립 변수로 사용하여, 표본 데이터를 이용해 모형을 적합시켰다. 일반 최소제곱 회귀를 통해 실제 산사태 발생에서 각 요인이 어느 정도의 상관관계를 가지는지 알 수 있으며, 이를 통해 산사태 위험도 지도를 만드는 데 사용할 가중치를 도출한다.

그러나 일반 최소제곱 회귀 접근 방식은 다음과 같은 세 가지 이유로 실제 지도 중첩 분석에서 사용하기 어렵다.

1. 회귀분석에서는 연속적인 비율척도 데이터를 사용하는 것이 보통이지만, 선호도 F는 비율척도가 아니라 특정 현상의 존재 여부(0/1)를 측정하는 이진 척도로 측정되는 경우가 많다.
2. 대부분 지도 중첩 연구에서 평가에 사용되는 환경 요소는 연속적인 비율척도 수치가 아니라 지질이나 토양 유형과 같은 범주형 데이터를 활용하는 것이 적절하다.
3. 회귀분석에서는 모형이 설명하지 못하는 오차항의 존재를 전제로 한다. 특히 지리 정보 분석에서 가장 핵심적인 개념 중 하나인 공간적 자기상관은 오차항으로 계산된 회귀 잔차의 분포가 공간적으로 독립적이지 않을 가능성이 크다는 것을 의미한다.

이러한 문제는 범주형 데이터 분석을 사용하여 해결할 수 있다. 범주형 데이터 분석에서 종속 변수는 확률 대신 사건 발생의 '경우의 수'가 되고, 회귀모형은 각 기준 변수의 구성원 확률 집합을 이용해 적합시킨다(Wrigley, 1985 참조). 이어서 모든 변수의 매개변수 항들은 확률의 곱셈 법칙에 따라 곱해지며, 결과적으로는 경우의 수를 로그 변환한 형태의 회귀모형인 로그 선형 모형이 얻어진다. 이 형태의 모형 추정은 상대적으로 복잡한 과정을 거쳐야 하는데, 대표적으로 두 가지 방법이 채택되고 있다.

왕과 언윈(Wang and Unwin, 1992)은 범주형 모형을 사용하여 주어진 각 조건의 중첩을 고려한 산사태 발생 확률을 추정하였다. 모형의 기본적 형태는 다음과 같다.

$$P(\text{landslide}) = f(\text{slope aspect, rock type, slope angle}) \qquad (11.21)$$

여기서 등식의 오른쪽에 있는 모든 기준 변수는 범주형 데이터이다. 로지스틱 회귀분석(Logistic Regression)에서는 범주형 데이터와 숫자 데이터를 동시에 입력 레이어로 사용할 수 있다는 장점이 있다. 도로나 기타 토지이용 활동과의 근접성을 입력 레이어로 사용하여 산림 파괴 위험을 예측한 연구들도 로지스틱 회귀분석을 사용한 중첩 분석의 사례에 해당한다(Apan and Peterson, 1998; Mertens and Lambin, 2000; Sernels and Lambin, 2001 참조).

마지막으로, 지금까지 설명한 분석 기법들, 특히 모형 기반 접근법을 사용하는 많은 연구자가 자신의 분석이 중첩 분석의 한 유형임을 자각하지 못하는 경우가 많다는 점을 주목할 필요가 있다. 모형 기반 접근법은 중첩 분석이라기보다 연구 지역에서 수집된 표본 데이터 집합을 사용한 일종의 공간 회귀모형에 가깝기 때문이다. 하지만 일련의 입력 지도 레이어를 종합하여 최종 결과 지도를 도출한다는 점에서 모형 기반 접근법 역시 중첩 분석의 한 종류라고 할 수 있다. 그런 관점에서 모형 기반 접근법을 이용한 적합도 분석에서도 분석 결과를 해석할 때, 입력 데이터의 공간적 위치 정확도와 축척에 따른 데이터 정밀도가 분석 결과의 신뢰도에 큰 영향을 준다는 사실을 기억하여야 한다. 또한 입력 데이터가 독립적인 무작위 표본이 아닌 이상, 입력 데이터와 분석 결과에 공간적 자기상관에 따른 한계가 분명히 존재한다는 점도 유의하여야 한다.

공간적 자기상관을 고려한 회귀모형인 공간적 자기회귀(Spatial Autoregression, Anselin, 1988)와 지리가중 회귀분석(Geographically Weighted Regression, Fotheringham et al., 2000; 2002; 8.5절 참조) 역시 회귀분석을 이용한 모형 기반 중첩의 한 유형으로 볼 수 있다.

11.7. 결론

이전 장들에서는 분석 대상 데이터가 단일 현상을 측정한 하나의 지도이고 그 지도에 나타난 공간적 패턴이 어떤 공간 작용의 결과인지를 분석하는 데 사용하는 기법에 관해 설명하였지만, 이 장에서는 다양한 입력 데이터를 통합하여 분석하는 기법을 다루었다. 일반적으로 중첩 분석에서는 상대적으로 분석의 목표와 목적에 따른 분석 전략도 명확하게 정의되어 있지 않다. 또한 중첩 분석은 사용되는 데이터의 품질이 분석 결과의 신뢰도에 큰 영향을 준다. 따라서 중첩 분석 결과를 해석할 때는, 사용된 데이터의 호환성, 좌표계 통일 문제 및 중첩 결과의 선호도 함수가 계산되는 방식에 세심한 주의를 기울일 필요가 있다.

중첩 분석에 필요한 입력 데이터의 정확도와 정밀도는 절대적인 기준이 있는 것이 아니라 분석 목적에 따라 달라진다. 이때 중첩 분석의 목적은 특정한 위험을 완화하거나 어떤 시설을 어디에 설치하는 것이 가장 적절한지를 결정하는 것처럼 정책적 결정과 관련된 경우가 많다. GIS를 사용하여 어떤 지역에 발생할 수 있는 공간적 변화의 가능성을 추정하는 것은, 분석의 결과를 공간적 의사결정에 반영하여 공간적인 변화를 유도한다는 것을 의미한다.

분석가가 상황에 맞는 (또는 비용을 부담하는 기관이나 사람의 요구 조건에 맞게) 결과 지도를 생산할 수 있다는 점은 중첩 분석의 장점이면서 동시에 가장 큰 약점이기도 하다. 앞서 언급한 데이터의 불확실성과 중첩 분석에서 사용하는 가중치의 분배 등 어떤 조건을 선택하느냐에 따라서 분석 결과가 상당히 달라질 수 있기 때문이다. 기술적으로 이러한 가변성과 불확실성을 해소하는 유일한 방법은 다양한 선택에 따라서 분석 결과가 어떻게 그리고 얼마나 달라지는지를 확인할 수 있는 민감도 분석(Sensitivity Analysis)을 같이 수행하는 것이다.

요약

- 지도 중첩은 GIS에서 널리 사용되는 분석 전략이다. 사용되는 데이터 유형에 따라 10개 이상의 중첩 형태가 있지만, 면-대-면(폴리곤) 중첩이 가장 일반적이다.
- 중첩 분석은 입력 데이터의 결정, 데이터 호환성 확보, 좌표계 통일, 지도 중첩 등 네 가지 단계로 이루어진다.
- 아핀(Affine) 변환을 이용한 좌표계 변환은 원점의 이동, 축의 회전 및 스케일링 과정을 통해 이루어진다. GIS에서는 보통 두 입력 지도에서 같은 지점들(즉 제어점)의 좌표를 획득하여 회귀분석을 이용해 변환에 필요한 매개변수를 얻는다.
- 폴리곤 중첩은 흔히 부울 분석으로 알려진 이진 분석에서 흔히 이용된다. 부울 분석은 조경 또는 경관계획 분야에서 자주 활용되는 체 지도화와 유사하다.
- 부울 중첩은 데이터를 지나치게 단순화하는 많은 가정에 기반하고 있다.
- 중첩은 데이터 기반 접근법과 지식 기반 접근법으로 분류할 수 있다.
- 부울 중첩 대신 색인 중첩, 가중 선형 조합, 근거 가중치, 회귀분석을 이용한 모형 기반 중첩 등과 같이 조금 더 복잡하지만, 논리적으로 더 타당한 중첩 분석 기법을 활용할 수도 있다.
- 공간 의사결정 지원 시스템에서는 중첩 분석의 변수별 가중치를 설정하는 다양한 방법이 활용된다.
- 이것들은 모두 기본 선호도 함수를 보정하는 방법으로 볼 수 있다.
- 이 장에서 설명한 다양한 약점과 한계에도 불구하고, 중첩 분석의 결과를 해석할 때 다양한 불확실성을 염두에 둔다면 중첩 분석은 매우 효과적인 지리 정보 분석 방법이다.

참고 문헌

Anselin, L. (1988) *Spatial Econometrics: Methods and Models* (Dordrecht, The Netherlands: Kluwer).

Apan, A. A. and Peterson, J. A. (1998) Probing tropical deforestation: the use of GIS and statistical analysis of georeferenced data. *Applied Geography*, 18(2): 137-152.

Aspinall, R. (1992) An inductive modelling procedure based on Bayes' theorem for analysis of pattern in spatial data. *International Journal of Geographical Information Systems*, 6(2): 105-121.

Bonham-Carter, G. F. (1991) Integration of geoscientific data using GIS. In: M. F. Goodchild, D. W. Rhind, and D. J. Maguire, eds., *Geographical Information Systems: Principles and Applications*, Vol. 2 (London: Longman), pp. 171-184.

Bonham-Carter, G. F. (1995) *Geographic Information Systems for Geosciences* (Oxford: Pergamon).

Burrough, P. (1993) Soil variability: a late 20th century view. *Soils & Fertilisers*, 56: 529-562.

Burrough, P. and Frank, A. U., eds. (1996) *Geographical Objects with Uncertain Boundaries* (London: Taylor & Francis).

Carver, S. J. (1991) Integrating multi-criteria evaluation with GIS. International *Journal of Geographical Information Systems*, 5(3): 321-339.

de Berg, M., van Kreveld, M., Overmars, M., and Schwarzkopf, O. 1997. *Computational Geometry: Algorithms and Applications* (Berlin and New York: Springer).

Douglas, D. (1974) It makes me so CROSS. Harvard University Laboratory for Computer Graphics and Spatial Analysis, Internal memorandum. Reprinted in: Peuquet, D. J., and D. F. Marble (1990) I*ntroductory Resources in Geographic Information Systems* (London, England: Taylor and Francis), pp. 303-307.

Eastman, J. R. (1999) Multi-criteria evaluation and GIS. In: P. A. Longley, M. F. Goodchild, D. J. Maguire, and D. W. Rhind, eds., *Geographical Information Systems, Volume: 1 Principles and Technical Issues* (Chichester, England: Wiley), pp. 493-502.

Eastman, J. R., Jin, W., Kyem, P. A., and Toledano, J. (1995) Raster procedures for for multi-criteria/multi-objective decisions. *Photogrammetric Engineering and Remote Sensing*, 61: 539-547.

Elwood, S. (2006) Critical issues in participatory GIS: deconstruction, reconstruction and new research directions. *Transactions in GIS*, 10: 693-708.

Fotheringham, A. S., Brunsdon, C., and Charlton, M. (2000) *Quantitative Geography: Perspectives on Spatial Data Analysis* (London: Sage).

Fotheringham, A. S., Brunsdon, C., and Charlton, M. (2002) *Geographically Weighted Regression* (Chichester, England: Wiley).

Franklin, J. (1995) Predictive vegetation mapping: geographic modelling of biospatial patterns in relation to environmental gradients. *Progress in Physical Geography*, 19(4): 474-499.

Gupta, R. P. and Joshi, B. C. (1990) Landslide hazard using the GIS approach—a case study from the Ramganga Catchment, Himalayas. *Engineering Geology*, 28: 119-145.

Hansen, H. S. (2005) GIS-based multi-criteria analysis of wind farm development. In: Hauska, H. and Tueite, H., eds: ScanGIS 2005—Proceedings of the 10th Scandinavian Research Conference on Geographical Information Science (Stockholm: Swedish Department of Planning and Environment), pp. 75-87 (available at also www.scangis.org/scangis2005/papers/hansen.pdf).

Harvey, F. (2008) *A Primer of GIS: Fundamental Geographic and Cartographic Concepts* (New York: Guilford Press).

Heuvelink, B. M. and Burrough, P. A. (1993) Error propagation in cartographic modelling using Boolean logic and continuous classification. *International Journal of Geographical Information Systems*, 7(3): 231-246.

Jankowski, P. and Nyerges, T. (2001) *Geographic Information Systems for Group Decision Making* (London: Taylor & Francis).

Jibson, Randall W., and D. K. Keefer (1989) Statistical analysis of factors affecting landslide distribution in the new Madrid seismic zone, Tennessee and Kentucky. *Engineering Geology*, 27: 509-542.

Lee, S., and Choi, J. (2004) Landslide susceptibility mapping using GIS and the weight-of-evidence model. *International Journal of Geographical Information Science*, 18(8): 789-814.

Maling, D. H. (1973) *Coordinate Systems and Map Projections* (London: George Philip).

Malczewski, J. (1999) *GIS and Multicriteria Decision Analysis* (New York: Wiley).

Malczewski, J. (2000) On the use of weighted linear combination method in GIS: common and best practice approaches. *Transactions in GIS*, 4(1): 5-22.

Mather, P. M. (1995) Map-image registration using least-squares polynomials. *International Journal of Geographical Information Systems*, 9(5): 543-545.

McHarg, I. (1969) *Design with Nature* (New York: Natural History Press).

Mertens, B. and Lambin, E. F. (2000) Land-cover-change trajectories in Cameroon. *Annals of the Association of American Geographers*, 90(3): 467-494.

Morad, M., Chalmers, A. I., and O'Regan, P. R. (1996) The role of root-mean- square error in geo-transformation of images in GIS. *International Journal of Geographical Information Systems*, 10(3): 347-353.

Openshaw, S., Carver, S., and Fernie, F. (1989) *Britain's Nuclear Waste* (London: Pion).

Saaty, T. L. (1977) A scaling method for priorities in hierarchical structures. *Journal of Mathematical Psychology*, 15: 234-281.

Serneels, S. and Lambin, E. F. (2001) Proximate causes of land-use change in Narok District, Kenya: a spatial statistical model. Agriculture, *Ecosystems and Environment*, 85: 65-81.

Sieber, R. (2006) PPGIS: a literature review and framework. *Annals of the Association of American Geographers*, 96: 491-507.

Sparkes, A. and Kidner, D. (1996) A GIS for the environmental impact assess- ment of wind Farms. Available at http://proceedings.esri.com/library/userconf/europroc96/PAPERS/PN26/PN26F.HTM.

Tomlin, D. (1990) *Geographic Information Systems and Cartographic Modeling* (Englewood Cliffs, NJ: Prentice Hall).

Unwin, D. J. (1995) Geographical information systems and the problem of error and uncertainty. *Progress in Human Geography*, 19(4): 549-558.

Unwin, D. J. (1996) Integration through overlay analysis. In: M. Fischer, H. J. Scholten and D. Unwin, eds., *Spatial Analytical Perspectives in GIS* (London: Taylor & Francis), pp. 129-138.

Unwin, D. J. and Mather, P. M. (1998) Selecting and using ground control points in image rectification and registration. *Geographical Systems*, 5(3): 239-260.

Veregin, H. (1989) Error modelling for the map overlay operation. In: Goodchild, M. F. and Gopal, S., eds., *Accuracy of Spatial Databases* (London: Taylor & Francis), pp. 3-18.

Wang, S. Q. and Unwin, D. J. (1992) Modelling landslide distribution on loess soils in China: an investigation. *International Journal of Geographical Information Systems*, 6(5): 391-405.

Wrigley, N. (1985) *Categorical Data Analysis for Geographers and Environmental Scientists* (Harlow, England: Longman).

12 공간 분석에 관한 새로운 접근

내용 개요

• 이 마지막 장에서는 컴퓨터를 이용한 복잡한 계산을 포함하는 지리 연산(Geocomputation)이라고 불리는 지리 정보 분석 방법에 관해 설명한다. 지리 연산을 이용한 지리 정보 분석은 앞 장에서 설명한 내용과 크게 두 가지 점에서 차이가 있다. 첫째, 이 장에서는 최근에 등장한 많은 새로운 분야를 소개하는 것이 주된 목적이므로, 소개된 각 분야나 기법에 관해서 더 자세한 설명이나 최근 동향에 관한 내용을 알고 싶으면 필요하면 참고 문헌에 제시된 자료들을 참고하는 것이 유익하다는 점이다. 둘째는 이 장에서 소개하는 대부분 기법이 비교적 최근에 개발되었다는 점이다. 여기서 소개하는 기법들의 효과와 장단점에 대해서는 여전히 다양한 연구가 활발하게 이루어지고 있고, 그중 어떤 기법이 앞으로 대중적인 지리 정보 분석 기법으로 활용될지는 분명하지 않다. 따라서 이 장에서 설명하는 내용은 완전하지 않으며, 경우에 따라서는 바뀔 가능성이 크다고 할 수도 있다. 하지만 저자들이 가능한 한 최신의 기술적 유행이 아니라 과학적 패러다임의 변화를 반영하여 개발되었다고 판단되는 기법들을 골라서 설명하였으므로, 지리 정보 분석에 대한 새로운 접근 방식을 대표한다고 확신한다.
• 이러한 점을 고려하였을 때, 이 장의 주요 내용은 다음과 같이 정리할 수 있다.
• GIS 환경의 최근 변화를 이론적인 관점과 기술적인 관점으로 나누어 논의한다.
• 지리 연산(Geocomputation)의 개념과 발전 과정을 설명한다.
• 공간 모형화 분야에서의 최근 발전과 GIS와의 연관성을 설명한다.

학습 목표

• 급속하게 증가하는 데이터와 컴퓨터 처리 능력이 GIS 환경에 미치는 영향을 설명한다.
• 통계적 아이디어를 지리학적 연구에 적용할 때, 복잡성(complexity)이 미치는 영향과 의미를 간략히 설명한다.
• 인공지능(Artificial Intelligence: AI), 전문가 시스템(Expert System), 인공 신경망(Artificial Neural Networks: ANN), 유전 알고리즘(Genetic Algorithm: GA) 및 소프트웨어 에이전트(Software Agent) 등을 활용한 새로운 지리 연산 분석 기법의 개념을 설명한다.
• 셀룰러 오토마타(Cellular Automata)와 에이전트 기반 모형의 개념과 그 개념이 지리학적 연구에 어떻게 적용될 수 있는지 설명하고, 공간 모형을 GIS에 결합하는 방법을 개략적으로 설명한다.
• 지리 정보 분석에서 네트워크 및 클라우드 컴퓨팅 기술이 미치는 영향에 대해 설명한다.
• 온라인 가상 지구(Virtual Earth) 프로그램과 사용자 생성 지도 콘텐츠가 지리 정보 분석에 어떤 영향을 미칠 수 있는지 논의한다.

12.1. 변화하는 기술 환경

컴퓨터가 희귀하고, 비싸고, 거대하며, 소수의 전문가만이 접근할 수 있는 세상을 상상해 보자. 이것이 우리가 이 책에서 소개한 많은 기술이 처음 개발된 세상이었다. 각 장의 끝에 있는 참고 문헌을 보면 1950년대까지 거슬러 올라가는 연구 자료와 더 일찍 출판된 연구 자료들을 발견하게 될 것이다. 우리가 논의한 발전된 기법 중 일부는 이미 개발된 지 수십 년이 지난 이론에 기반하고 있다. 크리깅은 1960년대(Matheron, 1963)에 고안되었지만, 그 이론적 내용은 훨씬 오래전에 제안된 이론(Youden and Melich, 1937)에 기초하고 있다(Webster and Oliver, 2007). 리플리의 K 함수는 1976년에 발표되었다(Ripley 1976). 반면에 공간 분석의 최신 경향을 다루는 대표적인 학술지인 국제지리정보시스템학회지(International Journal of Geographical Information Systems: IJGIS)는 1987년에야 창간되었다. 공간 분석은 지리학 연구 도구로 GIS가 주목받기 이전에도 이론적으로 잘 정립된 분야였다. 요컨대, 현대의 GIS 시스템은 고전적인 공간 분석이 발명되었던 세계와는 매우 다른 세계에서 사용되고 있는 것이다.

물론 위에서 언급한 두 가지 방법(크리깅 및 K 함수) 모두 컴퓨터가 없다면 실행이 거의 불가능할 것이며, 앞에서 논의한 대부분 기법은 값싸고 강력한 데스크톱 컴퓨터가 등장하면서 본격적으로 개발, 활용되기 시작하였다. 컴퓨터가 처음 고안된 것은 이미 반세기 전이었지만, 이후 컴퓨터 성능의 발전 속도는 엄청나게 빨랐다. 1960년대 후반 미국에서 판매된 최초의 공학용 계산기는 당시 약 5,000달러, 즉 오늘날 가격으로 약 30,000달러였다. 요즘 구입할 수 있는 강력한 성능의 개인용 데스크톱 컴퓨터 10대를 살 수 있는 돈으로 30년 전에는 기초 산술, 삼각법 등만 가능한 18kg의 무거운 기계

개인용 컴퓨터 성능의 발전

저자 중 하나인 데이비드 오설리번(David O'Sullivan)이 처음으로 사용한 개인용 컴퓨터는 1980년 기준으로 최고 성능 데스크톱 컴퓨터인 애플 II+였다. 1-메가헤르츠 8-비트 프로세서와 64KB의 메모리(RAM)에, 하드디스크 드라이브 저장장치는 없었다. 그가 최근 구매한 컴퓨터인 '2008 빈티지' 모델은 2.6-기가헤르츠 32-비트 프로세서가 2개 탑재(애플 II+ 처리 능력의 약 2만 배 성능)되어 있으며, 비디오 카드에도 추가로 2GB의 RAM과 512MB의 RAM이 탑재되어 있다. 1980년대 애플 II+컴퓨터는 140KB 플로피 디스크만을 가지고 있었지만, '2008 빈티지' 모델은 500GB의 하드디스크 저장장치를 가지고 있다. 이 글을 작성하는 데 사용하고 있는 노트북 컴퓨터도 비슷한 사양을 갖추고 있다. 저자의 집에는 이외에도 비슷한 사양의 노트북 컴퓨터 3대와 스마트폰, 디지털카메라 등 기기들이 있는데, 그 각각이 30여 년 전 PC만큼(더 높지는 않더라도)의 처리 능력을 보유하고 있다.

를 하나밖에 살 수 없었다. 오늘날의 노트북 컴퓨터는 30년 전에는 방 크기만 했던 메인프레임 컴퓨터의 성능을 비교할 수 없이 싼 가격으로 제공한다.

위 일화는 흥미롭긴 하지만, 과연 공간 분석과는 무슨 관계가 있을까? 이 장의 내용을 통해 저자들이 설명하고자 하는 것은 컴퓨터 환경의 변화가 공간 분석을 수행하는 방식을 완전히 변화시켰다는 것이다. 이는 지금까지 설명한 모든 고전적인 개념과 기법이 더는 중요하지 않다는 것이 아니라, 컴퓨팅 환경의 발전이 공간 분석의 관점을 결정하는 연구 질문과 사용할 수 있는 분석 기법의 결정 모두에 영향을 미친다는 것을 시사한다. 이 주장에 반대하는 학자나 연구자도 있겠지만, 그에 관한 논쟁 역시 GIS와 공간 분석에 참여하는 모든 사람에게 광범위한 영향을 미칠 가능성이 있다.

공간 분석과 관련한 정보기술의 발전은 크게 두 가지 측면으로 나누어 볼 수 있다. 첫째, 컴퓨터 자체의 성능이 급속하게 발전하였으며 상대적으로 저렴한 가격에 활용할 수 있게 되었다는 점이다. 둘째로는, 컴퓨터를 이용해 분석할 수 있는 데이터가 풍부해졌고 쉽고 저렴하게 확보할 수 있게 되었다는 것이다. 이러한 변화는, 개선된 컴퓨터 성능으로 인해서 데이터를 얻기 쉬워졌다는 점과 폭발적으로 증가하는 데이터의 분석 필요가 컴퓨터 성능의 향상을 유도하기도 하였다는 점에서 상호의존적이다. 구체적으로는 다음과 같이 정리할 수 있다.

- 강력한 성능을 가진 컴퓨터를 예전보다 저렴하게 이용할 수 있다는 사실은 분명하지만, 현재 컴퓨터 성능의 상당 부분이 거의 사용되지 않거나 고성능 컴퓨터가 필요하지 않은 작업(문서 처리, 온라인 도서 구매, 위키백과 검색 등)에 사용되고 있다는 것을 지적할 필요가 있다.
- 데이터가 그 어느 때보다 저렴하고 풍부하다는 주장도 반박하기 어렵다. 정부 기관에서 수집한 인구 조사 데이터나 상세한 원격탐사 이미지와 같은 대규모 일반 데이터를 이전에 상상했던 것보다 더 편리한 형태로 연구자들이 쉽게 이용할 수 있게 되었다. 이들 데이터는 특정한 연구 목적을 염두에 두고 수집되는 것이 아니라는 점에서 일반(generic) 데이터라고 분류할 수 있다. 일반 데이터와는 달리, 특정한 연구 목적을 위해서 교란 변수 등을 적절히 제어한 고품질 데이터는 자연과학이나 사회과학을 막론하고 여전히 획득하기 어렵고 구하는 데 큰 비용이 필요하다(Sayer, 1992 참조)는 점은 기억할 필요가 있다.

GIS를 위한 컴퓨터 환경이 상당히 변화했다는 점은 반론의 여지가 없지만, 무엇이 어떻게 변했는지는 명확히 하는 것이 중요하다. 어떤 기술적인 변화도 앞의 장에서 논의한 공간 분석의 기본적인 개념을 근본적으로 바꾸지는 않는다.

이것은 때때로 현대의 기술 발전에 대한 지나친 기대 속에서 고수하기 어려운 진실이 될 수 있다. 또한 많은 데이터와 고성능의 컴퓨터를 사용하면 모든 지리학적 질문에 대한 해답을 찾을 수 있을 것이라는 단순한 기대도 경계할 필요가 있다. 우선, 공간적 현상은 그 작용 방식이 복잡하고 아무리 계산적으로 정교한 방법을 적용하여도 정확히 해석할 수 없는 경우가 많다. 데이비드 하렐(David Harel)의 책, 『Computers Ltd.: What They Really Can't Do』(2000)에는 컴퓨터를 사용하여 해결할 수 없고 결코 정확히 풀리지 않는 공간적 문제들이 다수 나열되어 있다. 둘째로, 대량의 데이터를 쉽고 저렴하게 구할 수 있다고 해서 지리학적 질문에 대한 해답을 쉽게 얻을 수 있는 것은 아니다. 그보다는 데이터가 풍부해지면 해당 지리 현상에 대해서 더 많은 연구 질문을 만들어 낼 수 있다고 하는 것이 더 타당하다. 더 많은 연구 질문은 대부분 경우 그에 적합한 더 많은 데이터를 수집해야 한다는 것을 의미한다. 기술 환경의 발전에 대한 이상의 유의점을 염두에 두고, 12.4절에서는 가장 최근의 기술적 발전에 대해서 살펴보도록 한다.

12.2. 과학적 환경의 변화

공간 분석에 관련된 기술 환경만이 변한 것은 아니다. 비교적 최근까지 과학적인 세계관은 선형적(Linear)이었다. 만약 세계가 정말로 선형적이라면, Y=a+bX와 같은 방정식은 사물 사이의 관계를 항상 유효하게 설명할 수 있다. 더 중요한 점은 선형적 세계관에서는 Y에 대한 X의 효과는 Y에 영향을 미칠 수 있는 다른 모든 요인과는 전혀 무관하다는 것이다. 우리는 공간적 현상 대부분은 이런 단순한 세계관으로 설명하기 어렵다는 것을 잘 알고 있다. 단순한 Y=a+bX 식으로는 요인 간의 관계를 정확히 설명할 수 없기 때문이다.

공간 현상에서 대부분의 관계는 비선형이다. 즉 X가 약간 증가하면 Y는 약간 증가하거나 많이 증가할 수도 있고, Y에 영향을 미치는 다른 모든 요인에 따라 Y가 감소할 수도 있다. 실제로 일상적으로 관찰할 수 있는 대부분 현상은 변수 사이의 상호 의존성과 상호 연관성이 높다. 오늘 기온은 어제의 대기 상태, 지상과 해수면 온도, 풍향과 속도, 강수량, 습도, 기압 등 수많은 요인에 의해 좌우된다. 그리고 이 모든 요인은 서로 복잡하게 연관되어 있다. 이러한 복잡성은 여러분에게도 익숙할 것이다. 예를 들어, 미국 연방준비제도이사회(U.S. Federal Reserve)가 금리를 0.25% 인하할 때, 25명의 전문가는 시장이 어떻게 반응할지에 대해 25개의 서로 다른 의견을 제시할 수 있는데, 실제로 시장은 어느 전문가도 예상하지 못한 26번째 방식으로 반응하는 경우가 비일비재하다. 사실 2008년 발생한 세계 금융 위기에 비추어 보자면, 앞의 문장은 실세계에서 발생하는 현상의 예측 불가능성을 과소평가하는 것처럼 보일 수도 있다. 정교한 논리로 무장한 과학이 이처럼 복잡한 실세계의 현상을 예측하는 데 번번이 실패하고 있음에도 불구하고, 실세계 현상에서 요인 사이의 관계를 단순히 선형적이라고 간주하는 관점은 꾸준히 지속되어 왔다. 이는 요인 간의 선형적 관계를 가정한 분석 기법과 기술이 상당히 효과적이었다는 점도 주요한 원인이라고 할 수 있다.

복잡성은 비선형적인 세계관을 반영한 새로운 과학적 접근법을 뜻하는 기술 용어이다(Waldrop, 1992 참조). 복잡계 시스템(Complex System)에 관한 연구는 열역학(Prigogine and Stensers, 1984)과 생물학(Kauffman, 993) 연구에서 비롯되었으며, 이 두 분야에서는 많은 상호작용 요소가 포함된 대규모 시스템을 다룬다는 것이 공통점이다. 복잡계 시스템에 관한 아이디어 중 일부가 점차 자연지리와 생물지리(Harrison, 1999; Malanson, 1999; Phillips, 1999), 그리고 인문지리와 사회과학 연구(Allen, 1997; Byrne, 1998; Portugali, 2000; Manson, 2001; O'Sullivan, 2004)에도 적용되기 시작했다. 아마도 복잡성 관점이 제공하는 핵심적 통찰은 비선형의 복잡한 시스템에서는 관련된 메커니즘을 완전히 이해하더라도 예측의 정확성에 한계가 있을 수밖에 없다는 것이다. 이것이 일기예보가 여전히 자주 틀리는 이유이고, 경제 예측이 거의 항상 틀리는 이유일 것이다.

비선형 세계관을 반영한 수학적 분석은 매우 다층적이고 복잡하기 때문에, 복잡계 시스템과 관련한 이론의 개발에는 고성능의 컴퓨터가 필수적이다. 이는 통계 분포를 수학적 계산으로 도출하는 것은 어렵지만 몬테카를로 방법을 이용한 컴퓨터 시뮬레이션으로는 쉽게 유도할 수 있다는 사실과 일맥상통한다. 최근까지 과학이 현실 세계에 명백하게 존재하는 복잡성의 문제를 무시하고 선형적 세계관을 고수하는 태도를 유지한 것은 단순히 기존의 선형적 관점이 충분히 효과적이었기 때문이 아니라, 복잡성을 고려한 대안적 관점을 추구하기 위한 개념적 또는 현실적 도구의 사용이 불가능하기 때문이었을 수도 있다. 갈릴레오의 망원경이 새로운 천문학 연구를 가능하게 한 것과 마찬가지 방식으로, 현대의 컴퓨터는 복잡계 시스템이라는 "새로운" 세계 탐사를 가능하게 하고 있다. 연구 프로그램의 도구와 개념은 항상 이러한 방식으로 상호 보완하는 방식으로 발전해 왔다. 복잡계 시스템과 컴퓨터 기술의 상호 보완적 발전 역시 이미 오래전에 워렌 위버의 예언적인 논문(Weaver, 1948)을 통해 예견된 바 있다.

이 장의 주요 주제는 모두 과학적 도구(컴퓨터)와 과학적 아이디어(세계는 복잡하고 단순한 선형 수학적 모형으로 설명할 수 없음)의 상호 보완적인 변화가 지리학 연구와 GIS 분석 분야에 적용된 사례로 볼 수 있다.

- 컴퓨터 성능이 향상되면서 대량의 데이터를 이용해 이전에는 발견할 수 없었던 공간 작용이나 관계에 포함된 흥미로운 패턴을 탐색하기 위한 자동화된 "지능형" 분석 도구를 개발하려는 시도도 증가하였다. 이러한 추세의 초기 사례인 GAM(지리 분석기)에 대해서는 6.7절에서 이미 논의하였다. 12.3절에서는 GAM을 지리 연산의 맥락에서 설명한다. 이 장에서 논의하는 많은 기법은 공간 현상의 패턴이 발생하는 원인에 대해 특정의 수학적 가정을 전제하지 않기 때문에, 비선형적 현상의 분석에 더 유용하게 활용할 수 있다.
- 컴퓨터 모형화와 시뮬레이션은 지리학 연구에서 점점 더 그 중요성이 커지고 있다. 컴퓨터 모형은 관측 가능한 현상을 발생시키는 실제 인과 메커니즘의 관점에서 세계를 있는 그대로 표현하는 것을 목표로 한다는 점에서 4장에서 논의된 통계적 작용 모형과는 구별된다. 컴퓨터 시뮬레이션을 통한 모형화는 일반적으로 연구 중인 복잡계 시스템을 구성하는 요소를 명시적으로 나타낸다. 12.4절에서는 컴퓨터 모형화를 GIS와 연계하는 방법에 관해 설명한다.

12.3. 지리 연산

공간 분석을 둘러싼 과학적 환경과 기술 변화에 대한 GIS 및 공간 분석 분야의 가장 직접적인 대응은 지리 연산(Geocomputation)이라는 새로운 개념으로 분류할 수 있는 일련의 새로운 기법이었다. '지리 연산'이라는 용어는 학술대회나 학술지의 특별호나 해당 분야에서 선도적으로 발표된 두 편의 논문(Longley et al., 1998; Abrahart and Openshaw, 2000)을 통해 학술 분야에서 소개되었는데, 논문의 저자들에 따라서 그 개념 정의가 조금씩 달라서 그 의미를 명확히 밝히기는 여전히 어렵다. 가장 단순한 의미에서 지리 연산은 "예전의 기법으로는 해결할 수 없는 너무 복잡한 공간적 문제를 해결하기 위한 컴퓨터의 사용"으로 정의할 수 있다. 이러한 정의는 상당히 모호하기도 하다. 예를 들어, 이 정의에 따르면 일반적으로 사용되는 GIS 도구를 지리 연산의 한 종류로 볼 수 있는지를 판단하기 힘들다. 지리 연산이 계량 지리학 연구에서 사용되어 온 기법들과 어떻게 구별되는지도 불분명하다. 비록 천공카드를 이용해 프로그램을 입력해야 했던 방 크기만 한 느리고 시끄러운 컴퓨터였다고 하더라도, 계량 지리학 연구에서 컴퓨터는 거의 항상 사용되었기 때문이다.

이 장에서는 지리 연산이라는 용어를 컴퓨터 시뮬레이션을 이용한 다양한 공간 분석 접근법을 포괄하는 개념으로 사용하는, 어떤 식으로 정의하건 지리 연산은 결국 공간 분석을 위한 계산의 복잡성을 대표하는 개념이다(Harel, 2000). 지리 연산의 개념과 정의에 대해서는 12.4절에서 더 자세히 설명하도록 하고, 현재로서는 다양하고 복잡한 공간 문제를 분석하고 이해할 수 있도록 하려고 프로그래밍 알고리즘과 컴퓨터 데이터 구조의 개발에 중점을 두는 접근 방식으로 이해하는 것으로 충분하다. 지리 연산에 관한 선구적인 연구는 영국 리즈 대학교(Leeds University)의 스탠 오픈쇼(Stan Openshaw) 교수에 의해 시작되었으며, 그가 재직하고 있던 계량지리 연구센터(Center for Computational Geography)에서 꾸준히 진행되고 있다. 그들의 관점은 다음과 같은 연구 질문에서 출발하고 있다. "(비싼) 인간의 뇌 대신 (값싼) 컴퓨터 성능을 활용하면 지리 공간 데이터에서 특정한 패턴을 발견하는 데 도움이 될까?" 이 질문에 기반한 대부분의 분석 기법은 인공지능(Artificial Intelligence: AI) 기술에서 유래한 것이며, 이 점이 아마 지리 연산 접근법이 이전의 분석 기법과 가장 명확하게 다른 부분일 것이다. 인공지능이라는 개념 역시 연구자에 따라 다양하게 정의될 수 있는 폭넓은 분야다. 여기에서는 지리학 문헌에서 초기에 사용된 의미로 인공지능의 개념을 사용한다.

> 인공지능(AI)은 인간이나 다른 생명체가 사용하는 정보 처리 단계를 정확하게 모방할 필요 없이, 컴퓨터에 지능형 생명체의 지적 능력을 부여하려는 시도이다. (Openshaw and Openshaw 1997, p.5)

물론 컴퓨터에 지적 능력을 부여하는 데에는 수많은 방법이 있을 것이다. 애초에 그것이 가능한지에 관한 논의는 접어 두고, 특정 분야(예를 들어, 체스나 바둑)에서는 컴퓨터 프로그램이 어떤 인간 전문가보다 더 뛰어난 결과를 보인다는 사실에 주목할 필요가 있다. 어쨌든 지금까지 등장한 여러 가지 인공지능 기술이 지리학적 문제에도 적용되어 활용되고 있다.

먼저, 앞에서 설명한 지리 분석기(GAM)의 사례(6.7절 참조)를 되짚어 보고, 이 장에서 설명하는 인공지능의 관점에서 지리 분석기가 왜 지능적이라고 할 수 없는지 논의해 보자. GAM은 연구 영역을 전체적으로 돌아다니면서 모집단 위험도와 비교해 현상의 발생 횟수가 비정상적으로 많은 지역이 있는지 확인하는 방식으로 작동한다. GAM은 전체 연구 영역을 스캔하기만 하고, 스캔 과정에서 얻은 결과를 이후의 동작을 수정하는 데 전혀 반영하지 않기 때문에 지능적인 접근 방식이 아니다. 마찬가지로 GAM에서는 연구 영역을 스캔할 때도 일정 반경의 원만 사용하고 다른 형태의 영역을 사용하지 않는다. 반면에 지적인 인간 전문가는 문제에 접근할 때 조사 중에 나온 특이 사항을 반영하여 조사 계획을 수정하고 능동적으로 조사를 진행한다. 예를 들어, 조사가 진행됨에 따라 연구자는 의심스러운 군집이 이미 확인된 다른 영역과 유사한 특성을 보이는 영역에 특히 주의를 기울일 가능성이 크다. 예를 들어, 고압송전선과 관련된 다수의 선형 군집이 초기에 발견되었다면, 이후 조사는 이러한 현상의 반복 여부를 집중적으로 조사하는 방식으로 변경될 수 있는 것이다. 그러한 적응력과 이전에 획득한 정보를 효과적으로 사용하는 능력, 즉 학습 능력이 지능(Intelligence)의 핵심 요소이다.

전문가 시스템

인공지능 접근 방식의 가장 초기 사례 중 하나는 전문가 시스템(Expert System)이다(Naylor, 1983 참조). 전문가 시스템은 특정 분야에서 해당 분야 전문가들의 지식을 수집하여 공식적인 표현을 구성하려는 것이다. 전문지식의 공식적 표현 집합인 지식 기반(Knowledge Base)은 다음과 같은 형태의 생산 규칙(Production Rule) 집합으로 저장된다.

$$\text{IF} \langle \text{조건} \rangle \text{ THEN } \langle \text{동작} \rangle \qquad (12.1)$$

예를 들어, 운전기사 전문가 시스템에는 다음과 같은 생산 규칙이 있을 수 있다는 것이다.

$$\text{IF} \langle \text{적색등} \rangle \text{ THEN } \langle \text{정지} \rangle \qquad (12.2)$$

실제 생산 규칙은 이보다 훨씬 더 복잡하며 최종 동작이 결정되기 전에 중간 동작에 가중치나 확률을 할당하는 것을 포함할 수 있다. 운전기사 시스템보다 더 좋은 예는 환자의 증상에 대한 정보를 사용하여 질병 진단에 도달하는 의료 진단 전문가 시스템이다. 일부 권장 조치에는 추가 증상에 대한 테스트가 필요할 수 있으며, 최종 답변을 얻기 위해 복잡한 일련의 규칙을 따른다.

전문가 시스템에서 지식 기반의 어떤 규칙을 어떤 순서로 적용할지 결정하는 것은 추론 엔진(Inference Engine)이 담당한다. 전문가 시스템의 다른 구성요소로는 지식 습득 시스템(Knowledge Acqusition System)과 출력 장치(Output Device)가 있다. 전문가 시스템은 출력 결과에 도달하기 위해 어떤 규칙이 사용되었는지를 저장함으로써 그 결론에 도달한 이유를 "설명"할 수 있다. 전문가 시스템은 체스와 의학 진단 등 여러 분야에서 상당히 성공적으로 사용되어 왔다. 또한 전문가 시스템이라는 것이 드러나지 않는 수많은 내장형 프로세서 응용 프로그램에서 많이 사용되고 있다. 최근 대부분 자동차에서 사용되는 (주행 조건, 온도, 엔진 온도에 따라 연료 분사량을 결정해 주는) 연료 분사 제어 장치와 ABS 제동 장치는 모두 전문가 시스템의 일종이라고 볼 수 있다. 일부 플라이-바이-와이어(FBW; fly-by-wire, 항공기 비행, 조종 시스템의 하나로서 직역하면 전선에 의한 비행이란 뜻으로 기계적 제어가 아닌 전기 신호에 의한 제어를 의미함, 역자 주) 비행기들은 조종사의 행동을 '해석'하기 위해 전문가 시스템을 사용하며, 그를 통해 조종사 실수로 인한 충돌 사고 등을 예방하는 역할을 한다.

전문가 시스템을 구축하는 데 있어 가장 큰 장애물은 지식 기반의 구축으로, 이전에 기록된 적이 없는 복잡한 인간 지식을 코드화해야 하기 때문이다. 따라서 지리학 분야에서도 전문가 시스템은 매우 제한적으로만 적용되었다. 지도 제작자의 지식은 쉽게 생산 규칙으로 코드화할 수 있을 것처럼 보인다는 이유로 지도학 분야에서 전문가 시스템을 적용하려는 시도가 몇 차례 있었으나, 아직 인공지능을 이용한 지도 제작 도구가 만들어진 사례는 없다. 대신 지도 설계 문제의 다양한 측면을 '해결'하는 단편적인 시도가 있었다(Joao, 1993; Wadge et al., 1993). 전문가 시스템 GIS를 구축하려는 보다 야심찬 시도는 스미스(Smith et al., 1987)에 의해 논의된 바 있다. 공간 분석 자체가 그 결론이 미리 정해지지 않은 개방적인 연구이고 분석 과정 자체도 가변성이 커서 공간 분석 전문가 시스템을 성공적으로 개발할 수 있을지는 명확하지 않다. 그보다는 컴퓨터가 공간 분석 과제의 단계에 대해 충분히 알고 있어 원하는 결과를 달성할 수 있는 후보 처리 단계 또는 작업 절차를 제안하는 대안적인 전문가 시스템이 더 타당한 것으로 보인다(O'Brien and Gahegan, 2004).

인공 신경망

전문가 시스템은 간접적으로 다음과 같은 이론에 그 기반을 두고 있다.

$$지식 + 추론 = 지능 \qquad (12.3)$$

반면에 인공 신경망(Artificial Neural Networks: ANN)은 다음과 같은 조금은 모호한 아이디어에 기반하고 있다.

$$두뇌와 같은 구조 = 지능 \qquad (12.4)$$

ANN은 뇌 기능의 매우 간단한 모형으로, 서로 연결된 인공 뉴런들의 집합으로 구성되어 있다. 뉴런은 다수의 입력과 출력을 가진 단순한 요소이다(McCulloch and Pitts, 1943). 각 출력 신호 값은 모든 입력 신호의 가중치 합 함수이다. 일반적으로 신호 값은 0 또는 1로 제한되거나 0~1 범위에 있어야 한다. 뉴런 사이의 상호 연결 패턴은 다양할 수 있는데, 대표적인 예가 그림 12.1에 개략적으로 나와 있다. 각 레이어는 이후 레이어에 연결된다. 명확성을 위해 다이어그램에서는 많은 상호 연결이 생략되어 있지만, 각 뉴런이 다음 층의 모든 뉴런에 연결되는 것이 일반적이다. 앞뒤의 마지막 뉴런

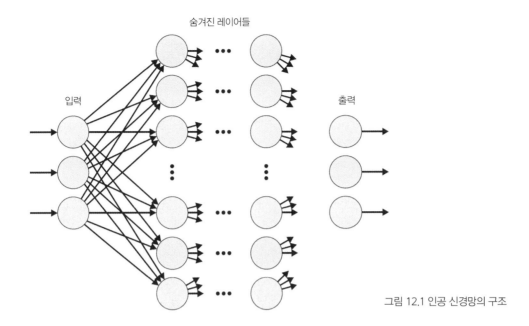

숨겨진 레이어들

입력

출력

그림 12.1 인공 신경망의 구조

집합은 각각 시스템 입력과 출력으로 기능한다. 일반적으로 입력과 출력이 연결되는 숨겨진 계층이 하나 이상 여러 개 존재한다.

네트워크는 감독(Supervised) 모드 또는 무감독(Unsupervised) 모드로 작동한다. 감독 모드 네트워크는 알려진 데이터 집합을 이용해 훈련(Train)된다. 훈련에서는 원하는 출력 결과가 알려진 데이터가 입력 단계에 공급된다. 네트워크는 원하는 출력이 얻어질 때까지 내부 가중치를 반복적으로 조정한다. 이 과정은 학습(Learning)이라고 생각할 수 있다. 일반적으로, 학습은 훈련 과정 동안 네트워크 연결 가중치가 얼마나 활동적인지에 비례하여 조정함으로써 진행된다. 무감독 네트워크는 입력 데이터의 서로 다른 조합이 군집 분석 솔루션과 유사한 서로 다른 출력 조합을 생성하는 상태로 전환된다는 점에서 전통적인 분류 절차와 더 유사하다.

지리학 연구 사례에서 ANN 입력은 원격탐사 이미지에서 서로 다른 주파수 밴드의 신호 레벨이 될 수 있다. 필요한 출력은 각 이미지 픽셀 위치의 토지 피복 유형을 나타내는 코드일 수 있다. 훈련 데이터는 연구 영역의 일부에 대해 알려진 위치에서 실제 측정된 토지 피복 정보로 구성된다. 네트워크 출력과 실제 데이터가 충분히 근접하게 일치하면 훈련이 중단된다. 이 시점에서 네트워크는 같은 종류의 새로운 데이터를 공급받으며 학습된 코딩 방식에 따라 출력을 생성한다. 이제 이 네트워크를 사용하여 원시 주파수 밴드 신호 레벨로부터 토지 피복 유형을 분류할 수 있다. 게히건 등의 연구(Gahegan et al., 1999)는 이러한 유형의 대표적인 적용 사례이다.

모든 신경망의 최종 정착 상태는 입력 데이터 X의 모든 조합을 많은 다변량 통계 방법의 결과와 유사한 값 Y의 출력 조합에 효과적으로 매핑하는 함수이다. 같은 작업을 수행하는 다변량 기법은 판별 분석 및 로지스틱 회귀분석이다. 그러나 이러한 조합은 잘 정의된 작은 수학 함수 집합의 조합으로 제한된다. ANN에 의해 발견되는 함수 관계는 이러한 제약이 적용되지 않으며 입력 및 출력 코딩 방식의 복잡성에 의해서만 제한되는 어떠한 형태도 취할 수 있다. 네트워크에서 사용되는 변수를 다차원 공간으로 상상하면 그림 12.2와 같이 도식적으로 표현할 수 있다.

그림에서는 쉬운 이해를 위해 변수 공간을 2차원 공간으로만 표시하였지만, 실제 문제에서는 데이터 공간에 더 많은 차원이 있으며 기하학적 구조가 훨씬 더 복잡하다. 서로 다른 두 유형의 관찰 사례는 흰색 점과 검은색 점으로 구분하여 표시하였다. 왼쪽 산포도에서 볼 수 있듯이 선형 분류 시스템은 직선으로만 결과를 추정할 수 있다는 한계가 있다. 오른쪽 산포도에서와 같이 ANN이 다양한 사례 지점의 분포를 정확하게 예측하는 추세선을 추정할 수 있는 것에 비하면, 선형 분류 시스템의 한계가 명확하게 드러난다. ANN을 이용하면 기존 방법보다 확장성이 크기 때문에 더 크고 복잡한 문제를 처리할 수 있다는 장점이 있다. 하지만 실제 적용해 보기 전에는 ANN이 다른 어떤 접근 방식보다 성능이 우수할지는 미리 알 수 없다.

신경망은 훈련 데이터 집합과 너무 밀접하게 일치하면 과잉훈련의 문제를 겪을 수 있다. 이는 네트워크가 훈련 데이터 집합의 특정 특이점을 너무 잘 학습하여 결과적으로 다른 데이터를 분류할 때 성능이 저하되는 것을 의미한다. 인간 전문가가 문제에 너무 익숙해지고 특정 진단을 선호하는 경향이 있어 다른 가능한 해답을 보기 어려워질 때 발생할 수 있는 문제와 유사하다고 생각할 수 있다. 과잉훈련 문제는 ANN을 설정하는 것이 학습을 통한 기술의 영역에 해당하며, 이 기술의 습득을 위해

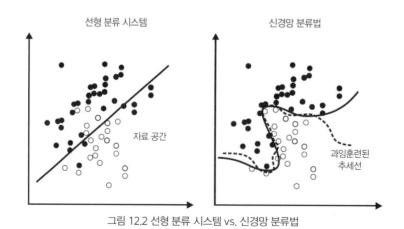

그림 12.2 선형 분류 시스템 vs. 신경망 분류법

서는 시간이 필요하다는 것을 의미한다. 또한 좋은 훈련 데이터의 선택 역시 중요하다.

아마도 ANN의 가장 골치 아픈 점은 그것이 정확히 어떤 방식으로 작동하는지와 그것이 제공하는 답변이 얼마나 정확한지를 알 수 없다는 것이다. 신경망 내부에서 어떤 작용이 이루어져서 결과를 결정하는지 알 수 없다는 의미에서 블랙박스 솔루션이라 불리는 것이다. 전문가 시스템에서는 결정에 사용된 생산 규칙이 시스템의 어느 부분에 있고 시스템이 어떻게 해답을 얻는지 명확하게 알 수 있지만, 신경망을 이용하면 시스템의 어느 부분이 무엇을 하고 있는지 전혀 알 수가 없는 것이다. 어떤 문제를 해결하는 데 신경망을 적용하면 우리는 미래에 비슷한 문제를 다시 효과적으로 해결할 수 있을지는 모르지만, 관련된 문제가 왜 발생하고 어떤 방식으로 해결할 수 있는지를 이해하는 데에는 더 가까워지지 않을 수도 있는 것이다. 인공 신경망의 이와 같은 문제점에도 불구하고 인공 신경망을 활용할 것인지 아닌지는 당신이 무엇에 관심이 있느냐에 달려 있다. 수백 기가바이트의 위성 영상을 이용해 지표 피복 지도를 제작하는 것이 당신의 일이고, 인공 신경망 방법을 이용해서 그 작업을 빠르고 정확하게 수행할 수 있다면, 그것이 실제로 어떤 방식으로 작동되는지 이해하지 못하는 것은 그리 중요한 문제가 아닐 수도 있다. 반면에 교외 신규 개발 현장의 화재 위험도를 평가하기 위해 신경망을 사용했다면, 개발업자나 토지 소유자, 보험회사의 담당자 등이 당신의 분석 결과에 대해서 질문할 때 "나는 잘 모르겠지만, 인공 신경망이 그렇게 말하네요."라고 대답할 수는 없을 것이다.

전문가 시스템과 ANN에 대한 소개와 지리학 연구에서의 활용 사례는 피셔의 리뷰 논문(Fischer, 1994)에 잘 정리되어 있다. 인공 신경망은 데이터 마이닝 기술의 종류로 볼 수 있는데, 데이터 마이닝이라고 하는 광범위한 범주의 접근법에 대해서는 밀러와 한(Miller and Han, 2008)이 지리학적인 맥락에서 잘 소개하고 있다.

유전 알고리즘

인공 신경망처럼 '어떻게'에 정보를 많이 제공하지 않으면서 답을 내는 인공지능 기술로는 또 유전 알고리즘(Genenic Algorithm: GA)이 있다. 인공 신경망처럼 유전 알고리즘 역시 자연 현상의 단순화된 모형을 채택하는데, 이 경우는 진화이다(Holland, 1975 참조). 동물과 식물의 진화는 본질적으로 오랜 시간에 걸친 시행착오의 과정이다.

여러 세대에 걸쳐 성공적인 것으로 판명되는 유전자 적응과 돌연변이가 개체군에서 우세하게 되었다. GA를 사용하여 문제에 접근하기 위해 먼저 후보 솔루션을 나타내는 코딩 체계를 고안한다. 가장 간단한 수준에서 각 솔루션은 100100110011101011000과 같은 이진수 문자열로 표시될 수 있다. GA

는 임의로 생성된 이 문자열들을 대량으로 조합하여 작동한다. 각각의 잠재적인 해결책은 문제에 대해 시도되고 그것이 얼마나 성공적인지를 적합도 기준(fitness criteria)에 따라 평가한다. 대부분의 초기 해결책들은 매우 저조한 결과를 보이지만(애초부터 무작위이므로), 일부는 더 나을 수도 있다. 각 세대에서 더 성공적인 해결책들이 다양한 메커니즘에 의해 새로운 세대의 해결책을 생산하기 위해 '번식(breed)'될 수 있도록 허용된다. 두 가지 번식 메커니즘은 다음과 같다.

- 크로스오버(Crossover)는 문자열 쌍 간에 부분 시퀀스를 무작위로 교환하여 두 개의 새 문자열을 생성하는 번식 메커니즘이다. 문자열 10101|001|01 및 01011|100|11이 표시된 지점에서 각각 끊어지고 문자열이 교차하면, 10101|100|01 및 01011|001|11이 만들어진다.
- 돌연변이(Mutation)는 모집단의 구성원 중 무작위로 비트를 "뒤집어(flip)" 새로운 결과를 만든다. 따라서 문자열 1010100101에서 다섯 번째 비트의 상태가 변경(1→0)되면 1010000101이라는 새로운 돌연변이가 생긴다.

이 방법들은 자연의 유전 메커니즘을 매우 단순하게 모방한 모형이지만, 모든 것을 완전히 뒤죽박죽 만들지 않고 살짝 흔드는 정도의 유전 메커니즘은 상당히 유용할 수 있다. 비교적 성공적인 해결책의 일부 측면은 반드시 유지되어야 하지만, 개선의 여지가 있다면 자연의 유전 메커니즘처럼 돌연변이의 출현을 상정한 작은 '교란'은 의미가 있다. 지나치게 극적인 돌연변이는 기능 장애로 이어질 가능성이 크고, 많은 작은 돌연변이는 솔루션의 품질에 뚜렷한 영향을 미치지 못할 수도 있지만, 여전히 일부 돌연변이는 개선으로 이어질 가능성을 가지고 있다.

번식 메커니즘을 통해 만들어지는 새로운 세대의 솔루션도 같은 방식으로 테스트하고 점수를 매겨 문제의 좋은 솔루션이 나올 때까지 여러 세대에 걸쳐 번식 과정을 반복한다. 이때 최종적인 결과는 당면한 문제에 대한 솔루션을 위한 가속화된 '교배 프로그램'이다. 유전 알고리즘이 만들어낸 문제 해결 방법은 인공 신경망과 마찬가지로 그 작동 방식을 명확히 알기 어렵다는 특징을 가진다. 공간 분석에서 문제는 관심 있는 분석 분야에 유전 알고리즘의 일반적 프레임워크를 어떻게 적용할 것인가 하는 것인데, 가장 큰 어려움은 해당 분석 문제에 적용할 적합도 기준을 고안하는 것이다. 결국 우리가 좋은 해결책을 설명할 줄 안다면, 유전 알고리즘에 의존하지 않고도 직접 해결책을 찾을 수 있을 것이다. 이것은 지식 기반을 구축해야 하는 전문가 시스템의 문제와도 일맥상통한다. 그런 이유 때문인지 공간 분석이나 GIS 문헌에서 유전 알고리즘을 다루는 경우는 그리 많지 않다(Brooks, 1997; Amstrong et al., 2003; Conley et al., 2005 참고).

에이전트 기반 시스템

마지막으로 살펴볼 인공지능 기반 분석 기법은 에이전트 기반 시스템(Agent-Based System) 기술이다. 에이전트는 다음과 같은 속성을 가진 컴퓨터 프로그램을 말한다.

- 자율성(Autonomy), 즉 독자적인 행동을 할 수 있는 능력을 가지고 있다.
- 반응성(Reactivity), 즉 환경에 대해 다양한 방식으로 반응할 수 있다.
- 목표 방향(Goal Direction), 즉 당면 과제를 해결하기 위해 그 능력을 활용한다는 의미이다.

현재 인공지능 기술 수준에 따라 에이전트는 각기 다른 수준의 지능을 가지고 있다. 또한 많은 에이전트는 상호작용을 하는 다른 에이전트와 의사소통을 할 수도 있다. 에이전트 기술의 가장 좋은 사례로는 구글 같은 인터넷 검색 엔진 공급자가 범용 자원 위치(URL) 및 항목의 광범위한 데이터베이스를 구축하는 데 사용하는 소프트웨어를 들 수 있다. 이러한 에이전트는 웹 페이지를 검색하고, 검색 중에 찾아낸 주제 및 키워드의 세부 정보를 컴파일하며, 동시에 세부 정보를 검색 엔진 데이터베이스에 다시 보고한다. 각 검색 엔진 회사는 이러한 에이전트 또는 로봇(Bot)을 동시에 수천 개씩 운영하고 있으며, 이는 사이버 공간을 색인화하는 효율적인 방법인 것으로 밝혀졌다. 이러한 형태의 에이전트 기술을 대형 지리 공간 데이터베이스 검색에 적용하는 방법에 대해서는 로드리그와 레이퍼의 연구(Rodrigue and Raper, 1999)가 선구적이다.

다른 에이전트와 통신할 수 있는 기능은 다중 에이전트(Multi-Agent) 시스템에서 문제 해결을 위해 다수의 에이전트가 동시에 사용될 때 필요한 핵심적인 속성이다. 에이전트 간 통신 기능을 통해 에이전트는 서로 이미 알고 있는 정보를 교환하는 방식으로 역할의 중복을 막을 수 있다. 오픈쇼(Openshaw, 1993)가 제안한 시공간속성체(Space-Time-Attributes Creature, STAC)는 다중 에이전트 시스템을 유전 알고리즘 아이디어와 결합한 것으로 당시로서는 매우 혁신적인 시스템이었다. STAC는 지리 공간 데이터베이스에서 생존하고 번식하며, 공간과 시간에서 특정 구성으로 배열된 반복적인 속성 패턴을 찾는 역할을 수행한다. 데이터베이스에서 번성했던 시공간속성체들은 데이터베이스에서 흥미로운 패턴을 찾아낸 것들이며, 그들의 번식은 더 많은 유사한 사례들을 찾아낼 수 있게 해 줄 것이다. 맥길과 오픈쇼(MacGill and Openshaw, 1998)는 GAM 기법을 개선하기 위한 방법으로 이 아이디어를 제안하기도 하였다. 연구 영역 전체를 체계적으로 탐색하는 대신, 한 무리의 에이전트가 공간을 탐색하면서 흥미로운 잠재적 군집이 어디에 있는지에 대해 서로 계속 소통한다.

이 접근 방식은 원래 GAM보다 더 효율적이며, 어떤 공간에서도 검색이 가능하도록 쉽게 수정하여 활용할 수 있다는 장점이 있다(Conley et al., 2005).

12.4. 공간 모형

이 책에서는 공간 작용 모형에 대해 자주 이야기했다. 앞에서 논의한 모형들은 대부분 통계학적인 것들이며, 있는 그대로의 세계를 나타낸다고 볼 수는 없다. 지금까지 논의한 가장 간단한 공간 작용 모형인 독립 무작위 작용(Independent Random Process: IRP)은 그 결과가 공간상에 어떤 패턴으로 나타나는지를 가정하지 않는다.

IRP를 검토하기 시작할 때, 우리는 적어도 부분적으로는 관측된 공간 패턴에 원인이 되었을 것으로 보이는 가정된 프로세스에서 파생된 모형을 설명한다. 예를 들어, 푸아송 군집 과정에서, '부모' 집합은 표준 IRP에 따라 분포한다. 하지만 각 부모의 '자녀'는 부모를 중심으로 무작위 분포하고 최종 분포는 자손으로만 구성된다. 이러한 과정을 종자의 확산을 통해 식물의 확산을 설명하는 이론과 완전히 분리해서 설명하기는 어렵다(Thomas, 1949 참조).

이는 관찰 가능한 지리적 세상을 생성하기 위해 작동하는 실제 프로세스와 메커니즘을 명시적으로 나타내는 작용 모형을 개발하려는 아이디어로 자연스럽게 이어진다. 그러한 모형은 세 가지 다른 방법으로 사용될 수 있다.

- 5장에서 논의한 바와 같이 고전적 공간 분석에서의 패턴 측정과 가설 검정의 근거로 사용
- 현실 세계에서 다음에 무슨 일이 일어날지 예측하기 위해
- 공간 작용이 실제로 작동하는 방식을 탐색하고 이해할 수 있게 하려고

우리가 통계적 분석 결론에 대해 충분히 신중한 태도를 취하고 통계적 방법이 가설을 입증하는 것이 아니라 대립 가설을 뒷받침하는 증거만 추가하는 것이라는 사실을 잊지 않는다면, 통계 모형을 사용하는 것이 그 본질이나 외부 현실을 나타내는 방식에 대해 심각한 의문을 제기하지는 않는다. 그러나 현실의 표현으로서 작용 모형을 진지하게 대할 때, 그 타당성에 대한 우리의 판단은 최소한 통계 분석의 결과만큼 중요해진다.

예측 또는 탐색을 위해 모형을 사용하려는 때도 주의가 필요하다. 이 두 목적을 위해서 사용하는 모

형이 현실과 부합한다는 확신을 갖는 것이 중요하다. 실제 세계에서는 모든 것이 다른 모든 것과 연결되어 있다. 즉 실세계는 열린 시스템이다. 그러나 우리가 예를 들어 작은 나무숲의 역학을 모형화하고 싶다면, 지구의 기후 변화에서 벌목의 경제적 비용 편익에 이르기까지 나무숲과 잠재적으로 관련된 모든 요소를 포함하여 모형을 만드는 것은 실용적이지 않다. 대신 우리는 열린 세계의 닫힌 모형을 만들어야 한다. 예를 들자면, 외부 요인으로 취급되는 기후의 확률적 시뮬레이션을 사용하여 어느 정도 기후 변화를 반영한 닫힌 모형을 만들 수 있다는 것이다. 또한 모형의 사용자가 기후 혹은 기타 매개변수를 제어하여 가능한 여러 미래의 영향을 조사할 수 있도록 할 수도 있다. 실제로 이는 모형을 구축하는 중요한 이유이기도 하다. 즉 다양한 미래 시나리오를 탐색하기 위해서라는 것이다. 그러나 모형의 예측 능력을 평가할 때는 반드시 열린 시스템인 외부 세계와 닫힌 시스템으로 제한된 모형의 구별을 염두에 두는 것이 중요하다. 예를 들어, 1950년대 서유럽과 북미의 도시 주택 시장 모형은 늦은 결혼과 높은 이혼율 및 기타 사회적 변화, 그로 인한 소규모 가구의 증가, 그리고 이러한 영향이 아파트와 소규모 주택 단위에 대한 수요에 미치는 영향을 예상하지 못했다. 이러한 이슈는 피터 앨런(Peter Allen, 1997)이 인간 취락 체계의 설명을 위해서 모형의 사용을 고려할 때 비판적으로 논의한 내용의 핵심이다.

이 절에서는 예측적 공간 모형화에 일반적으로 적용되는 두 가지 현대적 기법을 살펴본다. 또한 그러한 모형을 GIS와 연계하고자 할 때 고려해야 할 몇 가지 일반적인 이슈에 대해 논의한다. 전통적인 공간적 상호작용 모형에 관해서는 다음 논문이나 책을 참고하기 바란다(Wilson, 2000; Fotheringham et al., 2000, ch.9; Bailey and Gatrell, 1995, pp.348-366).

셀룰러 오토마타

래스터 GIS에 적합한 간단한 스타일의 공간 모형이 셀룰러 오토마타(Cellular Automata: CA)이다. 셀룰러 오토마타는 일반적으로 같은 크기의 정규 격자 셀로 구성된다. 각 셀은 특정 순간에 제한된 수의 이산적 상태 중 하나에 있으므로 셀 상태는 명목 변수이다. 모형에서 모든 셀의 상태는 격자에서 셀과 인접 셀의 현재 상태에 따라 어떤 셀 상태 변화가 발생하는지 정의하는 규칙 집합에 따라 매 시간 단계에 동시에 변경된다.

이 간단한 정규 격자 프레임워크가 얼마나 유용할 수 있는지는 그림 12.3의 간단한 사례를 통해 살펴보자. 여기서 정규 격자는 20개의 셀로 이루어진 1차원 행이며, 아래로 이어진 다이어그램의 각 행은 셀룰러 오토마타의 진화에 따른 각 변화 단계를 나타낸다. 각 셀의 진화는 자신의 상태와 양쪽

그림 12.3 간단한 셀룰러 오토마타의 사례. 단일 순간의 격자 상태는 셀의 행으로 표시된다. 이어지는 격자 행은 격자 상태의 변화를 연속적으로 보여 준다.

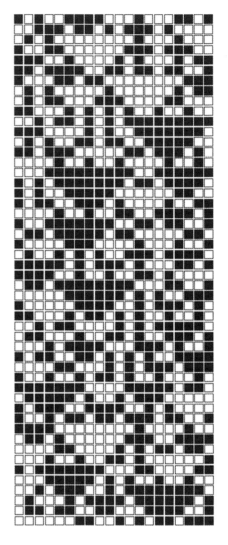

에 인접한 셀의 상태에 영향을 받는다. 끝에 있는 셀은 반대쪽 끝 셀을 인접 셀로 가지는 것으로 간주한다. 이 오토마타의 규칙은 자신과 인접 셀을 포함한 세 셀 중 검은색 셀이 홀수 개이면 다음 단계에서 검은색 셀이 되고, 그렇지 않으면 흰색 셀이 된다는 것이다. 다이어 그램의 맨 위에 있는 임의의 배열에서 시작하여, 셀룰러 오토마타는 예기치 않게 풍부한 패턴을 빠르게 전개하며 변화하는 양상을 보이는데, 때로는 흰색이나 검은색 셀이 연속적으로 나타났다가 사라지는 삼각형의 변화 패턴이 분명하게 드러나기도 한다.

가장 고전적인 셀룰러 오토마타라고 할 수 있는 존 콘웨이(John Conway)의 생명 게임(Game of Life)은 그림 12.3의 사례보다는 조금 더 복잡하다. 생명 게임은 일반적으로 '살아 있는(검은색)'과 '죽은(흰색)'이라고 하는 두 가지 셀 상태가 있는 격자 모음에서 시작된다. 각 셀의 상태는 그 셀을 둘러싼 8개 인접 셀의 상태에 따라 변한다. 규칙은 간단하다. 죽은 상태의 셀은 8개의 인접 셀 중 살아 있는 셀이 세 개 이상이면 다음 단계에서 살아 있는 상태로 변하고, 살아 있는 셀은 인접 셀 중 살아 있는 셀이 두 개 이상이면 다음 단계에서도 살아 있는 상태로 남는다. 이 간단한 시스템의 복잡한 동작을 인쇄된 매체로는 전달하기 어렵지만, 생명 게임이 실행될 때는 수많은 흥미로운 셀 패턴이 반복적으로 발생한다는 것이 확인되었다. 글라이더(Glider) 또는 우주선(Spaceship)이라고 불리는 흥미로운 패턴은 일정한 모양을 유지하면서 격자를 여기저기 옮겨 다닌다. 흰색의 안정적인 패턴을 지속적으로 보이다가 글라이더에 부딪치는 순간에 극적으로 살아나는 구성이 발견되기도 한다. 어떤 셀 패턴은 원래 패턴으로 돌아가기 전에 일련의 구성을 반복하면서 "깜박이기도" 한다. 컴퓨터 웹브라우저의 검색 창에 "Game of Life"를 입력하여 검색하면 인터넷에 실시간으로 구현된 생명 게임 오토마타를 통해 이 모든 흥미로운 변화를 쉽게 확인할 수 있다. 생명 게임 오토마타에 관한 자세한 내용은 파운드스톤의 연구(Pound-stone, 1985)에서 확인할 수 있다.

셀룰러 오토마타의 단순한 원리와 그것이 만들어내는 흥미로운 패턴은 과연 지리학 연구와 무슨 관련이 있을까? 핵심은 지리적 작용을 간단한 상태와 변화 규칙으로 모형화하면 지리적 현상을 간단한 셀룰러 오토마타 모형으로 구현할 수 있다는 것이다. 생명 게임의 사례에서 알 수 있듯이 간단한 규칙으로도 매우 흥미로운 패턴 변화를 모형화할 수 있으며, 간단한 국지적 변화 규칙이 반복되면서 이동하여 크고 역동적인 전역적 구조를 발생시킬 수도 있다. 이는 관측 가능한 지리 현상의 복잡성에도 불구하고, 지리 현상을 복제하고 그 원리를 더 잘 이해할 수 있도록 하는 비교적 단순한 모형을 고안하는 것이 가능하다는 것을 시사한다(Coucleis, 1985). 지리학적 오토마타 모형에서 우리는 셀의 상태를 단순한 이진수 상태(on/off, alive/dead) 대신 식물 종이나 토지이용 유형을 나타낼 수 있는 더 의미 있는 상태로 바꿔서 사용한다. 변화 규칙은 해당 현상에 대한 지리학적 연구 결과를 반영하여 상황에 따라 시간이 지나면서 상태가 어떻게 변화하는지를 이론에 기초하여 결정한다.

실제로 지리학적으로 타당한 모형이 되기 위해서는 기본적인 셀룰러 오토마타 모형을 상당 부분 수정하여야 한다. 기본적으로 엄격하고 단순한 오토마타의 구조는 다양한 응용 분야에서 숫자 형식의 셀 상태, 둘 이상의 변수로 구성된 복잡한 셀 상태, 확률적 효과를 적용한 변화 규칙, 모든 방향으로 여러 셀 범위까지 확대된 비국지적 인접성 정의 및 "거리 조락" 효과의 반영까지 다양한 방식으로 수정하여 적용된 바 있다. 지리학 연구에서 셀룰러 오토마타 모형을 도입한 연구는 주로 도시 성장이나 토지이용 변화를 모형화한 사례들로 다음 연구들에서 잘 소개하고 있다(Clarke et al., 1997; Batty et al., 1999; Li and Yeh, 2000; Ward etal., 2000; White and Engelen, 2000). 셀룰러 오토마타를 적용하여 모형화하기 비교적 쉬운 지리학 연구 주제로는 산불 확산 모델링(Takeyama, 1997)과 식생이나 동물 개체군의 이동 역학(Itami, 1994) 등이 대표적이다.

에이전트 모형

셀룰러 오토마타 모형에 대한 대안으로 점점 더 인기를 얻고 있는 기법으로 에이전트-기반 모형(Agent-based Model)이 있는데, 이는 앞에서 설명한 자율적 지능형 에이전트의 또 다른 응용이다. 에이전트 기반 모형에서 에이전트는 공간 데이터베이스의 실세계에 적용하는 대신 시뮬레이션 환경에서 사람 또는 다른 행위자를 나타낸다. 예를 들어, 환경은 도심지를 나타내는 GIS 데이터일 수 있고 에이전트는 보행자를 나타낼 수 있다. 이 모형의 목적은 도심에서 발생할 수 있는 보행자 이동 패턴을 탐색하고 예측하는 것이다(Haklay et al., 2001 참조). 그 밖에도 개별 동물 이동 모형(Westervelt and Hopkins, 1999), 민족에 따른 거주지 분리 모형(Portugali, 2000), 인간 활동으로 인한 토지이용 변화 모형(Evans and Kelley, 2004; Jepsen et al., 2006; Manson, 2003; Parker et al., 2003), 취락 시스템의 진화 모형(Batty, 2001) 등 에이전트 기반 모형을 이용한 다양한 연구가 있다. 대규모 도시 교통 시뮬레이션 프로젝트인 미국 로스알라모스(Los Alamos) 국립 연구소의 트랜심스(TRANSIMS) 모형(Beckman, 1997)이나, 전염병 확산 모형(Toroczai and Guclu, 2007; Bian and Liebner, 2007) 등의 연구는 에이전트 기반 모형을 이용한 대규모의 야심 찬 프로젝트로 진행된 바 있다. 트랜심스 모형에서는 미국 텍사스주 댈러스-포트워스(Dallas-Fort Worth)와 같은 대규모 도시 지역의 도시 교통을 개별 차량 규모로 시뮬레이션하려고 시도하였으며, 이를 위해 가구 및 개별 근무지에 대한 매우 상세한 데이터 집합을 사용하였다.

에이전트 모형의 기본 아이디어는 미첼 레스닉의 1994년 책『Turtles, Termites and Traffic Jams』(국내에는 번역 출판되지 않음, 역자 주)에서 잘 소개하고 있지만, 엡스타인과 엑스텔의 책(Epstein and Axtell, 1996)에서 더 자세한 설명을 찾아볼 수 있다. 사회과학 연구에서 셀룰러 오토마타와 에이전트 기반 모형을 활용하는 방법과 유의점에 대해서는 길버트와 트로이츠의 논문(Gilbert and Troitzch, 2005)에 잘 정리되어 있다. 에이전트 모형은 경제학에서 사회인류학에 이르기까지 다양한 분야의 많은 연구자에게 공감을 불러일으킨 것으로 보이며(O'Sullivan, 2008), 모형화를 위한 도구도 다양하게 개발되었다. 물론 대부분의 모형화 도구는 사용자가 프로그램 코드를 직접 작성해야 하므로 사용이 쉽지는 않다. 대표적인 에이전트 모형 도구로는 MIT 미디어랩의 스타로고(StarLogo), 노스웨스턴대학의 넷로고(NetLogo), 시카고대학과 아르곤 국립 연구소(Argonne National Labo-ratories)가 공동개발한 리페스트(RePast)와 산타페연구소(Santa Fe Institute)의 스웜(Swarm) 등이 있다. 게다가 이들 모형화 도구를 GIS와 연결하여 활용하는 것은 여전히 매우 어려운 작업이다(Gimblet, 2001 참조).

그 외에 다른 주의 사항도 있다. 상세하고 역동적인 지도 출력을 생성하는 에이전트 모형과 셀룰러 오토마타는 그 결과를 분석하기가 매우 어렵다. 모형과 실제를 비교하는 통계량은 모형을 이용한 예측이 근삿값이라는 점에서 분석이 어려운 것이다. 공간 모형에서 정확한 예측을 기대하지 않는 이유는 이러한 유형의 모형이 세상의 복잡성과 내재적인 예측 불가능성을 포함하고 있기 때문이다. 사람이나 동물의 덧없을 수도 있는 움직임과 관련된 예측을 수행하는 모형을 어떻게 분석해야 하는지는 알기 어렵다. 셀룰러 모형에서는 일반적으로 더 영구적인 경관 특성과 관련된 예측이 주로 이루어지기 때문에 다루기 더 쉽지만, 해석의 어려움은 여전하다. 현재까지도 이러한 문제를 해결하는 방법은 거의 없으며, 이는 향후 연구를 위한 영역으로 남아 있다(Brown et al., 2005 참조).

지도 비교 기법을 사용하더라도, 공간 모형의 근본적인 문제는 남아 있다. 과거를 얼마나 잘 예측했는지를 조사하여 모형이 유효한지 아닌지를 통계적으로 판단할 방법이 없다는 것이다. 여기에는 두 가지 심각한 문제가 있다. 첫째, 모형이 과거 기록을 잘 예측한다는 사실은 그 모형을 미래 데이터에 적용한다면 어떤 성과를 낼지에 대해 아무것도 알려주지 않는다는 것이다. 따라서 과거의 알려진 시점(예, 1985년)에서 실행되는 모형을 설정하고 더 최근 알려진 시간(예, 2005년)까지 실행한 다음 모형의 예측이 양호한 경우에도 모형이 이후에 예측하는 것에 대해서는 제한적인 신뢰만 가질 수 있다. 이것은 열린 시스템인 실세계와 닫힌 시스템인 모형의 본질적인 차이에서 발생하는 문제이다. 둘째, 더 근본적으로 완전히 다른 모형을 통해서는 정확히 같은 결과를 만들 수 없고 따라서 완전히 다른 미래 예측을 계속한다는 보장이 없다는 것이다. 이를 평등성(Equifinality) 문제라고 하며, 통계에 어떤 내용이든 모형의 이론적 타당성이 예측의 유용성을 판단하는 가장 중요한 기준으로 남아 있다는 점은 인정힐 수밖에 없다.

모형과 GIS의 통합

GIS 관점에서 고려해야 할 중요한 점은 이들 공간 모형을 지리 공간 데이터에 어떻게 연결될 수 있는가이다. 여기서 쟁점은 GIS가 공간 분석이나 기타 통계 패키지와 어떻게 연계될 수 있는지에 대한 일반적인 문제와 유사하다. GIS에서 사용되는 지리 데이터 모형은 공간 모형화에 사용되는 데이터 모형과 다르다. 가장 중요한 차이는 GIS 데이터는 일반적으로 정적이지만 공간 모형에서 사용되는 데이터는 역동적이라는 것이다. GIS에서 래스터나 점, 선, 폴리곤 형태의 벡터 레이어로 정의된 지리 데이터는 도중에 그 형태가 바뀌지 않는다. 기하학적 형태의 변경이 필요한 경우에는 새로운 레이어를 추가하여 작성하게 된다. 표준 GIS에서 공간 모형을 구현하는 경우, 모형에서 시간 경과에 따라 어떤 변화가 발생할 때마다 새로운 레이어가 생성된다. 예를 들어, 계절 단위의 기후 변화를 모형화하는 경우, 100년이라는 시간 범위(장기 기후 변화 연구에서는 드문 경우가 아님)에 걸쳐, 400개의 GIS 레이어가 새로 만들어지고 이 레이어들을 저장, 처리, 검색 및 표출하는 데 엄청난 컴퓨터 처리 성능과 저장용량이 필요하게 된다. 물론 컴퓨터의 성능과 저장용량이 많이 발전하여 이러한 방식으로 문제에 접근할 수 있지만, 실제로는 시간이 지남에 따라 모형 객체의 기하학적 형태가 변할 수 있다는 사실을 수용하도록 GIS 데이터 구조를 재설계하는 것이 보통이다.

예를 들어, 시간 경과에 따른 지적 필지의 변화를 어떻게 처리할 수 있는지 생각해 보자. 그림 12.4

의 필지 구성을 보면 시점 t=0에는 총 6개의 필지가 있지만, 그 후 t=25 시점에는 한 필지가 분리되어 가운데 회색 필지에 통합되고, t=73 시점에는 다시 가운데 회색 필지의 왼쪽 아래 일부가 잘려나가 옆 필지로 통합되는 변화를 보여 준다. 그런 단순한 변화는 시작에 불과하다. 한 필지는 여러 개의 작은 구획으로 나누어질 수도 있고, 그중 일부는 같은 소유자가 보유할 수도 있다. 이러한 복잡한 기하학적 변화와 속성 변화를 데이터베이스에 기록하고 필요에 따라서 데이터베이스 검색을 통해 확인해야 한다면 문제가 더욱 복잡해진다. 공간 객체의 기하학적 관계는 기본적으로 '교차(Intersection)', '포함(Contained Within)' 및 '일정 거리 이내'의 인접성 관계로 쉽게 구분할 수 있지만, 여기에 '전, 후, 중'의 시간적 속성과 '~전부터', '~이후에'와 같은 상태를 나타내는 속성이 추가되면 데이터베이스 설계의 복잡성은 기하급수적으로 증가하게 된다. 시간에 따른 변화를 효과적으로 시각화하는 방법인 애니메이션 지도화를 위해 시공간 데이터에 신속하게 접근할 수 있도록 하는 방법에 대한 소프트웨어 설계 문제도 그 복잡성을 가중하는 역할을 한다. GIS에 시간 개념을 도입했을 때 발생하는 이와 같은 복잡성 문제는 GIS 연구에서 오랫동안 다뤄졌지만, 아직 만족할 만한 해결책이 제시되지 못하고 있다(Langran, 1992; O'Sullivan, 2005 참조).

GIS 환경에서 공간 모형을 사용하기 위한 통합적인 해결책이 없는 상황에서, 최근 경향은 다음과 같은 세 가지 접근 방식으로 나눠 볼 수 있다.

- 느슨한 결합(Loose Coupling), GIS와 공간 모형 사이에 파일이 공유되는 형태의 결합이다. 공간

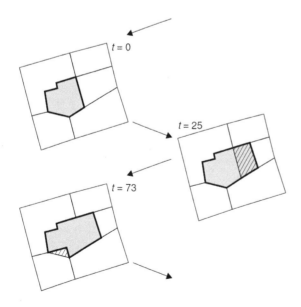

그림 12.4 동적 데이터의 문제

모형화 도구에서 모형과 관련한 계산이 이루어지고, 그 결과가 파일의 형태로 GIS 소프트웨어에 전달되어 GIS에서 결과를 지도화하거나 출력한다. 일반적으로 모형화 작업은 프로그램 코딩이 필수적이므로 GIS 파일을 직접 읽고 쓸 수 있도록 작성하는 것이 보통이다. 우수한 텍스트 편집기, 엑셀과 같은 스프레드시트 프로그램 및 데이터 변환을 위한 스크립트 프로그램 작성 기능 등이 필수적이다. 이러한 기술들은 앞으로도 오랜 기간 중요한 GIS 관련 기술로 남을 것이다.

- 긴밀한 결합(Tight Coupling). 데이터 전송이 파일 단위로 수행되기도 하지만, 각 시스템은 다른 시스템과 호환 가능한 형식의 파일을 공유한다. 현대 컴퓨터 아키텍처의 발전으로 각 시스템 프로그램이 독립적으로 실행되면서 동시에 지속해서 데이터를 교환하는 것이 가능해졌다. 하지만 GIS에서 움직이는 영상을 시각화하는 것이 여전히 어렵고, 각각의 이미지마다 새로운 파일이 필요하여서 상대적으로 느리다는 단점이 있다.

- 통합 모형 및 GIS 시스템(Integrated Model and GIS System). GIS와 공간 모형화 도구의 통합은 세 가지 방법으로 천천히 이루어지고 있다. (1) 공간 모형화 도구에 필요한 GIS 기능을 추가하는 방식. 공간 모형화 도구가 기본적으로 공간 좌표, 거리 측정 등의 기능을 포함하고 있기 때문에 상대적으로 쉬운 방식이다. (2) GIS에 공간 모형화 기능을 추가하는 방식. 공간 모형화 도구는 기존 GIS 기능과 프로그램 구조가 다르기 때문에 상대적으로 어려운 방식이다. (3) GIS 환경에서 공간 모형을 구축할 수 있는 프로그래밍 언어를 개발하는 방식 등이다.

이러한 접근 방식 간의 구별은 점점 불분명해지고 있다. 위에서도 언급하였듯이 파일 변환이 수행되는 방법과 시기에 따라 느슨한 결합과 긴밀한 결합은 혼재되어 사용되는 것이 보통이다. 특히 파이선(Python)과 같은 효율적인 스크립트 언어가 등장하고, 대부분의 GIS 소프트웨어와 공간 분석 도구에서 스크립트 언어를 광범위하게 접근할 수 있게 되면서 그러한 경향은 더욱 강화되고 있다. 또한 GIS의 많은 중요한 기능을 수행하는 무료 오픈소스 도구의 사용이 점점 더 보편화되면서 상용 GIS 소프트웨어가 아닌 모형화 플랫폼을 기반으로 통합 솔루션을 개발하는 경우가 점점 더 많아지고 있다.

피시래스터(PCRaster, Wesseling et al., 1996)는 일반화된 모형화 언어 접근 방식의 대표적인 사례이다. 네덜란드 위트레흐트 대학교(University of Utrecht)에서 개발된 이 시스템은 온라인(http://pcraster.geo.uu.nl)에서도 쉽게 접근할 수 있다. 피시래스터는 GIS 데이터베이스를 제공하는 확장형 셀룰러 오토마타 모형화 환경으로 가장 잘 알려져 있으며, 시계열 변화에 따른 래스터 레이어 스택(Stack)을 처리하는 기능을 포함한다. 또한 애니메이션 지도와 시계열 지도를 만들 수 있고, 함께 포함된 동적 모형화 언어(Dynamic Modeling Language: DML)를 이용하면 사면 방향 및 경사도 측정 등 내장된 래스터 분석 기능을 사용하여 복잡한 지형 모형을 비교적 쉽게 구축할 수 있다(9장 참조). 피시래스터에서는 크리깅 보간법을 사용하여 점 데이터에서 연속면을 쉽게 작성할 수도 있다(10장 참조). 래스터 GIS와 셀룰러 오토마타 모형은 이러한 형태의 통합에 매우 적합한 특성이 있다. 최근에는 국지적 규칙에 기반을 둔 셀룰러 오토마타 모형 아이디어를 공간 데이터의 불규칙한 비 격자 기반 데이터로 확장하려는 노력도 있다(Takeyama, 1997; O'Sullivan, 2001). 그렇게 되면 결국 모든 GIS 데이터 구조에 적용할 수 있는 일반화된 공간 모형화가 가능해질 수 있다. 에이전트 접근 방식은 유연성이 커서 장기적으로 그러한 통합을 위한 수단이 될 가능성이 더 높다(Benenson and Torrens, 2004 참조). 하지만 기술적인 문제 외에도 해결해야 할 과제가 많다는 사실도 기억해야 한다. 적절한 시공간 데이터 구조를 개발해야 하는 어려움 외에도, 일반화된 시스템에 필요한 일련의 동적 공간 함수를 정의하는 것 역시 만만치 않은 과제이다(O'sullivan, 2005 참조).

12.5. 그리드와 클라우드: 슈퍼 컴퓨팅 기초

눈치 빠른 독자들은 이 장에서 우리가 아직 지난 10여 년 동안 가장 주목할 만한 기술적 발전에 대해서 언급하지 않고 있다는 것을 알고 있을 것이다. 심지어 데스크톱 컴퓨터 성능의 발전도 인터넷과 월드와이드웹의 급속한 성장과 비교했을 때는 그 속도가 느려 보이기까지 한다. 월드와이드웹 인터넷은 그 자체로 분산형 네트워크 컴퓨팅으로 전환의 가장 가시적인 징후이다. 분산형 네트워크의 발전은 데이터와 온라인 실시간 컴퓨팅에 대한 실시간의 빠른 접근을 가능하게 해 준다. 구글이나 아마존과 같은 대규모 정보기술 기업들은 수만 개의 네트워크 프로세서를 일상적으로 운영하고 있으며, 이 프로세서를 사용하는 시간과 도구를 구매 가능한 상품으로 판매하고 있다. 이런 환경에서는 슈퍼컴퓨터가 필요한 경우 다른 사람의 네트워크에서 시간을 빌리는 것만으로 마치 슈퍼컴퓨터 사용하는 것과 같은 효과를 얻을 수 있다. "네트워크가 바로 컴퓨터"라고 처음 주장한 사람이 누구인지 명확하지 않지만, 그 말은 유명한 정보기술 기업인 썬 마이크로시스템(Sun Microsystems)의 기업 모토이고, 동시에 최근 급속한 분산형 네트워크 컴퓨팅의 발전을 예언한 표현이 되었다.

네트워크 컴퓨팅의 개념은 새로운 것이 아니지만, 현재 사용 가능한 네트워크의 규모는 그 유래를 찾아볼 수 없을 정도로 엄청난 규모이다. 고성능 컴퓨팅이 필요한 전문 분야(예, 전산 유체 역학, 생물 정보학 또는 입자 물리학)에서는 전통적으로 슈퍼컴퓨터를 사용하거나, 컴퓨팅 자원을 효과적으로 활용하기 위해 디자인된 맞춤형 '클러스터'에 의존해 왔지만, 최근에는 점점 더 분산된 아키텍처인 그리드(Grid) 또는 클라우드(Cloud) 컴퓨팅 환경을 활용하는 비중이 커지고 있다.

사실 새로운 아키텍처인 클라우드 환경은 배후에서 고도로 구조화되어 있지만 최종 사용자는 이 모든 것이 어떻게 작동하는지 걱정할 필요가 없다. 일반적으로 미들웨어(Middleware)라고 하는 컴퓨터 소프트웨어가 특정 문제를 잘게 나누어서 많은 프로세서에서 어떻게 분할 실행할 것인지를 결정한다. 최종 사용자는 프로세서 사이의 작업 할당에 관한 문제에는 전혀 신경 쓸 필요가 없다. 클라우드 환경에서는 애플리케이션을 데스크톱 컴퓨터에서 로컬로 개발할 수 있으며, 분석 과정이 개념적으로 완전하다는 것이 확인되면 사용자는 사용 가능한 격자 또는 클라우드 컴퓨팅 자원에 따라 프로세싱을 수행하도록 요청하기만 하면 된다. 데스크톱 컴퓨터에서 개발한 분석 프로그램을 클라우드 환경에서 수행할 수 있도록 자동으로 전달, 변환하는 과정을 확장(Scaling Up)이라고 한다.

많은 공간 분석 작업이 분산처리 환경에 적합하다. 멀티프로세서 아키텍처를 효과적으로 사용하는 비결은 문제를 더 작은 문제로 나누어 별도로 처리한 후 재결합하여 최종 결과를 제공하는 것이다. 보간, 공간적 자기상관의 국지적 지표(LISA), 지리가중 회귀분석 및 커널 평활화 등과 같은 많은 공간 분석 방법은 데이터를 전체 프로세서에 보내고 각 프로세서가 데이터 집합의 한 부분에 대해 로컬 연산을 수행하도록 요청하기만 하면 쉽게 분할된다. 따라서 클라우드 또는 격자 컴퓨팅 아키텍처는 라이다(LIDAR) 데이터에서 디지털 표고 모형을 생성하는 작업과 같이 가장 강력한 데스크톱 컴퓨터에서도 상당히 부담되는 무거운 작업을 쉽게 처리할 수 있다. 몬테카를로 시뮬레이션에서 합성 데이터를 생성하는 데 필요한 순열화(Permutation) 또는 임의화(Randomization)의 반복 과정도 멀티프로세서를 활용한 분산처리 환경에서는 쉽게 수행할 수 있다.

단 분산처리 환경에서는 컴퓨터의 처리 능력이나 속도와 관련한 측정이 어려워질 수 있다는 점을 기억할 필요가 있다. 예를 들어, 100개의 점으로 구성된 테스트 데이터에서 특정 GIS 분석을 완료하는 데 5초가 걸렸는데, 10,000개의 점으로 구성된 실제 데이터 집합에 같은 GIS 분석을 적용하였더니 처리 시간이 너무 오래 걸려서 작업이 완료되는 것을 확인할 수 없는 경우가 있을 수 있는데, 이것이 계산 복잡성(Computational Complexity) 연구에서 핵심적인 이슈이다. 계산 복잡성은 하트마니스와 스턴스(Hartmanis and Stearns, 1965)가 처음으로 제안한 개념으로 컴퓨터 솔루션이나 알고리즘의 복잡도가 문제의 크기에 따라 어떻게 확장되는지를 나타낸다(Fortnow and Homer, 2003). 문제는 데이터 측면에서 크기로 정의되며 일반적으로 n으로 표기하는데 문제의 여러 측면에 대해 여러 표기 기호가 필요할 수도 있다. 알고리즘의 복잡도는 문제의 크기에 따라 그 처리에 걸리는 시간과 공간(즉 컴퓨터 저장용량)이 증가하는 비율로 측정한다. 알고리즘 분석은 데이터 집합의 크기에 따라 문제에 대한 특정 프로그램의 수행에 필요한 시간 또는 메모리의 크기를 추정하는 방식으로 수행된다.

알고리즘의 계산 복잡성은 대문자 'O' 표기법으로 요약하여 표현한다. O(n) 알고리즘은 문제 크기에 따라 실행 시간이 선형으로 증가하므로 문제 크기가 2배가 되면 실행 시간이 2배가 된다. O($log\ n$) 문제의 경우는 문제 크기의 로그값 비율로 실행 시간이 증가한다. O(n^2) 및 O(n^3) 알고리즘은 다항식 알고리즘이라고 하며, 대부분의 공간 분석 문제가 여기에 해당한다. 예를 들어, 리플리 K 함수의 계산을 위해서는 모든 사건 사이의 거리를 모두 계산해야 하므로 계산의 양이 사건의 수 n의 제곱에 비례하는 O(n^2) 알고리즘에 해당한다. O(n^2) 알고리즘에서는 사건의 수를 두 배로 늘리면 분석에 필요한 시간이 네 배로 증가한다. 특정 유의 수준을 위해서 필요한 몬테카를로 시뮬레이션의 횟수를 k라고 한다면, 전체 분석은 대략 O(kn^2)가 될 것이다.

어려운 상황은 문제의 크기에 따라 시간 또는 공간 요구사항이 기하급수적으로 증가하는 경우에 발생한다. 즉 O(C^n) 같은 문제로 여기서 c는 1보다 큰 상수이다. c값이 얼마냐에 따라 문제의 크기를 두 배로 늘리면 알고리즘 실행 시간 또는 저장 공간 요구사항이 폭발적으로 증가할 수도 있다. 예를 들어, c=1.5이고 n=100일 때 데이터의 크기가 200으로 증가하면, 알고리즘 실행 시간이나 저장용량은 1.5^{100} 또는 4×10^{17} 만큼 증가하게 된다는 것이다. 알고리즘을 n=100인 표본 데이터로 테스트하였을 때 1마이크로초(즉 백만분의 1초)가 걸렸다면, 문제 크기가 두 배인 n=200의 실제 데이터를 이용하여 실행하였을 때는 약 12,700년의 실행 시간이 필요하다는 것이다. c 값과 관계없이, 문제의 크기는 상대적으로 조금 증가했는데 알고리즘 솔루션의 실행 시간과 공간이 급격하게 증가하게 지점이 항상 있다. 앞의 예제에서는 n=10,000일 때 알고리즘 실행 시간이 1마이크로초였다고 하더라도 n이 10,100이 되면(즉 1%만 증가하면), 앞에서와 같은 정도로 폭발적인 계산량 증가가 발생한다.

컴퓨터 성능이 급속도로 증가하고 분산처리 기술이 발전한다고 하더라도 위와 같은 계산 복잡성의 문제는 본질적으로 해결되지는 않는다. 컴퓨터가 1분 안에 n=100 테스트 사례에 대한 솔루션을 생성할 수 있고 사용 중인 알고리즘이 O(n²)라고 가정하면, n=10,000인 실제 데이터 집합을 대상으로 알고리즘 실행을 완료하는 데 100²=10,000분이 걸린다. 거의 일주일 내내 작업이 필요한 것이다. O(n² log n) 또는 O(n³) 문제는 더욱 심각해질 것이다. 다항식 문제의 이러한 딜레마를 우리가 쉽게 무시할 수 있는 이유는 그러한 계산 복잡성에도 불구하고 빠른 프로세서, 더 많은 메모리, 많은 프로세서를 이용하여 이러한 문제의 계산적 요구를 충족시킬 수 있기 때문이다. 하지만 다항식이 아닌 기하급수적인(exponential) 문제는 확장이 잘되지 않아 어렵고, 기술이 향상되더라도 여전히 난제로 남을 것이다. 공간 분석에서 이 장의 다른 부분에서 논의된 혁신적인 방법이 필요한 이유도 바로 여기에 있다고 할 수 있다.

12.6. 결론: 신지리학과 지리 정보 분석

마지막으로, 지금까지 우리는 지난 몇 년간 이루어진 또 중요한 발전에 대해서 언급하지 않았다. 복잡성 연구에서 시스템은 그 구성 부분의 단순 합보다 더 크고, 어느 시점에서는 '더 많다'는 것이 양의 의미가 아니라 해당 시스템의 성격을 근본적으로 변화시키는 경향이 있다는 주장이 일반적이다 (Anderson, 1972). 지리 정보의 세계에서는 구글어스(GoogleEarth™)를 비롯한 '가상 지구(Virtual Earth)' 서비스들이 그런 사례에 해당한다. 가상 지구 서비스들은 엄청나게 빠른 속도와 높은 인기로 온라인 지도 서비스 시장을 장악해 가고 있다. 상업적인 목적에서 개발된 대부분 서비스와 마찬가지로, 과장된 광고를 현실과 분리하고 그러한 발전의 중요한 의미를 객관적으로 평가하는 것은 쉽지 않은 일이다. 아마도 가상 지구를 통한 지도 서비스를 통해서 얻은 가장 중요한 성과는 모든(또는 거의 모든) 데이터의 공간적 또는 지리적 측면의 중요성에 대한 인식이 광범위하게 확대되었다는 점일 것이다. 이제 거의 모든 사람이 '어디(Where)'가 '무엇(What)'만큼이나 중요한 데이터 속성임을 깨닫고 있다.

데이터의 공간적 측면을 월드와이드웹의 영역에 배치함으로써 지리 정보 분석 분야가 그 어느 때보다 더 다양하지만 전문성이 낮은 청중에게 개방되었다. 한 출처에서 가져온 공간 데이터를 다른 서비스에서 제공하는 배경 지도에 결합하고, 여러 출처의 데이터를 중첩하여 고유하고 새로운 동적 지도를 제작하여 보여 주는 "매시업(mashup)" 사이트의 수도 엄청나게 증가하였다. 그러한 발전을 일일이 따라가는 것은 어렵지만, '맵스매니아'라는 블로그 사이트(http://googlemapsmania.blogspot.com)에서는 독특하고 새로운 매시업 지도에 대해서 지속적으로 소개하고 있다. 이렇게 다양한 사용자가 휴대 전화나 디지털카메라 등 위치 측정이 가능한 장치에서 생성되는 공간 데이터를 자신의 목적에 맞는 데이터와 지도 서비스를 조합하여 새로운 지도를 만드는 것은 이른바 신지리학(Neo-geography)의 사례로 볼 수 있다. 지리적 일기(Geographic Diary)나 GPS 수신기가 장착된 스마트폰이나 디지털카메라에서 촬영하여 촬영 지점의 위치 정보가 포함된 지리참조 사진(Geotagged Photograph)도 좋은 예이다. 이런 방식으로 수집된 데이터는 전통적인 지리 정보 분석 기법을 이용해 분석하기가 어렵다. 지리참조 사진들의 모음을 사진에 담긴 내용을 충분히 고려하면서 사진이 촬영된 위치를 점 패턴 분석 기법으로 분석할 수 있을까 하는 문제가 발생하는 것이다.

물론 이러한 모든 데이터가 공간 분석을 필요로 하는 것은 아니지만, 데이터를 생성하고 위치를 파악하고, 그렇게 수집한 데이터를 지도화할 수 있는 쉬운 방법이 급속히 확산하고 있는 것은 분명한 사실이다. 이러한 변화는 이 책의 1장에서 언급한 내용을 다시 떠올리게 한다. 즉 "우리는 종종 명백하게 드러난 현상의 중요성이나 통계적 유의성에 대한 질문에 답하기 위해 지리 정보 분석이 필요하다"는 것이다. 이 언급은 원래 GIS가 보급되면서 더 많은 사람이 다양한 지도를 작성할 수 있게 된 상황에 대한 것이었는데, 신지리학의 사례에서처럼 비정형화된 다양한 데이터의 비공식적인 지도화와 주장이 더 보편화된 최근의 현실에서도 매우 의미 있는 언급이라고 판단된다.

마찬가지로, 온라인 지도 관련 콘텐츠가 폭발적으로 증가하면서 공간 데이터를 처리 또는 분석할 수 있는 무료 오픈소스 소프트웨어 도구가 많이 개발, 보급되고 있다. 복잡하고 비용이 많이 드는 GIS 인프라 없이도 혁신적이고 흥미로운 분석이 이루어질 수 있는 소프트웨어 환경이 만들어진다는 것은 매우 반가운 변화이다. 그러한 변화와 발전 역시 이 책에서 다루고 있는 많은 공간 분석 기법들에 대한 이해의 필요성을 더 강화시킬 뿐이라고 생각한다. 그런 맥락에서, 이 장에서 논의된 많은 새로운 기술과 접근법은 점점 더 크고 복잡한 데이터 집합에 대한 공간 분석을 수행하는 우리의 능력을 다양한 방법으로 향상시키는 것을 목표로 하고 있다. 우리는 적어도 우리가 언급한 기술 중 일부는 전통적인 GIS 소프트웨어에 추가되거나 느슨하게 결합된 현대 컴퓨팅 환경에서 독립된 도구로서 지리 정보 분석가들이 일상적으로 사용하는 도구 모음에 포함될 것이라고 확신한다. 최근 급속도로 발전하고 있는 인공지능과 기계 학습을 이용한 '지능적인' 공간 분석과 시뮬레이션 도구들이 어떤 방향으로 발전할지는 정확히 예측할 수 없지만, 인간의 생활공간을 연구 대상으로 하는 공간 분석에서 인간의 경험과 과학적 분석이라는 두 맥락을 통합하는 인간 지능의 역할이 필수적이라고 확신한다.

요약
- 지리 정보를 분석하는 컴퓨터 환경과 과학 환경 모두에 큰 변화가 있었다. 이러한 변화는 지리 연산(Geocomputation)이라 불리는 새로운 개념에 의존하는 분석 및 모형화 방법의 개발로 이어졌다.
- 평균적인 컴퓨터 성능은 이 책에서 논의된 대부분 기술이 개발되었을 때보다 훨씬 더 강력해졌다.
- 복잡성 이론(Complexity theory)과 비선형 효과를 모형화해야 한다는 인식은 명시적 공간 예측이 거의 불가능하다는 것을 의미한다.
- 모형을 개발하는 과정에서 생물학적 과정을 모방하는 방식이 많이 사용되었다. 전문가 시스템에서는 인간이 사유하는 방식을 흉내 내고, 인공 신경망에서는 인간의 뇌가 작동하는 방식을, 유전 알고리즘에서는 생물 종들이 시행착오를 통해 진화하는 방식을, 에이전트 기반 시스템에서는 개인이 환경에 어떻게 반응하고 다른 개체와 소통하는지를 모방한다. 이러한 방식들은 흔히 인공지능(AI) 기법이라고 불리며, 다양한 방식으로 지리학 연구에 활용되고 있다.

- 진정한 공간 모형은 동적이다. 예를 들어 셀룰러 오토마타와 에이전트 모형이 있다.
- 동적인 공간 모형을 기존 GIS와 결합하는 것은 쉽지 않다. 모형과 GIS의 결합은 파일 전송을 통한 느슨한 결합이나, 모형화 도구와 GIS를 명령어 체계를 통해 긴밀하게 결합하는 방식으로 이루어졌으며, 완전한 통합 시스템은 찾아보기 힘들다.
- 클라우드 컴퓨팅은 슈퍼 컴퓨팅 자원을 그 어느 때보다 더 많은 사용자가 이용할 수 있게 하며, 많은 공간 분석 방법에도 유용하게 활용할 수 있다.
- 계산 복잡성(Computational Complexity) 문제는 여전히 많은 문제가 사실상 무한한 컴퓨터 성능이나 용량으로도 다루기 어려운 상태로 남아 있으며, 공간 분석 기법에서 지속적인 혁신이 필요하다는 것을 보여 준다.

참고 문헌

Abrahart, R. J. and Openshaw, S., eds. (2000) *GeoComputation* (London: Taylor & Francis).

Allen, P. M. (1997) *Cities and Regions as Self-Organizing Systems: Models of Complexity* (Amsterdam: Gordon Breach).

Anderson, P. W. (1972) More is different: broken symmetry and the nature of the hierarchical structure of science. *Science*, 177(4047): 393-396.

Armstrong, M. P., Xiao, N., and Bennett, D. A. (2003) Using genetic algorithms to create multicriteria class intervals for choropleth maps. *Annals of the Association of American Geographers*, 93(3): 595-623.

Bailey, T. C. and Gatrell, A. C. (1995) *Interactive Spatial Data Analysis* (Harlow, England: Longman).

Batty, M. (2001) Polynucleated urban landscapes. *Urban Studies*, 38(4): 635- 655.

Batty, M., Xie, Y., and Sun, Z. (1999) Modelling urban dynamics through GIS- based cellular automata. *Computers, Environment and Urban Systems*, 23: 205-233.

Beckman, R. J., ed. (1997) The TRansportation ANalysis SIMulation System (TRANSIMS). The Dallas-Ft. *Worth Case Study* (Los Alamos National Laboratory Unclassified Report LAUR-97-4502LANL).

Benenson, I. and Torrens, P. M. (2004) *Geosimulation: Automata-based Modeling of Urban Phenomena* (Chichester, England: Wiley).

Bian, L. and Liebner, D. (2007) A network model for dispersion of communicable diseases. Transactions in GIS, 11: 155-173.

Brookes, C. (1997) A genetic algorithm for locating optimal sites on raster suitability maps. *Transactions in GIS*, 2: 201-212.

Brown, D. G., Page, S., Riolo, R., Zellner, M., and Rand, W. (2005) Path dependence and the validation of agent-based spatial models of land use. *International Journal of Geographical Information Science*, 19(2): 153- 174.

Byrne, D. (1998) Complexity Theory and the Social Sciences: An Introduction (London: Routledge).

Clarke, K. C., Hoppen, S., and Gaydos, L. (1997) A self-modifying cellular automaton model of historical urbanization in the San Francisco Bay area. *Environment and Planning B: Planning and Design*, 24(2): 247-262.

Conley, J. F., Gahegan, M. N., and Macgill, J. (2005) A genetic approach to detecting clusters in point data sets. *Geographical Analysis*, 37(3): 286-314.

Couclelis, H. (1985) Cellular worlds: a framework for modelling micro-macro dynamics. *Environment and Planning A*, 17: 585-596.

Epstein, J. M. and Axtell, R. (1996) *Growing Artificial Societies: Social Science from the Bottom Up* (Cambridge, MA: MIT Press).

Evans, T. P. and Kelley, H. (2004) Multi-scale analysis of a household level agent- based model of landcover change. *Journal of Environmental Management*, 72: 57-72.

Fischer, M. M. (1994) Expert systems and artificial neural networks for spatial analysis and modelling: essential components for knowledge-based geograph- ical information systems. *Geographical Systems*, 1: 221-235.

Fortnow, L. and Homer, S. (2003) A short history of computational complexity. *Bulletin of the European Association for Theoretical Computer Science*, 80: 95-133.

Fotheringham, S., Brunsdon, C., and Charlton, M. (2000) *Quantitative Geogra- phy: Perspectives on Spatial Data Analysis* (London: Sage).

Gahegan, M., German, G., and West, G. (1999) Improving neural network performance on the classification of complex geographic data sets. *Journal of Geographical Systems*, 1: 3-22.

Gilbert, N. and Troitzsch, K. G. (2005) *Simulation for the Social Scientist*, 2nd ed. (Buckingham, England: Open University Press).

Gimblett, R., ed. (2001) *Integrating Geographic Information Systems and Agent- Based Modeling: Techniques for Understanding Social and Ecological Processes* (New York: Oxford University Press).

Haklay, M., O'Sullivan, D., Thurstain-Goodwin, M., and Schelhorn, T. (2001) "So go down town": simulating pedestrian movement in town centres. *Environment and Planning B: Planning and Design*, 28(3): 343-359.

Harel, D. (2000) *Computers Ltd: What They Really Can't Do* (Oxford: Oxford University Press).

Harrison, S. (1999) The problem with landscape: some philosophical and practical questions. *Geography*, 84(4): 355-363.

Hartmanis, J. and Stearns, R. (1965) On the computational complexity of algorithms. *Transactions of the American Mathematical Society*, 117: 285-306.

Holland, J. H. (1975) *Adaptation in Natural and Artificial Systems* (Ann Arbor: University of Michigan Press).

Itami, R. M. (1994) Simulating spatial dynamics: cellular automata theory. *Landscape and Urban Planning*, 30(1-2): 27-47.

Jepsen, M. R., Leisz, S., Rasmussen, K., Jakobsen, J., Moller-Jensen, L., and Christiansen, L. (2006) Agent-based modelling of shifting cultivation field patterns, Vietnam. *International Journal of Geographical Information Science*, 20: 1067-1085.

Joao, E. (1993) Towards a generalisation machine to minimise generalisation effects within a GIS. In: P. M. Mather, ed., *Geographical Information Handling: Research and Applications* (Chichester, England: Wiley), pp.63-78.

Kauffman, S. A. (1993) *The Origins of Order* (Oxford, England: Oxford University Press).

Langran, G. (1992) *Time in Geographic Information Systems* (London: Taylor & Francis).

Li, X. and Yeh, A. G.-O. (2000) Modelling sustainable urban development by the integration of constrained cellular automata and GIS. *International Journal of Geographical Information Science*, 14(2): 131-152.

Longley, P. A., Brooks, S. M., McDonnell, R., and Macmillan, B., eds. (1998) *Geocomputation: A Primer* (Chichester, England: Wiley).

MacGill, J. and Openshaw, S. (1998) The use of flocks to drive a geographic analysis machine. Presented at the Third International Conference on Geo- Computation, School of Geographical Science, University of Bristol, England, 17-19 September.

Malanson, G. P. (1999) Considering complexity. Annals of the Association of *American Geographers*, 89(4): 746-753.

Manson, S. M. (2001) Simplifying complexity: a review of complexity theory. *Geoforum*, 32(3): 405-414.

Manson, S. M. (2006) Land use in the southern Yucatan Peninsular region of Mexico: scenarios of population and institutional change. Computers, *Environment and Urban Systems*, 30: 230-253.

Matheron, G. (1963) Principles of geostatistics. *Economic Geology*, 58: 1246- 1266.

McCulloch, W. S. and Pitts, W. (1943) A logical calculus of the ideas immanent in nervous activity. *Journal of Mathematical Biophysics*, 5: 115-133.

Miller, H. J. and Han, J., eds. (2008) *Geographic Data Mining and Knowledge Discovery*, 2nd ed. (London: Taylor & Francis).

Naylor, C. (1983) Build Your Own Expert System (Bristol, England: Sigma).

O'Brien, J., and Gahegan, M. N. (2004) Knowledge framework for representing, manipulating, and reasoning with geographic semantics. In: Z. Li, Q. Zhou, and W. Kainz, eds., *Advances in Spatial Analysis and Decision Making* (Lisse, The Netherlands: Swetz & Zeitlinger), pp. 31-44.

Openshaw, S. (1993), Exploratory space-time-attribute pattern analysers. In: A. S. Fotheringham and P. Rogerson, eds., *Spatial Analysis and GIS* (London: Taylor & Francis), pp. 147-163.

Openshaw, S., Charlton, M., Wymer, C., and Craft, A. (1987) Developing a mark 1 Geographical Analysis Machine for the automated analysis of point data sets. *International Journal of Geographical Information Systems*, 1: 335-358.

OpenshawS. and Openshaw, C. (1997) Artificial Intelligence in Geography (Chi- chester, England: Wiley).

O'Sullivan, D. (2001) Graph-cellular automata: a generalised discrete urban and regional model. *Environment and Planning B: Planning and Design*, 28(5): 687-705.

O'Sullivan, D. (2004) Complexity science and human geography. *Transactions of the Institute of British Geographers*, 29(3): 282-295.

O'Sullivan, D. (2005) Geographical information science: time changes every- thing. *Progress in Human Geography*, 29(6): 749-756.

O'Sullivan, D. (2008) Geographical information science: agent-based models. *Progress in Human Geography*, 32(2): 541-550.

Parker, D. C., Manson, S. M., Janssen, M. A., Hoffmann, M. J., and Deadman, P. (2003) Multiagent systems for the simulation of land-use and land-cover change: a review. *Annals of the Association of American Geographers*, 93: 316-340.

Phillips, J. D. (1999) Spatial analysis in physical geography and the challenge; of deterministic uncertainty. *Geographical Analysis*, 31(4): 359-372.

Portugali, J. (2000) Self-Organisation and the City (Berlin: Springer-Verlag). Poundstone, W. (1985) *The Recursive Universe* (New York: Morrow).

Prigogine, I., and Stengers, I. (1985) *Order out of Chaos: Man's New Dialogue with Nature* (London, England: Fontana Press).

Resnick, M. (1994) *Turtles, Termites, and Traffic Jams* (Cambridge, MA: MIT Press).

Ripley, B. D. (1976) The second-order analysis of stationary point processes. *Journal of Applied Probability*, 13: 255-266.

Rodrigues, A. and Raper, J. (1999) Defining spatial agents. In A. S. Camara and J. Raper, eds., *Spatial Multimedia and Virtual Reality* (London: Taylor & Francis), pp. 111-129.

Sayer, A. (1992) *Method in Social Science: A Realist Approach* (London: Routledge).

Smith, T., Peuquet, D., Menon, S., and Agarwal, P. (1987) KBGIS-II: a knowledge based geographical information system. *International Journal of Geographical Information Systems*, 1: 149-172.

Takeyama, M. (1997) Building spatial models within GIS through Geo-Algebra. *Transactions in GIS*, 2: 245-256.

Thomas, M. (1949) A generalisation of Poisson's binomial limit for use in ecology. *Biometrika*, 36: 18-25.

Toroczkai, Z., and Guclu, H. (2007) Proximity networks and epidemics, *Physica A: Statistical Mechanics and Its Applications*, 378: 68-75.

Wadge, G., Wislocki, A., and Pearson, E. J. (1993) Mapping natural hazards with spatial modelling systems. In P. Mather, ed., *Geographic Information Handling—Research and Applications* (Chichester, England: Wiley), pp. 239-250.

Waldrop, M. (1992) *Complexity: The Emerging Science at the Edge of Chaos* (New York: Simon and Schuster).

Ward, D. P., Murray, A. T., and Phinn, S. R. (2000) A stochastically constrained cellular model of urban growth. Computers, *Environment and Urban Systems*, 24: 539-558.

Weaver, W. (1948) Science and complexity. *American Scientist*, 36: 536-544. Webster, R. and Oliver, M. A. (2007) *Geostatistics for Environmental Scientists*, 2nd ed. (Chichester, England: Wiley).

Wesseling, C. G., Karssenberg, D., Van Deursen, W., and Burrough, P.A. (1996) Integrating dynamic environmental models in GIS: the development of a Dynamic Modelling language. *Transactions in GIS*, 1: 40-48.

Westervelt, J. O. and Hopkins, L. D. (1999) Modeling mobile individuals in dynamic landscapes. *International Journal of Geographical Information Science*, 13(3): 191-208.

White, R. and Engelen, G. (2000) High-resolution integrated modelling of the spatial dynamics of urban and regional systems. Computers, *Environment and Urban Systems*, 24: 383-400.

Wilson, A. G. (2000) *Complex Spatial Systems: The Modelling Foundations of Urban and Regional Analysis* (Harlow, England: Prentice Hall/Pearson Education).

Youden, W. J. and Mehlich, A. (1937) Selection of efficient methods for soil sampling, *Contributions of the Boyce Thompson Institute for Plant Research*, 9: 59-70.

부록 A. 표기법, 행렬 및 행렬 계산

A.1. 개요

부록에서는 이 책에서 사용된 수식이나 기호 표기법을 간략히 설명하고 행렬과 벡터와 관련한 수학적 개념에 대해서 개략적으로 살펴본다. 표기법은 본문에서 제시된 많은 자료의 일관성을 이해하는 데 중요하고, 행렬은 공간 분석 기법의 기술적인 내용을 이해하는 데 필수적이다. 행렬을 이해하면 공간적인 문제를 수학적으로 매우 간결하게 요약할 수 있고, 특히 공간 시스템에서 인접성이라고 하는 매우 중요한 개념을 표현하는 매우 유용하고 일반적인 방법이다.

부록을 통해서 독자는 (1) 행렬과 관련한 표기법과 용어에 익숙해지고, (2) 행렬을 사용한 간단한 연산을 수행하는 방식에 익숙해질 수 있을 것이다.

우선, 수학적 표기법에 대해서 먼저 살펴보도록 한다.

A.2. 표기법 설명

수학 분야에 익숙하지 않은 독자들을 위한 입문서에서 수학 표기법을 어떻게 적용할 것인지는 매우 예민한 문제이다. 너무 엄격한 표기 규칙을 적용하면 독자가 이해하기 어렵고, 반면 독자가 이해하기 쉬운 일상 용어를 사용하면 수학적 개념의 혼동을 초래할 수도 있기 때문이다. 이 책에서는 복잡한 수학적 표기법의 사용을 가능한 한 최소화하고, 수학적 표기가 불가피한 경우에는 몇 가지 기본적인 표기 규칙만 적용하려고 노력하였다. 따라서 수학적 표기에 익숙하지 않은 독자들도 아래에서 설명한 몇 가지 기본 표기 규칙만 이해하면 본문의 내용을 이해하는 데 큰 문제가 없을 것으로 기대한다.

단일 변수 또는 변숫값은 일반적으로 소문자 기울임꼴 문자로 표시한다. 때로는 변수의 의미를 유추할 수 있는 알파벳을 사용하기도 하는데, 예를 들어 높이(height)를 h, 거리(distance)를 d로 표기하는 경우이다. 이들 특수한 경우를 제외하고는 일반적으로 사용되는 수학 표기 문자(예, x 또는 y) 중 하나를 사용한다. 통상적으로 사용되는 수학 표기 문자에는 x, y, z, n, m, k 등이 있으며, 그 일반적인 의미는 표 A.1에

표 A.1 주요 표기법

기호	의미
x	동서 방향 좌표
y	남북 방향 좌표
z, a, b	특정 위치(x, y)에서의 속성값
n, m	데이터의 관측값 개수
k	임의의 상수 또는 공간 사상의 개수
d	거리
w	위치 사이의 상호작용 강도 혹은 가중치
s	임의의 (x, y) 위치

정리되어 있다. 이 6가지 외에 d, w, s도 공간 분석에서 자주 사용된다. $\mathbf{s}$의 경우 기울임 꼴이 아닌 진한 글꼴 기호를 사용하는 이유는 뒤에서 벡터와 행렬에서 사용되는 표기법을 설명할 때 자세히 살펴보도록 한다.

수학 표기법에서는 로마 문자와 함께 그리스 알파벳이 자주 사용되기도 한다. 모집단 평균 μ(mu, 뮤), 모집단 표준 편차 σ(sigma, 시그마), 통계 분포인 χ(chi, 카이), 원주율 π(pi, 파이) 등이 대표적이다. 이외에 공간 작용의 강도를 표현하는 λ(lambda, 람다)도 흔히 사용되는데, 이 책에서는 독자의 쉬운 이해를 위해 이들을 제외한 다른 그리스어 표기는 사용하지 않았다. 통계에서는 모집단 매개변수와 모집단에서 추출된 표본에서 얻어진 매개변수 추정값을 구분해야 한다. 일반적으로 그리스어 표기는 모집단 매개변수를 나타낸다. 표본을 이용해 계산한 매개변수의 추정치는 매개변수로 사용된 그리스어 문자 위에 '모자($\hat{}$)' 표시를 추가하여 표기한다. 따라서 공간 프로세스의 강도는 λ로 표시하고, 표본 데이터에서 추정한 프로세스 강도는 $\hat{\lambda}$으로 표시한다.

로마 문자나 그리스어 표기에 수학적 연산 표기가 같이 사용되기도 한다. 예를 들어, 해발고도 값을 h(또는 z)로 표기한 경우, h^2(또는 z^2)는 '고도 값의 제곱'을 나타낸다. 매개변수 기호와 수학 연산 기호를 동시에 사용하면 복잡한 수식을 비교적 단순하게 표현할 수 있다.

또한 본문에서 자주 사용되는 기호로 i와 j가 있는데, 이 둘은 특정한 방식으로 된다. 같은 종류의 데이터 값이 하나가 아니라 여러 개면 아래 첨자를 이용해 각각을 구분하는데 그를 위해 i나 j를 이용한다. 즉 아래 첨자는 기호로 표시되는 유형의 항목이 둘 이상 있을 수 있음을 나타내는 데 사용되고, 따라서 z_i는 z라고 표기한 항목 또는 매개변수에 여러 값(z_1, z_2, z_3 등)이 존재한다는 것을 의미한다. 아래 첨자 표기는 다음과 같은 다양한 용도로 활용된다.

- 중괄호로 묶인 값 집합 $\{z_1, z_2, \cdots, z_{n-1}, z_n\}$은 이 z값 집합에 n개의 요소가 있다는 것을 의미하고,

집합 전체는 대문자 Z로 표시한다. 집합 Z의 개별 요소는 z_i로 대표되므로, 집합 Z는 간단히 $\{z_i\}$로 축약하여 표시할 수 있다.

- 공간 분석에서 아래 첨자는 측정이나 관찰이 이루어진 위치를 나타내기도 한다. 예를 들어, h_7과 t_7은 동일한 위치("위치 #7")에서 측정된 두 개의 다른 관측값(예, 높이 height 및 온도 temperature)을 나타낸다.
- 아래 첨자는 통계 계산을 위해 사용된 다른 모집단 또는 표본을 구별하기 위해 사용되기도 한다. 따라서 μ_A와 μ_B는 두 개의 서로 다른 데이터 A와 B에서 계산된 평균을 나타낸다.

기호 i와 j는 위 세 가지 중 하나의 용도로 사용된다. 가장 대표적인 예는 수학의 합계 연산을 나타내는 표기이다. 합계 연산을 나타내는 그리스어 표기 $\sum$(시그마의 대문자)와 함께 아래 첨자 i를 사용하면 수식 A.1의 합계 연산을 A.2와 같이 짧게 표기할 수 있다.

$$a_1 + a_2 + a_3 + a_4 + a_5 + a_6 \qquad \text{(A.1)}$$

$$\sum_{i=1}^{i=6} a_i \qquad \text{(A.2)}$$

합계에 더할 요소의 수가 n이라면 합계 연산은 A.3처럼 일반화하여 표기할 수 있고, 더 단순화하여 A.4나 A.5처럼 표기할 수도 있다.

$$\sum_{i=1}^{i=n} a_i \qquad \text{(A.3)}$$

$$\sum_{i=1}^{n} a_i \qquad \text{(A.4)}$$

$$\sum_{i} a_i \qquad \text{(A.5)}$$

단순 합계가 아니라 제곱의 합을 계산할 때는 A.6처럼 수식을 $\sum$ 오른쪽에 표기하면 된다.

$$\sum_{i=1}^{n} a_i^2 \qquad \text{(A.6)}$$

서로 다른 데이터 A와 B가 있고, 같은 위치에서의 두 측정값을 곱하여 모두 더하는 경우는 A.7처럼 수식으로 표기한다.

$$\sum_{i=1}^{n} a_i b_i \qquad \text{(A.7)}$$

공간 분석에서는 여러 데이터를 이용하여 복잡한 계산을 수행해야 하는 때도 있는데, 그때는 A.8과 같은 복잡한 수식 표기가 사용된다.

$$c = k \sum_{i=1}^{n} \sum_{j=1}^{n} (z_i - z_j)^2 \qquad (A.8)$$

A.8의 수식에서 c는 두 단계의 과정을 통해 계산된다. 아래 첨자 i에 대해서 1에서 n까지, 아래 첨자 j에 대해서 1에서 n까지 계산을 반복하기 때문에, 총 계산 횟수는 n^2이 된다. 순서내로 살펴보면, 우선 i에 1을 대입하여 $\sum_{j=1}^{n} (z_1 - z_j)^2$, i에 2를 대입하여 $\sum_{j=1}^{n} (z_2 - z_j)^2$를 계산하고, i를 차례대로 n까지 증가시키면서 $\sum_{j=1}^{n} (z_n - z_j)^2$까지 계산하여 모두 더하는 것이다. 각 계산에서는 j를 1에서 n까지 차례대로 대입하여 그 합을 계산한다. 마지막으로 2중 합산한 결과에 상수 k를 곱하면 c가 계산된다. 매우 복잡한 계산 수식으로 보이지만, 사건 사이의 거리를 많이 활용하는 공간 분석 계산에서는 매우 유용하고 필수적인 수식 표기 방식이다.

A.3. 행렬 기본 개념과 표기법

행렬(*matrix*)은 A.9와 같이 숫자 값을 행(rows)과 열(columns)로 나열한 직사각형 모양의 데이터 배열을 말한다.

$$\begin{bmatrix} 2 & 4 & 7 & -2 \\ 0 & 1 & -3 & 3 \\ 5 & -1 & 7 & 1 \end{bmatrix} \qquad (A.9)$$

A.9에 표시된 것처럼 행렬은 일반적으로 대괄호로 묶어 표기한다. 이 행렬은 3개의 행과 4개의 열로 구성되어 있다. 행렬의 크기는 행의 개수와 열의 개수로 표기하므로 A.9의 행렬은 "3×4" 행렬이다. A.10과 같이 행과 열의 수가 같은 경우는 정방 행렬(square matrix)이라고 한다.

$$\begin{bmatrix} 3 & 1 & 2 \\ 1 & -3 & 4 \\ 6 & -1 & 0 \end{bmatrix} \qquad (A.10)$$

A.10 행렬은 3×3 정방 행렬이라고 할 수 있다. 행렬은 하나의 문자로 표기할 필요가 있을 때는 A.11 에서와 같이 로마 문자 대문자로 대표 표기한다.

$$\mathbf{A} = \begin{bmatrix} 2 & 4 & 7 & -2 \\ 0 & 1 & -3 & 3 \\ 5 & -1 & 7 & 1 \end{bmatrix} \qquad (A.11)$$

행렬의 개별 요소는 일반적으로 소문자 기울임 꼴 문자를 사용하여 표기하고, 이때 행과 열 번호는 아래 첨자로 표기한다. A.11 행렬의 경우, 왼쪽 위 모서리에 있는 요소 $a_{11}=2$이고, 요소 a_{24}는 2행 4열 요소로 그 값은 3이다. 일반적으로 행과 열을 나타내는 데는 아래 첨자 i와 j를 사용하고, 행의 총 개수는 n, 열의 총 개수는 p로 표기한다(A.12 참조).

$$\mathbf{B} = \begin{bmatrix} b_{11} & \cdots & b_{1j} & \cdots & b_{1p} \\ \vdots & \ddots & \vdots & \vdots & \vdots \\ b_{i1} & & b_{i1} & & b_{ip} \\ \vdots & & \vdots & \ddots & \vdots \\ b_{n1} & \cdots & b_{n1} & \cdots & b_{np} \end{bmatrix} \qquad (A.12)$$

벡터와 행렬

벡터(vector)는 크기와 방향을 동시에 갖는 값을 의미한다. 벡터는 그림 A.1처럼 방향과 더불어 크기를 길이로 나타낸 화살표로 표현하면 쉽게 이해할 수 있다. 지리학에서 벡터는 바람이나 해류, 인구 이동 등의 현상을 나타내는 데 유용하게 활용할 수 있다. 1장에서 설명한 공간 데이터 유형 분류 관점에서 보자면, 벡터는 명목(nominal), 서열(ordinal), 등간 (interval), 비율(ratio)척도에 추가하여 5번째 데이터

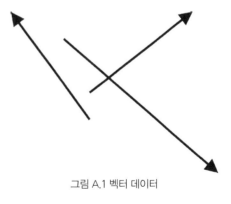

그림 A.1 벡터 데이터

유형으로 간주할 수 있다. 벡터는 예를 들어 그림 A.2와 같이 어떤 지역의 걸친 바람 패턴을 나타내는 벡터장(vector field) 등의 형태로 활용될 수 있다.

그렇다면 벡터를 수학적으로 표기하는 방식은 무엇이고, 벡터와 행렬은 어떤 관련이 있을까?

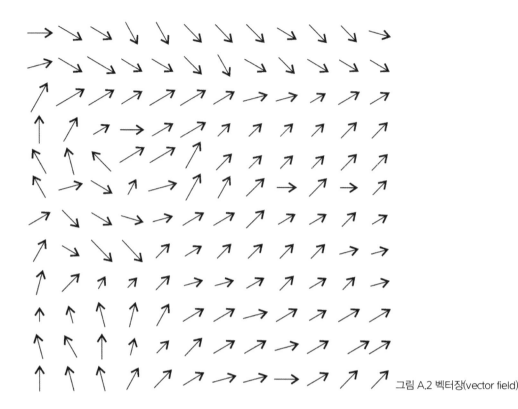

그림 A.2 벡터장(vector field)

2차원 공간에서 벡터의 두 구성요소는 좌표 형태로 표현할 수 있다. 격자 좌표계에 익숙한 독자들은 그림 A.3의 세 벡터를 각각 a=(−3, 4), b=(4, 3), c=(6, −5)와 같이 숫자 형태로 표기할 수 있을 것이다. 예를 들어, 벡터 a는 동서 방향으로는 −3만큼, 남북 방향으로는 4만큼 이동하는 벡터라는 의미이다.

벡터 a, b, c는 A.13처럼 세 개의 2×1 행렬(혹은 열 행렬, column matrix)로 각각 표기할 수 있다.

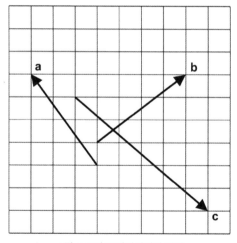

그림 A.3 좌표 평면에서의 벡터

$$\mathbf{a} = \begin{bmatrix} -3 \\ 4 \end{bmatrix}, \mathbf{b} = \begin{bmatrix} 4 \\ 3 \end{bmatrix}, \text{and } \mathbf{c} = \begin{bmatrix} 6 \\ -5 \end{bmatrix} \qquad (A.13)$$

즉 벡터는 열이 하나만 있는 특수한 유형의 행렬이라고 볼 수 있다. 또한 벡터는 일반적으로 소문자

진한 로마 문자 기호로 표기한다. 같은 방식으로 좌표계 원점을 기준으로 한 점 개체의 위치 정보를 A.14와 같이 벡터로 표기할 수도 있다.

$$\mathbf{s} = \begin{bmatrix} x \\ y \end{bmatrix} \qquad \text{(A.14)}$$

A.14와 같은 행렬을 이용한 좌표 표기 방식은 3차원 좌표에도 적용될 수 있다. 2×1 행렬 대신 3×1 행렬을 사용하면 3차원 좌표를 표현할 수 있고, 더 나아가서 n-차원 공간에서의 벡터는 n×1 행렬로 표기할 수 있다.

A.4. 행렬 계산

여기에서는 행렬의 연산에 대해서 간단히 살펴보자.

덧셈과 뺄셈

행렬의 덧셈(Addition)과 뺄셈(Subtraction) 연산은 비교적 단순하게 이해할 수 있다. 두 행렬의 덧셈과 뺄셈은 같은 위치의 요소를 개별적으로 연산하는 방식으로 수행된다.

$$\mathbf{A} = \begin{bmatrix} 1 & 2 \\ 3 & 4 \end{bmatrix} \qquad \text{(A.15)}$$

$$\mathbf{B} = \begin{bmatrix} 5 & 6 \\ 7 & 8 \end{bmatrix} \qquad \text{(A.16)}$$

행렬 A, B를 더할 때는 A.17과 같이 같은 위치의 요소를 더하면 된다.

$$\mathbf{A} + \mathbf{B} = \begin{bmatrix} 1+5 & 2+6 \\ 3+7 & 4+8 \end{bmatrix}$$

$$\mathbf{A} + \mathbf{B} = \begin{bmatrix} 6 & 8 \\ 10 & 12 \end{bmatrix} \qquad \text{(A.17)}$$

행렬의 뺄셈은 덧셈과 같은 방식으로 수행된다.
다만 덧셈의 경우는 A+B=B+A가 성립하지만, 뺄셈의 경우는 그렇지 않다는 차이가 있을 뿐이다. 한 가지 주의할 점은 행렬의 덧셈과 뺄셈은 두 행렬의 행과 열의 수가 같을 때만 가능하다는 점이다.

행렬의 뺄셈은 벡터 표현에 매우 유용하게 활용할 수 있다. s_1과 s_2가 좌표 평면의 두 지점을 표기한 행렬이라고 하면, 그림 a.4의 s_1과 s_2 사이 벡터는 A.18에서처럼 s_2-s_1로 계산하여 표기할 수 있다.

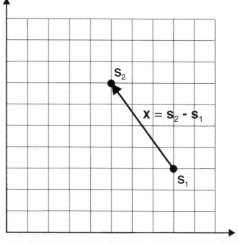

그림 A.4 벡터의 뺄셈은 두 점 좌표 사이의 이동 관계를 나타낸다.

$$\mathbf{x}=\mathbf{s}_2-\mathbf{s}_1 = \begin{bmatrix} 5 \\ 7 \end{bmatrix} - \begin{bmatrix} 8 \\ 3 \end{bmatrix} = \begin{bmatrix} -3 \\ 4 \end{bmatrix} \quad (A.18)$$

곱셈

행렬과 벡터의 곱셈(Multiplication)은 덧셈이나 뺄셈에 비해 다소 복잡하다. 단순하게 말하자면 행렬의 곱셈은 "앞 행렬의 행과 뒤 행렬의 열"을 곱하는 방식으로 수행된다.

$$\mathbf{C}=\mathbf{AB} \quad (A.19)$$

행렬 **A**, **B**를 곱한 **C** 행렬의 각 요소는 수식 A.20과 같이 계산한다.

$$c_{ij}=\sum_k a_{ik}b_{kj} \quad (A.20)$$

행렬 **A**, **B**를 곱한 **C** 행렬의 요소 c_{ij}는 A 행렬의 i 행과 B 행렬의 j 열을 곱하여 모두 더한다. 그 과정을 예를 들어 설명하면 다음과 같다.

$$\mathbf{A}=\begin{bmatrix} 1 & -2 & 3 \\ -4 & 5 & -6 \end{bmatrix} \quad (A.21)$$

$$\mathbf{B}=\begin{bmatrix} 6 & -5 \\ 4 & -3 \\ 2 & -1 \end{bmatrix} \quad (A.22)$$

A.21의 행렬 A와 A.22의 행렬 B를 곱하였을 때, 그 결과인 C 행렬의 1행 1열 요소 c11은 수식 A.23과 같이 계산한다.

$$c_{11} = a_{11}b_{11} + a_{12}b_{21} + a_{13}b_{31} = (1 \times 6) + (-2 \times 4) + (3 \times 2) = 6 - 8 + 6 = 4 \qquad (A.23)$$

C 행렬의 다른 요소들도 마찬가지 방식으로 계산한다(A.24).

$$c_{12} = (1 \times -5) + (-2 \times -3) + (3 \times -1) = -5 + 6 + (-3) = -2$$
$$c_{21} = (-4 \times 6) + (5 \times 4) + (-6 \times 2) = -24 + 20 + (-12) = -16$$
$$c_{22} = (-4 \times -5) + (5 \times -3) + (-6 \times -1) = 20 + (-15) + 6 = 11 \qquad (A.24)$$

각 요소를 조합한 행렬 C는 다음과 같다.

$$\mathbf{C} = \begin{bmatrix} 4 & -2 \\ -16 & 11 \end{bmatrix} \qquad (A.25)$$

행렬의 곱셈 원리는 그림 A.5와 같이 도식적으로 표현할 수 있는데, 곱셈의 왼쪽 행렬 한 행 요소와

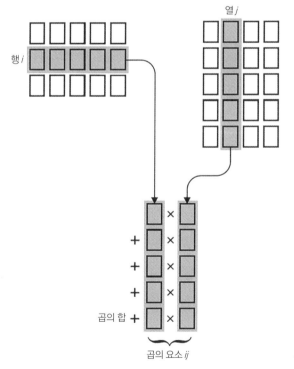

그림 A.5 행렬의 곱셈 원리

오른쪽 행렬의 한 행 요소를 곱하여 모두 더해서 결과 행렬의 한 요소 값을 계산하는 원리를 표현하고 있다. 이렇게 계산한 요소의 결과 행렬 내 위치는 왼쪽 행렬에서 가져온 행 번호와 오른쪽 행렬에서 가져온 열 번호를 조합하여 얻을 수 있다. 이런 행렬 곱셈 원리 때문에, 왼쪽 행렬의 열 수와 오른쪽 행렬의 행 수가 일치할 때만 행렬의 곱셈이 가능하다. 즉 곱하고자 하는 행렬이 $_n\mathbf{A}_p$(n행, p열), $_x\mathbf{B}_y$(x행, y열)라고 할 때, 아래 첨자로 표기된 행과 열의 수를 비교하면 행렬의 곱셈이 가능한지 아닌지를 판단할 수 있다.

$$_n\mathbf{A}_p \, _x\mathbf{B}_y \qquad \text{(A.26)}$$

$p=x$이면 행렬의 곱셈이 가능하고, 행렬의 곱 AB를 얻을 수 있다. 이때 곱셈의 결과인 AB의 크기는 A, B 행렬의 바깥쪽 아래 첨자 표기를 통해 알 수 있다. 즉 행렬 A와 B를 곱한 AB 행렬은 n행 y열 행렬이 된다.

$$_x\mathbf{B}_y \, _n\mathbf{A}_p \qquad \text{(A.27)}$$

반면에 A.27에서처럼 $y \neq n$이면 행렬의 곱셈이 불가능하다. 즉 행렬의 곱셈에서는 곱하는 항의 좌우가 바뀌었을 때 완전히 다른 결과를 얻게 된다는 것이다. 이러한 행렬의 특징은 부록 A.6에서 설명하는 좌표계 변환에서 매우 중요한 특성이다.

$$\mathbf{AB} \neq \mathbf{BA} \qquad \text{(A.28)}$$

수식 A.21과 A.22의 행렬 A, B를 사례로 그 차이를 살펴보자면 다음과 같다.

$$\mathbf{C} = \mathbf{AB} = \begin{bmatrix} 4 & -2 \\ -16 & 11 \end{bmatrix} \qquad \text{(A.29)}$$

$$\mathbf{D} = \mathbf{BA} = \begin{bmatrix} 26 & -37 & 48 \\ 16 & -23 & 30 \\ 6 & -9 & 12 \end{bmatrix} \qquad \text{(A.30)}$$

같은 행렬 A, B를 곱했음에도, 그 순서에 따라 곱셈의 결과가 다르다. 게다가 곱하는 항의 위치가 바뀌었을 때는 행렬의 크기 역시 완전히 다르다는 것을 알 수 있다.

전치행렬

행렬의 전치(transpose)는 행렬의 열과 행을 서로 뒤바꾸는 것을 말한다. 전치행렬(transposition)은 원래 행렬에 위 첨자 T를 더하여 표기한다. 즉 A^T는 행렬 A의 전치행렬이다. 흥미로운 점은 행렬과 그것의 전치행렬은 열과 행이 뒤바뀐 것이기 때문에 항상 곱셈이 가능하다는 것, 즉 $A^T A$와 AA^T가 항상 존재한다는 것이다. 열이 하나인 벡터의 경우 전치행렬의 이 특징은 매우 편리하게 활용할 수 있는데, 벡터 a와 a의 전치행렬 a^T를 곱하면 제곱의 합을 얻을 수 있기 때문이다. 따라서 피타고라스 정리(Pythagoras's Theorem)에 따르면, 벡터 a의 길이는 $a^T a$의 제곱근으로 쉽게 계산할 수 있다.

$$\begin{bmatrix} 1 & 2 & 3 \\ 4 & 5 & 6 \end{bmatrix}^T = \begin{bmatrix} 1 & 4 \\ 2 & 5 \\ 3 & 6 \end{bmatrix} \qquad (A.31)$$

A.5. 행렬을 이용한 연립 방정식 계산

행렬은 연립 방정식의 풀이를 위해 유용하게 활용할 수 있다. 예를 들어, A.32와 같이 미지수가 x, y 2개인 연립 방정식이 있다고 하자.

$$3x + 4y = 11$$
$$2x - 4y = -6 \qquad (A.32)$$

일반적으로 연립 방정식은 두 방정식을 더하거나 빼서 두 미지수 중 하나를 제거하고 남은 식에서 나머지 하나의 미지수 값을 도출한 뒤, 원래의 두 방정식 중 하나에 도출된 미지수 값을 대입하여 나머지 미지수 값을 계산하는 방식으로 풀게 된다. A.32 연립 방정식의 경우 두 방정식을 더하면, 미지수 y가 제거되어 다음과 같이 미지수 x 값을 도출할 수 있다.

$$(3+2)x + (4-4)y = 11 + (-6) \qquad (A.33)$$
$$5x = 5 \qquad (A.34)$$

도출된 x값 1을 첫 번째 방정식에 대입하면, 나머지 미지수 y값을 계산할 수 있다.

$$3(1)+4y=11 \qquad (A.35)$$

$$4y=11-3 \qquad (A.36)$$

이렇게 단순한 연립 방정식은 쉽게 풀 수 있다. 그런데 미지수가 2개가 아니라 3, 4개 혹은 더 많아서 10,000개에 이르는 복잡한 연립 방정식의 경우는 어떻게 풀이할 수 있을까? 위와 같은 방식으로는 미지수가 2개를 초과하는 연립 방정식을 풀이하는 것은 너무 복잡하고 어려운 문제이다. 이때 행렬을 이용한 내수(algebra)가 유용하게 활용된다. 행렬을 이용한 대수의 원리를 이해하기 위해서는 먼저 항등행렬과 역행렬의 개념을 설명할 필요가 있다.

항등행렬과 역행렬

항등행렬(Identity Matrix)은 A.37과 같이 어떤 행렬을 곱했을 때 같은 행렬이 도출되는 행렬을 의미한다.

$$\mathbf{IA}=\mathbf{AI}=\mathbf{A} \qquad (A.37)$$

어떤 수에 곱해도 그 값을 바꾸지 않는 정수 1과 비슷한 행렬이라고 보면 된다. 항등행렬의 크기는 다양할 수 있지만, 대각선 요소가 1이고 나머지 요소는 모두 0인 정방 행렬(square matrix)이다. 예를 들어, 2×2 항등행렬은 A.38, 5×5 항등행렬은 A.39와 같다.

$$\mathbf{I}=\begin{bmatrix} 1 & 0 \\ 0 & 1 \end{bmatrix} \qquad (A.38)$$

$$\mathbf{I}=\begin{bmatrix} 1 & 0 & 0 & 0 & 0 \\ 0 & 1 & 0 & 0 & 0 \\ 0 & 0 & 1 & 0 & 0 \\ 0 & 0 & 0 & 1 & 0 \\ 0 & 0 & 0 & 0 & 1 \end{bmatrix} \qquad (A.39)$$

역행렬(Inverse Matrix)은 정수의 역수와 비슷한 개념인데, A^{-1}로 표기하고 원래 행렬과 곱하였을 때 항등행렬이 되는 행렬이다.

$$\mathbf{AA}^{-1}=\mathbf{A}^{-1}\mathbf{A}=\mathbf{I} \qquad (A.40)$$

행렬의 역행렬을 구하는 것은 다소 복잡하고, 역행렬을 구할 수 없는 행렬도 많다. 일반적으로 2×2 행렬의 역행렬은 A.41과 같이 구할 수 있다.

$$\begin{bmatrix} a & b \\ c & d \end{bmatrix}^{-1} = \frac{1}{ad-bc} \begin{bmatrix} d & -b \\ -c & a \end{bmatrix} \qquad (A.41)$$

예를 들어, A.42의 행렬 A의 역행렬 A^{-1}은 A.43과 같이 계산하여 구할 수 있다.

$$\mathbf{A} = \begin{bmatrix} 1 & 0 \\ 0 & 1 \end{bmatrix} \qquad (A.42)$$

$$\mathbf{A}^{-1} = \frac{1}{(1\times4)-(2\times3)} \begin{bmatrix} 4 & -2 \\ -3 & 1 \end{bmatrix}$$

$$= -\frac{1}{2} \begin{bmatrix} 4 & -2 \\ -3 & 1 \end{bmatrix} = \begin{bmatrix} -2 & 1 \\ \frac{3}{2} & -\frac{1}{2} \end{bmatrix} \qquad (A.43)$$

행렬과 역행렬을 A.44와 같이 곱해서 그 결과가 항등행렬이면 역행렬이 옳게 계산된 것이다.

$$\mathbf{AA}^{-1} = \begin{bmatrix} 1 & 2 \\ 3 & 4 \end{bmatrix} \times \begin{bmatrix} -2 & 1 \\ \frac{3}{2} & -\frac{1}{2} \end{bmatrix}$$

$$= \begin{bmatrix} (1\times-2)+\left(2\times\frac{3}{2}\right) & (1\times1)+\left(2\times-\frac{1}{2}\right) \\ (3\times-2)+\left(4\times\frac{3}{2}\right) & (3\times1)+\left(4\times-\frac{1}{2}\right) \end{bmatrix}$$

$$= \begin{bmatrix} 1 & 0 \\ 0 & 1 \end{bmatrix} \qquad (A.44)$$

행렬과 그 역행렬의 곱은 그 앞뒤 순서와 상관없이 항등행렬이 된다.

2×2 행렬처럼 작은 행렬의 역행렬은 A.44와 같이 쉽게 계산할 수 있지만, 크기가 큰 행렬은 역행렬을 직접 계산하기 매우 어렵다. 하지만 컴퓨터 알고리즘을 통해서 편리하게 계산할 수 있으므로 걱정할 필요는 없다. 중요한 것은 역행렬의 개념과 항등행렬과의 관계를 기억하는 것이다.

그 외에 역행렬과 관련해서 유의해야 할 점 몇 가지는 다음과 같다.

- 역행렬 계산에서 중요한 수식인 ad−bc는 행렬 결정식(matrix determinant)이라고 하며 일반적

으로 행렬 A의 행렬 결정식은 |A|로 표기한다. |A|=0이면 행렬 A에는 역행렬이 존재할 수 없다. 2×2 행렬보다 큰 정방 행렬의 행렬 결정식은 단순한 수식으로 계산할 수 없고, 행렬의 공통인자(cofactors)를 이용해 반복적인 계산을 통해 구할 수 있다. 이에 대한 자세한 내용은 선형 대수에 관한 책에서 찾아볼 수 있다(Strang, 1988 참조).

- 역행렬에서는 A.45와 같은 관계가 성립한다는 점도 기억할 필요가 있는데, 그 관계는 A.46에서처럼 증명할 수 있다.

$$(\mathbf{AB})^{-1} = \mathbf{B}^{-1}\mathbf{A}^{-1} \qquad (A.45)$$

$$\mathbf{B}^{-1}\mathbf{A}^{-1}(\mathbf{AB}) = \mathbf{B}^{-1}(\mathbf{A}^{-1}\mathbf{A})\mathbf{B} = \mathbf{B}^{-1}(\mathbf{I})\mathbf{B} = \mathbf{B}^{-1}\mathbf{B} = \mathbf{I} \qquad (A.46)$$

- 역행렬과 전치행렬은 A.47과 같은 관계도 성립한다.

$$(\mathbf{A}^{\mathrm{T}})^{-1} = (\mathbf{A}^{-1})^{\mathrm{T}} \qquad (A.47)$$

행렬을 이용한 연립 방정식 계산

역행렬과 항등행렬의 개념을 이해하였으면, 이제 연립 방정식 계산에서 행렬을 어떻게 사용하지는 살펴보자.

$$3x + 4y = 11$$
$$2x - 4y = -6 \qquad (A.48)$$

핵심은 A.48의 연립 방정식을 A.49와 같이 행렬 계산식으로 변환할 수 있다는 것이다.

$$\begin{bmatrix} 3 & 4 \\ 2 & -4 \end{bmatrix} \begin{bmatrix} x \\ y \end{bmatrix} = \begin{bmatrix} 11 \\ -6 \end{bmatrix} \qquad (A.49)$$

A.49의 행렬 계산식에서 맨 왼쪽 행렬의 역행렬을 구하여 계산식의 좌항과 우항에 각각 곱하면 미지수 x, y를 직접 얻을 수 있다.

$$\begin{bmatrix} 3 & 4 \\ 2 & -4 \end{bmatrix} \qquad (A.50)$$

즉 A.50 행렬의 역행렬을 A.51과 같이 구하여, A.52처럼 행렬 계산식의 좌항과 우항에 각각 곱하면

A.53에서처럼 미지수 x, y를 동시에 직접 계산할 수 있다는 것이다.

$$-\frac{1}{20}\begin{bmatrix} -4 & -4 \\ -2 & 3 \end{bmatrix} \quad \text{(A.51)}$$

$$-\frac{1}{20}\begin{bmatrix} -4 & -4 \\ -2 & 3 \end{bmatrix}\begin{bmatrix} 3 & 4 \\ 2 & -4 \end{bmatrix}\begin{bmatrix} x \\ y \end{bmatrix} = -\frac{1}{20}\begin{bmatrix} -4 & -4 \\ -2 & 3 \end{bmatrix}\begin{bmatrix} 11 \\ -6 \end{bmatrix} \quad \text{(A.52)}$$

$$\begin{bmatrix} 1 & 0 \\ 0 & 1 \end{bmatrix}\begin{bmatrix} x \\ y \end{bmatrix} = -\frac{1}{20}\begin{bmatrix} (-4\times11)+(-4\times-6) \\ (-2\times11)+(3\times-6) \end{bmatrix}$$

$$\begin{bmatrix} x \\ y \end{bmatrix} = -\frac{1}{20}\begin{bmatrix} -44+24 \\ -22-18 \end{bmatrix} = -\frac{1}{20}\begin{bmatrix} -20 \\ -40 \end{bmatrix}$$

$$\begin{bmatrix} x \\ y \end{bmatrix} = \begin{bmatrix} 1 \\ 2 \end{bmatrix} \quad \text{(A.53)}$$

행렬 계산식을 이용한 연립 방정식의 해는 A.33~A.36에서 설명한 방식으로 얻은 해와 정확히 일치한다. 행렬 계산식을 이용한 연립 방정식 풀이가 기존 방식보다 다소 복잡해 보이지만, 중요한 점은 행렬을 이용하면 미지수가 2개를 초과하는 복잡한 연립 방정식을 쉽게 계산할 수 있다는 점이다. 다만 행렬의 역행렬을 구할 수 있을 때만 행렬 계산식을 이용한 연립 방정식 풀이가 가능하다는 점은 유념할 필요가 있다. 행렬 계산식을 이용한 연립 방정식 계산은 A.54와 같이 일반화하여 표기할 수 있고, A.55와 같이 역행렬을 적용하여 풀이할 수 있다.

$$\mathbf{Ax}=\mathbf{b} \quad \text{(A.54)}$$

$$\mathbf{A}^{-1}\mathbf{Ax}=\mathbf{A}^{-1}\mathbf{b} \quad \text{(A.55)}$$

여기에서 $\mathbf{A}^{-1}\mathbf{A}=\mathbf{I}$이므로, 미지수 벡터 x는 A.56과 같이 계산할 수 있다.

$$\mathbf{Ix}=\mathbf{x}=\mathbf{A}^{-1}\mathbf{b} \quad \text{(A.56)}$$

복잡한 연립 방정식을 A.54처럼 간단한 행렬 계산식으로 표기할 수 있다는 것은 공간 분석을 위한 연산에서 매우 유용하다. 특히 'Ax=b'라는 간단한 수식으로 미지수가 수백, 수천 개에 이르는 복잡한 연립 방정식을 표기하고 풀이할 수 있다는 것은 획기적이라 할 만하다. 게다가 행렬 A의 행렬식을 계산해서 그 값이 0이면 A 행렬은 역행렬이 존재하지 않는다는 의미이므로, 해당 연립 방정식은 해가 없다고 손쉽게 결론지을 수 있다는 점도 매우 유용하다. 행렬 계산식을 이용한 연립 방정식 계산의 또 다른 장점은 역행렬 $\mathbf{A}^{-1}$을 구하고 나면, 우변의 값이 변하더라도 연립 방정식의 해를 쉽게 계산할 수 있다는 점이다. 이러한 장점들 때문에, 행렬은 현대 수학, 통계학, 컴퓨터 과학 및 공학 분야에서 핵심적인 요소로 활용되고 있다. 마찬가지로 본문에서 설명한 것처럼 공간 분석에서도 행렬의 다양한 통계적 계산에 유용하게 활용될 수 있다.

A.6. 행렬, 벡터 및 기하 계산

공간 분석에서 행렬의 개념이 중요한 것은 행렬을 좌표의 기하학적 계산에 편리하게 활용할 수 있기 때문이다. 2차원 혹은 3차원(혹은 다차원) 공간의 벡터는 차원 축을 기준으로 한 거리를 각 요소로 하는 열벡터(column vector) 행렬로 간주할 수 있다. 예를 들어, 2차원 공간의 벡터는 x축 거리와 y축 거리를 요소로 하는 2차원 열벡터로 표기할 수 있다(A.13 참조). 따라서 열벡터 a의 길이는 피타고라스 정리에 따라 A.57 수식으로 계산할 수 있다.

$$\|\mathbf{a}\| = \sqrt{\mathbf{a}^{\mathrm{T}}\mathbf{a}} \qquad (A.57)$$

A.57 수식을 이용한 벡터의 길이 계산은 2차원 공간뿐만 아니라 3차원에서도 가능하고 더 나아가서 차원의 수와 관계없이 적용할 수 있다. 이것을 응용하면 서로 다른 두 벡터 a와 b 사이의 각도를 계산하는 것도 가능하다. 그림 A.6에서 벡터 a는 x축을 기준으로 A 각도, 벡터 b는 x축을 기준으로 B 각도를 이루고 있다. 이때 두 벡터 사이의 각도 $(B-A)$는 θ(theta, 세타)로 표기한다.

$$\cos(B-A) = \cos A \cos B + \sin A \sin B \qquad (A.58)$$

삼각함수의 덧셈 정리(trigonometric equality) A.58에 벡터를 이용한 행렬 계산식을 적용하면 A.59와 같이 두 벡터 사이의 각도 θ를 계산할 수 있다.

$$\cos\theta = \cos A \cos B + \sin A \sin B$$
$$= \left(\frac{x_a}{\|\mathbf{a}\|} \times \frac{x_b}{\|\mathbf{b}\|}\right) + \left(\frac{y_a}{\|\mathbf{a}\|} \times \frac{y_b}{\|\mathbf{b}\|}\right)$$
$$= \frac{x_a x_b + y_a y_b}{\|\mathbf{a}\| \, \|\mathbf{b}\|}$$
$$= \frac{\mathbf{a}^{\mathrm{T}}\mathbf{b}}{\sqrt{\mathbf{a}^{\mathrm{T}}\mathbf{a}} \, \sqrt{\mathbf{b}^{\mathrm{T}}\mathbf{b}}} \qquad (A.59)$$

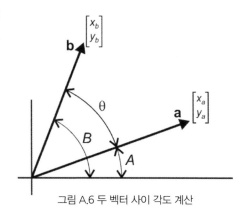

그림 A.6 두 벡터 사이 각도 계산

$\mathbf{a}^{\mathrm{T}}\mathbf{b}$는 두 벡터의 점 곱(dot product) 또는 스칼라 곱(scalar product)이라고 하는데, 벡터 요소의 곱을 합한 것이다. 중요한 것은 점 곱이 0이면 두 벡터가 직교한다(perpendicular; orthogonal)는 의미라는 점이다. 이것은 cos 90°가 0이라는 것에서 직접적으로 유추할 수 있다. 2차원 벡터를 사례로 행렬을 이용한 각도 계산을 설명하였지만, 다른 행렬 계산과 마찬가지로 행렬을 이용한 각도 계산은 2차원뿐만 아니라 3차원 나아가서 더 복잡한 차원 공간에도 마찬가지 방식으로 적용할 수 있다. 점 곱을 이용한 직교 여부 판단은 일반 행렬에도 적용할 수 있기 때문에, $\mathbf{A}^{\mathrm{T}}\mathbf{B}=0$이면 행렬 A와 B가 직교한다(orthogonal)고 말할 수 있다.

행렬 곱셈과 기하 변환

행렬을 이용한 벡터의 각도 계산과 관련하여, 행렬 계산을 벡터의 기하학적 변환에 활용하는 방법도 살펴보자. 예를 들어, A.60과 같은 2×2 행렬 A와 공간 벡터 s가 있다고 하자.

$$\mathbf{A}=\begin{bmatrix} 0.6 & 0.8 \\ -0.8 & 0.6 \end{bmatrix}, \ \mathbf{s}=\begin{bmatrix} 3 \\ 4 \end{bmatrix} \quad (\text{A}.60)$$

이 둘을 곱하면 A.61의 열벡터를 얻을 수 있다.

$$\mathbf{As}=\begin{bmatrix} 5 \\ 0 \end{bmatrix} \quad (\text{A}.61)$$

이 곱셈의 결과 A.61은 그림 A.7의 왼쪽 그림과 같이 도식적으로 표현할 수 있다. 여기에서 벡터 As는 원래 벡터 s를 원점을 기준으로 회전한 것이다. 같은 곱셈 연산을 단일 벡터 s 대신 여러 벡터가 2행 행렬로 나열된 행렬 S에 적용하면, 여러 벡터를 동시에 회전할 수 있다.

$$\begin{aligned} \mathbf{AS}&=\begin{bmatrix} 0.6 & 0.8 \\ -0.8 & 0.6 \end{bmatrix}\begin{bmatrix} 1 & 3 & 0 & -1 & -2.5 \\ 1 & -2 & 5 & 4 & -4 \end{bmatrix} \\ &=\begin{bmatrix} 1.4 & 0.2 & 4 & 2.6 & -4.7 \\ -0.2 & -3.6 & 3 & 3.2 & -0.4 \end{bmatrix} \quad (\text{A}.62) \end{aligned}$$

행렬 A를 여러 벡터에 곱하는 연산은 벡터를 시계방향으로 회전하는 –정확히는 53.13° 회전– 역할을 하는데, 그 결과는 그림 A.7의 오른쪽 그림에서 확인할 수 있다.

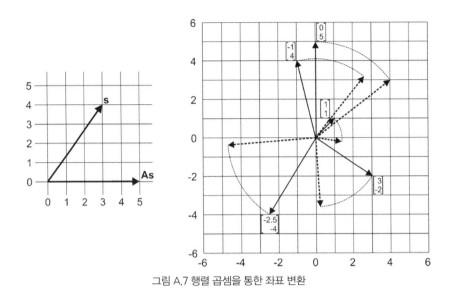

그림 A.7 행렬 곱셈을 통한 좌표 변환

행렬의 곱셈은 모두 좌표 공간의 변환으로 생각할 수 있다. 행렬의 이러한 속성은 투시도(perspective view)를 그리는 데 매우 유용하기 때문에 컴퓨터 그래픽 분야에서 폭넓게 사용된다. 행렬의 이러한 좌표 변환 기능은 3차원 객체를 2차원 화면에 표시할 수 있도록 다양한 방식으로 투영(project)하는 기능으로 활용된다. 투영에 사용되는 행렬, 즉 곱하는 행렬을 바꾸면 3차원 객체를 바라보는 시선의 위치를 바꾸어 2차원 화면에 어떻게 표현할지를 조정할 수 있다. 행렬의 이러한 기능은 3차원 지구를 2차원 평면 지도로 변환하는 지도 투영(map projection)에 매우 중요하다(11장 참조).

행렬 곱셈을 이용한 좌표 변환은 역행렬에도 마찬가지로 적용된다. 벡터 s에 어떤 행렬을 곱한 다음 그 역행렬을 다시 곱하면 s가 원래 벡터로 복구되는 형태로, 역행렬은 원래 행렬의 좌표 변환과 반대 방향 좌표 변환을 수행한다. 위 사례에서 행렬 A 대신 그 역행렬 A^{-1}을 곱하면 53.13° 반시계 방향 회전이 수행된다.

A.7. 고윳값과 고유벡터

통계 분석에서 중요한 행렬의 속성으로 고윳값(eigenvalues)과 고유벡터(eigenvectors)가 있다. 이 두 속성은 행렬이 기하학적 변환을 위해 사용될 때 특히 유용한 속성들이다. n×n 행렬 A의 고유벡터 $\{e_1 \cdots e_n\}$과 고윳값 $\{\lambda_1 \cdots \lambda_n\}$은 다음 A.63 조건을 만족한다.

$$\mathbf{A}\mathbf{e}_i = \lambda \mathbf{e}_i \qquad \text{(A.63)}$$

기하학적 변환을 위해 행렬의 곱셈을 사용할 때, 고유벡터는 해당 행렬에 의한 좌표 변환 뒤에도 바뀌지 않는 기하학적 방향을 의미한다. 수식 A.63은 고윳값과 고유벡터가 $\{(\lambda_1, e_1) \cdots (\lambda_n, e_n)\}$처럼 쌍으로 서로 연관되어 있음을 의미한다.

고유벡터의 크기는 A.63의 양변에 나타나므로 임의로 정할 수 있지만, 일반적으로 단위 길이가 되도록 조정한다. 행렬의 고유벡터와 고윳값의 계산 방식은 너무 전문적인 내용이므로 여기에서 구체적으로 설명하지 않는다(자세한 내용은 Strang, 1988 참조). 예를 들어, 연립 방정식 A.64에서 행렬의 고윳값과 고유벡터는 A.65와 같다.

$$\begin{bmatrix} 3 & 4 \\ 2 & -4 \end{bmatrix} \qquad \text{(A.64)}$$

$$\left(\lambda_1 = 4, \ \mathbf{e}_1 = \begin{bmatrix} 0.9701 \\ 0.2425 \end{bmatrix} \right) \text{ and } \left(\lambda_2 = -5, \ \mathbf{e}_2 = \begin{bmatrix} -0.4472 \\ 0.8944 \end{bmatrix} \right) \qquad \text{(A.65)}$$

계산된 고윳값과 고유벡터가 참인지 여부는 수식 A.63에 대입하여 확인할 수 있다. 고윳값과 고유벡터의 개념은 그림 A.8을 보면 조금 더 쉽게 이해할 수 있다. 그림 A.8은 좌표 평면의 원이 A.64의 행렬을 이용하여 타원형으로 변환된 사례를 보여 준다. 이때 고유벡터는 좌표 변환 뒤에 바뀌지 않는 방향을 나타내고, 그 방향을 따라 달라진 도형의 크기는 고윳값으로 확인할 수 있다.

여기서 중요한 점은 대칭행렬의 고유벡터는 서로 직교한다는 것이다. 즉 행렬 A가 주대각선을 기준으로 대칭이면, 그 고유벡터 e_i와 e_j의 점 곱(dot product)는 $e_i^T e_j = 0$가 된다. 예를 들어, 대칭행렬 A.66의 고윳값과 고유벡터를 계산하면 A.67과 같다. 이때 두 고유벡터는 서로 직교한다. 이러한 속성은 통계 분석, 특히 주성분 분석(principal components analysis)에서 매우 핵심적인 개념으로 사용된다.

$$\begin{bmatrix} 1 & 3 \\ 3 & 2 \end{bmatrix} \qquad \text{(A.66)}$$

$$\left(4.541, \ \begin{bmatrix} 0.6464 \\ 0.7630 \end{bmatrix} \right) \text{ and } \left(-1.541, \ \begin{bmatrix} -0.7630 \\ 0.6464 \end{bmatrix} \right) \qquad \text{(A.67)}$$

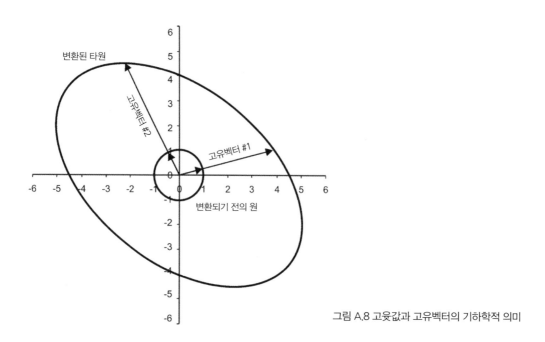

변환된 타원

고유벡터 #2

고유벡터 #1

변환되기 전의 원

그림 A.8 고윳값과 고유벡터의 기하학적 의미

참고 문헌

Strang, G. (1988) *Linear Algebra and Its Applications*, 3rd ed. (Fort Worth, TX: Harcourt Brace Jovanovich).

개정판 서문